新型烟用香料开发及加香技术

许春平
施丰成
李　超
芦昶彤
等著

Development and flavoring technology of new tobacco flavors

中国轻工业出版社

图书在版编目（CIP）数据

新型烟用香料开发及加香技术/许春平等著. —北京：中国轻工业出版社，2023.1
ISBN 978-7-5184-4042-9

Ⅰ.①新…　Ⅱ.①许…　Ⅲ.①卷烟—香料　Ⅳ.①TS452

中国版本图书馆 CIP 数据核字（2022）第 110019 号

责任编辑：张　靓　　文字编辑：王宝瑶
策划编辑：张　靓　王宝瑶　　责任终审：劳国强　　封面设计：锋尚设计
版式设计：砚祥志远　　责任校对：吴大朋　　责任监印：张　可

出版发行：中国轻工业出版社（北京东长安街 6 号，邮编：100740）
印　　刷：北京君升印刷有限公司
经　　销：各地新华书店
版　　次：2023 年 1 月第 1 版第 1 次印刷
开　　本：720×1000　1/16　印张：21
字　　数：453 千字
书　　号：ISBN 978-7-5184-4042-9　定价：98.00 元
邮购电话：010-65241695
发行电话：010-85119835　传真：85113293
网　　址：http://www.chlip.com.cn
Email：club@chlip.com.cn
如发现图书残缺请与我社邮购联系调换
211159K1X101ZBW

本书作者

许春平（郑州轻工业大学）
施丰成（四川中烟工业有限责任公司）
李　超（云南中烟工业有限责任公司）
芦昶彤（河南中烟工业有限责任公司）
李浩亮（河南中烟工业有限责任公司）
高明奇（河南中烟工业有限责任公司）
贾学伟（郑州轻工业大学）
杨伟平（郑州烟草研究院）
郭华诚（河南中烟工业有限责任公司）
李天笑（郑州轻工业大学）
郝　辉（河南中烟工业有限责任公司）
刘春波（云南中烟工业有限责任公司）
田　数（内蒙古昆明卷烟有限责任公司）
于国锋（山东中烟工业有限责任公司）
操晓亮（福建中烟工业有限责任公司）
胡立中（安徽中烟工业有限责任公司）
陈芝飞（河南中烟工业有限责任公司）
席高磊（河南中烟工业有限责任公司）
胡　军（郑州烟草研究院）

前言
PREFACE

烟用香料的相关技术是卷烟制造的核心技术之一，烟用香料技术的发展和进步，离不开新型香料的开发和加香技术的变革。目前，国内外烟用香料企业把研发重点放在两个方面：一是加强香原料尤其是高档合成香原料的研究和开发，丰富烟用原料的品种；二是优化在烟丝上施加香料的工艺，改善加香效果。在香原料开发方面，我国面临行业集中度较低、高端产品少、部分核心技术被国外巨头公司垄断等问题。因此，开发新型烟用特色香料，加强香料绿色制备核心技术突破，是目前香料产品开发和市场应用的关键问题。另外，如何科学地使用挥发性强、稳定性差的香料也是调香人员常常面临的问题。以卷烟新材料开发应用形成的新型卷烟控释加香技术在新品卷烟中越来越受消费者欢迎，新型卷烟控释技术可以改变香料的存在形式，并在卷烟抽吸过程中将其释放，进而提高香料的使用效果。

在新型香原料开发方面，本书在第一部分介绍了采用微生物发酵、酶催化反应、美拉德反应、焦糖化反应、膜分离技术等现代化技术手段开发的一系列香味丰富、加香效果显著的新型烟用香料，并进行了卷烟加香应用研究。第二部分针对不同的香料选择不同方法来制备不同规格的微胶囊的保护香料，以控制香料释放效果，并将其应用于食品、卷烟等领域。第三部分针对近年兴起的爆珠卷烟（烟用胶囊），介绍了多种新型爆珠的开发、规模化生产和应用研究。

本书第一章由郑州轻工业大学许春平完成，第二章和第三章由郑州轻工业大学贾学伟完成，第四章由河南中烟工业责任公司芦昶彤、河南中烟工业责任公司李浩亮、河南中烟工业责任公司郝辉、河南中烟工业责任公司陈芝飞和河南中烟工业责任公司席高磊完成，第五章和第六章由郑州轻工业大学李天笑完成，第七章由四川中烟工业责任公司施丰成、云南中烟工业责任公司李超和云南中烟工业责任公司刘春波共同完成，第八章由郑州烟草研究院杨伟平、郑州烟草研究院胡军、内蒙古昆明卷烟有限责任公司田数、福建中烟工业有限责任公司操晓亮和安徽中烟工业责任公司胡立中共同完成，第九章由河南中烟工业责任公司高明奇、河南中烟工业责任公司郭华诚和山东中烟工业责任公司于国锋共同完成。

本书的出版得到了河南省食品生产与安全协同创新中心的出版基金资助，对此表示诚挚的谢意。曲利利、孟丹丹、马兵杰、苏海洋、陈治岍、周鹏飞、俞金伟和冉盼盼等在实验和写作方面为本书做了很多工作，在此表示感谢。

目录

CONTENTS

第一部分　新型香料的开发及应用

第二部分　微胶囊缓释香料的开发及应用

第三部分　香原料爆珠的制备及应用

第一部分
新型香料的开发及应用

1 生物技术结合美拉德反应制备烟用香料的研究

美拉德反应不仅在食品香精香料中有着广泛应用，在烟草行业中也有很多研究成果。美拉德反应是卷烟烟香成分的重要来源，美拉德反应的产物不仅可以丰富烟香、中和苦味、掩盖杂气、减轻卷烟抽吸的刺激性，更重要的是大部分美拉德反应产物的香气与烟香谐调，同时美拉德反应对含梗量大的烟草制品如烟草薄片的香气、余味等品质的提升也有明显效果。另外，美拉德反应产物具有抗氧化性，通过美拉德反应，可以清除烟气中的自由基，达到“减害”的作用。因此可以利用美拉德反应安全增补烟香，从而达到降焦减害的目的。

烟草在陈化、调制和燃吸过程中，都伴随着美拉德反应的发生，产生呋喃、吡啶、吡咯、吡嗪、吲哚类等主要致香成分。这些致香成分虽然含量较少，但是阈值相对较低，并能够赋予烟草特有的香味。因此利用美拉德反应制备的烟用香料如添加至低等烟草中，与烟香谐调，能使烟气具有焙烤香和焦糖甜香等，提高烟草制品燃吸品质。孙伟峰针对我国低等级烟叶吸食品质差，可用性差，生产利用率低的问题，对其进行了提质增香的改良研究。早在 20 世纪 90 年代，美国 Phillip Morris 烟草公司就利用果糖与氢氧化铵反应生成的美拉德反应烟草香料申请了专利并应用于烟用香料的工业化生产。近年来，利用美拉德反应制备烟用香料的反应原料逐渐由简单无机物转向混合有机物，尤其是含氮化合物（最初多采用氨水，虽然生产成本较低，但最终产物增香效果一般）。

近年来，利用微生物发酵技术结合美拉德反应以天然植物的提取物制备烟用香料有了较多报道，该技术不但可以改善烟气的品质，而且可以提高原料的利用率。贺兆伟等优化产果胶酶疣孢青霉菌株 TS63-9（后文简称 TS63-9）发酵条件，并考察了最优发酵条件下粗酶液在烟丝中的应用效果，研究结果表明，TS63-9 液体发酵最佳碳源为烟梗粉末，最优的发酵条件为烟梗粉末添加量 7.5g/L、温度 28℃、pH 6.0，将优化后的粗酶液应用于卷烟加香之后，可显著降低烟丝果胶含量，改善卷烟的感官质量；吕品将白肋烟中分离出来的能够产生特殊香韵的菌株（CB-2）用于发酵咖啡，将得到的烟用香料应于卷烟加香后，可提高卷烟香气质，降低刺激性，柔和烟气；李成斌等以葡萄为原料，经过生物发酵后制备烟用香料，将其应用于卷烟加香后，可明显改善卷烟烟气质量，减低刺激性，减轻余味，柔和烟气。

美拉德反应是形成烤烟特征香味的一条重要途径，也是卷烟增香补香的重要手段。关于美拉德反应的研究已经有很多，但大部分都集中在传统模式的氨基酸和糖类之间的反应，以生物质为原料进行美拉德反应制备烟用香料的研究较少，相关研究还不够深入。比如：生物质资源利用度较低，带有颜色底物的美拉德反应程度该如何掌控，美拉德反应程度与美拉德反应物香气质量关系等。为了解决以上问题，提高美拉德反应产物质量，丰富美拉德反应产物香气类型，进一步协调美拉德反应程度与卷烟加香的关系，本章主要介绍以香荚兰、葫芦巴、怀山药和烟草花蕾等为原料，用复合酶解和活性干酵母等不同发酵方式进行预处理，使生物质原料达到最佳的美拉德反应活性，再通过工艺条件优化，研究新型控制美拉德反应程度的方法，研究出能够切实提高美拉德反应生产烟用香料质量的工艺方法，应用于生物烟用香料的研究开发，为卷烟调香和构建中式卷烟品牌提供技术支撑，阐明利用生物质原料结合美拉德反应制备烟用香料的相关机理，为我国生物质资源的利用提供新的方法和思路。

1.1 以香荚兰发酵液进行美拉德反应及其卷烟加香研究

本节主要介绍不同反应温度对以香荚兰为原料的美拉德反应产物的影响，以期开发一种新型的烟用香料。以香荚兰为原料，采用气相色谱-质谱（GC-MS）分析检测香荚兰发酵液在不同温度（90，100，110，120℃）下美拉德反应产物的挥发性成分，并进行主成分分析，对比不同温度下美拉德反应产物在卷烟加香中的效果。得知优化的香荚兰发酵条件为：pH 7，发酵时间 24h，酵母添加量为总料液的 5%。共鉴定出 10 种美拉德反应产物挥发性成分，主要包括醇类、酸类、烯类、酯类、醛类、酮类、酚类和杂环类等；其中美拉德反应温度为 100℃时，产物挥发性成分的种类最多，为 83 种，挥发性成分总量较高，为 1035. 20μg/g；而美拉德反应温度为 110℃时，产物挥发性成分的种类（59 种）最少，但总量（1084. 00μg/g）最高；杂环化合物中的美拉德反应产物2,3-二氢苯并呋喃、2-正戊基呋喃、吲哚、吡啶和2-甲基吡啶为美拉德反应的标志物，可赋予卷烟烤甜香和烘焙香。通过主成分分析鉴定出的挥发性成分可分为3个主成分，第一、第二和第三主成分的贡献率分别为44.15%、35.53%和20.29%，分别反映4种、24种和10种指标信息。美拉德反应温度在90℃与100℃样品的主成分差异较小，但二者与美拉德反应温度在110℃和120℃样品的主成分间差异明显；将100℃时的香荚兰发酵液美拉德反应产物用于空白卷烟加香，可增加香气饱满度，改善烟气细腻柔和度，明显提高卷烟舒适性，加香效果最佳，评吸得分最高（93分）。100℃是香荚兰美拉德反应的最佳温度，可制备具有丰富香味物质的美拉德反应产物。

1.1.1 香荚兰发酵液的发酵条件优化

（1）酿酒高活性酵母活化　将10g酿酒高活性酵母放入100mL锥形瓶中，加入50mL 35~40℃无菌水浸泡15~20min，水温降至32℃活化2h备用。

（2）样品发酵处理及条件优化　将香荚兰粉末以料液比1：10加入100mL水，置于水浴锅中沸水灭菌30min，之后降至35℃备用。

（3）还原糖和氨基酸测定　采用DNS（二硝基水杨酸）法测定水溶性还原糖，测得还原糖数据制备标准曲线方程为$y=0.053x+0.123$（$R^2=0.9935$）；采用茚三酮法测定水溶性氨基酸，测得氨基酸数据制备标准曲线方程为$y=0.1921x-0.1521$（$R^2=0.9928$）。根据以下公式计算氨基酸或还原糖含量：

$$m=c\times V\times n/m_0$$

式中　m——氨基酸或还原糖含量，mg/g；

c——氨基酸或还原糖质量浓度，mg/mL；

V——氨基酸或还原糖体积，mL；

n——稀释倍数；

m_0——样品质量，g。

①pH对氨基酸和还原糖含量的影响。

pH对氨基酸和还原糖的影响：固定发酵时间24h、发酵温度35℃、酵母添加量为总料液的5%，考察发酵体系pH（5，6，7，8）对发酵液氨基酸和还原糖含量的影响。

由图1.1可知，pH对香荚兰发酵液的氨基酸和还原糖含量有明显影响。当pH<7时，随着pH的上升，发酵液的还原糖和氨基酸含量逐渐增加；当pH=7时，氨基酸和还原糖含量均达最大值；之后pH继续上升，发酵液的氨

基酸和还原糖含量逐渐下降。因此，发酵的最佳 pH 为 7。

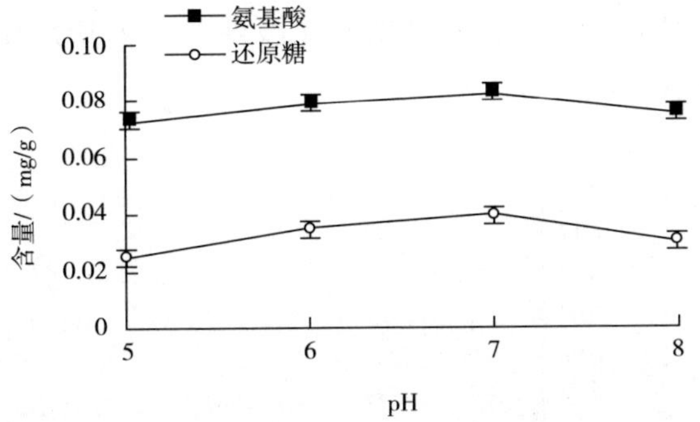

图 1.1　pH 对香荚兰发酵液氨基酸和还原糖含量的影响

②发酵时间对氨基酸和还原糖含量的影响。

固定发酵温度 35℃、酵母添加量为总料液的 5%、发酵体系 pH 为 7，考察发酵时间（12，24，36，48h）对发酵液氨基酸和还原糖含量的影响。

从图 1.2 可看出，不同发酵时间对香荚兰发酵液的氨基酸和还原糖含量有明显影响。当发酵时间为 12~24h 时，发酵液的氨基酸和还原糖含量逐渐增加，在 24h 时达最大值；当发酵时间为 24~48h 时，发酵液的氨基酸和还原糖含量逐渐下降。因此，选择 24h 为最佳发酵时间。

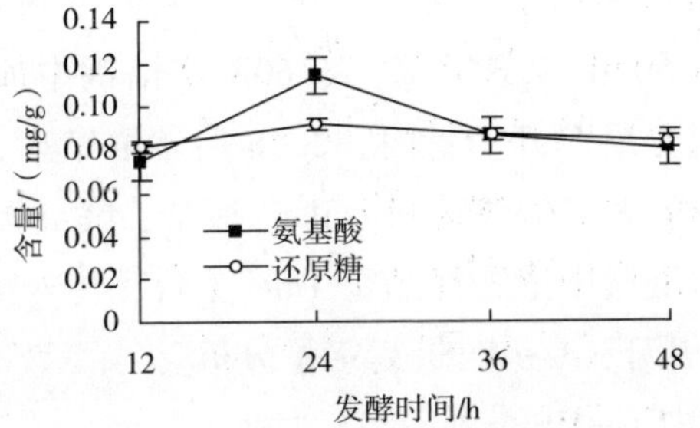

图 1.2　发酵时间对香荚兰发酵液氨基酸和还原糖含量的影响

③酵母添加量对氨基酸和还原糖含量的影响。

固定发酵时间 24h、发酵温度 35℃、发酵体系 pH 为 7，考察酵母添加量（4%，5%，6%，7%）对发酵液氨基酸和还原糖含量的影响。

由图 1.3 可知，随着酵母添加量的增加，香荚兰发酵液的氨基酸含量呈先增后减的变化趋势，而还原糖含量呈先增后减再增的变化趋势。当酵母添加量<5%时，随着酵母添加量的增加，发酵液的还原糖和氨基酸含量也不断增加，当酵母添加量=5%时，氨基酸和还原糖含量达最大值。因此，酵母添加量的最佳水平为5%。

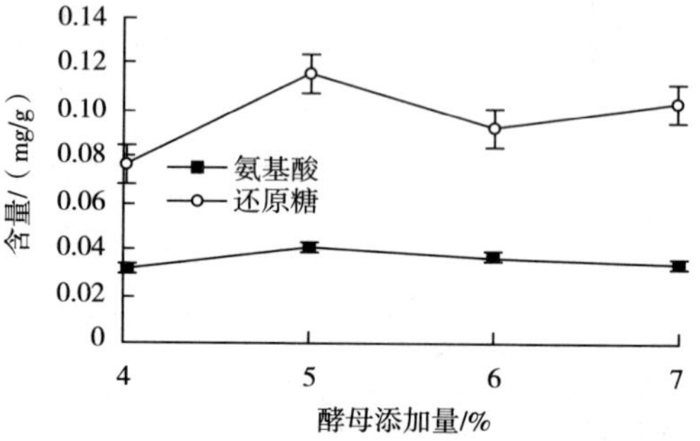

图1.3　酵母添加量对香荚兰发酵液氨基酸和还原糖含量的影响

1.1.2　香荚兰发酵液发酵前后美拉德反应产物挥发性成分的测定

（1）以香荚兰为原料进行美拉德反应　150mL发酵液样品中加入10%氢氧化钠调节体系pH为7，然后将未发酵香荚兰溶液和香荚兰发酵液分别置于90，100，110，120℃的油浴中反应3h，得到不同的美拉德反应产物。

（2）挥发性成分提取　在同时蒸馏萃取装置的平底烧瓶中加入美拉德反应产物，再加入100mL蒸馏水，摇匀，于电子调温电热套中加热，在装置的另一端蒸馏瓶中加入50mL二氯甲烷，于60℃水浴锅中加热。观察加热过程，当二氯甲烷与水出现分层时开始计时，2.5h后萃取结束，待冷却后，在二氯甲烷萃取液中加入10g无水硫酸钠和1mL乙酸苯乙酯（0.8211mg/mL），静置过夜。在35~40℃水浴锅中浓缩样品至1mL左右，转入1.5mL样品瓶中，在2~4℃下密封保存，用于GC-MS进行定量分析。

（3）挥发性成分GC-MS分析

①GC条件：HP-5MS色谱柱（30m×250μm×0.25μm）；载气为氦气；载气流量3mL/min；进样口温度280℃；分流比10∶1；进样量1μL；升温程序为起始温度50℃，以4℃/min升至280℃。

②MS条件：离子源为EI源；四极杆温度150℃；接口温度20℃；电子能量70eV。

（4）挥发性成分定性和定量分析　利用Nist11谱库检索质谱图中各色谱

峰，同时进行人工解析，对化学成分进行定性分析（匹配度>80）。采用内标法（内标物0.8211mg/mL乙酸苯乙酯）对成分进行定量。

挥发性成分含量（μg/g）= 内标物质量×挥发性物质峰面积×1000/内标物峰面积。

（5）GC-MS分析结果　对香荚兰发酵液在不同温度（90，100，110，120℃）下的美拉德反应产物挥发性成分进行GC-MS分析。由表1.1可知，鉴定出的挥发性成分主要包括醇类、酸类、烯类、酯类、醛类、酮类、酚类和杂环类等成分。90，100，110，120℃下美拉德反应产物中鉴定出的挥发性成分种类分别有62，83，59，68种，对应的挥发性成分总量分别为953.48，1035.20，1084.0，45.51μg/g。

表1.1　不同温度下香荚兰发酵液美拉德反应产物的挥发性成分含量

类别	物质名称		不同美拉德反应温度下产物挥发性成分含量/（μg/g）			
	中文名称	英文名称	90℃	100℃	110℃	120℃
烯类	(3*E*,5*Z*)-1,3,5-十一碳三烯	(3*E*,5*Z*)-1,3,5-Undecatriene	3.06	4.77	1.32	0.89
	(*E*,*E*)-1,3,5-十一碳三烯	(*E*,*E*)-1,3,5-Undecatriene	—	—	1.62	0.93
	1,3-辛二烯	1,3-Octadiene	—	—	—	0.28
	1-十九烯	1-Nonadecene	3.66	—	1.18	—
	苯乙烯	Styrene	0.84	0.93	0.71	—
	1-(1-甲基乙基)-环戊烯	1-(1-Methylethyl)-Cyclopentene	—	0.24	—	—
	D-柠檬烯	D-Limonene	—	0.33	—	0.36
烯类（总量）			7.56	6.27	4.83	2.46
醛类	(*E*,*E*)-2,4-癸二烯醛	(*E*,*E*)-2,4-Decadienal	—	10.19	—	—
	己醛	Hexanal	2.77	3.31	2.21	—
	苯乙醛	Benzeneacetaldehyde	3.15	3.39	2.78	2.64
	异香草醛	3-Hydroxy-4-methoxy-benzaldehyde	—	—	2.69	—

续表

类别	物质名称		不同美拉德反应温度下产物挥发性成分含量/(μg/g)			
	中文名称	英文名称	90℃	100℃	110℃	120℃
醛类	苯甲醛	Benzaldehyde	0.69	0.99	0.95	0.81
	反式-2-壬烯醛	*trans*-2-Nonenal	—	—	—	2.32
	椰子醛	2(3H)-Furanone, dihydro-5-pentyl-	10.29	12.62	10.32	5.09
	2,6,6-三甲基-1,3-环己二烯-1-甲醛	2,6,6-Trimethyl-1,3-cyclohexadiene-1-carboxaldehyde	—	0.52	—	—
	香兰素	Vanillin	0.72	1.80	—	3.32
	乙基香兰素	Ethylvanillin	2.70	6.72	11.52	12.86
	糠醛	Furfural	1.39	—	2.39	1.89
	胡椒醛	Piperonal	2.59	3.48	4.43	3.81
醛类(总量)			24.30	43.02	37.29	32.74
醇类	1-(2-甲氧基-1-甲基乙氧基)-3-甲基苄醇	1-(2-Methoxy-1-methylethoxy)-3-methylbenzyl alcohol	—	0.66	—	—
	3-甲基-3-戊醇	3-Methyl-butanal	2.63	2.91	—	1.88
	异丙醇	2-Propanol	3.37	9.10	6.52	6.62
	苯乙醇	Phenylethylalcohol	61.29	77.45	85.36	46.14
	桉叶油醇	Eucalyptol	1.36	1.53	1.20	—
	苯甲醇	Benzyl alcohol	2.26	3.77	3.55	2.42
	1-甲氧基-2-丙醇	1-Methoxy-2-propanol	14.49	32.59	21.70	9.24
	糠醇	2-Furanmethanol	—	0.55	—	0.66
	丙二醇	Propyleneglycol	18.08	—	—	48.92
	1-(2-丙烯氧基)-2-丙醇	1-(2-Propenyloxy)-2-propanol	19.97	29.93	21.45	5.32
	金合欢醇	3,7,11-Trimethyl-2,6,10-dodecatrien-1-ol	1.11	1.71	—	0.85

续表

类别	物质名称		不同美拉德反应温度下产物挥发性成分含量/(μg/g)			
	中文名称	英文名称	90℃	100℃	110℃	120℃
醇类	2-甲氧基丙醇	2-Methoxy-1-propanol	4.74	12.18	7.86	5.25
	2,3-丁二醇	2,3-Butanediol	—	—	—	0.44
	3-甲基-1-丁醇	3-Methyl-1-butanol	—	4.59	2.70	—
	芳樟醇	3,7-Dimethyl-1,6-Octadien-3-ol	—	0.95	—	—
	叶绿醇	Phytol	—	5.66	5.75	7.22
	胡椒醇	Piperonyl alcohol	—	0.58	—	0.72
	3-乙氧基-4-羟基苯甲醇	3-Ethoxy-4-hydroxybenzyl alcohol	—	—	—	1.68
醇类(总量)			129.30	184.16	156.09	137.36
酯类	亚麻酸乙酯	(*Z*,*Z*,*Z*)-9,12,15-Octadecatrienoic acid ethyl ester	—	11.16	—	10.35
	亚麻酸甲酯	(*Z*,*Z*,*Z*)-9,12,15-Octadecatrienoic acid methyl ester	2.44	4.12	4.15	4.79
	亚油酸甲酯	(*Z*,*Z*)-9,12-Octadecadienoic acid methyl ester	10.90	15.77	14.92	13.96
	亚油酸乙酯	(*Z*,*Z*)-9,12-Octadecadienoic acid ethyl ester	29.75	—	—	—
	(*Z*)-9-十八碳烯酸甲酯	(*Z*)-9-Octadecenoic acid-methyl ester	1.90	1.88	—	—
	(*E*)-9-二十三烯	(*E*)-9-tricosene	7.17	12.88	12.16	48.16
	乙酸苯乙酯	2-Phenylethyl ester acetic acid	82.11	82.11	82.11	82.11
	二氢猕猴桃内酯	5,6,7,7a-Tetrahydro-4,4,7a-trimethyl-2(4H)-benzofuranone	1.51	2.18	2.25	2.60
	丙位辛内酯	2(3H)-Furanone-5-butyldihydro	3.58	18.66	16.72	9.57

续表

类别	物质名称		不同美拉德反应温度下产物挥发性成分含量/(μg/g)			
	中文名称	英文名称	90℃	100℃	110℃	120℃
酯类	顺式-4-羟基-6-十二烯酸内酯	*cis*-4-Hydroxydodec-6-enoic acid lactone	9.12	11.19	9.64	6.18
	反式-11-十八碳烯酸甲酯	(*E*)-11-Octadecenoic acid, methyl ester	1.21	—	—	—
	油酸乙酯	Ethyloleate	5.04	7.22	7.07	6.40
	13-甲基-十四烷酸乙酯	13-Methyl-tetradecanoate ethyl	3.79	—	—	—
	(*Z*,*Z*,*Z*)-9,12,15-十八碳三烯酸乙酯	(*Z*,*Z*,*Z*)-9,12,15-Octadecatrienoate ethyl	7.59	—	10.74	—
	9-十六碳烯酸乙酯	9-Hexadecenoate ethyl	—	—	0.37	—
	棕榈酸乙酯	(9*Z*)-Hexadecanoic acid, ethyl ester	25.48	33.50	31.71	27.53
	十七酸乙酯	Heptadecanoic acid, ethyl ester	1.70	2.70	3.39	3.04
	邻苯二甲酸二丁酯	Dibutyl phthalate	2.42	6.10	5.59	6.10
	顺式-13-十八碳烯酸,甲酯	*cis*-13-Octadecenoic acid, methyl ester	—	—	—	2.06
	甲酸辛酯	Formic acid, octylester	—	—	—	0.46
	十七酸甲酯	Heptadecanoic acid, methyl ester	—	—	0.54	1.72
	棕榈酸甲酯	Hexadecanoic acid, methyl ester	7.38	10.33	8.98	7.94
	水杨酸甲酯	Methyl salicylate	0.78	1.03	—	—
	亚油酸乙酯	Ethyl linoleate	—	42.06	41.67	36.84
	乳酸乙酯	Ethyl lactate	—	1.74	—	—
	肉豆蔻酸甲酯	Methyl tetradecanoate	1.23	1.61	—	—
	13-甲基十四烷酸甲酯	Methyl 13-methyltetradecanoate	0.91	1.08	1.11	—

续表

类别	物质名称		不同美拉德反应温度下产物挥发性成分含量/(μg/g)			
	中文名称	英文名称	90℃	100℃	110℃	120℃
酯类	硬脂酸甲酯	Methyl stearate	1.37	—	31.71	—
	硬脂酸乙酯	Ethyl Stearate	1.80	2.72	2.57	2.45
	邻苯二甲酸丁基苄酯	Benzyl-*n*-butyl ortho-phthalate	—	—	1.70	—
	肉豆蔻酸乙酯	Tetradecanoic acid, ethyl ester	2.42	3.45	2.97	2.32
	十五酸乙酯	Pentadecanoic acid, ethyl ester	—	5.18	4.56	28.44
	12-甲基-甲酯十三烷酸	12-Methyl-tridecanoic acid, methyl ester	—	—	1.41	1.01
	14-甲基十六烷酸甲酯	14-Methyl-hexadecanoic acid, methyl ester	0.43	0.70	—	—
	肉桂酸甲酯	Methyl cinnamate	0.50	0.66	—	—
	二氢香豆素	Hydrocoumarin	0.77	1.08	1.20	1.47
	14-甲基-十七烷酸甲酯	14-Methyl-heptadecanoic acid, methyl ester	0.71	—	—	2.15
酯类(总量)			214.02	281.11	299.25	307.65
酮类	甲基庚烯酮	6-Methyl-5-Hepten-2-one	—	0.70	—	—
	植酮	6,10,14-Trimethyl-2-Pentadecanone	7.40	9.51	8.79	7.85
	2,4-二甲基苯乙酮	2,4-Dimethylphenyl-ethanone	0.36	0.50	—	—
	2,3,4-三甲基-2-环戊烯-1-酮	2,3,4-Trimethyl-2-cyclopenten-1-one	—	0.79	—	—
	3-(4-羟基丁基)-2-甲基-环己酮	3-(4-Hydroxybutyl)-2-Methyl cyclohexanone	—	0.44	—	0.23
	3-羟基-2-丁酮	Acetyl	—	18.06	—	12.04

续表

类别	物质名称		不同美拉德反应温度下产物挥发性成分含量/(μg/g)			
	中文名称	英文名称	90℃	100℃	110℃	120℃
酮类	2-羟基-环十五酮	2-Hydroxy-cyclopentadecanone,	—	0.26	—	—
酮类(总量)			7.76	30.26	8.79	20.12
酸类	棕榈酸	Hexadecanoic acid	4.83	26.60	17.87	36.21
	正十五烷酸	Pentadecanoic acid	—	1.21	—	1.73
	异丁酸	Isobutyric acid	—	2.16	—	—
	2-甲基丁酸	2-Methyl-butanoic acid	—	—	—	1.34
	肉豆蔻酸	Tetradecanoic acid	7.04	13.85	4.86	6.85
	棕榈油酸	Palmitoleic acid	—	—	—	5.50
酸类(总量)			11.87	43.82	22.73	51.63
酚类	对甲基苯酚	*p*-Cresol	19.25	24.26	28.78	11.48
	苯酚	Phenol	47.18	71.20	66.46	39.67
	2,6-二甲氧基苯酚	2,6-Dimethoxy-phenol	0.83	1.10	1.21	1.08
	邻乙氧基苯酚	2-Ethoxy-phenol	222.66	63.54	202.65	51.74
	愈创木酚	2-Methoxy-phenol	233.28	236.14	232.01	82.66
	4-(乙氧基甲基)-苯酚	4-(Ethoxymethyl)-phenol	1.35	1.83	—	—
	4-乙氧基苯酚	4-Ethoxy-phenol	—	1.83	—	—
	4-甲基愈创木酚	Creosol	14.49	16.44	13.21	4.98
	2-乙氧基-4-甲基苯酚	2-Ethoxy-4-methylphenol	7.29	7.43	6.17	1.46
	4-乙烯基-2-甲氧基苯酚	4-Methoxy-2-vinylphenol	—	1.11	0.75	—
酚类(总量)			546.33	424.86	551.24	193.06
杂环类	2,3-二氢苯并呋喃	2,3-Dihydro-benzofuran	—	0.68	0.43	0.21
	2-正戊基呋喃	2-Pentylfuran	1.13	1.47	1.16	0.90
	吲哚	Indole	—	3.16	2.26	1.02
	2-乙酰基吡咯	1-(1H-Pyrrol-2-yl)-ethanone	—	—	—	0.36

续表

类别	物质名称		不同美拉德反应温度下产物挥发性成分含量/(μg/g)			
	中文名称	英文名称	90℃	100℃	110℃	120℃
杂环类	吡啶	Pyridine	—	0.44	—	—
	2-甲基吡啶	2-Methyl-pyridine	—	0.37	—	—
	2-呋喃甲酸，*N'*-[(8-羟基-5-喹啉基)亚甲基]酰肼	2-Furancarboxylic acid, *N'*-[(8-hydroxy-5-quinolinyl) methylidene] hydrazide	—	1.02	—	—
杂环类(总量)			1.13	7.14	3.85	2.49
其他	二叔十二烷基二硫化物	Disulfide, di-tert-dodecyl	—	0.52	—	—
	间二甲苯	1,3-dimethyl-benzene	—	0.45	—	—
	植物醇醋酸盐	Phytol, acetate	11.21	13.59	—	—
挥发性成分(总量)			953.48	1035.20	1084.07	747.51

注："—"表示未检出。

由图1.4和图1.5可看出，在90，100，110，120℃下，未发酵和发酵后的香荚兰美拉德反应产物的挥发性成分含量与种类变化趋势基本一致，在100℃时挥发性成分种类最多，含量较高，发酵后香荚兰美拉德反应产物挥发性成分的含量和种类均明显增加。

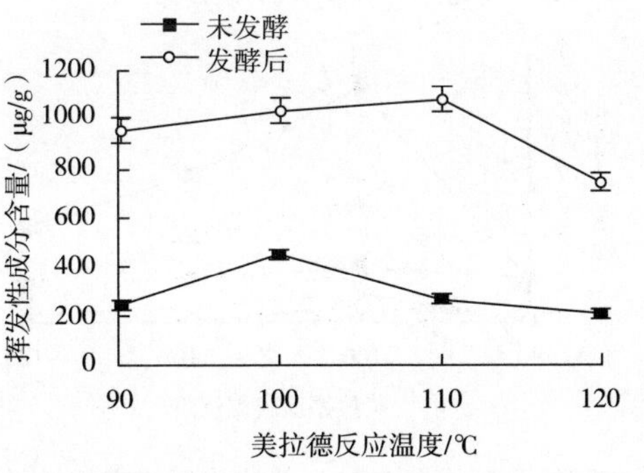

图1.4　未发酵和发酵后香荚兰美拉德反应产物的挥发性成分含量随温度变化趋势

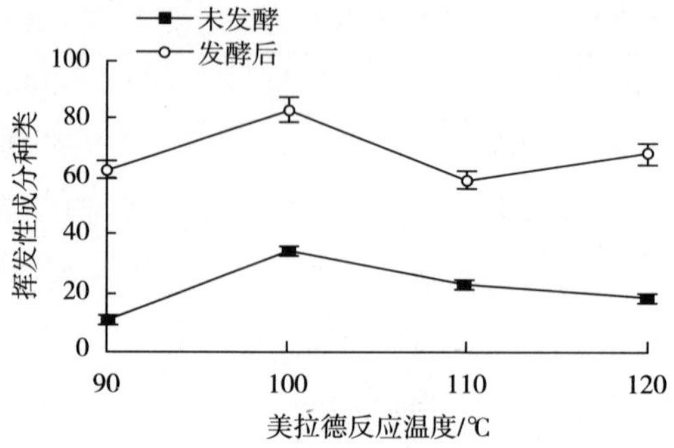

图 1.5　未发酵和发酵后香荚兰美拉德反应产物的挥发性成分种类随温度变化趋势

1.1.3　不同温度下香荚兰发酵液美拉德反应的特征香气成分含量变化趋势

由表 1.1 可知，2,3-二氢苯并呋喃、2-正戊基呋喃、吲哚、吡啶和 2-甲基吡啶均为美拉德反应产物。从图 1.6 可看出，上述 5 种美拉德反应产物随反应温度的变化趋势与美拉德反应产物总量（2,3-二氢苯并呋喃、2-正戊基呋喃、吲哚、吡啶、2-甲基吡啶和 2-乙酰基吡咯含量之和）的变化趋势基本一致，均在 90~100℃ 时呈上升趋势，反应温度为 100℃ 时含量达最大值，在 110~120℃ 时呈下降趋势。因此，以上 5 种美拉德反应产物可作为该美拉德反应的标志物，其中呋喃类（2,3-二氢苯并呋喃和 2-正戊基呋喃）可赋予卷烟烤甜香，吡啶类（吡啶和 2-甲基吡啶）可赋予卷烟烘焙香。

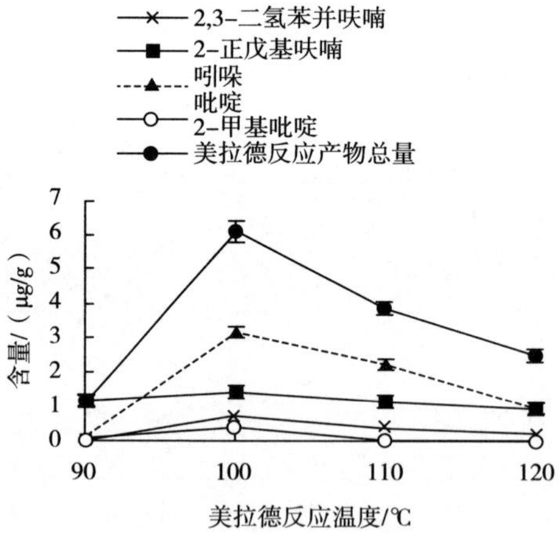

图 1.6　美拉德反应特征香气成分含量与美拉德反应产物总量随温度的变化趋势

呋喃是反应底物中的糖类物质降解为醛类或酮类，并与氨基化合物发生结合反应形成的。在温度较低的条件下，如反应温度为90℃时，可能未达到糖热降解温度，所以没有呋喃（2,3-二氢苯并呋喃）的生成或呋喃（2-正戊基呋喃）生成含量较低（表1.1）；而在100℃时，产物中检测到2,3-二氢苯并呋喃和2-正戊基呋喃含量，可能由于较高温度引起糖降解，且在此温度下2,3-二氢苯并呋喃和2-正戊基呋喃含量最高；至110℃和120℃时，这两种产物含量又有所下降，可能是过高的温度抑制产物合成。含氮基团挥发性化合物如吡啶、2-甲基吡啶和吲哚是由底物半胱氨酸和羰基化合物的热降解产物合成。当反应温度较低时（90℃），可能未达到半胱氨酸和羰基化合物的热降解温度，故没有上述含氮基团挥发性化合物生成；但在100℃时，较高温度导致半胱氨酸和羰基化合物热降解，降解产物合成上述含氮基团并达最高值；至110℃和120℃时，由于温度的升高可能抑制上述含氮基团挥发性化合物的合成。

1.1.4　不同温度下香荚兰发酵美拉德反应特征香气主成分分析

计算相关系数矩阵、主成分特征值和累积贡献率。根据不同温度下进行美拉德反应的香荚兰发酵液中相关成分的含量标准化值与特征根、特征向量，计算出各主成分值，并以此绘制散点图。

利用SPSS 21.0因子分析模块中的降维分析，采用主成分分析不同温度美拉德反应后的发酵液中10种挥发性成分。由表1.2及文中未列出的分析结果综合分析可知，2-正戊基呋喃、糠醛、甲基庚烯酮、4-甲基愈创木酚、吲哚、吡啶、2-甲基吡啶等物质在第一主成分（PC1）中有较高矩阵（载荷的绝对值>0.800），说明PC1反映以上物质指标信息；糠醇、苯乙醛、2,3-二氢苯并呋喃、二氢猕猴桃内酯等24种物质在第二主成分（PC2）中有较高矩阵（载荷的绝对值>0.800），说明PC2反映以上24种指标信息；胡椒醛、异香草醛等10种物质在第三主成分（PC3）中有较高矩阵（载荷的绝对值>0.800），说明PC3反映以上10种指标信息。3个主成分的累积贡献率约100%（表1.3），说明鉴定出的10种挥发性成分可分别用PC1、PC2和PC3进行主成分分析。

表 1.2　　主成分载荷矩阵

主成分	PC1	PC2	PC3
(3*E*,5*Z*)-1,3,5-十一碳三烯 (3*E*,5*Z*)-1,3,5-Undecatriene	0.902	-0.013	-0.432
苯乙醛(Benzeneacetaldehyde)	0.044	-0.870	0.492
糠醛(Furfural)	-0.804	-0.319	0.501
胡椒醛(Piperonal)	-0.135	0.341	0.930
苯乙醇(Phenylethyl alcohol)	0.688	-0.344	0.639
桉叶油醇(Eucalyptol)	0.829	-0.559	0.010
糠醇(2-Furanmethanol)	0.009	0.975	-0.224
胡椒醇(Piperonyl alcohol)	-0.014	0.975	-0.223
3-羟基-2-丁酮(Acetyl)	0.401	0.891	-0.215
二氢猕猴桃内酯[5,6,7,7a-Tetrahydro-4,4,7a-trimethyl-2(4H)-benzofuranone]	-0.267	0.824	0.499
肉豆蔻酸乙酯(Tetradecanoic acid,ethyl ester)	0.910	0.175	0.375
甲基庚烯酮(6-Methyl-5-hepten-2-one)	0.887	0.444	-0.125
4-乙烯基-2-甲氧基苯酚(4-Methoxy-2-vinylphenol)	0.846	0.190	0.498
2,3-二氢苯并呋喃(2,3-Dihydro-benzofuran)	-0.027	0.975	-0.223
2-正戊基呋喃(2-Pentylfuran)	0.999	-0.031	0.034
吲哚(Indole)	0.832	0.173	0.527
2-乙酰基吡咯[1-(1H-pyrrol-2-yl)-ethanone]	-0.730	0.670	-0.134
吡啶(Pyridine)	0.887	0.444	-0.125
2-甲基吡啶(2-Methyl-pyridine)	0.887	0.444	-0.125

注：载荷的绝对值>0.800的物质可反映其主成分的指标信息，表中仅列出载荷的绝对值>0.800的部分物质。

表 1.3　　3个主成分的特征值和贡献率

主成分	初始特征值			提取平方和载入		
	特征值	贡献率/%	累积贡献率/%	特征值	贡献率/%	累积贡献率/%
PC1	60.961	44.175	44.175	55.265	40.047	40.047
PC2	49.029	35.528	79.703	51.312	37.183	77.230
PC3	28.010	20.297	100.000	31.423	22.770	100.000

根据表 1.1 和表 1.2 计算出 4 个美拉德温度处理样品中的 PC1、PC2 和 PC3 值，然后以 PC1 为 *X* 坐标，PC2 为 *Z* 坐标，PC3 为 *Y* 坐标绘制散点图（图 1.7）。由图 1.7 可知，4 个样品根据距离远近分为 3 个区域，其中美拉德反应温度 90℃与 100℃的样品距离较近，表明其主成分差异较小，二者与美拉德反应温度 110℃和 120℃的样品距离较远，表明 90，100℃样品与 110，120℃样品间的主成分差异明显。

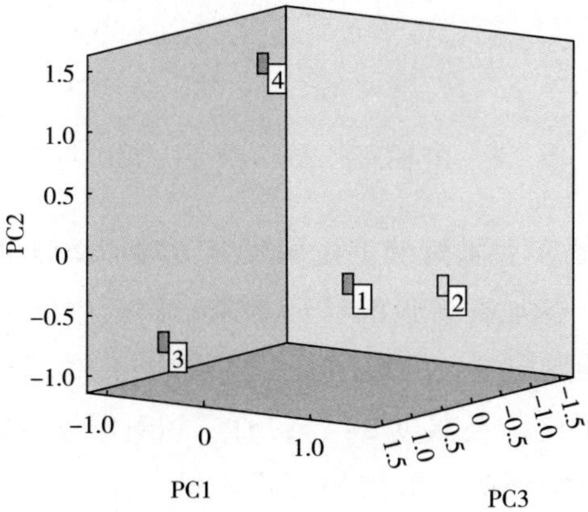

1—90℃美拉德反应样品；2—100℃美拉德反应样品；
3—110℃美拉德反应样品；4—120℃美拉德反应样品。

图 1.7　4 个温度美拉德反应处理样品的散点图

图 1.8 中的 10 种挥发性成分对应于表 1.3 中的挥发性成分，以 PC1 为 *X* 坐标、PC2 为 *Z* 坐标、PC3 为 *Y* 坐标绘制散点图。综合图 1.8、表 1.3 与文中未列出的实验结果可知，美拉德反应温度 90℃的挥发性成分主成分集中在 PC1 的正半轴和 PC2、PC3 的负半轴，对其特征香气影响较大的挥发性成分主要包括 4-甲基愈创木酚和己醛等；美拉德反应温度 100℃的挥发性成分主成分集中在 PC1 的正半轴和 PC2、PC3 的负半轴，对其特征香气影响较大的挥发性成分主要包括 2-正戊基呋喃、2-甲基吡啶和椰子醛等；美拉德反应温度 110℃的挥发性成分主成分集中在 PC1、PC2 的负半轴和 PC3 的正半轴，对其特征香气影响较大的挥发性成分主要包括糠醛和硬脂酸甲酯等；美拉德反应温度 120℃的挥发性成分主成分集中在 PC1 的负半轴、PC2 的正半轴和 PC3 的负半轴，对其特征香气影响较大的挥发性成分主要包括香兰素和亚麻酸甲酯等。

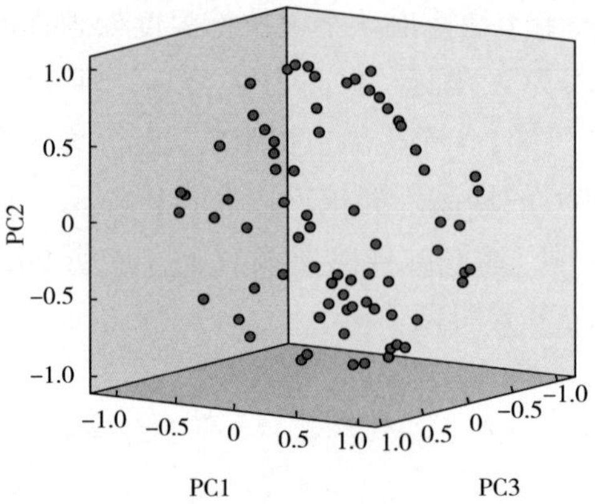

图 1.8　10 种挥发性成分的主成分散点图

1.1.5　不同温度下香荚兰发酵液美拉德反应产物加香效果

（1）感官评价　待加香评吸的卷烟是来自广西中烟工业有限责任公司的空白卷烟，将美拉德反应制备的烟用香料进行浓缩，按照 0.2% 比例用香精注射机添加到空白卷烟中，在温度 22℃ ±2℃、相对湿度 0% ±5% 的恒温恒湿箱中平衡 24h 后进行感官评吸。取仅加等量乙醇的空白卷烟作对照。广西中烟工业有限责任公司的评吸小组参考 GB 5606.4—2005《卷烟　第 4 部分：感官技术要求》，见表 1.4，对卷烟的光泽、香气、谐调性、刺激性、余味和杂气等进行感官评价打分，评吸得分以各项指标总分为准。

表 1.4　　感官评分标准

分值范围	评分指标					
	光泽	香气	谐调性	刺激性	余味	杂气
30~50	油润	较粗糙、淡薄	一般	略有	尚舒适、尚净	略有
51~75	较油润	稍粗糙、充实	较好	稍有	较舒适、较净	稍有
76~100	较暗淡	丰富、饱满	谐调	微有	舒适、干净	微有

由表 1.5 可知，以 100℃时香荚兰发酵液美拉德反应产物在空白卷烟中加香，可增加香气饱满度，改善烟气细腻柔和度，明显提高卷烟舒适性，加香效果最佳，评吸分数最高（93 分）。该评吸结果与 100℃是制备具有丰富香味物质和美拉德反应特征香气成分的最佳温度的结论相一致。

表 1.5 不同美拉德反应温度处理后香料样品的加香评吸结果

反应温度/℃	评吸分数	评吸结果
90	85	香气较谐调，香气丰富，略有刺激性和杂气，口腔稍舒适
100	93	香气谐调，丰富、饱满、有爆发力，微有刺激性和杂气，口腔舒适
110	89	香气谐调，香气透发，稍有刺激性和杂气口腔较舒适
120	87	香气较谐调，香气较厚实，稍有刺激性和杂气，口腔较舒适

（2）讨论分析　酵母发酵过程中，酵母可分泌各种酶，特别是蛋白酶和淀粉酶，使原料中的蛋白质降解为多肽和氨基酸，多糖降解为还原糖，氨基酸和还原糖的种类及含量均会对美拉德反应产生影响，因此选择最优的发酵条件，对于美拉德反应具有重要意义。经优化得到香荚兰发酵液的发酵条件为：pH=7，发酵时间 24h，酵母添加量为总料液的 5%。

以香荚兰为原料，对其发酵液进行不同温度（90，100，110，120℃）的美拉德反应，其中 100℃的样品挥发性成分种类最多，为 83 种，挥发性成分总量较高，为 1035. 20μg/g；将 100℃时的香荚兰发酵液美拉德反应产物在空白卷烟中加香，可增加香气饱满度，改善烟气细腻柔和度，明显提高卷烟舒适性，加香效果最佳。Eric 等以向日葵和 D-木糖制备美拉德反应产物，结果表明在 120℃下形成的美拉德反应产物具有更浓的肉样风味，口感和连续性味道较好；Liu 等以鸡肉和木糖制备美拉德反应模型，结果表明较高的温度（>100℃）可显著增加美拉德反应模型中的肉味香气；田怀香等研究得出木糖与谷氨酸制备烟用香精的最佳美拉德反应温度为 111℃。上述研究得出的最佳美拉德反应温度与本研究得出 100℃是制备具有丰富香味物质和美拉德反应特征香气成分的最佳温度结果不同，可能与提取物的糖源种类、氨源种类、糖氨比、反应溶剂、pH 及反应时间存在差异有关。徐达等利用白玄参提取物制备烟用美拉德反应香料，鉴定出 21 种挥发性致香物质，其中吡咯、呋喃和吡嗪等杂环类美拉德特征香味成分有 15 种；杨金初等以甘薯、南瓜和土豆-水提取物进行美拉德反应制备烟用香料，研究得出甘薯和南瓜致香成分主要为呋喃类、吡喃类和环戊烯酮类，土豆的致香成分主要为吡嗪类、吡咯类和吡啶类。得出以吡啶类和呋喃类为特征香气成分的结果与上述研究结果相一致。其结果还表明，与未发酵的香荚兰相比，发酵后香荚兰美拉德反应产物挥发性成分的含量和种类均有明显增加，与林晓姿等研究得出乳酸发酵增加部分香味物质种类和含量的结论一致；与牟灿灿等研究发现增香酵母不仅能赋予酱油某些特有的风味成分，还能提高酱油中某些风味成分相对质量分数的结论也一致，可能是使用活性酵母对香荚兰进行发酵，可产生新的香味成分。

以香荚兰自身的氨基酸和还原糖进行美拉德反应，通过 GC-MS 分析得出香荚兰美拉德反应的最佳温度，分析出对美拉德反应特征香气影响较大的挥发性成分，研究内容与形式较传统方法更新颖，研究结果也更具系统性和科学性，可为香荚兰香料的深入研究提供参考依据和新思路，为卷烟加香开辟新途径。但本研究仅分析了反应温度对美拉德反应产物的影响，并未对反应 pH 和反应时间进行系统研究，因此在后续研究中，将深入探究反应时间对美拉德反应产物分布的影响，同时开展对其美拉德反应产物的抗氧化力分析。

1.1.6 小结

100℃是香荚兰美拉德反应的最佳温度，可制备具有丰富香味物质的美拉德反应产物。

1.2 以葫芦巴为原料经产香酵母发酵结合美拉德反应制备烟用香料

葫芦巴是豆科一年生草本植物，植株通体散发香气。葫芦巴的植株和籽的香味浓郁持久，采摘后经自然晾干的茎叶是上等的天然食用香料；从植株中提取的挥发油可以用于日化产品的加香，可以用来制作香精香料。

姚健等研究了发酵对葫芦巴挥发性化学成分的影响，结果表明发酵的葫芦巴挥发油产率明显提高；刘世巍等研究了宁夏产葫芦巴挥发油的化学成分，采用超声-索氏提取组合法得到葫芦巴中的挥发油，利用 GC-MS 分析其化学成分，鉴定出 26 种化合物，其中包括胺类、酸类、醇类、酯类、酮类。关于葫芦巴化学成分的研究很多，但关于葫芦巴制备烟用香料的研究还未见报道。为了探究葫芦巴经发酵制备烟用香料的工艺，本研究利用酿酒高活性酵母发酵结合美拉德反应以葫芦巴为原料制备烟用香料，并且对其制备工艺进行优化。以水溶性的氨基酸及还原糖含量为指标，对酵母添加量、pH、发酵时间三个条件进行优化。在最优的发酵条件下，进行 4 个梯度的美拉德反应时间的处理。使用同时蒸馏萃取法提取香味物质，使用气相色谱-质谱联用法

（GC-MS）进行鉴定，最后把制得的香料加入卷烟进行评吸。结果表明，最佳发酵条件为酵母添加量为（体积分数）5%，pH＝7，时间24h。美拉德反应8，12，16，20h得到的葫芦巴发酵液中检测出挥发性成分分别为31种、40种、19种、16种。主成分分析结果得出美拉德反应时间8，12h的样品香气主成分有显著差异，美拉德反应时间16，20h的样品香气主成分无显著差异。美拉德反应时间为12h的产物对空白卷烟进行加香的评吸效果最佳。

1.2.1 葫芦巴发酵工艺条件的优化

（1）酿酒高活性酵母活化　将20g酿酒高活性酵母放入500mL的锥形瓶中，加入300mL35～40℃的无菌水浸泡15～20min，然后温度降至32℃活化2h，备用。

（2）葫芦巴籽粉末的制备　将干燥的葫芦巴籽粉碎，过60目筛，得到葫芦巴籽粉末。

（3）单因素酿酒高活性酵母发酵处理方法　葫芦巴籽粉末以料液比1∶10加100mL水，放入水浴锅中沸水浴30min达到灭菌效果。然后温度降至35℃，备用。

（4）还原糖和氨基酸测定　DNS法测水溶性还原糖，测得还原糖数据制备标准曲线方程为 $y=0.328x+0.0111$，$R^2=0.9941$。通过标准曲线及稀释倍数计算还原糖含量，计算公式如下：

还原糖含量（mg/g）＝（还原糖浓度×稀释倍数）/样品质量

茚三酮法测水溶性氨基酸，测得氨基酸数据制备标准曲线方程为 $y=0.123x-0.433$，$R^2=0.9913$。通过标准曲线及稀释倍数计算氨基酸含量，计算公式为：

氨基酸含量（mg/g）＝（氨基酸浓度×稀释倍数）/样品质量

①酵母添加量。

发酵时间为24h，发酵温度为35℃，pH＝5，酵母添加量体积分数分别为4%，5%，6%，7%。以氨基酸和还原糖含量为指标优化发酵加酵母量，结果见图1.9。

对图1.9分析发现，随着加酵母量的增加，氨基酸和还原糖的含量呈现先上升后下降的趋势，加酵母量低于5%时，还原糖和氨基酸的含量增加的幅度加大，加酵母量高于5%时，还原糖和氨基酸的含量略微下降，因此最优加酵母量体积分数为5%。

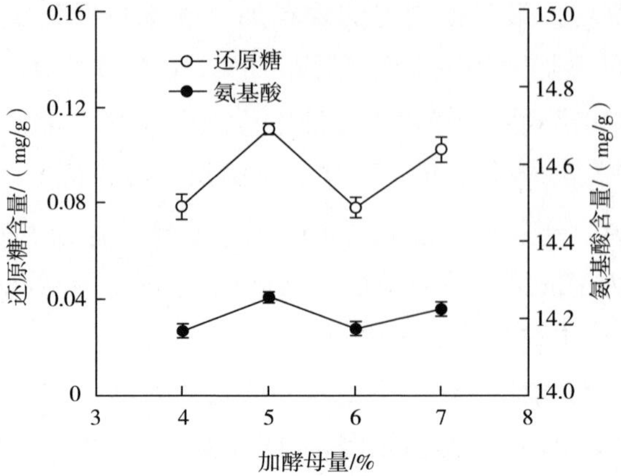

图 1.9　酵母添加量对葫芦巴发酵液氨基酸和还原糖含量的影响

②pH。

发酵时间为 24h，酶解温度为 35℃，加酵母量为 5%，pH 分别为 4，5，6，7。以氨基酸和还原糖含量为指标优化发酵 pH，结果如图 1. 10。

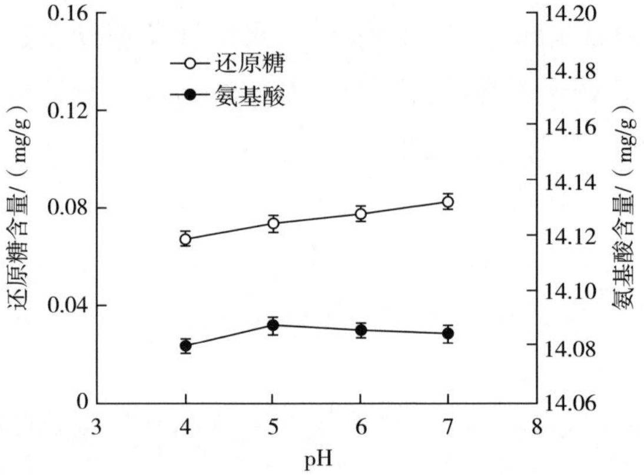

图 1. 10　pH 对葫芦巴发酵液氨基酸和还原糖含量的影响

对图 1. 10 分析发现，不同 pH 下的还原糖含量差距很小，整体呈现上升趋势，但是随着 pH 的增加，氨基酸的含量呈现先上升后降低的趋势（但是统计学上没有明显差异）。综上，对产香酵母发酵环境进行分析发现最适 pH 为 7。

③发酵时间。

加酵母量体积分数为 5%，发酵温度为 35℃，pH = 5，发酵时间分别为

12，24，36，48h。

以氨基酸和还原糖含量为指标优化发酵时间，结果见图 1. 11。

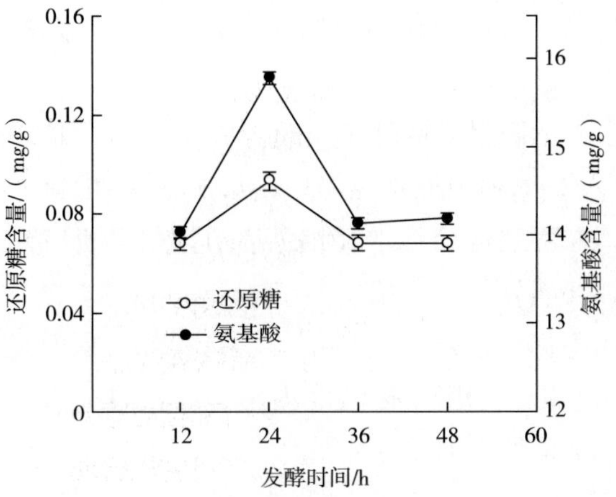

图 1. 11　发酵时间对葫芦巴发酵液氨基酸和还原糖含量的影响

对图 1. 11 进行分析发现，随着发酵时间的增加，还原糖的含量呈现先上升后下降的趋势，氨基酸的含量呈现持续上升的趋势，发酵时间低于 24h 时，还原糖的含量增加的幅度加大，发酵时间低于 24h 时，还原糖大幅度下降，在这期间，氨基酸含量变化不明显，考虑到过长的发酵时间不利于产业化应用，因此产香酵母的最适发酵时间为 24h。

1. 2. 2　不同美拉德反应时间的葫芦巴发酵液香气成分分析

（1）美拉德反应处理方法　向发酵后的 4 个样品中各加入 20mL 丙二醇，加入 1mol/L 的磷酸和 1mol/L 的氢氧化钾溶液调节 pH 至 7，封口后放入 70℃ 的烘箱分别反应 8，12，16，20h。

（2）同时蒸馏萃取提取香气物质　将美拉德反应产物倒入同时蒸馏萃取装置一端的平底烧瓶中，加入 100mL 蒸馏水，用电子调温电热套加热，装置的另一端蒸馏瓶中注入 50mL 二氯甲烷，于 60℃ 水浴中加热。当水与二氯甲烷分层开始计时，2. 5h 后萃取结束，在二氯甲烷萃取液中加入含量为 0. 8211mg/mL 的乙酸苯乙酯 1mL 和无水硫酸钠若干，静置过夜。然后于 35~40℃ 条件下浓缩。浓缩至约 1mL 转至样品瓶中，低温密封保存，用于 GC-MS 进行定量分析。

（3）GC-MS 分析　色谱条件：为 HP-5MS 色谱柱（30m×250μm×0. 25μm），进样口温度为 280℃，分流比 10∶1，进样量 1μL，载气：氦气，

载气流量为 3mL/min，升温程序为初起始温度 50℃以 4℃/min 升至 280℃。

质谱条件：EI 源，接口温度 20℃，电子能量 70eV，四极杆温度 150℃。采集模式：扫描；质量扫描范围为 35~550*m/z*。

挥发性物质的分析方法：采用内标法计算，乙酸苯乙酯作为内标，并假定相对校正因子为 1 进行定量。

在最优发酵条件下制得葫芦巴发酵液，加入 20mL 丙二醇，并调节 pH 至 7.0。密封后，放入 70℃的恒温干燥箱中，经过 4 个梯度的美拉德反应时间。再经过同时蒸馏萃取得到样品。用气相色谱质谱仪分析得到 4 个梯度的美拉德反应时间下的香气成分。

利用 Nist11 谱库将质谱图中各色谱峰进行检索，同时进行人工解析，对化学成分进行定性分析。采用内标法（内标物 0.8211mg/mL 的乙酸苯乙酯），对物质进行定量，结果见表 1.6。

表 1.6　不同美拉德反应时间下得到的香气成分分析　单位：μg/g

分类	物质	反应时间			
		8h	12h	16h	20h
烷烃	2,6,6-三甲基二环[3.1.1]庚烷	—	0.23	—	—
	二十五烷	0.67	—	—	—
	七十五烷	0.61	—	—	—
	十二烷	0.23	0.26	0.20	0.20
	正十九烷	—	0.31	—	—
	正十四烷	0.40	0.45	—	0.20
合计		1.91	1.26	0.20	0.40
酰胺	(*Z*)-9-十八烯酸酰胺	10.36	6.00	7.93	8.85
	芥酸酰胺	—	1.31	1.97	—
	十八酰胺	0.29	—	0.26	—
	十六酰胺	0.73	0.55	0.54	0.49
合计		11.38	7.87	10.70	9.35
酯	9,12,15-十八烷三烯酸甲酯	—	—	—	0.29
	9,12-十七碳二烯酸甲酯	—	0.42	—	—
	9-十六碳烯酸乙酯	0.68	0.85	—	—
	DL-2-氟苯基甘氨酸-*N*-二甲基氨基亚甲基-甲酯	7.36	—	2.46	3.58

续表

分类	物质	反应时间			
		8h	12h	16h	20h
酯	DL-2-氟苯基甘氨酸-*N*-二甲基氨基亚甲基-乙酯	—	8.54	—	—
	己二酸二辛酯	12.85	2.95	14.45	7.85
	邻苯二甲酸二(2-乙基)己酯	—	—	0.28	—
	十六烷酸乙酯	—	0.19	—	—
	乙酸苯乙酯	41.06	41.06	41.06	41.06
合计		62.28	54.00	58.25	52.77
酸	十二烷基酯五氟丙酸	0.32	—	—	—
	反式-9-十八碳烯酸	1.64	2.75	—	—
	十八酸	—	0.69	—	—
	十八碳-9,12,15-三烯酸	0.70	1.36	—	—
	十六酸	3.78	4.93	0.46	0.48
	十四酸	11.87	0.26	0.31	—
	顺-9-十六烯酸	0.83	0.85	—	—
	正癸酸	—	0.21	—	—
合计		18.83	11.06	0.77	0.48
醇	(±)-6-甲基-5-庚烯基-2-醇	—	0.51	—	—
	1-[2-(烯丙氧基)-1-甲基乙氧基]-2-丙醇	0.35	0.46	—	—
	1-(2-甲氧基-1-甲基乙氧基)异丙醇	—	0.19	—	—
	2-(2-羟基丙氧基)-1-丙醇	—	0.13	—	—
	苯乙醇	54.22	71.22	7.98	15.96
	顺,顺-9,12-十八碳二烯醇	—	0.37	—	—
合计		54.58	72.89	7.98	15.96
醛酮	6,10,14-三甲基-2-十五烷酮	0.26	0.33	—	—
	(*E*,*E*)-2,4-庚二烯醛	—	0.20	—	0.23
	(*E*,*E*)-2,4-癸二烯醛	—	0.51	—	0.30
	(*Z*)-9,17-十八碳二烯醛	—	2.40	—	—
	2,4-癸二烯醛	0.39	—	—	—
	2-苯基乙醛	1.89	1.72	0.33	1.11
	十六烷醛	1.46	—	—	—

续表

分类	物质	反应时间			
		8h	12h	16h	20h
醛酮	顺,顺,顺-7,10,13-十六碳三烯醛	1.30	1.48	0.21	—
	正十五碳醛	—	1.55	0.30	0.41
合计		5.29	8.19	0.85	2.05
烯炔	7-十四炔	—	—	0.40	—
	十八炔	—	—	—	0.53
	(-)-杜松烯	0.48	—	—	—
	1-十九烯	0.41	—	—	—
	2-异丙基-5-甲基-9-亚甲基双环[4.4.0]癸-1-烯	—	0.52	—	—
	4-甲氧基-1-戊烯	0.58	—	—	—
	7-甲基-3,4-辛二烯	2.27	—	—	—
合计		3.74	0.52	0.40	0.53
杂环	1,2,3,4-四氢-1,6-二甲基-4-(1-甲基乙基)-(1*S*-顺式)萘	0.13	—	—	—
	1,2-O-(1-甲基亚乙基)-*β*-去甲肾上腺素	—	0.90	—	—
	2,3-二氢苯并呋喃	—	0.72	—	—
	2-戊基呋喃	0.21	0.34	0.16	0.28
	4-异丙基-1,6-二甲基-1,2,3,4-四氢化萘	—	0.15	—	—
	苯酚	—	0.37	—	—
	二(丙烯乙二醇)叔丁基醚	0.28	0.36	—	—
合计		0.62	2.84	0.16	0.28
总量		158.61	158.6	79.30	81.82

注:"—"表示未检出。

4种经过不同美拉德反应时间的葫芦巴发酵液所产生的香气成分各组分经计算机谱库分析，检出56种香气成分，主要分为8大类，其中烷烃类6种、酰胺类4种、酯类9种、醛酮类9种、酸类8种、醇类6种、烯炔类7种、杂环类7种。碳氢类化合物种类多、含量高，其次是醇类、酮类和酯类。其中含量较高的成分有（*Z*)-9-十八烯酸酰胺、已二酸二辛酯、十六酸、苯乙醇、2-苯基乙醛、2-戊基呋喃。苯乙醇具有玫瑰香气；2-苯基乙醛具有青香香气，有甜水果风味；十六酸是烟草中含有的香气物质，可增加丰满度；2-戊基呋喃具有豆香、果香、青香。

由表1.6还可以看出，经过4种美拉德反应时间的葫芦巴样品所共有的挥发性成分有9种，其中包括：烷烃类1种，即十二烷；酰胺类2种，即(*Z*)-9-十八烯酸酰胺，十六酰胺；酯类1种，即己二酸二辛酯；醛酮类1种，即2-苯基乙醛；酸类1种，即十六酸，醇类1种，即苯乙醇，其他杂环类1种，即2-戊基呋喃。从美拉德反应8h得到的葫芦巴样品中检测出的特有挥发性成分有10种，包括十六烷醛、(-)-杜松烯、1-十九烯、4-甲氧基-1-戊烯、7-甲基-3,4-辛二烯等。从美拉德反应12h得到的葫芦巴样品中检测出的特有挥发性成分有1种，包括9,12-十七碳二烯酸甲酯、DL-2-氟苯基甘氨酸-*N*-二甲基氨基亚甲基-甲脂、十六烷酸乙酯、十八酸、正癸酸、(±)-6-甲基-5-庚烯基-2-醇、1-(2-甲氧基-1-甲基乙氧基)异丙醇、2-(2-羟基丙氧基)-1-丙醇、顺，顺-9,12-十八碳二烯醇、(*Z*)-9,17-十八碳二烯醛、2,3-二氢苯并呋喃、苯酚等。从美拉德反应16h得到的葫芦巴样品中检测出的特有挥发性成分有2种，分别是邻苯二甲酸二（2-乙基）己酯、7-十四炔。从美拉德反应20h得到的葫芦巴样品中检测出的特有挥发性成分有2种，分别是9,12,15-十八烷三烯酸甲酯、十八炔。

1.2.3　不同美拉德反应时间的葫芦巴样品香气成分主成分分析

香气主成分分析方法采用IBM SPSS Statistics 21软件（后文简称SPSS软件）对挥发性物质主成分进行分析，根据相关系数列出相关矩阵，计算各主成分的系数及综合得分，并进行排序。

根据不同美拉德反应时间的葫芦巴发酵液有关成分的含量标准化值与特征根、特征向量，计算出各主成分值，并以此作出散点图。

利用SPSS软件分析模块的主分量分析过程对4种不同美拉德反应时间下所得的产物香气成分的相对含量进行主成分分析，得到主成分的特征值和贡献率。

由表1.7可知，第1主成分的贡献率为55.33%，第2主成分的贡献率为34.75%，2个成分的累计贡献率已经达到90.09%，根据主成分分析一般提取主成分包含90%以上信息的原理，信息遗失率<10%（主成分分析中以方差大小来衡量变量的变异程度，以方差贡献率来反映其变异信息完整度，可见此2个主成分足以说明该数据的变化趋势，故根据其贡献大小将其命名为第1、第

2 主成分)。

表 1.7　　　　葫芦巴样品香气 2 个主成分的特征值

主成分	初始特征值		
	特征值	贡献率/%	累积贡献率/%
1	30.38	55.33	55.237
2	19.062	34.75	90.09

由表 1.8 可知，第 1 主成分反映的指标主要有 2,6,6-三甲基二环-3,1,1-庚烷、十八酸、(*Z*)-9,17-十八碳二烯醛、2-异丙基-5-甲基-9-亚甲基双环［4.4.0］癸-1-烯、4-异丙基-1,6-二甲基-1,2,3,4-四氢化萘、顺，顺-9,12-十八碳二烯醇、(±)-6-甲基-5-庚烯基-2-醇、1-(2-甲氧基-1-甲基乙氧基）异丙醇、2-(2-羟基丙氧基)-1-丙醇、9,12-十七碳二烯酸甲酯、苯酚、十六烷酸乙酯、正十九烷、2,3-二氢苯并呋喃、正癸酸、正十五碳醛、十二烷、9,12,15-十八碳三烯酸、已二酸二辛酯、反式-9-十八碳烯酸、2,4-癸二烯醛、2-戊基呋喃；第 2 主成分反映的指标主要有十六酰胺、十四酸、1-十九烯、七十五烷、7-甲基-3,4-辛二烯、二十五烷、(-)-杜松烯、2,4-癸二烯醛、1,2,3,4-四氢-1,6-二甲基-4-(1-甲基乙基)-(1*S*-顺式）萘、十六烷醛、4-甲氧基-1-戊烯、十二烷基酯五氟丙酸。

萜烯和倍半萜烯能够改进和提高烟草的自然风味，具有香气增效的作用。结合表 1.6 鉴定出来的主要挥发性化学成分为（*Z*)-9-十八烯酸酰胺、已二酸二辛酯、十六酸、苯乙醇、2-苯基乙醛、2-戊基呋喃。

表 1.8　　　　葫芦巴样品香气主成分载荷矩阵

序号	指标	主成分	
		1	2
1	2,6,6-三甲基二环-3,1,1-庚烷	0.994	-0.075
2	十八酸	0.994	-0.075
3	(*Z*)-9,17-十八碳二烯醛	0.994	-0.075
4	2-异丙基-5-甲基-9-亚甲基双环[4.4.0]癸-1-烯	0.994	-0.075
5	4-异丙基-1,6-二甲基-1,2,3,4-四氢化萘	0.994	-0.075
6	顺,顺-9,12-十八碳二烯醇	0.994	-0.075

续表

序号	指标	主成分	
		1	2
7	(±)-6-甲基-5-庚烯基-2-醇	0.994	-0.075
8	1-(2-甲氧基-1-甲基乙氧基)异丙醇	0.994	-0.075
9	1,2-O-(1-甲基亚乙基)-*β*-去甲肾上腺素	0.994	-0.075
10	2-(2-羟基丙氧基)-1-丙醇	0.994	-0.075
11	9,12-十七碳二烯酸甲酯	0.994	-0.075
12	苯酚	0.994	-0.075
13	十六烷酸乙酯	0.994	-0.075
14	正十九烷	0.994	-0.075
15	2,3-二氢苯并呋喃	0.994	-0.075
16	DL-2-氟苯基甘氨酸-*N*-二甲基氨基亚甲基-乙酯	0.994	-0.075
17	正癸酸	0.994	-0.075
18	正十五碳醛	0.948	-0.319
19	十二烷	0.902	0.425
20	9,12,15-十八碳三烯酸	0.896	0.439
21	己二酸二辛酯	-0.868	0.22
22	反式-9-十八碳烯酸	0.857	0.511
23	2,4-癸二烯醛	0.838	-0.348
24	2-戊基呋喃	0.824	-0.122
25	苯乙醇	0.8	0.599
26	十六酸	0.779	0.624
27	(*Z*)-9-十八烯酸酰胺	-0.774	0.57
28	1-[2-(烯丙氧基)-1-甲基乙氧基]-2-丙醇	0.769	0.637
29	二(丙烯乙二醇)叔丁基醚	0.759	0.648
30	6,10,14-三甲基-2-十五烷酮	0.754	0.655
31	9-十六碳烯酸乙酯	0.747	0.662
32	正十四烷	0.689	0.638
33	十八酰胺	-0.592	0.52
34	(*E*,*E*)-2,4-庚二烯醛	0.522	-0.475
35	十六酰胺	-0.117	0.977

续表

序号	指标	主成分	
		1	2
36	十四酸	-0.254	0.967
37	1-十九烯	-0.26	0.965
38	七十五烷	-0.26	0.965
39	7-甲基-3,4-辛二烯	-0.26	0.965
40	二十五烷	-0.26	0.965
41	(-)-杜松烯	-0.26	0.965
42	2,4-癸二烯醛	-0.26	0.965
43	1,2,3,4-四氢-1,6-二甲基-4-(1-甲基乙基)-(1*S*-顺式)萘	-0.26	0.965
44	十六烷醛	-0.26	0.965
45	4-甲氧基-1-戊烯	-0.26	0.965
46	十二烷基酯五氟丙酸	-0.26	0.965
47	顺-9-十六烯酸	0.648	0.76
48	2-苯基乙醛	0.526	0.744
49	DL-2-氟苯基甘氨酸-*N*-二甲基氨基亚甲基-乙酯	-0.661	0.72
50	顺,顺,顺-7,10,13-十六碳三烯醛	0.694	0.7
51	芥酸酰胺	0.225	-0.491
52	十八炔	-0.298	-0.45
53	9,12,15-十八烷三烯酸甲酯	-0.298	-0.45
54	7-十四炔	-0.435	-0.44
55	邻苯二甲酸二(2-乙基)己酯	-0.435	-0.44

根据表1.6中4种样品的56种香气物质的相对含量、表1.7中前2个主成分的特征值和贡献率及表1.8中55种香气物质的载荷值得出4种样品的第1、第2主成分值，并以第1主成分值为纵坐标、第2主成分值为横坐标作二维散点图。4种不同美拉德反应时间样品的主成分散点图见图1.12（图中1为美拉德反应时间8h样品，2为美拉德反应时间12h样品，3为美拉德反应时间16h样品，4为美拉德反应时间20h样品），55种香气成分的主成分见图1.13。由图1.12可知，经主成分分析，以空间散点的距离分，4种不同美

拉德反应条件下所产生的香气物质根据距离远近分为 3 个区域，其中除美拉德反应 16h 和美拉德反应 20h 下所产生的香气物质相距较近可以视为较接近外，美拉德反应 8h 和美拉德反应 12h 相距都比较远。每个区域具有各自的香气特征，具有工业开发加工葫芦巴烟用香料等相关产品的价值，本研究数据和分析可为今后的开发与利用提供参考。

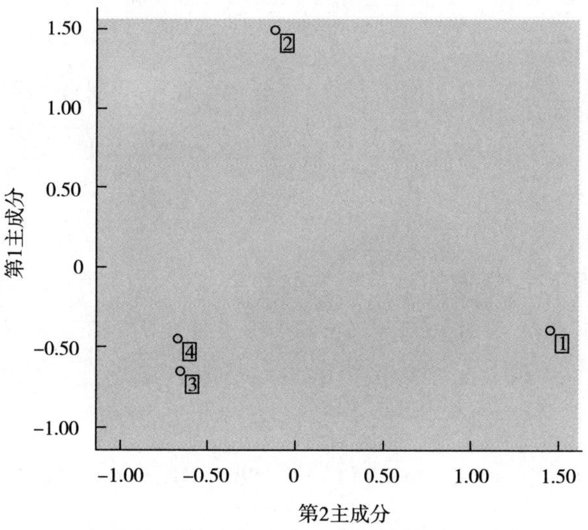

图 1. 12　葫芦巴样品香气中 4 种不同美拉德反应时间主成分散点图

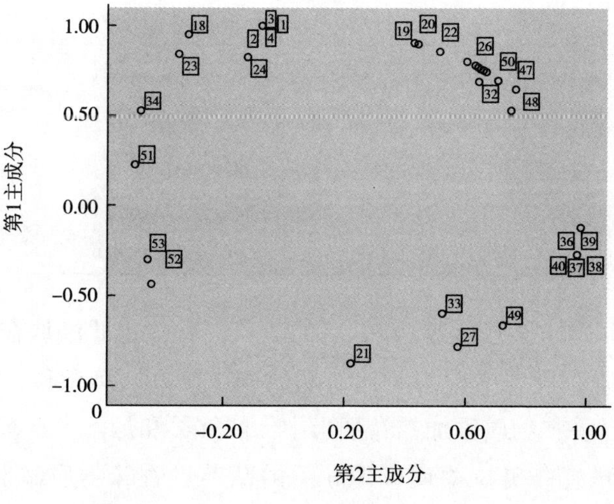

图 1. 13　葫芦巴样品香气中 55 种香气成分

（图中编号与表 1. 8 序号相对应）的主成分散点图

图 1.13 由 55 种香气成分的第 2 主成分值为横坐标、第 1 主成分值为纵坐标作散点图而得。图 1.13 结合图 1.12 可知，影响美拉德反应 8h 得到的葫芦巴烟用香料的香气组成的香气成分主要集中在第 2 主成分的正半轴，按影响力从大到小依次为 7-甲基-3,4-辛二烯（39）、七十五烷（38）、1-十九烯（37）、十四酸（36）、二十五烷（40）；影响美拉德反应 12h 得到的葫芦巴烟用香料的香气组成的香气成分主要集中在第 1 主成分的正半轴，按影响力从大到小依次为 2,6,6-三甲基二环-3,1,1-庚烷（1）、十八酸（2）、(*Z*)-9,17-十八碳二烯醛（3）、2-异丙基-5-甲基-9-亚甲基双环［4.4.0］癸-1-烯（4）。影响美拉德反应 16h 和 20h 得到的葫芦巴烟用香料的香气组成的香气成分主要集中在第 2 主成分的负半轴，按影响力从大到小依次为十八炔（52）、9,12,15-十八烷三烯酸甲酯（53）。

1.2.4 不同反应时间处理的葫芦巴发酵液美拉德反应产物加香效果

得到的美拉德反应 8，12，16，20h 后的产物离心后取上清液 1mL，用 25μL 的注射针，注射入实验室提供的空白卷烟，取反加水的空白卷烟作为对照组。将烟支放入恒温（22℃±1℃）恒湿（相对湿度为 0%±2%）箱内平衡 48h，组织评吸人员对以上样品进行感官评吸，结果见表 1.9。

表 1.9　添加葫芦巴香味物质卷烟加香评吸结果

项目	光泽（5 分）	香气（32 分）	谐调（6 分）	杂气（12 分）	刺激性（20 分）	余味（25 分）	总分
空白组	4	27	4.5	11	18	22	86.5
8h	4	27.9	4.9	10.4	17.1	22.5	86.7
12h	4	29.6	5.2	11.1	17.9	23.6	91.4
16h	4	26.9	4.6	9.9	16.7	22.1	84.3
20h	4	26.9	4.4	9.6	16.6	21.7	83.3

由表 1.9 可知，美拉德反应 8h 后的葫芦巴香味物质添加在卷烟当中，香气量增加，细腻程度与空白组相比有所改善，杂气、刺激稍大。美拉德反应 12h 后的葫芦巴香味物质添加在卷烟当中，能够柔和烟气、丰富烟香、增加甜韵感、降低刺激感。美拉德反应 16h 后的葫芦巴香味物质添加在卷烟当中，浓度降低，回甜增加，舌尖有颗粒感，刺激增大，香气变化不如美拉德反应 12h 后的葫芦巴香味物质。美拉德反应 20h 后的葫芦巴香味物质添加在卷烟当

中烟气较柔顺谐调，丰富性提高，杂气降低，成团性好，甜香明显增加，余味稍不适。

1.2.5 小结

（1）以还原糖和氨基酸含量为指标优化发酵条件，最优条件：加酵母量5%（体积分数），pH=7，发酵时间24h。

（2）通过GC-MS法对葫芦巴烟用香料的挥发性成分进行了分析和鉴定。从美拉德反应8，12，16，20h得到的葫芦巴样品检测出挥发性成分中分别有31种、40种、19种、16种香气成分。当美拉德反应时间为12h时，所产生的挥发性化合物的种类及含量较多，香气也会较为丰富。

（3）主成分分析结果得出美拉德反应时间8h、12h的样品香气主成分有显著差异，美拉德反应时间16h、20h的样品香气主成分无显著差异。

（4）从不同美拉德反应时间处理后的感官评吸总分来看，美拉德反应时间12h的样品对空白卷烟进行加香评吸的效果最佳。

综上所述，结合不同美拉德时间处理后的香味成分种类和含量以及主成分分析和评析结果，美拉德反应时间12h的葫芦巴发酵液进行加香评吸效果较好。

1.3 以怀山药为原料经美拉德反应制备烟用香料

山药为薯蓣科（Dioscoreaceae）薯蓣属（*Dioscorea*）植物薯蓣的块茎，自古以来就是药食同源的保健食品。《本草纲目》记载山药能够“益肾气、健脾胃、止泻痢、化痰涎、润皮毛”，而且“久服，耳目聪明，轻身不饥延年”。而在山药当中以产自古怀庆（今河南省焦作市境内）的怀山药质量最佳。山药营养成分丰富，含有人体必需的8种氨基酸，蛋白质的含量达到1.5g/100g，还含有Se、Fe、Zn等微量元素。目前，对山药的研究当中以山药多糖最多。许效群等研究表明山药多糖有较好的抗氧化活性和免疫增强活性。罗鼎天等发现怀山药多糖具有良好的胃黏膜保护作用。另外，周晓薇等对铁棍山药蛋白进行研究，发现山药蛋白也具有良好的抗氧化活性。

以怀山药为原料，加入中性蛋白酶进行处理，无需添加外源性糖类和氨基酸，进行美拉德反应制备香料。通过正交试验优化得到的美拉德反应最佳工艺参数为：反应温度120℃，反应时间为1h，pH=8。在此条件下，美拉德反应产物香气成分较多，制成的怀山药香料焦甜香气浓郁。经GC-MS分析，鉴定出33种挥发性化合物，其中具有典型焦糖特征香气的吡嗪类化合物含量最高，相对质量分数达到20.95%。把怀山药香料应用到卷烟加香中，发现它能够提升卷烟焦甜香气，掩盖杂气，而且余味有明显改善。怀山药美拉德反应制备烟用香料操作工艺简单，所得香料品质好，有良好的工业应用前景。

1.3.1 怀山药美拉德反应工艺条件优化

（1）怀山药美拉德反应产物的制备和分析　将山药粉按比例加水配制成质量分数20%的山药悬浮液，搅拌摇匀，再加入5g Na_2SO_3 煮沸，冷却后按质量分数8%的加酶量加入中性蛋白酶，然后放入45℃的水浴锅中进行水解，4h后取出，加热至90℃灭酶，最后在5000r/min下离心10min，得到山药蛋白质水解液。

选取反应液体的pH、反应时间、反应温度为因素设计正交试验，然后取10mL蛋白质水解液到锥形瓶里，按照正交试验表调节溶液pH，然后将锥形瓶放入灭菌锅，设置相应的时间和温度。反应完成后，取溶液测其吸光度并记录。

（2）正交试验结果分析　在正交试验得出的最优条件下重复上述工艺流程，目的是制备出含较多香气成分的反应产物，然后进行减压浓缩。将制得的产物经同时蒸馏萃取后，用GC-MS分析其所含挥发性香气物质。分析条件如下。

色谱柱：HP-5MS毛细管柱（60m×0.32mm×0.25μm）；进样口温度：250℃；程序升温：初始温度40℃维持3min，然后以6℃/min的速度升至20℃，维持5min；汽化温度：20℃；载气：氦气；流速：1mL/min；分流比：10∶1；电离方式：EI源；检测器及温度：FID，300℃；传输线温度：280℃；电离能量：70eV；离子源温度：230℃；质量扫描范围：30～700u；检索谱库：NIST02库。然后使用面积归一化法计算各化合物的峰面积相对百分比（相对质量分数）。

选取反应液pH、反应时间和反应温度为影响因素设计正交试验，结果见表1.10。

由表1.10分析可知，三种因素对怀山药的美拉德反应的影响由大到小依次为pH、时间、温度。从吸光度判别美拉德反应进行的程度并综合生产实际要求选择，怀山药美拉德反应的最佳工艺参数为：反应温度120℃，反应时间为1h，反应液体pH为8。该条件下反应后溶液吸光度为2.440，颜色呈棕褐色，有明显的焦糖香味，经减压浓缩后，香味更加浓郁。

表 1.10　　怀山药美拉德反应正交试验结果

序号	温度/℃	时间/h	pH	空白列	吸光度
1	100	0.5	5	0	0.331
2	100	1	7	1	0.429
3	100	2	8	2	1.147
4	110	0.5	8	1	0.906
5	110	1	5	2	0.241
6	110	2	7	0	2.273
7	120	0.5	7	2	0.673
8	120	1	8	0	2.440
9	120	2	5	1	0.383
*K*1	0.636	0.637	0.318	0.611	—
*K*2	1.140	1.037	1.125	0.537	—
*K*3	1.165	1.268	1.498	0.687	—
R	0.529	0.631	1.180	0.150	—

1.3.2 怀山药美拉德反应产物挥发性香气成分分析

（1）香气成分分析　对在最佳工艺条件（120℃、1h、pH 8）下制得的怀山药香料进行 GC-MS 分析，分析结果见表 1.11。

表 1.11　　怀山药美拉德反应产物 GC-MS 分析结果

序号	成分英文名称	成分中文名称	相对质量分数/%
1	Pyrazine, 2-methul-	2-甲基吡嗪	6.42
2	2-Furanmethanol	糠醇	0.94
3	Pyrazine, 2, 5-dimethyl-	2,5-二甲基吡嗪	13.36
4	2-Furanmethanol, 5-methyl-	5-甲基-2-呋喃甲醇	0.34
5	Benzaldehyde	苯甲醛	0.10
6	Pyrazine, 2-ethyl-6-methyl-	2-乙基-6-甲基-吡嗪	0.12
7	Pyrazine, 2, 3, 5-trimethyl-	2,3,5-三甲基吡嗪	1.16
8	2-Acetylpyrazine	2-乙酰基吡嗪	0.05

续表

序号	成分英文名称	成分中文名称	相对质量分数/%
9	1,2-Cyclopentanedione,3-methyl-	3-甲基环戊烷-1,2-二酮	0.15
10	Benzeneacetaldehyde	苯乙醛	2.46
11	1H-Pyrrole-2-carboxaldehyde,1-methyl-	*N*-甲基-2-吡咯甲醛	0.03
12	Ethanone,1-(1-methyl-1H-pyrrol-2-yl)-	2-乙酰基-1-甲基吡咯	0.03
13	Dodecane	十二烷	0.05
14	Nicotine	烟碱	0.03
15	1-Pentadecene	1-十五烯	0.02
16	1-Heptadecene	1-十七烯	0.03
17	1-Nonadecene	1-十九烯	0.07
18	Hexadecanoic acid,methyl ester	棕榈酸甲酯	0.03
19	*n*-Hexadecanoic acid	棕榈酸	0.14
20	*n*-Tridecylcyclohexane	三癸环己烷	0.03
21	Cyclohexadecane,1,2-diethyl-	1,2-二乙基环己烷	0.03
22	*Z*-5-Nonadecene	(*Z*)-5-十九碳烯	0.07
23	9,12-Octadecadienoic acid(*Z*,*Z*)-	亚油酸	0.07
24	2(3H)-Furanone,dihydro-5-tetradecyl-	二氢-5-十四烷基-2(3H)-呋喃酮	0.02
25	Vitamin E	维生素 E	0.16
26	9-Tricosene,(*Z*)-	顺式-9-二十三烯	0.07
27	Eicosane	二十烷	0.07
28	3-Eicosene,(*E*)-	(*E*)-3-二十烯	0.34
29	*cis*-11-Eicosenamide	(*Z*)-11-二十烯酰胺	0.17
30	Campesterol	菜籽固醇	1.24
31	Stigmasterol	豆固醇	1.69
32	Squalene	反式角鲨烯	0.10
33	γ-Sitosterol	γ-谷固醇	1.79

分析表 1.11 可知，利用 GC-MS 共分析鉴定出 33 种化合物，其中相对质量分数最高的是吡嗪类化合物，占总量的 20.952%，而吡嗪类化合物是烟草和食品行业常用的香料。相对质量分数较高的 2,5-二甲基吡嗪、2-甲基吡嗪

和2,3,5-三甲基吡嗪都具有坚果香、烤香，被广泛用于肉类、巧克力奶油及卷烟中提升食物的焦糖香，这也解释了怀山药香料具有浓郁焦甜香气的原因。此外，相对质量分数较高的还有苯乙醛和其同系物苯甲醛，占总量的2.5%，苯乙醛具有类似风信子的香气，稀释后具有水果的甜香气，苯甲醛有特殊的杏仁味。二者都可以作为头香香料，被广泛应用于食品和化妆品行业。这也能够解释怀山药香料的甜香来源。另外，2-乙酰基-1-甲基吡咯具有核桃、甘草、烤面包、炒榛子等的香气，吡咯类化合物本身就具有烟草香味。3-甲基环戊烷-1,2-二酮是一种香味和甜味增效剂，广泛用于饮料、烘烤食品和烟草当中。反式角鲨烯也存在于烟草当中，具有微弱的令人愉快的气味，还具有杀菌消炎的作用。

（2）加香评吸试验　将制得的香料用质量分数70%的乙醇稀释，按设定的喷洒量喷洒到低等烟丝上。按照每支烟总质量为0.80g±0.01g的标准卷制样品，根据国家标准要求，在温度22℃±2℃、相对湿度0%±5%的恒温恒湿箱中平衡24h。请10人评吸小组进行感官品吸，从香气、谐调、杂气、刺激性和余味5个指标分别进行评分，结果见表1.12。

表1.12　怀山药美拉德反应香料卷烟感官评吸结果

样品	添加质量分数/%	评吸结果
河南南阳 C3F	0.05	香气量尚足，尚谐调，杂气重，刺激性较明显
	0.10	香气量提升，谐调，杂气降低，余味舒适
	0.15	香气较足，香气细腻，谐调，杂气降低，余味舒适
	0.20	香气足，烟气过甜，尚谐调，杂气略有增加，余味舒适
	0.25	香气充足，烟草香气淡，烟气过甜，不谐调

由表1.12的感官评吸结果可知，怀山药美拉德反应香料能够提升卷烟的香气，掩盖杂气，减少刺激性，能够明显提升卷烟的焦糖香，在合适的用量范围内能与卷烟香气较好地谐调，其用量应该控制在0.1%~0.2%（质量分数）。

1.3.3　小结

本研究以怀山药为原料进行美拉德反应制备烟用香料，并将制得的香料应用到卷烟加香中，结果表明：怀山药美拉德反应制备的香料有浓郁的焦糖香味，经GC-MS分析鉴定出33种化合物，其中有很多致香类化合物，吡嗪类化合物的含量最高，相对质量分数达到20.952%，而吡嗪类化合物就主要表现出焦糖香味。另外，在卷烟加香试验中发现，怀山药香料能够起到提升卷烟焦糖香气、掩盖杂气、减少刺激性的作用。值得一提的是，与其他研究者进行的美拉德反应相比，本次针对怀山药进行的美拉德反应不需要外源糖类和氨基酸，节约了试验成本，操作简便，有良好的工业化应用价值。

1.4 产香酵母发酵烟草花蕾香料及其美拉德反应工艺优化

中国是烟草资源十分丰富的国家，其中烟草植物的种植面积和产量均居世界首位。中国卷烟工业多取优质烟叶为原料，其中将近一半的烟叶、烟末等下脚料会被废弃。如果这些下脚料被弃置或处理不当，将会对环境造成严重的污染。对这些烟草废弃物的再利用，不仅获得有用的产品，为企业带来新的经济效益，还可以减轻由它带来的各种环境污染。近年来，我国研究人员在通过发酵技术改善烟草品质方面做了大量研究。其中，刘蓓在了解造纸法烟草薄片化学组成及特性之后，从造纸法烟草薄片原料中分离筛选出一些微生物菌株，其能够降解纤维素、果胶、蛋白质和淀粉等大分子物质，并利用这些微生物对烟草薄片进行发酵处理，通过发酵调控造纸法烟草薄片和烟草原料烟气焦油的组成。谷月利用外源微生物对烟丝进行发酵的方法来改善烟丝品质，制备适用于口用型烟草制品的烟丝原料，并初步探究该方法下烟丝品质的变化。谢丽萍以烟草下脚料为原料通过发酵处理制取乙醇，并对其不同的发酵条件进行优化，为其资源重利用提供新思路新方法。赵铭钦，齐伟城，邱丽友等研究对比人工发酵和自然陈化过程中的烤烟烟叶的增质增香效果。结果显示，与自然陈化相比，经过发酵增质剂处理后的烟叶香气质有所改善，香气量大幅度增加，烟草固有的杂气和刺激性降低，烟草中的糖、氮、碱等化学成分及其比值谐调、平衡。宋鹏，陈五岭等对国内外在烟草发酵中不同时期施加微生物及制剂的研究进行了概述，并指出了在烟草发酵中不同时期施加微生物及制剂对烟草行业提高烟草品质的作用。

本试验采取大田打顶废弃的烟草花蕾为原料，通过复合酶酶解和产香酵母发酵技术结合美拉德反应增香，制备烟用香料。通过GG-MS分析和感官评定对香气成分进行系统探索，采用主成分分析法分析美拉德反应温度、时间对烟草花蕾酶解液和发酵液的影响。结果表明：①产香酵母发酵烟草花蕾的最优条件为发酵温度30℃，时间24h，pH=5，加菌量5%（体积分数）。②烟草花蕾发酵液经 GC-MS 分析香味成分，60℃时，经过反应产生的香气物质有 45 种之多，其中含量较多的物质是：酯类、酮类、醇类、醛类、酸类、吡啶类以及呋喃类等。③生成物中浓度最高的有软硬脂酸、正十五酸、肉豆蔻酸、三环烯、棕榈油酸、苯乙醛、苯甲醇、6,10,14-三甲基-2-十五烷酮等；香气临界值最低的物质有 2-正戊基呋喃、二氢猕猴桃内酯、油酸酰胺、烟草烯、巨豆三烯酮等，这些物质对烟草香气的产生具有关键作用。④此法不仅可以制备大量的烟用香料，还可以对烟用香料的制备工艺提供可靠依据。

1.4.1 烟草花蕾产香酵母发酵工艺优化

（1）产香酵母升高活性　用 35~40℃的温水把产香酵母溶解，15~20min 之后，在低于 34℃的温度条件下对酵母进行提高活性的处理，时间是 1~2h。

取产香酵母 10g 和 100mL 的无菌水（温度为 35~40℃）装入容量为 250mL 的锥形瓶中，并放在 32℃的水浴锅中进行恒温升温以提高酵母菌活性，2h 后取出备用。

（2）烟草花蕾灭菌处理方法　用设备对干燥的试验材料进行粉碎，之后用 60 目的筛子筛滤试验材料，并按照物料和液体的比例（$m:V$）为 1∶10 的情况，将物料和 200mL 的蒸馏水装入 500mL 锥形瓶中，并用封口材料将锥形瓶的口封住，然后将锥形瓶进行 30min 沸水浴，达到杀灭细菌的效果。

1.4.2 不同发酵因素对烟草花蕾发酵处理的影响

（1）产香酵母发酵时间对烟草花蕾发酵液氨基酸和还原糖含量的影响　试验材料粉末按照物料和液体（$m:V$）的比例 1∶10 加 100mL 水，加菌量为 5%（$V:V$），发酵温度为 35℃，pH=5，发酵时间分别为 24，36，48，60h。

以烟草花蕾发酵液中氨基酸和还原糖含量为指标，优化烟草花蕾发酵时间，结果如图 1.14 所示，可以看出随发酵时间的变化，烟草花蕾发酵液中氨基酸和还原糖的含量变化不显著，即产香酵母发酵时间最优为 24h。

（2）发酵加菌量对烟草花蕾发酵液氨基酸和还原糖含量的影响　发酵时间为 24h，酶解温度为 35℃，pH=5，加菌量分别为 3%，4%，5%，6%，方法同上。

以氨基酸和还原糖含量为指标，优化烟草花蕾发酵加菌量，结果如图 1.15 所示。可以看出氨基酸含量无显著变化，还原糖在烟草花蕾发酵加菌量 5%（体积分数）时具有最多的含量，烟草花蕾发酵加菌量为 5%（体积分数）

时烟草花蕾发酵效果最好。

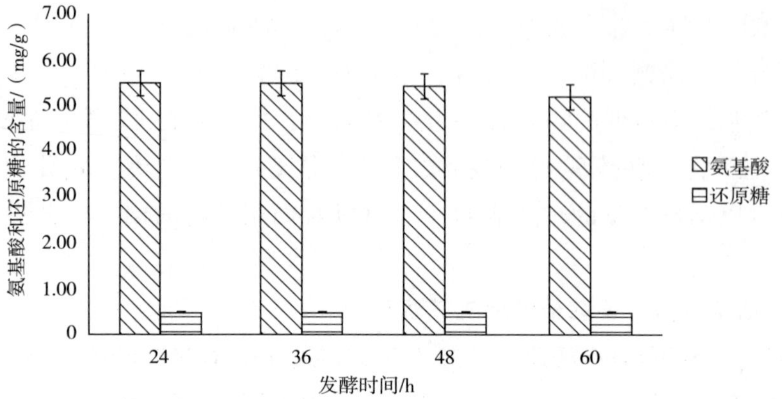

图 1.14　产香酵母发酵时间对烟草花蕾发酵液氨基酸和还原糖含量的影响

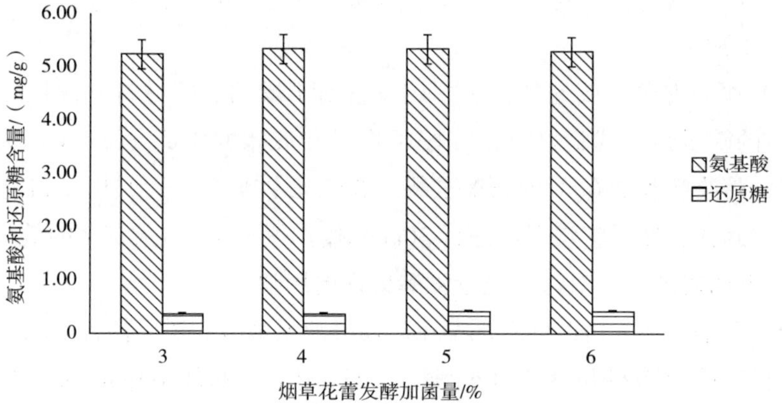

图 1.15　发酵加菌量对烟草花蕾发酵液氨基酸和还原糖含量的影响

（3）发酵液 pH 对烟草花蕾发酵液氨基酸和还原糖含量的影响　加菌量为 5%（体积分数），反应温度为 35℃，反应时间为 24h，pH 分别是 5，6，7，8 条件下，以烟草花蕾发酵液中氨基酸和还原糖含量为指标，优化烟草花蕾发酵 pH，结果如图 1.16 所示。发酵液 pH = 5 时氨基酸含量最高，还原糖含量随发酵液 pH 变化不显著，即产香酵母发酵 pH 最优为 pH = 5。

（4）发酵温度对烟草花蕾发酵液氨基酸和还源糖含量的影响　加菌量为 5%（体积分数），反应环境的 pH = 5，分别对应的反应温度为 30，35，40，45℃条件下，以氨基酸和还原糖含量为指标，优化烟草花蕾发酵温度，结果

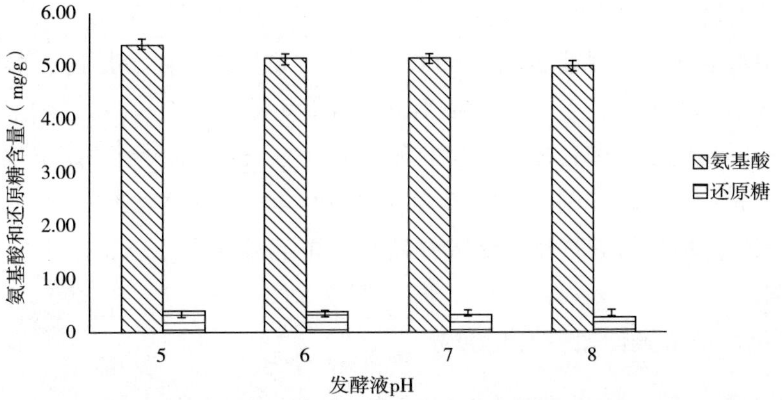

图 1.16 发酵 pH 对烟草花蕾发酵液氨基酸和还原糖含量的影响

如图 1.17 所示。由图可知，氨基酸以及还原糖的含量几乎不随发酵温度变化而改变。所以得出，30℃为发酵的最佳温度。

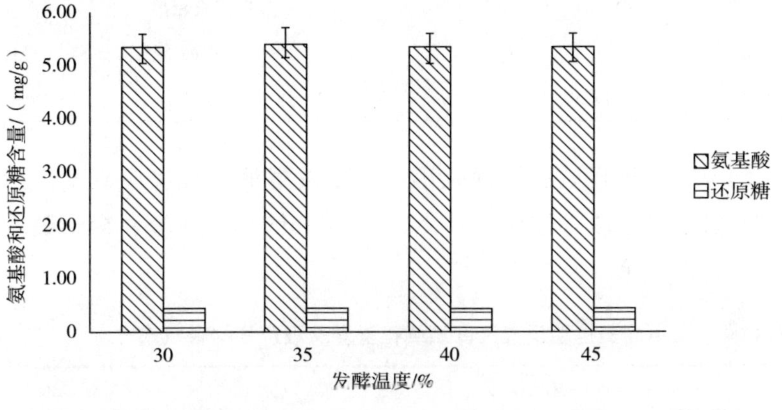

图 1.17 发酵温度对烟草花蕾发酵液氨基酸和还原糖含量的影响

1.4.3 不同美拉德反应温度的烟草花蕾发酵液产物香气成分分析

（1）美拉德反应处理方法 烟草花蕾在单一条件最优的情况下，在 50，60，70，80℃分别进行美拉德反应。具体做法是将 20mL 丙二醇加入四个试验样品中来调节 pH 为 7，然后用封口膜将样品封口，放入对应温度的烘箱，让其反应 12h。

（2）GC-MS 分析 GC-MS 前处理：将烟草花蕾美拉德反应得到的物质分别和 100mL 蒸馏水添加到蒸馏和萃取装置一端的平底的玻璃容器中，并通过电子升温设备对其升温；然后将 50mL 二氯甲烷添加到装置另一端的蒸馏瓶中，并用水浴锅来控制其温度为 60℃。水与二氯甲烷产生分层时，蒸馏和萃取的过程开始计时，经过 2.5h 后可以结束操作，然后将 1mL 浓度为 0.8211mg/mL 的乙酸苯乙酯和一定容积的无水 Na_2SO_4 加入到二氯甲烷萃取液中，静止放置一夜。控制温度为室温或者 35~40℃，对溶液进行浓缩，固定容积为 1mL。最后将其过滤后装入样品容器中低温保存，以备用于进行 GC-MS 分析。

GC-MS 分析条件如表 1.13 所示。

表 1.13　　烟草花蕾的美拉德反应 GC-MS 分析条件

GC 项目	GC 条件	MS 项目	MS 条件
色谱柱	HP-MS（30m×250μm×0.25μm）	离子源	EI 源
进样温度	280℃	接口温度	270℃
分流比	10∶1	电子能量	70eV
载气	氦气	四极杆温度	150℃
载气流量	3mL/min	采集模式	扫描
升温程序	初始温度 50℃，以 4℃/min 升至 280℃	扫描范围	35~550（*m/z*）

在不同温度下进行试验以探究烟草花蕾发酵液最佳反应温度，其试验得到的物质经过蒸馏萃取等过程，以及结合 GC-MS 分析研究，得到最后物质见表 1.14。

表 1.14　　不同美拉德反应温度烟草花蕾发酵液产物的香气成分

类别	香气成分		含量/(μg/g)			
	中文名称	英文名称	50℃	60℃	70℃	80℃
酸类	软脂酸	*n*-Hexadecanoic acid	131.12	139.32	106.61	120.43
	硬脂酸	Octadecanoic acid	22.22	25.35	7.68	11.02
	辛酸	Octanoic acid	1.40			3.89
	月桂酸	Dodecanoic acid	2.57	1.93	1.47	1.73
	癸酸	*n*-Decanoic acid	4.80		3.01	4.41
	棕榈油酸	Palmitoleic acid	30.26	32.92	15.62	14.65
	肉豆蔻酸	Tetradecanoic acid	10.25	8.56	9.64	7.62
	正十五酸	Pentadecanoic acid	7.51	10.23	7.21	8.42

续表

类别	香气成分		含量/(μg/g)			
	中文名称	英文名称	50℃	60℃	70℃	80℃
总量			210. 13	218. 31	151. 23	172. 18
醇类	苯乙醇	Phenylethyl Alcohol	96. 66	239. 91	108. 03	79. 24
	苯甲醇	Benzyl alcohol	14. 36	15. 90	13. 19	11. 80
	山嵛醇	Behenic alcohol	1. 30	7. 35	0. 15	
	1-二十七烷醇	1-Heptacosanol		1. 13	0. 68	0. 58
	石竹烯醇	4,8-Methanoazulen-9-o1, decahydro-2,2,4,8-tetramethy 1-, stereoisomer		15. 29	12. 54	14. 12
	1,5,9-三甲基-12-(1-甲基乙基)-4,8,13-环十四烷三烯-1,3 二醇	4. 8. 13-Cyclotetradecatriene-1, 3-dio1,1,5,9-trimethy1-12-(1-methylethyl)-	6. 60	25. 73	13. 18	
	6-epi-白菖醇	6-epi-shyobunol	8. 31	143. 19		7. 59
总量			127. 23	448. 52	147. 77	113. 32
烯类	1-石竹烯	Caryophyllene	5. 19	4. 29	4. 53	5. 09
	三环烯	Tricyclo[2. 2. 1. 0(2,6)] heptane,1,7,7-trimethy1-	86. 20	85. 15	78. 66	80. 97
	氧化石竹烯	Caryophyllene oxide	3. 79	3. 72	2. 59	3. 37
	烟草烯	1,3,6,10-Cyclotetradecatetraene, 3,7,11-trimcthyl 14-(1-methylethyl)-, [*S*-(*E*,*Z*,*E*,*E*)]-	4. 98	4. 60	3. 80	5. 00
	(3*E*,5*E*)-1,3,5-十一烯	(*E*,*E*)-1,3,5-Undecatiene		3. 98		
	4-长松针烯(7CI,8CI)	(+)-4-Carene	0. 44			
	[1*R*-(1*R**,4*Z*,9*S**)]-4,11,11-三甲基-8-亚甲基-二环[7. 2. 0]4-十一烯	Bicyclo[7. 2. 0]undec-4-ene, 4,11,11-trimethyl-8-methylene-, [1*R*-(1*R**,4*Z*,9*S**)]-	12. 65		10. 92	

续表

类别	香气成分		含量/(μg/g)			
	中文名称	英文名称	50℃	60℃	70℃	80℃
烯类	5-甲基-3-(1-甲基乙烯基)-反式-(-)-环己烯	Cyclohexene 5-methyl-3-(1-methyletheny)-*trans*-(-)-	61.34	61.26	58.38	
	(*E*)-5-二十烯	5-Eicosene,(*E*)-				1.01
	(I1)石竹烯	Caryophyllene-(I1)				57.00
	卡帕拉三烯	Carrattriene			2.10	
	4-(4-乙基环己基)-1-戊基-环己烯	Cyclohexene,4-(4-ethylcyclohexyl)-1-penty 1-	0.88			
	3-乙烯基环辛烯	Cyclooctene. 3-etheny1-	0.54			
总量			174.59	164.41	160.98	152.44
酯类	己二酸二辛酯	Hexanedioic acid, *bis*(2-ethylhexy1)ester		1.80	4.73	5.34
	棕榈酸甲酯	Hexadecanoic acid,methy1 ester	7.79	7.99	6.72	7.51
	邻苯二甲酸二(2-乙基)己酯	*bis*(2-Ethylhexyl)phthalate	0.51	0.60	0.45	
	二氢猕猴桃内酯	2(4H)-Benzofuranone,5,6,7,7a-tetrahydro-4.4.7a-trimethy1-	3.27	4.26	2.85	3.54
	11-十八酸甲酯	11-Octadecenoic acid,methy1 ester		7.36	6.41	6.17
	植醇醋酸酯	Phytol. acetate		31.20	31.96	33.40
	(*E*)-9-十八烯酸甲酯	9-Octadecenoic acid, methyl1 ester,(*E*)-	6.99			
总量			11.57	60.20	53.13	124.90
醛类	苯乙醛	Benzeneacetaldehyde	32.14	18.10	26.75	18.42
	2-甲基苯甲醛	Benzaldehyde,2-methyl-			0.61	
	反,顺-2,6-壬二醛类烯醛	2,6-Nonadienal,(*E*,*Z*)-	2.35	18.43	1.81	1.02
	正十五碳醛	Pentadecanal-	3.61	3.02	2.85	2.18
	2-苯基巴豆醛	Benzeneacetaldehyde . alpha. -eth ylidene-				0.75
	5,5-二甲基-3-氧基-1-环己烯-1吡咯甲醛	1-Cyclohexene-1-carboxaldehyde, 5,5-dimethyl-3-oxo-	0.65			

续表

类别	香气成分		含量/(μg/g)			
	中文名称	英文名称	50℃	60℃	70℃	80℃
总量			38.74	39.55	32.02	22.36
酮类	6,10,14-三甲基-2-十五烷酮	2-Pentadecanone, 6,10,14-trimethyl-	11.48	11.58	10.44	10.18
	邻甲基苯乙酮	Ethanone,1-(2-methylpheny)-	137		121	1.12
	间甲基苯乙酮	Ethanone,1-(3-methylpheny)-		4.22		
	乙位紫罗兰酮	3-Buten-2-one,4-(2,6,6-trimethyl-1-cyclohexen 1-yl)-				0.83
	大马酮	2-Buten-1-one,1-(2.6,6-trimethy 1-1,3-cyclohexa dien-1-yl)-		2.09		2.66
	大马士酮	2-Buten-1-one,1-(2.6.6-trimethyl -1,3-cyclohexa dien-1-y1)-.(*E*)-	2.67		2.22	
	巨豆三烯酮	Megastigmatrienone	1.05	0.89	0.54	0.97
	3-羟基-*β*-大马酮	3-Hydroxy-. beta. -damascone	0.91	1.73	0.61	0.63
总量			17.48	20.50	15.02	16.39
其他	*N*-乙基间甲苯胺	Benzenamine,*N*-ethyl-3-methy1-	2.24	11.97	1.98	2.08
	吲哚	Indole	6.10	6.28	5.41	4.02
	油酸酰胺	9-Octadecenamide,(*Z*)-	2.80	3.89	4.27	2.29
	2,3-二氢苯并呋喃	Benzofuran,2,3-dihydro-	3.58		3.09	
	2,3-联苯-1H-吲哚	2,3-Diphenylindole		1.07		
	2-正戊基呋喃	furan,2-pentyl-	2.03	2.01	1.82	1.82
	4-乙烯基-2-甲氧基苯酚	2-Methoxy-4-viny1phenol	3.97	3.76	2.71	3.79
	N-(3-甲基丁基)乙酰胺	*N*-(3-Methylbutyl)acetamide	1.54	24.06	1.11	
	(1*S*,2*E*,7*E*,11*E*)-2,7,11-西柏三烯-4-醇	Thunbergol	14.23	54.57	55.65	51.41
	顺式-2-(2-戊烯基)呋喃	*cis*-2-(2-Pentenyl)furan		1.48	1.55	
总量			36.49	109.10	777.57	65.41
类别总量			616.22	1060.59	637.73	667.02

从表 1.13 中我们可以看出烟草花蕾经产香酵母发酵美拉德反应加香 GC-MS 分析后，美拉德反应 50，60，70，80℃时香味物质种类分别有 40 种、45 种、44 种、40 种，主要包括醇、醛、酸、酯、酮、呋喃、吡啶、吲哚、胺、酚类等，从香气总量来看温度为 60℃ 美拉德反应时的含量最高，总量为 1060.59μg/g，60℃时，美拉德反应产生的香气含量最多，之后依次是 80，70，50℃温度条件下产生的香气总量，这就可以得出：在 60℃下，对酶解后的烟草花蕾进行美拉德反应时香气浓度增加最多，50℃时最低。而且当反应温度分别为 50，70，80℃时香气含量相差不多，但比最高香气总量低大约 400μg/g，原因从表中可以看出：①美拉德反应 60℃时，香味物质醇类比其他三个反应温度条件下的醇类总量约高出 300μg/g。②美拉德反应 60℃时，含量较多的是酸类、酯类、醛类、酮类等物质，特别是 60℃时产生的酚、吲哚、吡啶、呋喃、胺等比其他温度反应产生的香味物质总量高出 40μg/g。经分析产香酵母发酵后美拉德反应四个温度条件下，增香反应温度 60℃时香气最高。

生成物中浓度最高的有以下几种物质：软硬脂酸、正十五酸、肉豆蔻酸、三环烯、棕榈油酸、苯乙醛、苯甲醇，6,10,14-三甲基-2-十五烷酮等；香气临界值最低的物质有：2-正戊基呋喃、二氢猕猴桃内酯、油酸酰胺、烟草烯、巨豆三烯酮等，这些物质对烟草香气的产生具有关键作用。

1.4.4 小结

（1）产香酵母发酵烟草花蕾的最优条件为发酵温度 30℃，时间 24h，pH=5，加菌量 5%（体积分数）。

（2）烟草花蕾发酵液经 GC-MS 分析香味成分，60℃时，经过反应产生的香气物质有 45 种之多，其中含量较多的物质是：酯类、酮类、醇类、醛类、酸类、吡啶类以及呋喃类等。

（3）生成物中浓度最高的有以下几种物质：软硬脂酸、正十五酸、肉豆蔻酸、三环烯、棕榈油酸、苯乙醛、苯甲醇、6,10,14-三甲基-2-十五烷酮等；香气临界值最低的物质有：2-正戊基呋喃、二氢猕猴桃内酯、油酸酰胺、烟草烯、巨豆三烯酮等，这些物质对烟草香气的产生具有关键作用。

（4）此法不仅可以制备大量的烟用香料，还可以对烟用香料的制备工艺提供可靠依据。

1.5 复合酶法提取怀菊花精油

怀菊花是我国常用的传统中药材，其味微苦，无毒性，性微寒，具有清肝明目、清热解毒、疏风降压等功效。怀菊花也是著名的“四大怀药”之一，主要生产于河南焦作武陟县，其中含有多种生物活性成分，比如怀菊花挥发油（精油）、黄酮类化合物等。怀菊花的主要成分为挥发油、黄酮类及氨基酸、微量元素等，其中怀菊花黄酮和挥发油的研究较多，其研究方向主要包括这两种组成成分具有的扩张冠状动脉、降低血压、抗菌、抗病毒、抗炎等多种生理活性。

精油作为一种天然产物，有着诸多优良的理化特性。因此，精油在很多领域一直保持着较高的关注度。精油还具有多种多样的生物活性，精油被用于医药领域正是由于其具有的生理活性（抑制细菌、病毒、真菌生长）和医药特性。大量的研究表明精油对细菌甚至是多重耐药细菌都具有抗性。另外，精油也被用于医院的清洁和医疗设备的除菌，或者作为消毒气雾剂来预防手术室和等待室空气污染。精油一般具有愉悦的芳香，所以可以用来舒缓病人紧张的情绪。精油还能用于食物的保存，这是因为精油有着复杂的化学组成，通常包括100多种不同的萜烯类化学物，因此精油也有着广谱的抑菌活性。在制药领域，精油也被用作许多类型药物的配方（胶囊、软膏、乳膏、糖浆、气雾剂、喷雾剂）。

近年来，随着酶学研究的深入，酶法处理制备烟用香料已逐渐成为研究热点，但以上研究主要针对提高烟草浸膏中的氨基酸或还原糖的含量分别进行处理，而对于采用复合生物酶法进行提取，以提高还原糖和总氨基酸得率的工艺优化鲜见报道。鉴于此，本试验以还原糖和总氨基酸的得率为指标，通过添加复合生物酶的方法将原料中含量较高的纤维素、果胶、淀粉和蛋白质等大分子物质水解成寡糖、单糖、氨基酸等小分子物质，进而提高还原糖和总氨基酸的得率，并利用正交试验设计对工艺进行优化，以提高烟叶浸膏的抽吸品质。

实验以怀菊花为原料，用复合酶法（纤维素酶和果胶酶）提取怀菊花精油，对提取工艺进行系统地优化，并将怀菊花精油应用于卷烟加香，拓展其作为香料的应用范围。试验首先用单因素试验考察了五种因素（液料比、加酶量、酶解时间、pH、提取时间）对怀菊花得率的影响，然后用响应面法对液料比、加酶量、提取时间进行进一步优化，得出液料比为9∶1，加酶量为4.4%，提取时间为5h，酶解时间2h，pH为5时，提取怀菊花精油有最大得率为0.848%。对提取的怀菊花精油进行GC-MS分析，共检测出匹配度大于

80%的挥发性化合物 84 种，其中萜烯烃类化合物占 32 种，含量最高，其相对含量达到 27.93%。怀菊花精油表现出浓郁的菊花香气，经分析其中含有较多的香味成分，如（*E*）-β-金合欢烯、（*Z*）-β-金合欢烯、环氧石竹烯、橙花叔醇（Nerolidol）等。

1.5.1 怀菊花精油的提取以及成分分析

（1）怀菊花精油提取和精油得率的测定　将怀菊花粉碎，称取 30g 怀菊花粉末置于圆底烧瓶中，加入一定量的蒸馏水，调节溶液 pH 后，加入复合酶（纤维素酶和果胶酶），于 50℃水浴锅中酶解一段时间后，放入电热套，连接油水分离器和冷凝装置，进行怀菊花精油提取。提取结束，向油水分离器中加入 10mL 二氯甲烷，分三次添加。静置 5~10min 后，打开油水分离器旋塞，用小烧杯（质量 m_1）小心收集溶解怀菊花精油的二氯甲烷，然后置于 40℃烘箱内挥发干二氯甲烷。待冷却到室温，称量烧杯和精油质量为 m_2，计算精油得率 Y 如下所示：

$$Y = \frac{m_2 - m_1}{30} \times 100\%$$

（2）考察单因素对精油得率的影响　实验以怀菊花精油得率为考察指标，依次考察液料比（$V:m$）、加酶量、酶解时间、pH、提取时间各个单因素对怀菊花精油得率的影响。首先设定加酶量（果胶酶：纤维素酶=1：1，体积分数）5%，酶解时间 2h，pH 为 5，提取时间 6h，设置不同的料液比（5：1，7：1，10：1，15：1）进行怀菊花精油提取，测定不同组怀菊花精油得率，确定最佳液料比。以得出的最佳液料比、酶解时间 2h，pH 为 5，提取时间 6h，设置不同的加酶量（2%，3%，4%，5%，6%），提取怀菊花精油并计算精油得率，得出最适加酶量。同样方法，测定不同酶解时间（0.5，1，2，3h），不同 pH（4，4.5，5，5.5），不同提取时间（1，2，4，6，8h）怀菊花精油得率。

试验选取液料比、加酶量、pH、酶解时间、提取时间 5 个单因素对怀菊花精油得率的影响，结果见图 1.18。由图 1.18（1）分析可知，怀菊花精油得率随液料比的升高呈现升高后降低的趋势，分析原因可能是随着水增多，酶浓度降低，酶解效果受到影响，在液料比为 15：1 时，怀菊花精油有最大得率为 0.83%。图 1.18（2）为加酶量对怀菊花精油得率的影响，由图可知加酶量对精油得率有明显影响，且精油得率随酶的加入量增多而升高。精油得率在加酶量为4%和6%差异不明显，出于节约试验成本考虑选择最佳加酶量为4%。酶解时间对怀菊花精油得率的影响在图1.18（3）中显示，酶解时间大于1h后，怀菊花精油得率的差异已经不明显，为了保证酶解效果，选取最佳酶解时间为2h。酶作用应在最适的pH范围内，由图1.18（4）可知，纤维素酶和果胶酶在pH 5.0到5.5都有较好酶解效果。怀菊花精油的得率随提取时间的变化在图1.18（5）中显示，当提取4h后怀菊花精油得率升高不明显，由此可知怀菊花精油提取时间为4h左右。

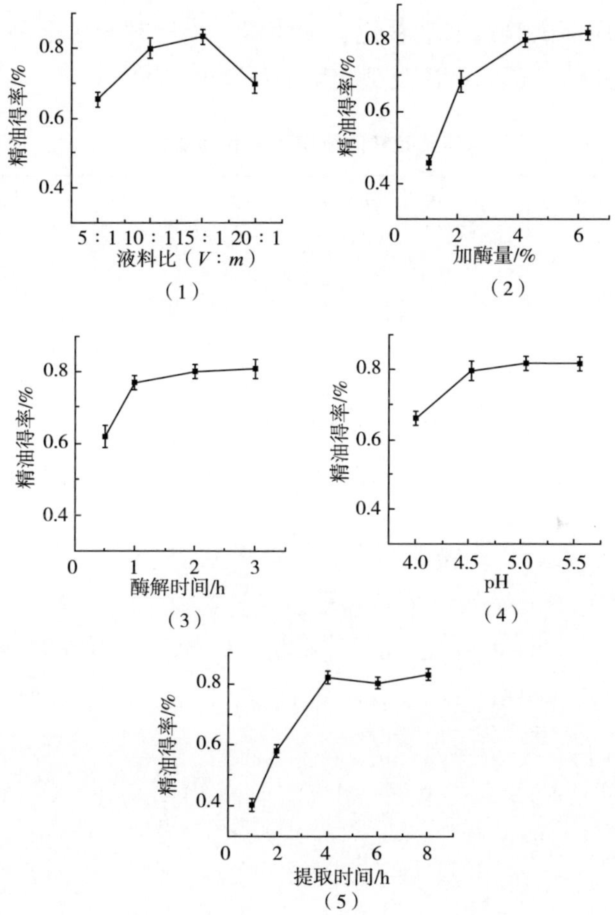

图1.18 5种单因素对怀菊花精油得率的影响

（3）响应面优化试验 根据单因素试验结果，选取出3个对怀菊花精油得率有显著影响的因素，用Box-Behnken Design（BBD）设计响应面试验，对提取怀菊花精油工艺条件进行优化，根据响应面 Box-Behnken Design（BBD）方法设计 3 因素 3 水平试验，见表 1.15。

表 1.15　怀菊花精油响应面试验水平设计表

水平	液料比（$V:m$）/(mL/g)	加酶量/%	提取时间/h
+1	12	5	3
0	9.5	3.5	4
-1	7	2	5

怀菊花响应面试验选取液料比、加酶量、提取时间 3 个因素，以怀菊花精油得率为响应值，试验设计及试验结果见表 1.16。

表 1.16　怀菊花精油响应面试验及结果

序号	液料比（A）	加酶量（B）/%	提取时间（C）/h	精油得率（Y）/%
1	1	1	0	0.70±0.03
2	1	-1	0	0.52±0.02
3	1	0	1	0.60±0.02
4	0	1	1	0.85±0.05
5	0	0	0	0.78±0.02
6	0	-1	-1	0.42±0.00
7	0	-1	1	0.55±0.01
8	-1	0	1	0.75±0.04
9	0	0	0	0.81±0.04
10	0	1	-1	0.55±0.02
11	-1	0	-1	0.50±0.02
12	1	0	-1	0.52±0.03
13	-1	-1	0	0.60±0.03
14	-1	1	0	0.68±0.02
15	0	0	0	0.80±0.04
16	0	0	0	0.82±0.04
17	0	0	0	0.78±0.03

对表 1.16 中的数据结果进行分析，得到怀菊花精油得率（Y）与液料比（A）、加酶量（B）和提取时间（C）的二次项回归方程为：

$$Y=0.8-0.024A+0.086B+0.095C+0.025AB-0.043AC+0.042BC-0.086A^2-0.086B^2-0.12C^2$$

对该回归方程模型进行方差分析结果见表 1.17。由表 1.17 可知，该模型的 $P<0.0001$（$P<0.01$）极显著，失拟项不显著（$P=0.0629>0.05$），即不确定因素对模型的干扰小。另外，$R^2=0.9772$，大于 0.9，$R^2_{Adj}=0.9479$，说明该模型能很好地模拟实际情况。同时，一次项 B、C 均为显著，且 B^2、C^2 均为极显著，A 为不显著说明加酶量、提取时间对怀菊花精油得率均有显著影响，在液料比（7∶1）~(12∶1)（V∶m）对怀菊花精油得率影响不显著。根据 F 值可知，三种因素对怀菊花精油得率影响的大小顺序为：提取时间>加酶量>液料比。A、B、C 的交互作用见图 1.19、图 1.20、图 1.21，结合表 1.17 可得，AC 和 BC 的交互作用显著，AB 交互作用不显著。

表 1.17　　怀菊花精油得率回归方程模型的方差分析

来源	平方和	自由度	均方	F	P	显著性
模型	0.29	9	0.032	33.36	<0.0001	**
液料比（A）/（mL/g）	4.51×10^{-3}	1	4.51×10^{-3}	4.68	0.0674	
加酶量（B）/%	0.06	1	0.06	61.67	0.0001	**
提取时间（C）/h	0.072	1	0.072	74.82	<0.0001	**
AB	2.50×10^{-3}	1	2.50×10^{-3}	2.59	0.1515	
AC	7.23×10^{-3}	1	7.23×10^{-3}	7.49	0.0291	*
BC	7.23×10^{-3}	1	7.23×10^{-3}	7.49	0.0291	*
A^2	0.032	1	0.032	32.65	0.0007	**
B^2	0.032	1	0.032	32.65	0.0007	**
C^2	0.06	1	0.06	61.79	0.0001	**
残差	6.76×10^{-3}	7	9.65×10^{-3}			
失拟项	5.48×10^{-3}	3	1.83×10^{-3}	5.7	0.0629	
纯误差	1.28×10^{-3}	4	3.20×10^{-3}			
总和	0.012	14				

注：*—显著；**—极显著。

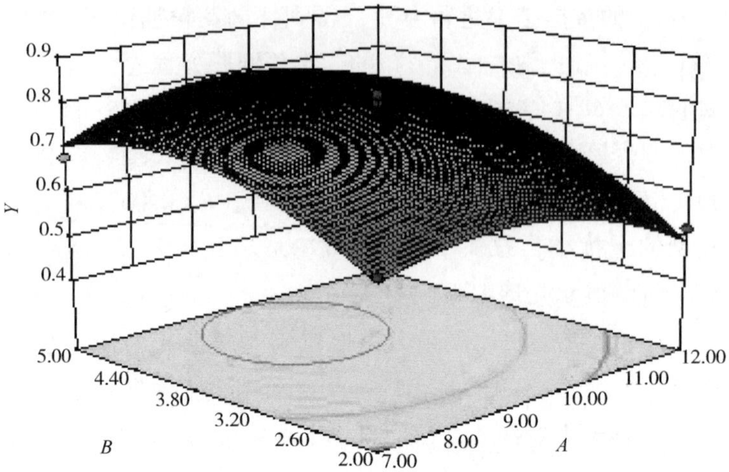

图 1.19　加酶量（*B*）和液料比（*A*）对怀菊花精油得率（*Y*）影响的响应面图

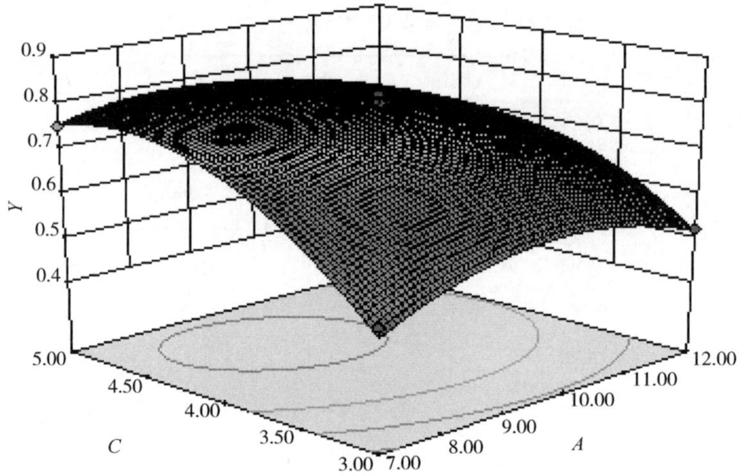

图 1.20　提取时间（*C*）和液料比（*A*）对怀菊花精油（*Y*）得率影响的响应面图

对二次项回归方程进行优化分析，可得出当液料比（*V*∶*m*）为 9.04∶1，加酶量为 4.41%，提取时间为 4.54h，响应值（*Y*）即怀菊花精油得率取得最大值。对该最优条件进行修正，在液料比（*V*∶*m*）为 9∶1，加酶量为 4.4%，提取时间为 5h，测定怀菊花精油得率为 0.848%，与该模型的预测值 0.852% 非常接近，说明该模型对复合酶法提取怀菊花精油是可行、有效的。

（4）怀菊花精油的 GC-MS 分析　取 0.5g 怀菊花精油样品，用 10mL 二氯甲烷溶解，加入 3~5g 无水硫酸钠静置 12h，然后过滤，加入 1mL 的内标物

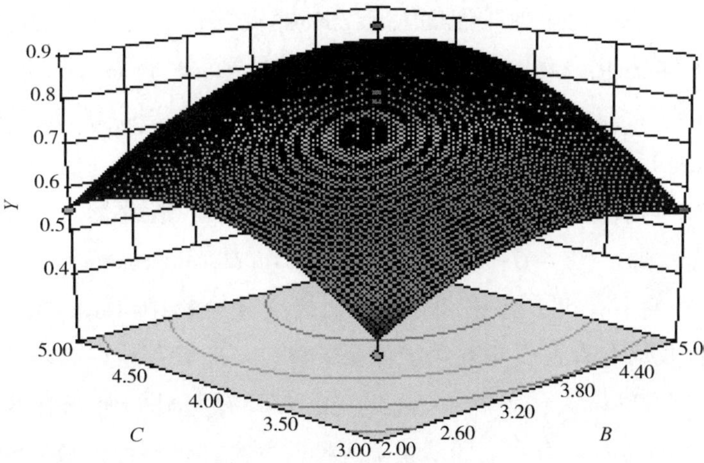

图 1.21　提取时间（C）和加酶量（B）对怀菊花精油得率（Y）影响的响应面图

(0.1mg/mL 乙酸苯乙酯)，将二氯甲烷溶液浓缩至 1~2mL，转移到样品瓶中，用 GC-MS 对其进行检测分析。上样条件如下。

色谱柱：HP-5MS 毛细管柱（60m×0.32mm×0.25μm）；

进样口温度：250℃；

程序升温：初始温度 40℃维持 3min，然后以 6℃/min 的速度升至 260℃，维持 5min；

汽化温度：270℃；

载气：He，1mL/min；

分流比：50∶1；

电离方式：EI 源；

检测器及温度：FID，300℃；

传输线温度：280℃；

电离能量：70eV；

离子源温度：230℃；

扫描范围：30~700u；

检索谱库：NIST05 库。用内标法对各种物质进行定量。

对怀菊花精油进行 GC-MS 分析，将匹配度大于 80% 的化合物列于表 1.18，对表 1.18 中挥发性化合物进行归类，再以面积归一求其各类物质的相对含量，结果见表 1.19。结合表 1.18 和表 1.19 分析可知，复合酶法提取怀菊花精油共检测出 84 种匹配度大于 80%挥发性化合物，占化合物总量的 43.86%。在 84 种化合物中，萜烯类化合物含量最高，占总量的 27.93%，其次是醇类和醛酮类，分别占 4.62%和 3.84%。用内标法定量 84 种化合物含量，结果见表 1.18。由表 1.18 可知，怀菊花精油中含量较高的挥发性化合物分别是 β-倍半水芹烯（β-Sesquiphellandrene）、β-桉叶烯（β-Selinene）、(*E*)-β-金合欢烯、(*Z*)-β-金合欢烯和姜黄烯（α-Curcumene）。

怀菊花精油中有很多香味成分，如萜烯类化合物中（*E*）-β-金合欢烯、(*Z*)-β-金合欢烯有青香、花香并伴有香脂香气；环氧石竹烯有弱的康乃馨香气，微花香，香气持久；姜烯（Zingiberene）具有明显的鲜花香气。醇类中橙花叔醇（Nerolidol）有弱的甜清柔美的橙花气息，带有像玫瑰、铃兰和苹果花的气息，香气持久。醛酮类中苯乙醛低浓度具有近似风信子香气，有甜水果香气；异佛尔酮低浓度具有蜂蜜-烟草的香味，用于增加烟草本香和清香风味，是国内外广泛使用的烟用香料的原料。酸类中含量较高的棕榈酸、癸酸均为饱和的高级脂肪酸，一般认为饱和的高级脂肪酸具有柔和烟气的作用。酯类中乙酸龙脑酯（Endobornyl acetate）具有清凉的松木香气，在烟用香精中使用能增加烟草清香飘逸的风格，缓和烟气吸味。另外，由表 1.19 可知，怀菊花精油中含量最高的为萜烯类化合物，一般认为较高相对分子质量的萜烯类化合物是很多香味物质的前体物，如含量最高的 β-倍半水芹烯（β-Sesquiphellandrene）可裂解生成水芹烯，而水芹烯具有令人愉快的柑橘香气。

表 1.18　　怀菊花精油 GC-MS 分析结果

序号	化合物		含量/(μg/g)
	中文名称	英文名称	
1	当归酸	2-Butenoic acid,2-methyl-,(*Z*)-	0.02±0.00
2	1,2,5,5-四甲基-1,3-环戊二烯	1,3-Cyclopentadiene, 1,2,5,5-tetramethyl-	0.02±0.00
3	苯乙醛	Benzeneacetaldehyde	0.02±0.00
4	芳樟醇	Linalool	0.10±0.02
5	异佛尔酮	Isophorone	0.26±0.08
6	1,6-二甲基-1,3,5-三庚烯	1,6-Dimethylhepta-1,3,5-triene	0.32±0.05
7	2,2,4-三甲基-3-环己烯-1-甲醛	2,2,4-Trimethyl-3-cyclohexene-1-formaldehyde	2.34±0.33

续表

序号	化合物		含量/(μg/g)
	中文名称	英文名称	
8	反-松香芹醇	*trans*-Pinocarveol	0. 07±0. 02
9	樟脑	(+)-2-Bornanone	0. 22±0. 08
10	龙脑	Borneol	1. 63±0. 23
11	萜品醇	Terpineol	0. 59±0. 17
12	对甲基苯异丙醇	2-(4-Methylphengl)propan-2-ol	0. 16±0. 04
13	水杨酸甲酯	Methyl salicylate	0. 06±0. 02
14	马鞭草烯醇	Verbenol	0. 24±0. 04
15	β-甲基苯丙醛	Benzenepropanal, β-methyl-	0. 19±0. 05
16	顺-香芹醇	*cis*-Carveol	0. 10±0. 03
17	顺-3-甲基丁酸-3-己烯酯	*cis*-3-Hexenyl isovalerate	0. 12±0. 04
18	醋酸马鞭草烯醇酯	Verbenol acetate	4. 72±1. 12
19	香叶醇	Geraniol	0. 07±0. 03
20	水茴香醛	1-Cyclohexene-1-carboxaldehyde, 4-(1-methylethyl)-	0. 04±0. 00
21	乙酸龙脑酯	Endobornyl acetate	0. 63±0. 08
22	(*R*)-乙酸薰衣草酯	(*R*)-Lavandulyl acetate	0. 18±0. 04
23	2,3-二氢-2,2,6-三甲基苯甲醛	2,3-Dihydro-2,2,6-trimethyl benzaldehyde	0. 29±0. 05
24	2,4,6-三甲基苯甲醛	Benzaldehyde, 2,4,6-trimethyl-	0. 03±0. 01
25	5,5 二甲基-1-乙基-1,3-环戊二烯	1,3-Cyclopentadiene, 5,5-dimethyl-1-ethyl-	0. 26±0. 05
26	1-甲基烯-2-甲基-3-异丙烯基环戊烷	Cyclopentane, 2-methyl-1-methylene-3-(1-methylethenyl)-	0. 11±0. 03
27	5-异丙烯基-2-甲基环戊-1-烯甲醛	5-Isopropenyl-2-methylcyclopent-1-enecarboxaldehyde	0. 96±0. 16
28	癸酸	*n*-Decanoic acid	1. 02±0. 10
29	2-甲基丁酸苯甲酯	Butanoic acid, 2-methyl-, phenylmethyl ester	0. 30±0. 05
30	茉莉酮	2-Cyclopenten-1-one, 3-methyl-2-(2-pentenyl)-, (*Z*)-	0. 08±0. 04

续表

序号	化合物		含量/(μg/g)
	中文名称	英文名称	
31	姜烯	zingiberene	1. 31±0. 03
32	2,6-二甲基-6-(4-甲基-3-戊烯基)-双环[3. 1. 1]庚-2-烯	Bicyclo[3. 1. 1]hept-2-ene,2,6-dimethyl-6-(4-methyl-3-pentenyl)-	5. 25±1. 45
33	石竹烯	Caryophyllene	1. 69±0. 83
34	2-异丙基-5-甲基-9-亚甲基二环[4. 4. 0]癸-1-烯	Bicyclo[4. 4. 0]dec-1-ene,2-isopropyl-5-methyl-9-methylene-	0. 15±0. 05
35	1,2,3,6-四甲基双环[2. 2. 2]辛-2,5-二烯	Bicyclo[2. 2. 2]octa-2,5-diene,1,2,3,6-tetramethyl-	0. 03±0. 01
36	(*E*)-β-金合欢烯	(*E*)-β-Famesene	7. 25±1. 15
37	β-姜黄烯	β-curcumene	0. 23±0. 07
38	姜黄烯	α-curcumene	5. 84±1. 25
39	(*Z*)-β-金合欢烯	(*Z*)-β-Farnesene	7. 33±1. 65
40	β-桉叶烯	β-selinene	10. 60±2. 55
41	β-人参烯	β-Panasinsene	0. 97±0. 13
42	α-衣兰油烯	α-Muurolene	1. 34±0. 26
43	β-红没药烯	β-Bisabolene	2. 54±0. 66
44	(-)-大根香叶烯	Germacrene D	1. 02±0. 28
45	7-epi-α-蛇床烯	7-epi-α-selinene	1. 64±0. 36
46	β-倍半水芹烯	β-Sesquiphellandrene	16. 80±2. 58
47	(+)-α-衣兰油烯	(+)-α-Muurolene	0. 21±0. 07
48	α-雪松烯	α-Cedrene	0. 98±0. 12
49	1,1,5-三甲基-1,2-二氢萘	1,1,5-Trimethyl-1,2-dihydronaphthalene	0. 30±0. 05
50	橙花叔醇	Nerolidol	1. 63±0. 57
51	桉油烯醇	Spathulenol	2. 23±0. 93
52	反-*Z*-α-红没药烯环氧化物	*trans*-*Z*-α-Bisabolene epoxide	0. 59±0. 16
53	环氧石竹烯	Caryophyllene oxide	3. 69±1. 21
54	α-榄香烯	α-Elemene	2. 87±0. 83
55	(2*Z*,4*E*)-3,7,11-三甲基10,2,4-十二碳三烯	(2*Z*,4*E*)-3,7,11-Trimethyl-2,4,10-dodecatriene	2. 07±0. 63

续表

序号	化合物		含量/(μg/g)
	中文名称	英文名称	
56	(-)-g-杜松烯	(-)-g-Cadinene	1.64±0.66
57	白菖油萜	Calarene	5.36±1.24
58	1,2,4a,5,6,8a-六氢-4,7-二甲基-1-(1-甲基乙基)-萘	Naphthalene,1,2,4a,5,6,8a-hexahydro-4,7-dimethyl-1-(1-methylethyl)-	1.23±0.62
59	α-红没药醇	α-Bisabolol	1.91±0.21
60	4-(1,5-二甲基己-4-烯基)环己-2-烯酮	4-(1,5-Dimethylhex-4-enyl) cyclohex-2-enone	6.45±1.25
61	1-甲酰基-2,2-二甲基-3-反-(3-甲基-丁-2-烯基)-6-亚甲基环己烷	1-Formyl-2,2-dimethyl-3-*trans*-(3-methyl-but-2-enyl)-6-methylidene-cyclohexane	0.42±0.12
62	7*R*,8*R*-8-羟基-4-异丙基-7-甲基双环[5.3.1]十一碳-1-烯	7*R*,8*R*-8-Hydroxy-4-isopropylidene-7-methylbicyclo[5.3.1]undec-1-ene	1.25±0.28
63	马铃薯螺二烯酮	Solavetivone	0.50±0.15
64	4-亚甲基-1-甲基-2-(2-甲基-1-丙烯-1-基)-1-乙烯基环庚烷	Cycloheptane,4-methylene-1-methyl-2-(2-methyl-1-propen-1-yl)-1-vinyl-	0.65±0.25
65	3,3,5,6,8,8-六甲基顺-三环[5.1.0.0(2,4)]辛-5-烯	Syn-tricyclo[5.1.0.0(2,4)]oct-5-ene,3,3,5,6,8,8-hexamethyl-	1.08±0.22
66	(-)-异长叶醇甲基醚	(-)-Isolongifolol, methyl ether	0.07±0.02
67	5α-羟基-4a,8,10,11四甲基三环[6.3.0.0(2,4)]十一碳-10-烯	5α-Hydroxy-4α,8,10,11-tetramethyltricyclo[6.3.0.0(2,4)]undec-10-ene	0.22±0.08
68	棕榈酸甲酯	Hexadecanoic acid, methyl ester	2.44±0.86
69	香叶-α-松油烯	Geranyl-α-terpinene	0.31±0.06
70	棕榈酸	*n*-Hexadecanoic acid	4.12±1.08
71	环十六烷	Cyclohexadecane	0.32±0.08
72	*Z*-8-十六碳烯	*Z*-8-Hexadecene	0.28±0.05
73	亚油酸甲酯	9,12-Octadecadienoic acid (*Z*,*Z*)-, methyl ester	1.51±0.45
74	亚麻酸甲酯	9,12,15-Octadecatrienoic acid (*Z*,*Z*,*Z*)-, methyl ester	1.17±0.28

续表

序号	化合物		含量/(μg/g)
	中文名称	英文名称	
75	叶绿醇	Phytol	0.56±0.16
76	16-甲基-十七酸甲酯	Heptadecanoic acid, 16-methyl-, methyl ester	0.17±0.05
77	亚油酸	9,12-Octadecadienoic acid(*Z*,*Z*)-	0.40±0.10
78	(*R*)-(-)-14-甲基-8-六癸炔-1-醇	(*R*)-(-)-14-Methyl-8-hexadecyn-1-ol	0.23±0.07
79	环二十烷	Cycloeicosane	0.27±0.07
80	11,13-二甲基-12-十四碳烯-1-醇乙酸酯	11,13-Dimethyl-12-tetradecen-1-ol acetate	0.14±0.06
81	十七烷	Heptadecane	4.63±1.17
82	二十酸甲酯	Eicosanoic acid, methyl ester	0.04±0.00
83	二十烷	Eicosane	1.47±0.33
84	二十四烷	Tetracosane	0.24±0.06

表 1.19　　怀菊花精油化学成分的分类对比

种类	酸类	萜烯烃类	醛酮类	醇类	酯类	烷烃类	其他
数目/种	4	32	13	13	11	7	4
含量/%	1.84	27.93	3.84	4.62	2.23	2.68	0.72

（5）怀菊花精油密度测定　用密度计吸取一定量提取的怀菊花精油，读出怀菊花精油的密度。

1.5.2　小结

首先用单因素试验考察五种因素（液料比、加酶量、酶解时间、pH、提取时间）对怀菊花得率的影响，然后用响应面法对液料比、加酶量、提取时间进行进一步优化，得出液料比为 9∶1，加酶量为 4.4%，提取时间为 5h，酶解时间 2h，pH 为 5 时，提取怀菊花精油有最大得率为 0.848%。

对提取的怀菊花精油进行 GC-MS 分析，共检测出匹配度大于 80% 的挥发性化合物 84 种，其中萜烯烃类化合物占 32 种，含量最高，其相对含量达到 27.93%。怀菊花精油表现出浓郁的菊花香气，经分析其中含有较多的香味成分，如（*E*）-β-金合欢烯、（*Z*）-β-金合欢烯、环氧石竹烯、橙花叔醇等。

2 以膜分离技术制备新型烟用香料

膜分离是一种新的分离技术，出现在20世纪初，并在20世纪60年代后迅速成为研究热点。膜分离技术因有分离、浓缩、纯化和精制的功能，又有高效、节能、环保、分子级过滤及过滤过程简单、易于控制等特征，已广泛应用于食品、医药、生物、环保、化工、冶金、能源、石油、水处理、电子、仿生等领域，产生了巨大的经济效益和社会效益，已成为当今分离科学中最重要的手段之一。膜分离技术的工艺优点：①在常温下进行；②无相态变化；③不发生化学反应；④选择性好；⑤适应性强；⑥能耗低。

国外有学者以管状PVDF超滤膜为过滤膜，以血橙汁进行试验，与未过膜样品相比，被截留的总花色苷为9.4%。膜分离技术在蛋白质提纯、分离淀粉和糖、油制品加工、乳制品加工等多个领域都有应用。随着膜成本的降低，膜分离技术越来越多地被应用于医药行业。鲍磊等利用膜分离技术对淫羊藿苷进行处理。运用超滤技术去除大分子物质，再利用纳滤技术去除小分子杂质，淫羊藿苷提取液纯度为88%。除此外，膜在医药行业的应用还包括：对各种药物进行分离；对药液进行精制和浓缩等。比如，陶瓷膜能有效去除中药提取液中的杂质。用陶瓷微滤膜与醇沉法对照处理两种水提液，除杂率及有效成分得率与醇沉法接近。用陶瓷微滤膜与大孔吸附树脂联用精制苦苦卞抒液，其总黄酮吸附率与除杂率均优于醇沉大孔树脂法。

在烟草行业中，膜分离技术慢慢得到了发展，采用膜分离技术对桂花提取物进行分离纯化，进行挥发性物质分析，然后进行评吸，分析其加香效果。结果表明，膜分离技术能有效去除大分子物质，同时保留桂花提取物原有的特征香味。纯化后桂花提取物的主要成分为有机酸类和多糖类化合物。添加在卷烟中，对卷烟烟气口感的提升有积极作用。目前天然香料提取最常使用的方法是水蒸气蒸馏法和有机溶剂浸提法，这些方法提取的天然香料都不可避免地带有蛋白质、淀粉、蜡质等杂质，不仅影响天然香料的质量，还会影响卷烟加香效果，同时也会对卷烟吸食的安全性有一定影响。基于以上问题，本试验选用膜分离技术对提取的天然香料进行分离、提纯、浓缩，去除天然香料中的蛋白质、淀粉、蜡质等杂质，得到精制的天然香料组分，应用于卷烟加香。

2.1 膜分离处理罗汉果浸膏研究

罗汉果为葫芦科罗汉果属植物，是我国特有药用植物。罗汉果营养价值丰富，富含多种氨基酸和维生素 C，其干果既是食品又是药品。目前，已经有学者对罗汉果中的甜苷、罗汉果黄酮、块根药用成分及其种仁油脂进行了研究。郑小嘎等采用索氏提取法制备罗汉果浸膏并进行卷烟加香试验，结果表明，罗汉果浸膏对卷烟评吸结果有积极作用。

为了研究膜分离技术对天然提取的香料的精制效果和不同精制组分的差异性，采用 50nm 陶瓷膜，100ku 有机膜对天然提取的香料进行了分级分离，以罗汉果为原料，对分级分离组分采用 GC-MS 分析其挥发性成分并进行主成分分析，进行卷烟加香试验；将各个组分制备成微胶囊，考察其释放规律及其理化性质，并模拟卷烟燃吸状态对微胶囊进行了热裂解及微胶囊在卷烟中的加香效果试验。结果表明：运用膜分离技术将罗汉果浸膏分成 M1、M2、M3、M4 四个组分。感官评吸表明，M3 组分加香效果最佳，M3 组分中检测出 24 种成分，其物质总量为 2585.41μg/g，其中金合欢醇、顺-β-金合欢烯可赋予卷烟花香、青香和木香香韵。主成分分析结果表明：M3 组分与 M1、M2、M4 有显著差异；M2 和 M4 香味成分无显著差异。M3 组分主成分有二十六烷、二十三烷、α-法尼烯、3,7,11-三甲基-2,6,10-十二碳三烯醛、3,7,11-三甲基-1,6,10-十二烷三烯-3-醇、二十一烷、油酸酰胺。粒相物挥发性成分检测表明，M3 组分的加入使得烷烃和苯系类物质不论从种类还是含量都显著性减少，提高了卷烟的安全性。

2.1.1 膜分离处理罗汉果浸膏研究

（1）罗汉果浸膏的制备　根据预试验，准确称取 100.00g 罗汉果粉，用滤纸包好装入索氏提取器，加入 500mL 无水乙醇，加热回流 2h。过滤，滤液减压蒸馏至无乙醇流出，得到罗汉果浸膏 23.74g。

（2）膜分离罗汉果浸膏及其卷烟加香感官评吸　准确称取 10.00g 罗汉果浸膏于 1000mL 的烧杯中，加入 500mL20%的乙醇，待溶解完全后，进行膜分离试验见图 2.1。首先使用 50nm 陶瓷膜去除固形颗粒杂质，截留段记为 M2，得到 1.92g；透过液进行 100ku 有机膜试验，截留组分记为 M3，得到 2.55g，透过组分记为 M4，得到 1.69g。未进行膜分离试验组分记为 M1。

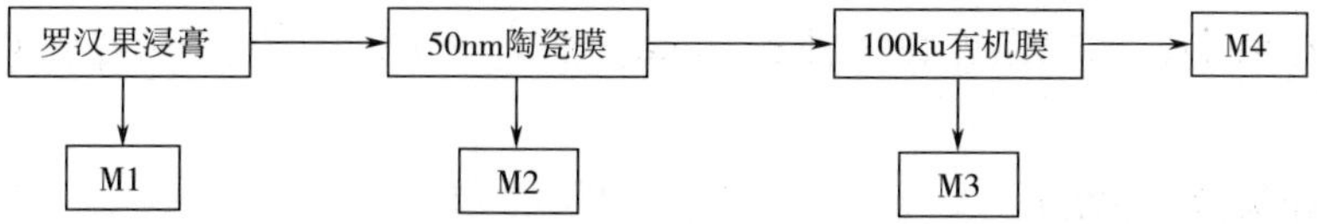

图 2.1 膜分离实验工艺流程

按照烟丝质量 0.2%计算称取相应质量的组分，然后将称取的各组分用 5mL70%乙醇溶解，均匀喷洒到烟丝上，经过平衡后，卷制成卷烟，将制成的卷烟在 22℃，相对湿度 60%的环境下平衡 48h 进行感官评吸。

各段膜分离产物感官评吸结果见表 2.1。从评吸结果来看，M3 组分感官评吸结果最佳，甜香明显且更清晰，烟气干净，无焦枯气息，基本无杂气。M1 是醇提罗汉果得到的浸膏，其中不可避免地带有蛋白质、淀粉、蜡质等杂质，这些都会影响感官评吸效果。M2 是 50nm 陶瓷膜截留组分，其中也含有蛋白质、淀粉、蜡质等杂质，影响加香效果。M3 是 50nm 纳米陶瓷膜到 100ku 有机膜段组分，其中蛋白质、淀粉、蜡质等大分子物质已被 50nm 陶瓷膜截留，且香味物质损失较少，所以其感官评吸效果最佳。M4 是通过 50nm 陶瓷膜和 100ku 有机膜所得组分，香味物质损失较多，其加香效果不佳，可能是因为膜吸附造成的香味损失。

表 2.1　　罗汉果浸膏各段膜分离产物感官评吸结果

膜分离分段产物	评吸结果（0.2%添加量）
M1	整体甜香较好，稍有杂气，稍有焦枯气息
M2	焦煳感明显，甜香很少
M3	甜香明显且更清晰，烟气干净，无焦枯气息，基本无杂气
M4	整体甜香较好，烟气干净，无焦枯气息，杂气减少

（3）膜分离罗汉果浸膏挥发性成分分析　准确称取组分 M1、M2、M3、M4 各 1.00g 于分液漏斗中，加入 20mL20%乙醇振荡溶解，待溶解完全后加入 20mL 二氯甲烷萃取 24h。取分液漏斗中下层液，加入适量无水硫酸钠，静置过夜。浓缩至 1mL，以乙酸苯乙酯作为内标，进行 GC-MS 分析。

GC-MS 条件如下。

色谱柱：HP-5MS 毛细管柱（60m×0.32mm×0.25μm）；

进样口温度：250℃；

程序升温：初始温度 50℃维持 3min，然后以 4℃的速度升至 260℃，维持 5min；

汽化温度：270℃；

载气：He，1mL/min；

分流比：5∶1；

电离方式：EI 源；

检测器温度：FID，300℃；

传输线温度：280℃；

电离能量：70eV；

离子源温度：230℃；

扫描范围：30~700u；

检索谱库：NIST11 库。

根据表 2.2 可知，未经膜分离的罗汉果浸膏（M1）共检测出 29 种物质，其挥发性物质总量为 3573.66μg/g，主要有亚油酸、反式角鲨烯、5-羟甲基糠醛、油酸酰胺、棕榈酸等。M2 组分共检测出 18 种物质，挥发性物质总量为 1593.72μg/g，主要有 5-羟甲基糠醛、亚油酸、油酸酰胺等。M3 组分共检测出 24 种物质，挥发性物质总量为 2585.41μg/g，主要有金合欢醇、油酸酰胺、5-羟甲基糠醛、杜松烯等。M4 组分共检测出 8 种物质，挥发性物质总量为 954.51μg/g，主要有亚油酸、油酸酰胺、5-羟甲基糠醛等。

表 2.2　罗汉果浸膏膜分离组分挥发性成分及含量

序号	成分名称	成分含量/(μg/g)			
		M1	M2	M3	M4
1	棕榈酸	365.88	80.09	42.97	22.68
2	硬脂酸	73.21	16.34	22.44	29.44
3	亚油酸	708.26	156.32	57.86	382.59
4	5-羟甲基糠醛	432.22	191.67	223.03	55.21
5	乙酰柠檬酸三丁酯	48.96	64.64	50.29	10.55

续表

序号	成分名称	成分含量/(μg/g)			
		M1	M2	M3	M4
6	2,4-二叔丁基苯酚	—	20.51	11.12	—
7	异丁香酚	12.49	—	—	—
8	DEHA	97.21	—	—	—
9	反式角鲨烯	455.52	60.13	—	—
10	亚油酸甲酯	5.02	—	—	—
11	芥酸酰胺	84.49	—	—	—
12	*S*-(*Z*)-3,7,11-三甲基-1,6,10-十二烷三烯-3-醇	—	—	13.34	—
13	二十烷	66.51	151.49	55.18	—
14	硬脂酰胺	—	52.99	—	—
15	油酸酰胺	425.79	502.53	538.88	395.32
16	α-法尼烯	—	—	20.22	—
17	亚油酸乙酯	83.72	24.03	—	—
18	(*E*,*E*)-3,7,11-三甲基-2,6,10-十二碳三烯醛	—	—	70.85	—
19	棕榈酰胺	—	—	35.57	22.84
20	二十一烷	—	—	35.21	—
21	棕榈酸乙酯	16.76	—	—	—
22	十七烷	44.60	—	—	—
23	二十六烷	32.87	32.81	102.08	—
24	二十八烷	206.29	77.04	173.21	—
25	二十九烷	85.43	—	—	—
26	2,6,10,14-四甲基-十六烷	40.12	—	—	—
27	二十三烷	35.82	50.33	129.81	—
28	二十四烷	12.17	35.59	34.06	—
29	六氢-3-(2-甲基丙基)-吡咯并[1,2-a]吡嗪-1,4-二酮	—	24.08	27.00	—
30	(5α)-4,4-二甲基-胆甾烷-3-酮	—	—	21.91	—

续表

序号	成分名称	成分含量/(μg/g)			
		M1	M2	M3	M4
31	2-乙酰基吡咯	28.71	—	—	—
32	金合欢醇	—	—	765.68	—
33	环十二炔	14.65	—	—	—
34	亚麻酸乙酯	24.47	—	—	—
35	2-哌啶乙醇	15.69	—	—	—
36	环(亮氨酰脯氨酰)	40.21	—	—	—
37	杜松烯	—	—	62.54	—
38	顺-β-金合欢烯	—	—	43.71	—
39	2,3-二氢-3,5-二羟基-6-甲基-4H-吡喃-4-酮	90.24	31.24	36.94	35.87
40	12-甲基-*E*,*E*-2,13 十八碳二烯-1-醇	9.28	—	—	—
41	4-戊基-1-(4-丙基环己基)-环己烯	—	21.92	—	—
42	4-[(1*E*)-3-羟基-1-丙烯基]-2-甲氧基苯酚	17.07	—	—	—
43	1-羟基-1,7-二甲基-4-异丙基-2,7-环癸二烯	—	—	11.52	—
总量		3573.65	1593.72	2585.41	954.51

注："—"表示未检出。

其中5-羟甲基糠醛具有似焦糖、谷物烘烤气息和果香、面包香，可赋予卷烟木香、花香、果香和甜香；反式角鲨烯是烟叶中非色素的萜烯类物质，既能增进烟叶的吸味和香气，又可通过降解转化形成致香成分；金合欢醇其具有特有的青香韵的铃兰花香气，并有青香和木香香韵，可赋予卷烟花香、青香和木香香韵；顺-β-金合欢烯有青香、花香并伴有香脂香气。M2、M3、M4组分与M1组分相比，除去烷烃外，各个物质不论从种类或是含量都有不同程度的减少，这可能是膜吸附造成的香味物质损失；M2、M3、M4组分与M1组分相比，多出金合欢醇、2,4-二叔丁基苯酚、杜松烯、顺-β-金合欢烯等物质，其原因可能是M1组分中物质种类较多，且这些物质与某些含量大的物质之间保留时间相近，含量高的物质的峰将其掩盖，导致 M1 中没有分析出这些物质。

（4）膜分离组分主成分分析　主成分分析利用 SPSS 软件，根据相关系数列出相关矩阵，求出特征值及其相应的特征向量，从特征根中选出几个较大的特征值及其特征向量，使其累积贡献率在 80%以上。

利用 SPSS 软件对膜分离处理的四种组分香气成分的相对含量进行主成分分析，得到主成分的特征值和特征向量，见表 2.3 和表 2.4。由表 2.3 可知，第 1 主成分的贡献率为 59.126%，第 2 主成分的贡献率为 26.353%，前两个主成分累积贡献率已超过 80%，可见此 2 个主成分足以说明该数据的变化趋势，故根据其贡献大小将其命名为第 1 主成分和第 2 主成分。

表 2.3　罗汉果浸膏膜分离组分 2 个主成分的贡献率

主成分	特征值	贡献率%	累积贡献率%
1	25.424	59.126	59.126
2	11.332	26.353	85.479

表 2.4　罗汉果浸膏膜分离组分 2 个主成分载荷矩阵

编号	指标	主成分	
		1	2
a	棕榈酸	0.945	0.275
b	硬脂酸	0.957	0.231
c	亚油酸	0.964	-0.134
d	5-羟甲基糠醛	0.741	0.589
e	乙酰柠檬酸三丁酯	0.008	0.442
f	2,4-二叔丁基苯酚	-0.585	0.028
g	异丁香酚	0.96	0.278
h	DEHA	0.96	0.278
i	反式角鲨烯	0.961	0.233
j	亚油酸甲酯	0.96	0.278
k	芥酸酰胺	0.96	0.278
l	*S*-(*Z*)-3,7,11-三甲基-1,6,10-十二烷三烯-3-醇	-0.574	0.8
m	二十烷	-0.05	0.008

续表

编号	指标	主成分	
		1	2
n	硬脂酰胺	-0.254	-0.407
o	油酸酰胺	-0.604	0.599
p	α-法尼烯	-0.574	0.8
q	亚油酸乙酯	0.94	0.171
r	(*E*,*E*)-3,7,11-三甲基-2,6,10-十二碳三烯醛	-0.574	0.8
s	棕榈酰胺	-0.664	0.372
t	二十一烷	-0.574	0.8
u	棕榈酸乙酯	0.96	0.278
v	十七烷	0.96	0.278
w	二十六烷	-0.411	0.901
x	二十八烷	0.422	0.877
y	二十九烷	0.96	0.278
z	2,6,10,14-四甲基-十六烷	0.96	0.278
aa	二十三烷	-0.482	0.852
ab	二十四烷	-0.487	0.466
ac	六氢-3-(2-甲基丙基)-吡咯并[1,2-*a*]吡嗪-1,4-二酮	-0.73	0.399
ad	(5α)-4,4-二甲基-胆甾烷-3-酮	-0.574	0.8
ae	2-乙酰基吡咯	0.96	0.278
af	金合欢醇	-0.574	0.8
ag	环十二炔	0.96	0.278
ah	亚麻酸乙酯	0.96	0.278
ai	2-哌啶乙醇	0.96	0.278
aj	环(亮氨酰脯氨酰)	0.96	0.278
ak	杜松烯	-0.574	0.8
al	顺-β-金合欢烯	-0.574	0.8
am	2,3-二氢-3,5-二羟基-6-甲基-4H-吡喃-4-酮	0.946	0.32
an	12-甲基-*E*,*E*-2,13 十八碳二烯-1-醇	0.96	0.278
ao	4-戊基-1-(4-丙基环己基)-环己烯	-0.254	-0.407
ap	4-[(1*E*)-3-羟基-1-丙烯基]-2-甲氧基苯酚	0.96	0.278
aq	1-羟基-1,7-二甲基-4-异丙基-2,7-环癸二烯	-0.574	0.8

根据表 2.4 可知：第 1 主成分反应的指标主要有棕榈酸、硬脂酸、亚油酸、异丁香酚、反式角鲨烯、亚油酸甲酯、芥酸酰胺、亚油酸乙酯、棕榈酸乙酯、十七烷、二十九烷、2，6,10,14-四甲基-十六烷、2-乙酰基吡咯、环十二炔、亚麻酸乙酯、2-哌啶乙醇，指向酸类、酯类和烷烃；第 2 主成分反应指标主要有 *S*-(*Z*)-3,7,11-三甲基-1,6,10-十二烷三烯-3-醇、α-法尼烯、（*E*,*E*）-3,7,11-三甲基-2,6,10-十二碳三烯醛、二十一烷、二十六烷、二十八烷、二十三烷、（5α）-4,4-二甲基-胆甾烷-3-酮、金合欢醇、杜松烯、顺-β-金合欢烯、1-羟基-1,7-二甲基-4-异丙基-2,7-环癸二烯，指向烷烃和烯类。

根据表 2.2 中四个组分的 43 种香气成分的相对含量、表 2.3 中 2 个主成分的特征值和表 2.4 中 43 种香气成分的载荷值计算出 4 个组分的第 1、第 2 主成分值，然后以第 1 主成分值为横坐标、第 2 主成分值为纵坐标作散点图，见图 2.2。由图 2.2 可知，四个组分根据距离远近分为 3 个区域，其中 M2 组分与 M4 组分距离接近，M1 组分与 M3 组分相距较远，即 M2 组分和 M4 组分的主成分有一定程度的相似性，而 M1 和 M3 组分主成分相差较大。虽然 M2 组分和 M4 组分的主成分较为相似，但 M2 组分和 M4 组分评吸结果有较大不同，见表 2.1，其原因可能是 M2 组分是 50nm 陶瓷膜截留组分，里面含有蛋白质、淀粉、蜡质等大分子物质，这些大分子物质会影响卷烟的评吸结果。蛋白质与烟草的感官品质呈负相关，蛋白质在燃烧时产生烧焦羽毛的气息，并使烟气苦味增加；淀粉对烟叶的感官品质有不利影响。

图 2.3 由 43 种香气成分的第 1 主成分值为横坐标、第 2 主成分值为纵坐标作散点图而得。由图 2.2 结合图 2.1 可知，影响 M1 组分的香气组成的香气成分主要集中在第 1 主成分的正半轴第 2 主成分负半轴，按影响力从大到小依次为亚油酸、反式角鲨烯、异丁香酚、DEHA、亚油酸乙酯；影响 M3 组分的香气组成的香气成分主要集中在第 1 主成分的负半轴第 2 主成分正半轴，按影响力从大到小依次为二十六烷、二十三烷、α-法尼烯、(*E*,*E*)-3,7,11-三甲基-2,6,10-十二碳三烯醛、*S*-(*Z*)-3,7,11-三甲基-1,6,10-十二烷三烯-3-醇、二十一烷、油酸酰胺、二十四烷、六氢-3-(2-甲基丙基)-吡咯并［1,2-*a*］吡嗪-1,4-二酮、棕榈酰胺；影响 M2、M4 组分的香气组成的香气成分主要集中在第 1 主成分的负半轴第 2 主成分负半轴，按影响力从大到小依次为 4-戊基-1-(4-丙基环己基)-环己烯、硬脂酰胺、2,4-二叔丁基苯酚、二十烷。

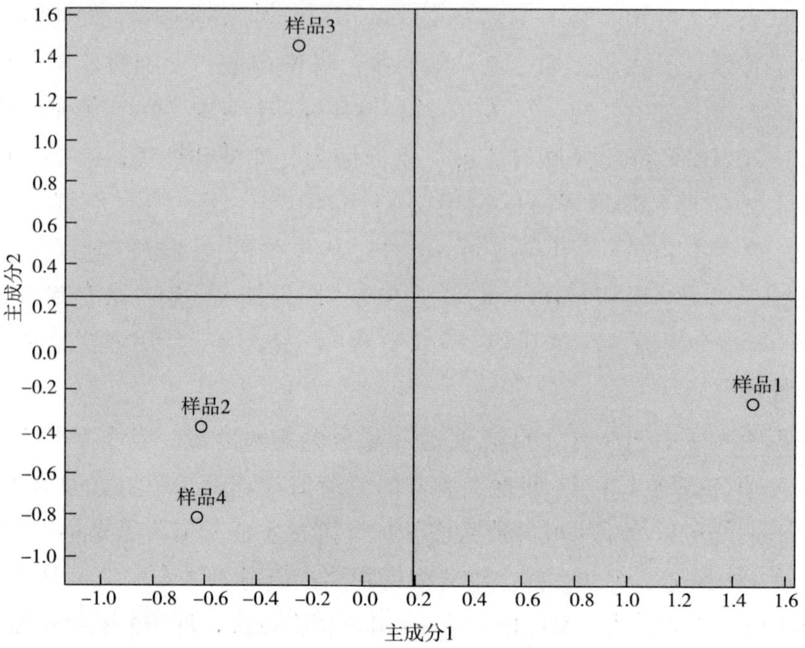

图 2.2　葫芦巴浸膏膜分离组分主成分散点图

注：样品 1、样品 2、样品 3、样品 4 分别代表 M1、M2、M3、M4。

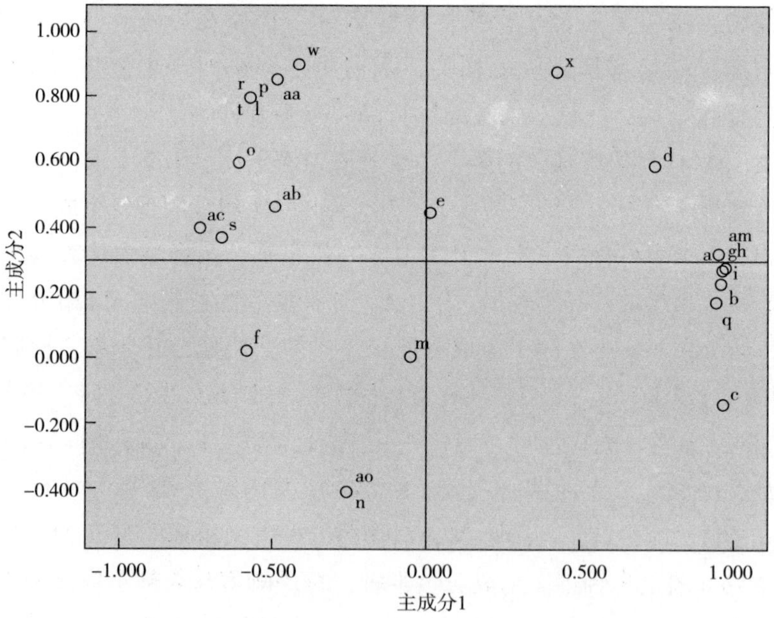

图 2.3　葫芦巴浸膏 43 种香气成分的主成分散点图

(5) 膜分离组分加香后烟气粒相物挥发性成分分析　根据评吸结果，进行卷烟加香试验，卷制卷烟40支和空白卷烟40支，进行吸烟机试验，分别用剑桥滤片捕集烟气粒相物，然后进行同时蒸馏萃取，用气质联用仪分析烟气粒相物的挥发性化学成分，并与空白组对照。GC-MS上样条件同"1.2.2　不同美拉德反应时间的葫芦巴发酵液香气成分分析"。吸烟机试验条件：每口抽吸2s，体积35mL，每口间隔58s，环境温度22℃±1℃、相对湿度60%±2%。按GB/T 19609—2004《卷烟　用常规分析用吸烟机测定总粒相物和焦油》的要求收集40支卷烟的粒相物。

将膜分离M3组分添加到卷烟中，作为试验组，分析其烟气粒相物挥发性成分并与对照组对比，选取匹配度大于80%，结果见表2.5。由表2.5分析可知，对照组共检测出83种化学成分，其挥发性物质总含量为16764μg/g；膜分离M3组分共检测出78种化学成分，其挥发性物质总量为17427μg/g。与对照组相比，M3组分烷烃和苯系物质不论从种类还是含量都显著性减少，对照组苯系物23种，含量为1981.01μg/g，而M3组含有苯系物13种，含量为531.62μg/g。可能是因为在卷烟抽吸过程中M3组分中的某些化学物质和这些物质发生化学反应生成其他化合物，而导致烷烃和苯系物质种类和含量都减少。苯系物不但影响卷烟感官评吸，而且对人体有潜在的危害，因此，推测M3组分的加入对提高卷烟安全性有积极影响；除去烟碱、烷烃和苯系物质，对照组挥发性物质总量为9676.09μg/g，膜分离M3组挥发性物质总量为11393.74μg/g，挥发性物质总量增加了1408.65μg/g。烷烃物质总含量下降了164.56μg/g，下降比例高达84.4%；苯系物质总含量下降了781.09μg/g，下降比例达39.4%。M3组分烟气中增加的化合物还有2,5-二甲基吲哚、香叶基香叶醇、二氢香芹醇、柠檬烯、香树烯、(+)-4-蒈烯等。2,5-二甲基吲哚其可赋予卷烟烘烤气息；香叶基香叶醇是多种具有生化意义产物的生化合成前体，如萜类、胡萝卜素等；二氢香芹醇具有留兰香气，胡椒辛辣味；柠檬烯是单萜类化合物，有似柠檬的香味；香树烯、(+)-4-蒈烯是柏木油中主要的化学成分，具有柏木或檀香香气，对卷烟香味都有积极作用。

表 2.5　　葫芦巴样品加香后烟气粒相物分析结果对比

类别	序号	烟气粒相物		含量/(μg/g)	
		中文名称	英文名称	对照组	M3
	1	烟碱	Pyridine,3-(1-methyl-2-pyrrolidinyl)-,(*S*)-	4913	6865
醇类	2	香叶基香叶醇	*trans*-Geranylgeraniol	—	22.30
	3	二氢香芹醇	Neodihydrocarveol	—	48.42
醛类	4	5-甲基呋喃醛	2-Furancarboxaldehyde,5-methyl-	360.6	—
	5	苯乙醛	Benzeneacetaldehyde	—	38.04
酸类	6	棕榈酸	*n*-Hexadecanoic acid	907.1	830
	7	硬脂酸	Octadecanoic acid	44.92	43.37
	8	亚油酸	9,12-Octadecadienoic acid(*Z*,*Z*)-	117.7	71.34
	9	亚麻酸	9,12,15-Octadecatrienoic acid,(*Z*,*Z*,*Z*)-	319.6	250.3
	10	肉豆蔻酸	Tetradecanoic acid	133.5	91.04
	11	十五酸	Pentadecanoic acid	75.74	61.49
	12	14-甲基-甲酯十七烷酸	Heptadecanoic acid,14-methyl-,methyl ester	—	14.48
酯类	13	柠檬酸三丁酯	Butyl citrate	—	45.86
	14	乙酰柠檬酸三丁酯	Tributyl acetylcitrate	66.26	—
	15	三乙酸甘油酯	Triacetin	1094	—
	16	棕榈酸甲酯	Hexadecanoic acid,methyl ester	85.15	109.6
	17	亚油酸甲酯	9,12-Octadecadienoic acid(*Z*,*Z*)-,methyl ester	106.1	128.2
	18	亚麻酸甲酯	9,12,15-Octadecatrienoic acid,methyl ester,(*Z*,*Z*,*Z*)-	92.47	118.8
酮类	19	2-羟基-3-甲基-2-环戊烯-1-酮	2-Cyclopenten-1-one,2-hydroxy-3-methyl-	—	59.04
	20	甲基环戊烯醇酮	2-Cyclopenten-1-one,2-hydroxy-3-methyl-	90.05	—
	21	1-茚酮	1H-Inden-1-one,2,3-dihydro-	122.7	85.22
	22	苯乙酮	Acetophenone	102	—

续表

类别	序号	烟气粒相物		含量/(μg/g)	
		中文名称	英文名称	对照组	M3
酮类	23	9-芴酮	9H-Fluoren-9-one	51.62	—
	24	1,2-环己二酮	1,2-Cyclohexanedione	—	21.49
	25	3′-甲基苯乙酮	Ethanone,1-(3-methylphenyl)-	75.94	—
	26	2,3-二甲基-2-环戊烯酮	2-Cyclopenten-1-one,2,3-dimethyl-	191.9	106.5
	27	1-(2,4,5-三乙基苯基)-乙酮	Ethanone,1-(2,4,5-triethylphenyl)-	96.06	—
	28	2-羟基-环十五烷酮	Cyclopentadecanone,2-hydroxy-	105.6	69.71
	29	2,3,6-三甲基-1,4-萘二酮	1,4-Naphthalenedione,2,3,6-trimethyl-	136	69.62
	30	巨豆三烯酮	Megastigmatrienone	325	236.8
	31	二烯酮	Solavetivone	132.7	86.01
	32	4-甲基-2(H)-呋喃酮	4-Methyl-5H-furan-2-one	—	11.00
	33	2-羟基-3,4-二甲基-2-环戊烯-1-酮	2-Cyclopenten-1-one,2-hydroxy-3,4-dimethyl-	—	20.74
	34	3,4-二甲基-2-环戊烯-1-酮	2-Cyclopenten-1-one,3,4-dimethyl-	—	30.32
酚类	35	愈创木酚	Phenol,2-methoxy-	124.9	72.22
	36	邻苯基苯酚	*o*-Hydroxybiphenyl	61.66	—
	37	2-甲氧基-4-(1-丙烯基)-苯酚	2-methoxy-4-(1-propylenyl)phenol	—	103.7
	38	邻甲酚	Phenol,2-methyl-	200.5	135.8
	39	异丁香酚	Phenol,2-methoxy-4-(1-propenyl)-	113.5	—
	40	2,4-二甲基苯酚	Phenol,2,4-dimethyl-	177.7	59.52
	41	对甲基苯酚	*p*-Cresol	515.7	441.2
	42	间甲酚	Phenol,3-methyl-	107.7	43.26
	43	苯酚	Phenol	419.9	400.1
	44	4-乙基苯酚	Phenol,4-ethyl-	267.2	—
	45	2,3-二甲基苯酚	Phenol,2,3-dimethyl-	47.28	214.3

续表

类别	序号	烟气粒相物		含量/(μg/g)	
		中文名称	英文名称	对照组	M3
酚类	46	2-甲氧基-3-(2-丙烯基)-苯酚	Phenol,2-methoxy-3-(2-propenyl)-	101.8	—
	47	4-乙基愈创木酚	Phenol,4-ethyl-2-methoxy-	—	31.87
	48	对乙烯基愈疮木酚	2-Methoxy-4-vinylphenol	200	158.1
	49	2-乙基-6-甲基苯酚	Phenol,2-ethyl-6-methyl-	—	36.08
	50	(*Z*)-2-甲氧基-4-(1-丙烯基)-苯酚	Phenol,2-methoxy-4-(1-propenyl)-,(*Z*)-	—	93.53
烷烃类	51	正二十烷	Eicosane	—	11.42
	52	环十二烷	Cyclododecane	63.21	—
	53	正十三烷	Tridecane	45.01	—
	54	正十五烷	Pentadecane	67.13	—
	55	二十二烷	Docosane	10.73	—
	56	二十九烷	Nonacosane	8.79	—
烯炔类	57	*β*-律草烯	*β*-Humulene	36.85	—
	58	柠檬烯	Limonene	—	19.94
	59	罗勒烯	1,3,7-Octatriene,3,7-dimethyl-	87.93	—
	60	2,6-二甲基-2,4,6-辛三烯	2,4,6-Octatriene,2,6-dimethyl-	41.39	—
	61	1-乙酰环己烯	Ethanone,1-(1-cyclohexen-1-yl)-	—	37.33
	62	1-十四碳烯	1-Tetradecene	73.76	—
	63	2-甲基-6-亚甲基-1,7-辛二烯	1,7-Octadiene,2-methyl-6-methylene-	24.78	—
	64	2-甲基-3-苯基-1-丙烯	2-Methyl-3-phenyl-1-propylone	77.38	41.39
	65	右旋萜二烯	D-Limonene	939.3	—
	66	(*E*,*Z*)-2,6-二甲基-2,4,6-辛三烯	2,4,6-Octatriene,2,6-dimethyl-,(*E*,*Z*)-	52.48	—
	67	香树烯	Alloaromadendrene	—	87.49
	68	*γ*-新丁香三环烯	*γ*-Neoclovene	77.80	—
	69	石竹烯	Caryophyllene-(I1)	35.66	33.14

续表

类别	序号	烟气粒相物		含量/(μg/g)	
		中文名称	英文名称	对照组	M3
烯炔类	70	(+)-4-蒈烯	(+)-4-Carene	—	136.5
	71	4-亚甲基-6-(1-亚丙烯基)-环辛烯	Cyclooctene,4-methylene-6-(1-propenylidene)-	—	21.53
	72	*Z*-1,6 十三碳烯	*Z*-1,6-Tridecadiene	—	22.43
	73	(*E*)-4-十六碳烯-6-炔	4-Hexadecen-6-yne,(*E*)-	72.93	—
	74	3-苯基-1-丙炔	1-Propyne,3-phenyl-	146.8	—
	75	(*R*)-1-甲基-4-(1-甲基乙基)-环己烯	Cyclohexene,1-methyl-4-(1-methylethyl)-,(*R*)-	72.18	—
苯系	76	萘	Naphthalene	—	50.95
	77	喹啉	Quinoline	56.79	—
	78	2-甲基萘	Naphthalene,2-methyl-	130.9	82.66
	79	1,2,4-三甲基-苯	Benzene,1,2,4-trimethyl-	93.67	—
	80	异喹啉	Isoquinoline	—	26.18
	81	苯乙腈	Benzyl nitrile	54.13	23.01
	82	1,2-二氢萘	Naphthalene,1,2-dihydro-	76.06	—
	83	1,2,3,4-四甲基苯	Benzene,1,2,3,4-tetramethyl-	82.04	—
	84	间异丙基甲苯	Benzene,1-methyl-3-(1-methylethyl)-	31.32	—
	85	1,3-二甲基萘	Naphthalene,1,3-dimethyl-	87.30	—
	86	2,6-二甲基萘	Naphthalene,2,6-dimethyl-	88.47	—
	87	2,7-二甲基萘	Naphthalene,2,7-dimethyl-	136.3	—
	88	1-甲基蒽	Anthracene,1-methyl-	56.19	—
	89	邻乙基甲苯	Benzene,1-ethyl-2-methyl-	27.56	—
	90	1-甲基-1H-茚	1H-Indene,1-methyl-	130.4	52.08
	91	2,3,6-三甲基萘	Naphthalene,2,3,6-trimethyl-	65.04	—
	92	1-甲基芴	9H-Fluorene,1-methyl-	—	32.24
	93	2-甲基芴	9H-Fluorene,2-methyl-	99.14	—
	94	2-丁烯基-苯	Benzene,2-butenyl-	40.02	—
	95	1-亚甲基-1H-茚	1H-Indene,1-methylene-	109.3	—
	96	2,4,6-三甲基苯甲腈	Benzonitrile,2,4,6-trimethyl-	93.94	57.36

续表

类别	序号	烟气粒相物		含量/(μg/g)	
		中文名称	英文名称	对照组	M3
苯系	97	1,2-二氢-3-甲基-萘	Naphthalene,1,2-dihydro-3-methyl-	—	39.78
	98	1,2,3,4-四甲基-萘	Naphthalene,1,2,3,4-tetramethyl-	78.99	—
	99	2,3-二甲基-1H-茚	1H-Indene,2,3-dimethyl-	—	—
	100	2-甲基-苯并呋喃	Benzofuran,2-methyl-	—	18.56
	101	9-亚甲基-9H-芴	9H-Fluorene,9-methylene-	41.60	23.34
	102	异丙烯基甲苯	*o*-Isopropenyltoluene	139.25	—
	103	4-甲基-3-苯基-吡唑	Pyrazole,4-methyl-3-phenyl-	120.9	93.51
	104	1,1-二甲基-1H-茚	1H-Indene,1,1-dimethyl-	141.7	—
	105	2-丁基-5-己基八氢-1H-茚	1H-Indene,2-butyl-5-hexyloctahydro-	—	26.00
	106	9,10-二氢-1-甲基-菲	Phenanthrene,9,10-dihydro-1-methyl-	—	5.95
酰胺类	107	肉豆蔻酰胺	Tetradecanamide	23.79	—
	108	芥酸酰胺	13-Docosenamide,(*Z*)-	35.42	32.31
	109	油酸酰胺	9-Octadecenamide,(*Z*)-	89.72	87.36
其他	110	3-甲基吲哚	1H-Indole,3-methyl-	235.3	173.2
	111	萜品烯(皮蝇磷)	1,3-Cyclohexadiene 1-methy-4-(1-methylethyl)	188.4	—
	112	吲哚	Indole	192	135.5
	113	三环[3.1.0.0(2,4)]己-3-烯-3-腈	Tricyclo[3.1.0.0(2,4)]hex-3-ene-3-carbonitrile	—	11.02
	114	3-乙烯基吡啶	Pyridine,3-ethenyl-	—	77.31
	115	2,5-二甲基吲哚	1H-Indole,2,5-dimethyl-	—	59.74
	116	2-甲氧基-4,6-二甲基-3-吡啶甲腈	3-Pyridinecarbonitrile,2-methoxy-4,6-dimethyl-	—	37.51
总量				16764	12882

注:“—”表示未检测出该物质。

2.1.2 小结

(1) 罗汉果浸膏经膜分离共分为 M1、M2、M3、M4 四个组分，感官评吸结果表明，M3 组分评吸效果最佳，M3 组分的加入，使得烟气更加柔和，刺激性降低，余味舒适。

(2) 经 GC-MS 分析，4 个组分共检测出 43 种成分，其中某些成分如 5-羟甲基糠醛、异丁香酚、反式角鲨烯、α-法尼烯、金合欢醇、顺-β-金合欢烯等为烟叶中重要的香气成分。

(3) 对 4 个组分进行主成分分析，发现 M3 组分与 M1、M2、M4 有显著差异，主成分出现变化；M2 和 M4 组分香味成分无显著差异。组成 M3 组分的香气成分主要有二十六烷、二十三烷、α-法尼烯、(*E*，*E*)-3,7,11-三甲基-2,6,10-十二碳三烯醛、*S*-(*Z*)-3,7,11-三甲基-1,6,10-十二烷三烯-3-醇、二十一烷、油酸酰胺、二十四烷、六氢-3-(2-甲基丙基)-吡咯并［1,2-*a*］吡嗪-1,4-二酮、棕榈酰胺。

(4) 以吸烟机收集粒相物挥发性成分，经检测表明，M3 组分入卷烟使得烟气粒相物中苯系化合物含量降低，提高了卷烟的安全性。

2.2 鸢尾根提取物膜分离组分分析及卷烟加香研究

鸢尾为鸢尾科（*Iris tectorum* Maxim）鸢尾属植物，是重要的香料原料之一，其产品在高级香料和食品中广泛应用。商品化提取的鸢尾浸膏、精油及凝脂等香料产品——鸢尾香料被认为是国际上最名贵的天然香料之一，被广泛应用于高级香水、日用化妆品、烟草、食品等行业中。

膜分离技术是一种新兴的高科技技术，陶瓷膜分离是一个基于料液组分相对分子质量大小的膜分离方式。相较于有机膜，陶瓷膜具有机械强度高、分离效率高、耐污染能力强等特点，更适用于高黏度的复杂流体料液的分离，对料液的预处理要求相对较低。通过膜分离技术分离纯化天然产物提取物制备烟用香料的报道已较多。王娜等利用膜分离技术，分离纯化桂花提取物，研究结果表明膜分离可以有效去除对烟气感官质量有负面影响的大分子物质，添加到卷烟中可以改善口感、柔和烟气；王娟等利用膜分离技术，分离纯化熟地黄提取物，实验结果表明，膜技术能有效去除天然植物提取物中的蛋白质、淀粉等大分子化合物，过膜前后的熟地黄提取物无论是嗅觉还是感官评分均得到明显提升；占小林等以广昌晒红烟“黑老虎”烟叶为原料，采用生物酶法和膜分离技术分离纯化黑老虎烟叶浸膏，研究结果表明添加黑老虎浸膏后卷烟风格特征在干草香、甜香、烘焙香、可可香、辛香、膏香方面均得到明显提升。曲利利等以鸢尾根为原料，研究了鸢尾根发酵液在不同温度下美拉德反应产物的挥发性成分及其在卷烟加香中的作用，但是以鸢尾根提取物通过膜分离技术分离纯化制备烟用香料的研究未见报道。

为了研究膜分离技术对天然提取的香料的精制效果和不同精制组分的差异性，本试验采用50nm陶瓷膜对天然提取的香料进行了分级分离，以鸢尾根为原料，对分级分离组分采用GC-MS分析其挥发性成分并进行主成分分析，进行卷烟加香试验；将各个组分制备成微胶囊，考察其释放规律及其理化性质，并模拟卷烟燃吸状态对微胶囊进行了热裂解及微胶囊在卷烟中的加香效果试验。结果表明：①经GC-MS分析得出，从3个组分中共检测出81种挥发性物质，其中鸢尾根提取物原液中检测出38种挥发性物质，总量为173.01μg/g；透过液中检测出46种挥发性物质，总量为89.74μg/g；截留液中检测出43种挥发性物质，总量为90.14μg/g。②主成分分析结果显示3个组分根据距离远近分为3个区域，3个组分相距的都较远，说明3个组分中的香气成分的主成分差异都较大。③感官评吸表明，在3个组分中，鸢尾根透过液的加香效果最佳，可以提升卷烟香气质，柔和烟气，降低刺激性和杂气，提高卷烟余味的舒适度。

2.2.1 膜分离技术处理鸢尾根提取物研究

（1）样品预处理　将鸢尾根烘干之后粉碎，过0.25mm筛，置于干燥锅中备用。

（2）样品酶解处理　取鸢尾根粉末若干，以料液比1（g）：10（mL）的比例加150mL水，在加酶（纤维素酶、半纤维素酶、果胶酶和木瓜蛋白酶）量1.5%、酶解pH=7的条件下酶解5h。

（3）制备鸢尾根提取物　将酶解后的样品在100℃条件下反应3h，将反应后的产物过滤，在体系压力95kPa、50℃水浴条件下旋转浓缩滤液至黏稠状（含水量为w=30%±2%），得到鸢尾根提取物。

（4）鸢尾根提取物膜分离　准确称取10.00g鸢尾根提取物于1000mL的烧杯中，加入500mL 20%的乙醇，溶解，待溶解完全后，进行膜分离试验。使用50nm陶瓷膜去除固形颗粒杂质，未过50nm陶瓷膜的组分为截留液；过50nm陶瓷膜的组分样品为透过液；未过膜的组分为原液。

（5）鸢尾根提取物膜分离组分的挥发性成分分析　将透过液、截留液、原液分别倒入同时蒸馏萃取装置一端的平底烧瓶中，加入100mL蒸馏水，用电子调温电热套加热，装置的另一端蒸馏瓶中注入50mL二氯甲烷，于60℃水浴中加热，同时蒸馏萃取。当水与二氯甲烷分层开始计时，2.5h后萃取结束，在二氯甲烷萃取液中加入含量为0.8211mg/mL的乙酸-苯乙酯1mL和无水硫酸钠若干，静置过夜，然后于35~40℃条件下浓缩，浓缩至约1mL转至样品瓶中，低温密封保存，用于GC-MS进行定量分析。

GC-MS条件如下。

色谱柱为HP-5MS色谱柱（30m×Φ250μm，0.25μm）；

进样口温度：280℃；

分流比：10∶1；

进样量：1μL；

载气：氦气，流量为3mL/min；

升温程序为：初起始温度50℃，以4℃/min升至280℃；

质谱条件：EI源；

接口温度：270℃；

电子能量：70eV；

四极杆温度：150℃；

采集模式：扫描；

扫描范围：35~550m/z。

从GC-MS的分析结果（表2.6）可以看出：已鉴定出挥发性物质主要包括酸类、醇类、酯类、酚类、醛类、酮类、烯类、烷类、醚类、酰胺等。鸢尾根提取物原液中特有的挥发性物质主要有肉豆蔻酸、3-甲基-2-丁烯-1-醇、2-(4-甲基苯基)丙-2-醇、苯乙烯、己酸酐、11,13-二甲基-12-十四烯-1-醇乙酸酯、3-甲基苄醇、3-氨基-6-甲基-1,2,4-三嗪-5-硫醇、2-乙基-4-甲基-1,3-二氧戊环、3-糠醛。

表2.6　鸢尾根提取物膜分离组分挥发性成分及含量

类别	物质名称		含量/(μg/g)		
	中文名称	英文名称	鸢尾根提取物	过膜组分	未过膜组分
酸类	十三酸	Tridecanoic acid	—	—	0.41
	2,5-二氢-1,3-二甲基-1H-磷酸	2,5-Dihydro-1,3-dimethyl-1H-Phosphole	—	—	0.19
	9-氧代-乙酯壬酸	9-oxo-,ethyl ester-Nonanoic acid	—	1.00	—
	己酸	Hexanoic acid	—	1.46	1.54

续表

类别	物质名称		含量/(μg/g)		
	中文名称	英文名称	鸢尾根提取物	过膜组分	未过膜组分
酸类	辛酸	Octanoic acid	—	—	2.46
	肉豆蔻酸	Tetradecanoic acid	2.27	0.54	—
	十七烷基酯甲氧基乙酸	heptadecyl ester Methoxyacetic acid	—	0.08	—
	十一碳-2-烯基酯戊酸	undec-2-enyl ester Valeric acid	—	0.38	—
	14-甲基-甲酯十五烷酸	14-methyl-, methyl ester Pentadecanoic acid	—	—	0.20
	棕榈酸	*n*-Hexadecanoic acid	0.52	2.70	—
总量			2.79	6.16	4.80
醇类	丙二醇	Propylene glycol	4.60	3.84	13.34
	1-(2-甲氧基-1-甲基乙氧基)异丙醇	1-(2-methoxy-1-methylethoxy)-2-Propanol	6.75	1.70	2.31
	桉叶油醇	Eucalyptol	3.75	—	1.51
	3-甲基-2-丁烯-1-醇	3-methyl-2-Buten-1-ol	0.15	—	—
	2-(4-甲基苯基)丙-2-醇	alpha. ,. alpha. , 4-trimethyl-Benzenemethanol	0.66	—	—
	1,3,3-三甲基-2-氧杂双环[2.2.2]辛-6-醇	1,3,3-trimethyl-2-Oxabicyclo[2.2.2]octan-6-ol	1.72	0.74	0.62
	α-松油醇	L-. alpha. -Terpineol	6.97	3.03	2.63
	3-甲基苄醇	3-Methylbenzyl alcohol	0.15	—	—
	3-氨基-6-甲基-1,2,4-三嗪-5-硫醇	3-amino-6-methyl-1,2,4-Triazine-5-thiol	0.54	—	—
	2-甲氧基丙醇	2-methoxy-1-Propanol	17.59	3.96	3.89
	2-甲基-6-庚烯-1-醇	2-methyl-6-Hepten-1-ol	0.80	—	—
	1-(2-丙烯氧基)-2-丙醇	1-(2-propenyloxy)-2-Propanol	21.18	12.69	9.79
	苯乙醇	Phenylethyl Alcohol	8.14	5.41	5.80
	糠醇	2-Furanmethanol	0.60	0.22	0.48
总量			73.59	31.58	40.58

续表

类别	物质名称		含量/(μg/g)		
	中文名称	英文名称	鸢尾根提取物	过膜组分	未过膜组分
醛类	苯乙醛	Benzeneacetaldehyde	—	0.66	0.78
	3-糠醛	3-Furaldehyde	11.55	—	—
	糠醛	Furfural	4.03	—	6.82
总量			15.58	0.66	7.59
酮类	对甲氧基苯乙酮	4-Acetylanisole	1.71	0.93	—
	1-(3-羟基-4-甲氧基苯基)-乙酮	1-(3-hydroxy-4-methoxyphenyl)-Ethanone	13.16	—	16.77
	2-羟基-4-甲氧基苯乙酮	Ethanone,1-(2-hydroxy-4-methoxyphenyl)-	7.15	2.09	1.81
	4-甲基-5H-呋喃-2-酮	4-Methyl-5H-furan-2-one	—	—	0.23
	3,4-二甲氧基苯乙酮	1-(3,4-dimethoxyphenyl)-Ethanone	—	—	0.57
	5,5-二甲基-2(5H)-呋喃酮	5,5-dimethyl-2(5H)-Furanone	1.16	0.62	0.62
	6-甲基-3,5-戊二烯-2-酮	6-Methyl-3,5-heptadiene-2-one	—	—	1.33
	4-环戊烯-1,3-二酮	4-Cyclopentene-1,3-dione	—	—	0.17
	3,4,4-三甲基-2-环戊烯-1-酮	3,4,4-trimethyl-2-Cyclopenten-1-one	—	0.66	—
	4-羟基-3-甲氧基苯乙酮	Apocynin	—	16.99	—
	2,4-二甲氧基苯乙酮	2′,4′-Dimethoxyacetophenone	—	0.60	—
	甲基庚烯酮	6-methyl-5-Hepten-2-one	7.92	1.81	2.10
总量			31.09	23.70	23.61
酯类	硬脂酸乙酯	Octadecanoic acid,ethyl ester	—	0.48	—
	2-甲基丁酸-2-苯乙酯	Butanoic acid-2-methyl-2-phenylethyl ester	—	1.36	—
	1,2-苯二甲酸-2-甲基丙基丁酯	1,2-Benzenedicarboxylic acid-butyl 2-methylpropyl ester	0.46	—	0.64
	棕榈酸乙酯	Hexadecanoic acid,ethyl ester	—	1.13	—
	油酸乙酯	Ethyl Oleate	—	0.87	—

续表

类别	物质名称		含量/(μg/g)		
	中文名称	英文名称	鸢尾根提取物	过膜组分	未过膜组分
酯类	丁位十四内酯	tetrahydro-6-nonyl-2H-pyran-2-one	0.40	—	—
	乙酸龙葵酯	Benzeneethanol, .beta.-methyl-, acetate	1.90	1.37	1.44
	柠檬酸三丁酯	Butyl citrate	—	—	0.73
	11,13-二甲基-12-十四烯-1-醇乙酸酯	11,13-Dimethyl-12-tetradecen-1-ol acetate	0.15	—	—
	邻苯二甲酸二甲酯	Dimethyl phthalate	—	0.47	0.47
	2,6-吡啶二羧酸,己基苯乙酯	2,6-Pyridinedicarboxylic acid, hexyl phenethyl ester	—	—	0.74
	2-(5-甲基-5-乙烯基四氢呋喃)-2-异丙基-碳酸乙酯	Ethyl 2-(5-methyl-5-vinyltetrahydrofuran-2-yl) propan-2-yl carbonate	2.36	—	—
	异硫氰酸苄酯	Benzene, (isothiocyanatomethyl)-	—	—	0.29
	邻苯二甲酸二(2-乙基己)酯	*bis*(2-ethylhexyl) phthalate	—	2.17	—
	棕榈酸甲酯	Hexadecanoic acid, methyl ester	—	0.25	—
总量			689.95	678.01	674.02
酰胺类	硬脂酰胺	Octadecanamide	—	—	0.43
	月桂酰胺	Dodecanamide	—	—	0.27
	油酸酰胺	(*Z*)-9-Octadecenamide	—	1.76	1.42
总量			—	2.03	1.85
烷类	十六烷	Hexadecane	—	—	0.38
	二十烷	Eicosane	—	0.25	0.40
	十八烷	Octadecane	—	0.44	0.19
	三氯甲烷	Trichloromethane	—	—	0.63
	(1*R*)-(+)-cis 蒎烷	Bicyclo[3.1.1]heptane, 2,6,6-trimethyl-, [1*R*-(1.alpha., 2.beta., 5.alpha.)]-	—	0.18	—

续表

类别	物质名称		含量/(μg/g)		
	中文名称	英文名称	鸢尾根提取物	过膜组分	未过膜组分
烷类	十七烷	Heptadecane	—	0.26	—
	6-异亚丙基-1-甲基(双环[3.1.0]己烷)	Bicyclo[3.1.0]hexane, 6-isopropylidene-1-methyl-	0.59	—	—
	2,6,10,14-四甲基十六烷	2,6,10,14-tetramethyl-Hexadecane	—	0.26	0.18
总量			0.59	5.47	5.48
酚类	4-乙基愈创木酚	Phenol,4-ethyl-2-methoxy-	0.76	0.41	—
	4-乙烯基-2-甲氧基苯酚	2-Methoxy-4-vinylphenol	3.97	1.23	1.89
总量			5.95	5.48	3.12
烯类	1-十九烯	1-Nonadecene	—	0.33	—
	1-甲氧基-3-甲基-(*E*)-2-己烯	1-methoxy-3-methyl-(*E*)-2-Hexene	—	—	0.12
	苯乙烯	Styrene	0.52	—	—
总量			0.52	0.33	0.12
醚类	六乙二醇二甲醚	Hexaethylene glycol dimethyl ether	—	—	2.61
	大茴香醚	1-methoxy-4-methyl-Benzene	0.21	—	0.16
	丙二醇甲醚	1-methoxy-2-Propanol	34.48	11.46	11.75
总量			34.70	11.72	14.51
其他	吡啶	Pyridine	1.26	1.05	1.03
	1,2,4-三甲氧基苯	1,2,4-Trimethoxybenzene	—	0.19	0.20
	2-乙酰基呋喃	1-(2-furanyl)-Ethanone	—	0.20	—
	己酸酐	Hexanoic acid,anhydride	1.98	—	—
	2-乙基-4-甲基-1,3-二氧戊环	2-ethyl-4-methyl-1,3-Dioxolane	1.66	—	—
	2,3-二氢苯并呋喃	2,3-dihydro-Benzofuran	0.98	—	0.42
	2-甲基-5-(1-甲基乙烯基)-吡啶	2-methyl-5-(1-methylethenyl)-Pyridine	—	0.60	—
总量			177.61	93.58	104.11

注:“—”表示未检出。

透过液中已鉴定出的挥发性物质有46种，其挥发性物质总量为89.74μg/g，其特有的挥发性物质主要有4-羟基-3-甲氧基苯乙酮、2-甲基-5-(1-甲基乙烯基）吡啶、十七烷、棕榈酸、棕榈酸甲酯、棕榈酸乙酯、油酸乙酯、邻苯二甲酸二（2-乙基己）酯、1-十九烯、9-氧代-乙酯壬酸、己酸。

截留液中已鉴定出的挥发性物质有43种，其挥发性物质总量为90.14μg/g，其特有挥发性物质为十三酸、辛酸、14-甲基-甲酯十五烷酸、4-甲基-5H-呋喃-2-酮、3,4-二甲氧基苯乙酮、6-甲基-3,5-戊二烯-2-酮、4-环戊烯-1,3-二酮、柠檬酸三丁酯、2,6-吡啶二羧酸，己基苯乙酯、异硫氰酸苄酯、六乙二醇二甲醚、硬脂酰胺、月桂酰胺。

部分物质仅存在于透过液和截留液中，这是因为陶瓷膜对各类物质有富集作用，即使鸢尾根提取物原液中某些物质的含量低于检出限，富集后也可被检出。

鸢尾根中的特征香气成分棕榈酸、棕榈酸甲酯主要富集在透过液中，其中棕榈酸甲酯为烟草中重要的高级脂肪酸低级酯类，在卷烟中能柔和烟气，降低杂气。棕榈酸为非挥发性酸，具有甜的蜡质香气，能增加卷烟香气的丰满度、提高谐调。

（6）主成分分析方法　主成分分析计算相关系数矩阵、主成分特征值和累积贡献率。根据鸢尾根提取物不同分离组分中挥发性成分的含量标准化值与特征根、特征向量，计算出各主成分值，并以此作出散点图。

利用IBM SPSS Statistics 21软件对3个组分中的挥发性成分含量进行主成分分析，得到主成分的特征值（表2.7）。第1主成分的方差贡献率为59.843%，第2主成分的方差贡献率为40.157%，2个主成分的累计方差贡献率几近100%，这2个主成分保留了原变量的特征、差异和相互关系。因此，依据特征值大于1，且累计方差贡献率高于85%的原则，提取前2个主成分作为数据分析的有效成分是合适的。

表2.7　鸢尾根提取物样品2个主成分的贡献率

成分	初始特征值			提取平方和载入		
	特征值	贡献率/%	累积贡献率/%	特征值	贡献率/%	累积贡献率/%
1	52.063	59.843	59.843	52.063	59.843	59.843
2	34.937	40.157	100.00	34.937	40.157	100.00

由其主成分载荷矩阵表（表 2.8）可以看出糠醇、3-糠醛、苯乙醛、5,5-二甲基-2(5H)-呋喃酮、甲基庚烯酮、吡啶、2,3-二氢苯并呋喃等 30 种物质在主成分 1 中有较高矩阵（载荷的绝对值大于>0.8），说明第 1 主成分反映了以上 30 种指标信息；糠醛、3,4-二甲氧基苯乙酮、2-乙酰基呋喃、4-甲基-5H-呋喃-2-酮等 24 种物质在第 2 主成分中有较高矩阵（载荷的绝对值大于>0.8），说明第 2 主成分中反映了以上 20 种指标信息。

表 2.8　鸢尾根提取物样品 2 个主成分载荷矩阵

指标	主成分	
	1	2
肉豆蔻酸	0.930	0.368
1-(2-甲氧基-1-甲基乙氧基)异丙醇	0.999	0.036
桉叶油醇	0.965	-0.262
3-甲基-2-丁烯-1-醇	0.989	0.146
2-(4-甲基苯基)丙-2-醇	0.989	0.146
alpha-松油醇	0.974	0.228
糠醇	0.833	-0.553
苯乙醛	-0.958	-0.286
3-糠醛	0.989	0.146
糠醛	0.249	-0.969
对甲氧基苯乙酮	0.751	0.660
2-羟基-4-甲氧基苯乙酮	0.981	0.192
4-甲基-5H-呋喃-2-酮	-0.368	-0.930
3,4-二甲氧基苯乙酮	-0.368	-0.930
5,5-二甲基-2(5H)-呋喃酮	0.989	0.146
6-甲基-3,5-戊二烯-2-酮	-0.368	-0.930
4-环戊烯-1,3-二酮	-0.368	-0.930
甲基庚烯酮	0.995	0.104
硬脂酸乙酯	-0.621	0.784
2-甲基丁酸-2-苯乙酯	-0.621	0.784
1,2-苯二甲酸-2-甲基丙基丁酯	0.384	-0.923
棕榈酸乙酯	-0.621	0.784

续表

指标	主成分	
	1	2
油酸乙酯	-0.621	0.784
丁位十四内酯	0.989	0.146
2,6-吡啶二羧酸,己基苯乙酯	-0.368	-0.930
4-乙基愈创木酚	-0.624	0.782
4-乙烯基-2-甲氧基苯酚	-0.621	0.784
1-甲氧基-3-甲基-(*E*)-2-己烯	0.989	0.146
吡啶	0.975	0.223
2-乙酰基呋喃	-0.368	-0.930
2,3-二氢苯并呋喃	0.957	-0.290

注：载荷的绝对值大于>0.8的物质可以反映其主成分的指标信息，表中只列出了载荷的绝对值大于>0.8的部分物质。

根据表2.6中3个样品的81种香气成分的相对含量、表2.7中2个主成分的特征值和表2.8中的载荷值计算出3个样品的第1、第2主成分值，然后以第1主成分值为横坐标、第2主成分值为纵坐标作散点图（图2.4），由图2.4可知，3个样品根据距离远近分为3个区域，3个样品相距的都较远，说明3个样品中的香气成分主成分差异都较大。

图2.5由81种香气成分的第1主成分值为横坐标、第2主成分值为纵坐标作载荷图而得。由图2.5结合图2.4可知，影响鸢尾根提取物原液香气组成的香气成分主要集中在第1主成分的正半轴和第2主成分正半轴，按影响力从大到小依次为甲基庚烯酮、3-糠醛、5,5-二甲基-2（5H）-呋喃酮、吡啶、2-羟基-4-甲氧基苯乙酮等；影响透过液的香气组成的香气成分主要集中在第1主成分的负半轴和第2主成分正半轴，按影响力从大到小依次为棕榈酸乙酯、4-乙基愈创木酚、4-乙烯基-2-甲氧基苯酚、2-甲基丁酸-2-苯乙酯、2-甲基-5-(1-甲基乙烯基）吡啶；影响截留液的香气组成的香气成分主要集中在第1主成分的负半轴和第2主成分负半轴，按影响力从大到小依次为3,4-二甲氧基苯乙酮、4-甲基-5H-呋喃-2-酮、6-甲基-3,5-戊二烯-2-酮、4-环戊烯-1,3-二酮、2-乙酰基呋喃。

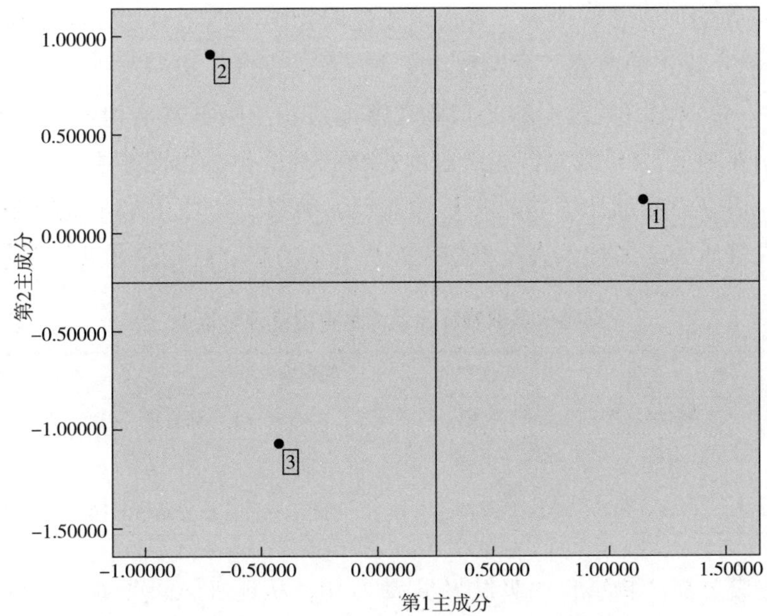

图 2.4　鸢尾根提取物样品膜分离组分主成分散点图

注：图中 1、2、3 分别代表原液、透过液、截留液。

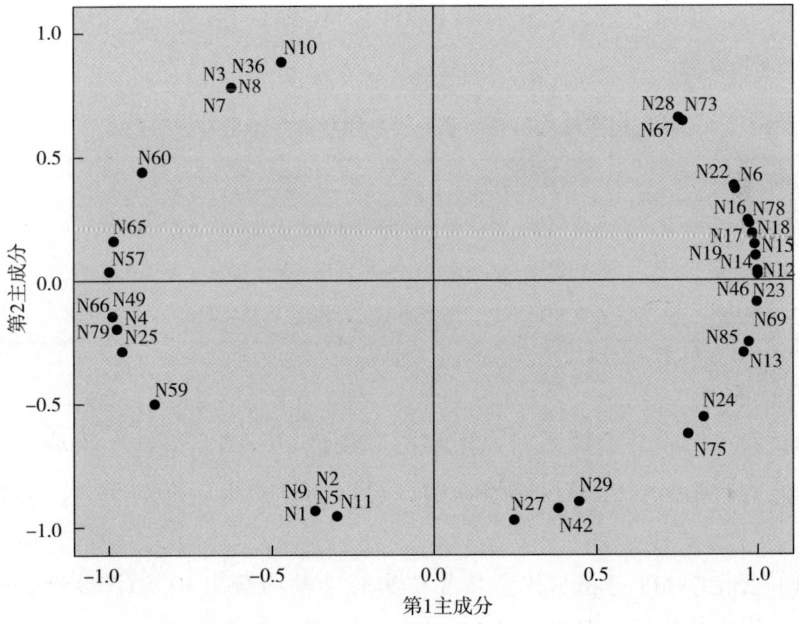

图 2.5　鸢尾根提取物样品 81 种香气成分的主成分分散图

（7）卷烟加香感官评吸　将鸢尾根提取物膜分离组分用 95%乙醇稀释成 2%（质量分数）的溶液，分别取 20g 空白卷烟烟丝，按照与烟丝比例 0.02%（质量比）称取配好的鸢尾根提取物乙醇溶液，用喷雾器均匀喷洒在叶丝上，手工卷制在温度 22℃±2℃，相对湿度 60%±5%的恒温恒湿箱中平衡 24h 后进行评吸。取空白卷烟加等量乙醇后作对照，由具有广西中烟工业有限责任公司评吸员资质的 8 名技术人员根据表 2.9 所示的感官评分标准进行评分。

表 2.9　鸢尾根提取物样品卷烟加香感官评分标准

评分指标	香气	谐调	刺激性	余味	杂气
30~50	较粗糙、淡薄	尚未好	略有	尚舒适、尚净	略有
50~75	稍粗糙、充实	较好	稍有	较舒适、较净	稍有
75~100	丰富、饱满	谐调	微有	舒适、干净	微有

各段膜分离产物感官评吸结果见表 2.10，从评吸结果来看，鸢尾根提取物透过液组分感官评吸结果最佳，可明显改善卷烟香气质，柔和烟气，掩盖杂气，提高卷烟余味的舒适度，结合 GC-MS 分析结果可知，滤过液组分中的香味物质种类也相对较高。鸢尾根原液组分可明显增加香气量，掩盖杂气，刺激性略大，余味欠佳；鸢尾根截留液组分可提升卷烟的香气量，但香气质较前 2 个样品差。

表 2.10　鸢尾根提取物样品各段膜分离产物卷烟加香感官评吸结果

膜分离分段产物	评吸结果
鸢尾根提取物	香气明显，香气量足，刺激性略大，有杂气，余味欠佳
过膜组分	香气明显，香气量足，刺激性小，烟气柔和，余味舒适
未过膜组分	香气明显不足，刺激性大，有杂气，余味欠佳

2.2.2　小结

本试验采用膜分离技术对鸢尾根提取物进行分离、提纯、浓缩，得到精制的天然香料组分，并通过感官评吸，得出加香效果最好的组分，得出如下结论。

（1）经 GC-MS 分析得出，从 3 个组分中共检测出 81 种挥发性物质，其中鸢尾根提取物原液中检测出 38 种挥发性物质，总量为 173.01μg/g；透过液中检测出 46 种挥发性物质，总量为 89.74μg/g；截留液中检测出 43 种挥发性物质，总量为 90.14μg/g。

(2) 主成分分析结果显示 3 个组分根据距离远近分为 3 个区域，3 个组分相距的都较远，说明 3 个组分中的香气成分的主成分差异都较大。

(3) 感官评吸表明，在 3 个组分中，鸢尾根透过液的加香效果最佳，可以提升卷烟香气质，柔和烟气，降低刺激性和杂气，提高卷烟余味的舒适度。

2.3 膜分离技术处理芒果浸膏研究

芒果是世界上重要的热带水果，不但风味独特，而且富含多种营养成分，因此深受消费者的喜爱，被誉为“果中之王”。现阶段对芒果的研究主要集中在其有效成分芒果苷以及其挥发性成分分析。

为了研究膜分离技术对天然提取的香料的精制效果和不同精制组分的差异性，采用 50nm 陶瓷膜，100ku 有机膜对天然提取的香料进行了分级分离，以芒果为原料，对分级分离组分采用 GC-MS 分析其挥发性成分并进行主成分分析，进行卷烟加香试验；将各个组分制备成微胶囊，考察其释放规律及其理化性质，并模拟卷烟燃吸状态对微胶囊进行了热裂解实验及微胶囊在卷烟中的加香效果。结果表明：运用膜分离技术将芒果浸膏分成 N1、N2、N3、N4 四个组分。四个样品共检测出 72 种成分，其中金合欢基丙酮具有清甜香、玫瑰香，能赋予卷烟清香香韵；反式角鲨烯是烟叶中非色素的萜烯类物质，既能增进烟叶的吸味和香气，又可通过裂解转化形成致香成分；(1*R*)-(+)-*cis* 蒎烷、(+)-4-蒈烯、(1*S*)-(+)-3-蒈烯属于烟草中萜类化合物，是烟草中重要的香气前体物。主成分结果显示 N1、N2、N3、N4 样品香味成分有明显差异；感官评吸表明，N3 组分加香效果最佳；N3 组分添加到卷烟后收集的粒相物中酚类物质增加较多，其中愈创木酚有特殊的芳香气味，可赋予卷烟烟熏香韵；异丁香酚是典型的辛香特征成分，其辛香香韵与愈创木酚类成分的烟熏香韵比较类似。

2.3.1 膜分离技术处理芒果浸膏研究

(1) 芒果浸膏的制备　准确称取 100.00g 芒果粉，用滤纸包好装入索氏提取器，加入 500mL 无水乙醇，加热回流 2h。过滤，滤液减压蒸馏至无乙醇流出，得到芒果浸膏。

(2) 膜分离芒果浸膏　本试验将芒果浸膏进行如下处理。将芒果浸膏分别通过 50nm 陶瓷膜和 100ku 有机膜处理。芒果浸膏记为 N1，50nm 陶瓷膜截留段记为 N2，100ku 有机膜截留段记为 N3，100ku 有机膜透过段记为 N4。

（3）膜分离芒果浸膏挥发性成分分析　准确称取组分 N1、N2、N3、N4 各 1.00g，进行同时蒸馏萃取。得到二氯甲烷萃取液在 40℃ 和常压下浓缩至 1mL，以乙酸苯乙酯作内标，运用气相色谱质谱联用仪分析。

色谱条件：HP-5MS 毛细管柱（60m×0.32mm×0.25μm）；

进样口温度：250℃；

程序升温：初始温度 50℃ 维持 3min，然后以 4℃ 的速度升至 260℃，维持 5min；

汽化温度：270℃；

载气：He，1mL/min；

分流比：5∶1。

质谱条件：接口温度 230℃，离子源温度 230℃，四极杆温度 150℃，离子化方式 EI，电子能量 70eV，扫描范围 35~350*m/z*。

采用不同膜分离方法得到的 N1、N2、N3、N4 四个体系，N2 是 50nm 陶瓷膜截留组分，其中含有大量蛋白质、淀粉和蜡质等大分子物质；100ku 有机膜是为了天然提取香料的进一步精制，是根据物质相对分子质量的大小把天然提取的香料进行分段。根据表 2.11 可知，未经膜分离的芒果浸膏（N1）共检测出 39 种物质。其中（1*R*）-(+)-*cis* 蒎烷、(+)-4-蒈烯、（1*S*）-(+)-3-蒈烯属于烟草中萜类化合物，是烟草中重要的香气前体物；香叶基芳樟醇是链状二萜类化合物，是天然产物的重要中间体、生物活性化合物和香料定香成分；N2 组分共检测出 33 种物质。其中法尼基丙酮广泛应用于香料、医药等领域，可作为花香香精的定香剂，可赋予卷烟花香香韵。其可经过 Grignard 反应制成香叶基芳樟醇；N3 组分共检测出 31 种物质。其中金合欢基丙酮具有清甜香、玫瑰香，能赋予卷烟清香香韵；N4 组分共检测出 16 种物质。N1、N2、N3 共有组分反式角鲨烯是烟叶中非色素的萜烯类物质，既能增进烟叶的吸味和香气，又可通过降解转化形成致香成分；维生素 E 是一种重要的抗氧化剂，可减少烟气中的自由基，保护机体细胞壁不受自由基的破坏。采用不同膜分离方法得到的 N1、N2、N3、N4 四个体系，N2、N3、N4 体系与 N1 体系相比，检测出新物质，其原因可能是由于 N1 物质种类较多，且这些物质与某些含量大的物质之间保留时间相近，含量高的物质的峰将其掩盖，导致 N1 中没有分析出这些物质。

表 2.11　　芒果浸膏膜分离组分挥发性成分

序号	成分		相对含量/%			
	中文名称	英文名称	N1	N2	N3	N4
1	12-甲基-*E*,*E*-2,13 十八碳二烯-1-醇	12-Methyl-*E*,*E*-2,13-octadecadien-1-ol	—	—	0.282	—
2	四十四烷	Tetratetracontane	—	—	—	1.16
3	5-己基-1,3-苯二酚	1,3-Benzenediol,5-hexyl-	2.17	—	—	—
4	*Z*,*Z*-8,10-十六碳二烯-1-醇乙酸酯	*Z*,*Z*-8,10-Hexadecadien-1-ol acetate	—	—	—	1.253
5	2,3-二氢-噻吩	Thiophene,2,3-dihydro-	—	0.299	—	—
6	泛醌	2,3-Dimethoxy-5-methyl-6-dekaisoprenyl-chinon	—	—	0.343	—
7	生育酚乙酸酯	(.+/-.)-.alpha.-Tocopherol acetate	—	0.867	1.607	—
8	丁基异己基酯邻苯二甲酸	Phthalic acid, butyl isohexyl ester	—	0.484	—	—
9	硬脂酰胺	Octadecanamide	—	—	—	0.652
10	金合欢基丙酮	5,9,13-Pentadecatrien-2-one, 6,10,14-trimethyl-	—	—	0.149	—
11	2-甲基-3-(3-甲基-丁-2-烯基)-2-(4-甲基-戊-3-烯基)-氧杂环丁烷	2-Methyl-3-(3-methyl-but-2-enyl)-2-(4-methyl-pent-3-enyl)-oxetane	—	0.244	—	—
12	1-(2,6-二氯苯甲酰基)-2,5-二甲基吡咯	1-(2,6-Dichlorobenzoyl)-2,5-dimethylpyrrole	—	—	0.291	—
13	棕榈酰胺	Hexadecanamide	—	0.397	0.668	—
14	二十六烷	Hexacosane	—	—	0.428	—
15	(1*R*)-(+)-*cis* 蒎烷	Bicyclo[3.1.1]heptane, 2,6,6-trimethyl-,[1*R*-(1.alpha.,2.beta.,5.alpha.)]-	0.096	—	—	—
16	香叶基芳樟醇	1,6,10,14-Hexadecatetraen-3-ol,3,7,11,15-tetramethyl-,(*E*,*E*)-	0.099	—	—	—

续表

序号	成分		相对含量/%			
	中文名称	英文名称	N1	N2	N3	N4
17	豆甾醇	Stigmasterol	—	4.589	4.836	—
18	肉豆蔻酸乙酯	Tetradecanoic acid, ethyl ester	—	—	0.57	—
19	7,10,13-十六碳三烯酸甲酯	7,10,13-Hexadecatrienoic acid, methyl ester	0.221	—	—	—
20	三十烷	Triacontane	—	—	2.716	7.516
21	油酸酰胺	9-Octadecenamide, (*Z*)-	—	0.567	3.29	1.356
22	菲	Phenanthrene	—	0.262	—	—
23	γ-生育酚	γ-Tocopherol	0.841	—	—	—
24	十七酸乙酯	Heptadecanoic acid, ethyl ester	—	0.201	0.126	—
25	二十烷	Eicosane	—	—	2.814	16.732
26	2-羟基-1-(羟甲基)乙酯十六烷酸	Hexadecanoic acid, 2-hydroxy-1-(hydroxymethyl) ethyl ester	0.214	—	—	—
27	3,4-二氢-2,8-二甲基-2-(4,8,12-三甲基十三烷基)取代1-苯并吡喃-6-醇	2H-1-Benzopyran-6-ol, 3, 4-dihydro-2,8-dimethyl-2-(4,8,12-trimethyltridecyl)-, {2*R*-[2*R* * (4*R* *, 8*R* *)]}-	0.174	—	—	—
28	法尼基丙酮	5,9,13-Pentadecatrien-2-one, 6,10,14-trimethyl-, (*E*,*E*)-	—	0.246	—	—
29	2,4-二叔丁基苯酚	Phenol, 2,4-*bis* (1,1-dimethylethyl)-	—	—	0.263	0.604
30	壬醛	Nonanal	0.086	—	—	—
31	丁基2-甲基丙酯1,2-苯二甲酸	1,2-Benzenedicarboxylic acid, butyl 2-methylpropyl ester	—	—	0.753	—
32	棕榈酸	*n*-Hexadecanoic acid	—	5.587	13.608	8.019
33	肉豆蔻酰胺	Tetradecanamide	0.516	—	—	—
34	油酸乙酯	Ethyl Oleate	—	1.041	—	—
35	1,2-环氧十六烷	Oxirane, tetradecyl-	0.265	—	—	—
36	菜油甾醇	Campesterol	—	3.12	3.405	—
37	十四烷	Cyclotetradecane	0.116	—	—	—

续表

序号	成分		相对含量/%			
	中文名称	英文名称	N1	N2	N3	N4
38	二十八烷	Octacosane	0.443	—	0.423	12.801
39	二十七烷	Heptacosane	1.791	—	—	—
40	24-甲基-5-胆固醇-3-醇	5-Cholestene-3-ol,24-methyl-	3.596	—	9.45	—
41	(+)-4-蒈烯	(+)-4-Carene	0.627	0.257	—	—
42	肉豆蔻酸乙酯	Tetradecanoic acid,ethyl ester	0.657	0.619	—	—
43	正二十四烷	Tetracosane	—	1.262	—	6.064
44	芥酸酰胺	13-Docosenamide,(*Z*)-	0.77	—	1.247	4.549
45	1,2-环氧十八烷	Oxirane,hexadecyl-	0.877	—	—	—
46	(1*S*)-(+)-3-蒈烯	(1*S*)-(+)-3-Carene	0.388	0.183	—	—
47	硬脂酸乙酯	Octadecanoic acid,ethyl ester	0.506	—	—	—
48	月桂酸乙酯	Dodecanoic acid,ethyl ester	0.075	—	—	—
49	棕榈酸甲酯	Hexadecanoic acid,methyl ester	0.104	0.141	—	—
50	油酸乙酯	Ethyl Oleate	—	13.774	—	—
51	棕榈酸乙酯	Hexadecanoic acid,ethyl ester	3.333	9.594	12.048	—
52	*E*-14-十六碳烯醛	*E*-14-Hexadecenal	—	0.814	—	—
53	生育酚乙酸酯	(,+/-.)-.alpha.-Tocopherol acetate	0.656	—	—	—
54	月桂酸	Dodecanoic acid	0.216	—	—	—
55	硬脂酸	Octadecanoic acid	—	—	—	1.595
56	肉豆蔻酸	Tetradecanoic acid	2.192	0.893	0.411	—
57	十四烷	Cyclohexadecane	1.536	—	—	—
58	棕榈油酸	Palmitoleic acid	3.37	2.543	1.53	—
59	棕榈油酸	Palmitoleic acid	0.903	0.476	0.299	—
60	软脂酸	*n*-Hexadecanoic acid	22.76	—	—	—
61	亚麻酸	9,12,15-Octadecatrienoic acid,(*Z*,*Z*,*Z*)-	16.44	12.344	—	—
62	亚油酸乙酯	Linoleic acid ethyl ester	1.475	2.017	2.088	—
63	硬脂酸乙酯	Octadecanoic acid,ethyl ester	—	1.027	1.24	—
64	洋橄榄油酸	9-Octadecenoic acid,(*E*)-	—	—	—	6.113

续表

序号	成分		相对含量/%			
	中文名称	英文名称	N1	N2	N3	N4
65	油酸乙酯	Ethyl Oleate	—	2.355	18.655	—
66	亚麻酸乙酯	9,12,15-Octadecatrienoic acid, ethyl ester, (*Z*,*Z*,*Z*)-	6.918	—	—	—
67	油酸酰胺	9-Octadecenamide, (*Z*)-	1.443	1.654	—	14.094
68	反式角鲨烯	Squalene	0.469	0.452	1.377	—
69	二十九烷	Nonacosane	1.084	1.403	3.126	8.713
70	维生素 E	Vitamin E	5.236	2.239	1.883	—
71	豆甾醇	Stigmasterol	3.714	—	—	—
72	γ-谷甾醇	γ-Sitosterol	12.46	11.655	9.305	2.893

注："—" 表示未检测出该物质。

（4）膜分离组分主成分分析　主成分分析利用 SPSS 软件进行处理和分析，确定影响不同组分香气组成的香味物质。

利用 SPSS 软件对膜分离处理的四种样品 72 种挥发性成分进行主成分分析，得到主成分的特征值和贡献率（表 2.12）、载荷矩阵（表 2.13）。由表 2.12 可知，第 1 主成分的贡献率为 49.568%，第 2 主成分的贡献率为 31.444%，第 3 主成分的贡献率为 18.988%。前 3 个主成分的累积贡献率为 100%，因此提取 3 个主成分概括样品香气成分的总信息量，对样品进行综合评价。

表 2.12　　芒果浸膏样品 3 个主成分的贡献率

主成分	特征值	贡献率/%	累积贡献率/%
1	35.689	49.568	49.568
2	22.640	31.444	81.012
3	13.671	18.988	100.000

表 2.13　　芒果浸膏样品主成分载荷矩阵

编号	指标	主成分		
		1	2	3
a	12 甲基-*E*,*E*-2,13 十八碳二烯-1-醇	-0.429	0.532	0.73
b	四十四烷	-0.454	-0.888	-0.076

续表

编号	指标	主成分		
		1	2	3
c	5-己基-1,3-苯二酚	0.967	−0.137	0.213
d	*Z*,*Z*-8,10-十六碳二烯-1-醇乙酸酯	−0.454	−0.888	−0.076
e	2,3-二氢-噻吩	−0.084	0.493	−0.866
f	泛醌	−0.429	0.532	0.73
g	生育酚乙酸酯	−0.492	0.827	0.272
h	丁基异己基酯邻苯二甲酸	−0.084	0.493	−0.866
i	硬脂酰胺	−0.454	−0.888	−0.076
j	金合欢基丙酮	−0.429	0.532	0.73
k	2-甲基-3-(3-甲基-丁-2-烯基)-2-(4-甲基-戊-3-烯基)-氧杂环丁烷	−0.084	0.493	−0.866
l	1-(2,6-二氯苯甲酰基)-2,5-二甲基吡咯	−0.429	0.532	0.73
m	棕榈酰胺	−0.445	0.888	−0.118
n	二十六烷	−0.429	0.532	0.73
o	(1*R*)-(+)-*cis* 蒎烷	0.967	−0.137	0.213
p	香叶基芳樟醇	0.967	−0.137	0.213
q	豆甾醇	−0.452	0.888	−0.082
r	肉豆蔻酸乙酯	−0.429	0.532	0.73
s	7,10,13-十六碳三烯酸甲酯	0.967	−0.137	0.213
t	三十烷	−0.646	−0.737	0.199
u	油酸酰胺	−0.723	0.288	0.629
v	菲	−0.084	0.493	−0.866
w	γ-生育酚	0.967	−0.137	0.213
x	十七酸乙酯	−0.358	0.837	−0.414
y	二十烷	−0.549	−0.834	0.048
z	2-羟基-1-(羟甲基)乙酯十六烷酸	0.967	−0.137	0.213
aa	3,4-二氢-2,8-二甲基-2-(4,8,12-三甲基十三烷基)取代 1-苯并吡喃-6-醇	0.967	−0.137	0.213
ab	法尼基丙酮	−0.084	0.493	−0.866
ac	2,4-二叔丁基苯酚	−0.676	−0.692	0.254

续表

编号	指标	主成分		
		1	2	3
ad	壬醛	0.967	-0.137	0.213
ae	丁基 2-甲基丙酯 1,2-苯二甲酸	-0.429	0.532	0.73
af	棕榈酸	-0.882	0.255	0.397
ag	肉豆蔻酰胺	0.967	-0.137	0.213
ah	油酸乙酯	-0.084	0.493	-0.866
ai	1,2-环氧十六烷	0.967	-0.137	0.213
aj	菜油甾醇	-0.457	0.888	-0.057
ak	十四烷	0.967	-0.137	0.213
al	二十八烷	-0.444	-0.895	-0.046
am	二十七烷	0.967	-0.137	0.213
an	24-甲基-5-胆固醇-3-醇	-0.065	0.508	0.859
ao	(+)-4-蒈烯	0.986	0.069	-0.15
ap	肉豆蔻酸乙酯	0.791	0.292	-0.537
aq	正二十四烷	-0.495	-0.826	-0.27
ar	芥酸酰胺	-0.462	-0.868	0.181
as	1,2-环氧十八烷	0.967	-0.137	0.213
at	(1*S*)-(+)-3-蒈烯	0.974	0.1	-0.206
au	硬脂酸乙酯	0.967	-0.137	0.213
av	月桂酸乙酯	0.967	-0.137	0.213
aw	棕榈酸甲酯	0.613	0.382	-0.691
ax	油酸乙酯	-0.084	0.493	-0.866
ay	棕榈酸乙酯	-0.249	0.963	0.108
az	*E*-14-十六碳烯醛	0.967	-0.137	0.213
bb	生育酚乙酸酯	0.967	-0.137	0.213
bc	月桂酸	0.967	-0.137	0.213
bd	硬脂酸	-0.454	-0.888	-0.076
be	肉豆蔻酸	0.982	0.188	-0.004
bf	十四烷	0.967	-0.137	0.213
bg	棕榈油酸	0.823	0.553	-0.127

续表

编号	指标	主成分		
		1	2	3
bh	棕榈油酸	0.934	0.357	-0.003
bi	软脂酸	0.967	-0.137	0.213
bj	亚麻酸	0.877	0.226	-0.424
bk	亚油酸乙酯	0.186	0.981	0.047
bl	硬脂酸乙酯	-0.469	0.883	0.012
bm	洋橄榄油酸	-0.454	-0.888	-0.076
bn	油酸乙酯	-0.456	0.616	0.643
bo	亚麻酸乙酯	0.967	-0.137	0.213
bp	油酸酰胺	-0.391	-0.905	-0.168
bq	反式角鲨烯	-0.152	0.772	0.618
br	二十九烷	-0.617	-0.782	0.089
bs	维生素 E	0.939	0.32	0.127
bt	豆固醇	0.967	-0.137	0.213
bu	γ-谷甾醇	0.665	0.74	-0.101

由表 2.13 可知，5-己基-1,3-苯二酚、(1*R*)-(+)-*cis* 蒎烷、香叶基芳樟醇、7,10,13-十六碳三烯酸甲酯、γ-生育酚、2-羟基-1-(羟甲基）乙酯十六烷酸、3,4-二氢-2,8-二甲基-2-(4,8,12-三甲基十三烷基）取代 1-苯并吡喃-6-醇、壬醛、肉豆蔻酰胺、(+)-4-蒈烯、(1*S*)-(+)-3-蒈烯、月桂酸乙酯、月桂酸、肉豆蔻酸、维生素 E 等在第 1 主成分上有较高载荷，说明第 1 主成分基本反映了上述化合物指标的信息；同理，第 2 主成分主要反映了棕榈酰胺、豆甾醇、菜油甾醇、棕榈酸乙酯、硬脂酸乙酯、亚油酸乙酯；第 3 主成分主要反映了 12 甲基-*E*，*E*-2,13 十八碳二烯-1-醇、泛醌、金合欢基丙酮、丁基 2-甲基丙酯 1,2-苯二甲酸、24-甲基-5-胆固醇-3-醇。而前 3 个主成分的累积贡献率已达 100%，说明前 3 个主成分基本包含了 72 种化合物的全部信息。

根据表 2.11 中四个样品的 72 种香气成分的相对含量、表 2.12 中 3 个主成分的特征值和表 2.13 中 72 种香气成分的载荷值计算出 4 个样品的第 1、第 2、第 3 主成分值，然后以第 1 主成分值为 *Y* 坐标、第 2 主成分值为 *Z* 坐标、第 3 主成分值为 X 坐标作散点图（图 2.6）。由图 2.6 可知，四个样品根据距离远近分为 4 个区域，表明四个样品主成分有明显差异。

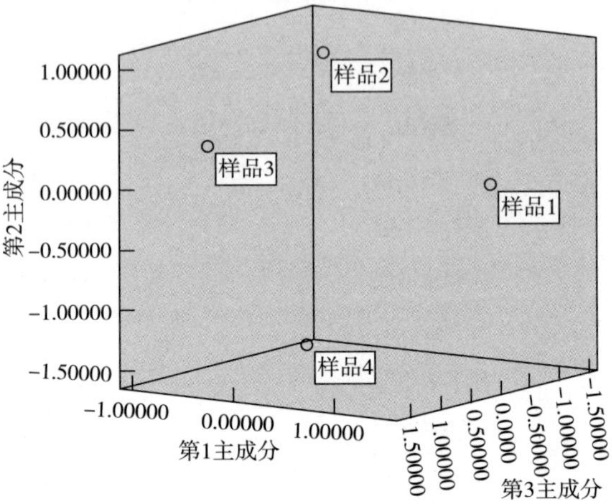

图 2.6　芒果浸膏样品膜分离组分主成分散点图

注：样品 1、2、3、4 分别代表 N1、N2、N3、N4。

图 2.7 由 72 种香气成分的第 1 主成分值为 Y 坐标、第 2 主成分值为 Z 坐标、第 3 主成分值为 X 坐标作散点图而得。由图 2.7 结合图 2.6 可知，影响 N1 组样品的香气组成的香气成分主要集中在第 1 主成分的正半轴第 2 主成分正半轴和第 3 主成分的负半轴，为（1*S*）-（+）-3-蒈烯、（+）-4-蒈烯、肉豆蔻酸、7,10,13-十六碳三烯酸甲酯、棕榈油酸、亚麻酸、（1*R*）-（+）-*cis* 蒎烷、5-己基-1,3-苯二酚。其中（1*S*）-（+）-3-蒈烯、（+）-4-蒈烯、（1*R*）-（+）-*cis* 蒎烷为烟草中双环萜类化合物，是烟草中重要的香味物质；影响 N2 组样品的香气组成的香气成分主要集中在第 1 主成分的负半轴第 2 主成分的正半轴和第 3 主成分的负半轴，为菲、2,3-二氢-噻吩、2-甲基-3-(3-甲基-丁-2-烯基)-2-(4-甲基-戊-3-烯基)-氧杂环丁烷、丁基异己基酯邻苯二甲酸、亚油酸乙酯；影响 N3 组样品的香气组成的香气成分主要集中在第 1 主成分的负半轴第 2 主成分正半轴和第 3 主成分的正半轴，为油酸乙酯、生育酚乙酸酯、金合欢基丙酮、1-(2,6-二氯苯甲酰基)-2,5-二甲基吡咯、油酸酰胺、泛醌、12 甲基-*E*，*E*-2,13 十八碳二烯-1-醇、棕榈酸。金合欢基丙酮具有清甜香、玫瑰香，能赋予卷烟清香香韵；影响 N4 组样品的香气组成的香气成分主要集中在第 1 主成分的负半轴第 2 主成分负半轴和第 3 主成分的负半

轴，为 Z，Z-8,10-十六碳二烯-1-醇乙酸酯、正二十四烷、二十八烷、二十烷、芥酸酰胺、三十烷。

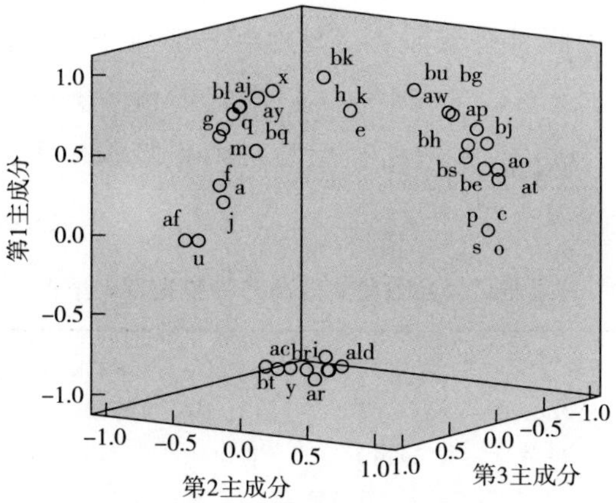

图 2.7　芒果浸膏样品 72 种香气成分的主成分散点图

（5）膜分离组分加香效果及烟气粒相物挥发性成分分析　按照烟丝质量 0.2%计算并称取相应质量的各组分，将称取的各组分用 5mL 70%乙醇溶解，均匀喷洒到烟丝上，经过平衡后，卷制成烟支，在 22℃±1℃和相对湿度 60%±2%下平衡 48h 后进行感官评吸。评吸标准为 GB 5606.4—2005《卷烟　第 4 部分：感官技术要求》。

根据评吸结果，卷制加香后卷烟和空白卷烟各 40 支（卷制要求同上），进行吸烟机试验。吸烟机试验条件：每口抽吸 2s，体积 35mL，每口间隔 58s，环境温度 22℃±1℃、相对湿度 60%±2%。按 GB/T 19609—2004《卷烟　用常规分析用吸烟机测定总粒相物和焦油》标准的要求收集烟气粒相物，然后对剑桥滤片进行同时蒸馏萃取，运用气相色谱质谱联用技术分析烟气粒相物中的挥发性成分，并与空白组对照。色谱条件、质谱条件同“2.3.1　膜分离技术处理芒果浸膏研究”。

膜分离分段产物感官评吸结果见表 2.14。结果表明，N3 组感官评吸结果最佳，能够增加卷烟香气，使烟气柔和，减小刺激性，提高卷烟余味的舒适度。N1 是醇提芒果得到的浸膏，其中有蛋白质、淀粉、蜡质等杂质，这些都会影响感官评吸效果，蛋白质与烟草的感官品质呈负相关，蛋白质在燃烧时产生烧焦羽毛的气息，并使烟气苦味增加；淀粉对烟叶的感官品质有不利影响；N2 是 50nm 陶瓷膜截留组分，其中也含有蛋白质、淀粉、蜡质等杂质，影响加香效果；影响 N3 组香气组成的香气成分主要有油酸乙酯、金合欢基丙酮、棕榈酸。油酸乙酯为淡黄色油状液体，有花香和果香香气，能够丰富卷烟香气；金合欢基丙酮具有清甜香、玫瑰香，能赋予卷烟青香香韵；棕榈酸为烟草中酸类物质，其可以中和烟气，使烟气柔和，余味更加舒适。N4 是通过 50nm 陶瓷膜和 100ku 有机膜所得组分，因膜吸附作用，香味物质损失较多，其加香效果不佳。

表 2.14　芒果浸膏样品各段膜分离产物感官评吸结果

样品名称	光泽（5、4、3分）	香气（32、28、24分）	谐调（6、5、4分）	杂气（12、10、8分）	刺激性（20、17、15分）	余味（25、22、20分）	合计分值
对照组	5	26	5	10	17	21	84
N1	5	29	5	9	17	22	87
N2	5	26	4.5	9	16	20	80.5
N3	5	30	5.5	11	18	22	91.5
N4	5	27	5	10	17	21	85

将膜分离 N3 组分添加至卷烟中，作为试验组；添加 70% 乙醇组为对照组。分析加香组卷烟烟气粒相物挥发性成分，并与对照组对比，选取匹配度大于 80%，且比较重要的致香成分，结果见表 2.15。对照组共检测出 10 种化学成分，其挥发性物质总含量为 3126.83μg/g，膜分离 N3 组共检测出 17 种化学成分，其挥发性物质总量为 4668.66μg/g。与对照组相比，N3 组烟气粒相物中增加的化合物主要有金合欢醇、愈创木酚、异丁香酚、香树烯、γ-榄香烯、石竹烯、3-甲基吲哚、维生素 E。其中金合欢醇具有特殊的青香韵的铃兰花香气，并有青香和木香香韵；愈创木酚有特殊的芳香气味，可赋予卷烟烟熏香韵；异丁香酚是典型的辛香特征成分，其辛香香韵与愈创木酚类成分的烟熏香韵比较类似；异丁香酚又可氧化生成香兰素，为一种广泛使用的可食用香料，可赋予卷烟奶香气息；香树烯、γ-榄香烯、石竹烯都是萜烯类物质，是重要的香味物质，香树烯是柏木油中主要的化学成分，具有柏木或檀香香气；石竹烯具有辛香、木香、柑橘香、樟脑香与温和的丁香香气；3-甲基吲哚是杂环类化合物，其具有鲜韵花香，是配制茉莉花型的重要原料。

表 2.15　　芒果浸膏样品加香烟气粒相物分析结果对比

类别	序号	成分		含量/（μg/g）	
		中文名称	英文名称	对照组	N3
	1	烟碱	Pyridine,3-(1-methyl-2-pyrrolidinyl)-,(*S*)-	1927.84	6272.56
醇	2	γ-谷甾醇	γ-Sitosterol	28.59	49.16
	3	豆甾醇	Stigmasterol	42.51	88.26
	4	*Z*,*E*-2,13 十八碳二烯-1-醇	*Z*,*E*-2,13-Octadecadien-1-ol	127.45	—
	5	黑松醇	Thunbergol	—	50.33
	6	金合欢醇异构体	Farnesol isomer a	—	18.56
	7	6-异丙烯基 4,8a 二甲基-3-氧代-1,2,3,5,6,7,8,8a-八氢萘-2-醇	6-Isopropenyl-4,8a-dimethyl-1,2,3,5,6,7,8,8a-octahydro-naphthalen-2-ol	—	57.04
醛	8	5-甲基呋喃醛	2-Furancarboxaldehyde,5-methyl-	282.29	248.56
酸	9	棕榈酸	*n*-Hexadecanoic acid	738.66	1323.13
	10	硬脂酸	Octadecanoic acid	—	164.52
	11	亚油酸	9,12-Octadecadienoic acid(*Z*,*Z*)-	39.68	134.44
	12	亚麻酸	9,12,15-Octadecatrienoic acid,(*Z*,*Z*,*Z*)-	191.06	—
	13	肉豆蔻酸	Tetradecanoic acid	120.78	175.96
	14	十五酸	Pentadecanoic acid	—	81.55
	15	3-(3-羟基-3-甲基-1-丁炔基)-苯甲酸	Benzoic acid,3-(3-hydroxy-3-methyl-1-butynyl)-	—	198.71
酯	16	乙酰柠檬酸三丁酯	Tributyl acetylcitrate	26.48	—
	17	甘油 1,2-二乙酸酯	Glycerol 1,2-diacetate	814.74	—
	18	三醋酸甘油酯	Triacetin	—	1380.55
	19	棕榈酸甲酯	Hexadecanoic acid,methyl ester	111.84	132.33
	20	亚麻酸甲酯	9,12,15-Octadecatrienoic acid,methyl ester,(*Z*,*Z*,*Z*)-	99.06	174.34
	21	5,12-十八碳二烯酸甲酯	Methyl 5,12-octadecadienoate	140.40	—
	22	7,10-十八碳二烯酸甲酯	7,10-Octadecadienoic acid,methyl ester	—	155.63

续表

类别	序号	成分		含量/（μg/g）	
		中文名称	英文名称	对照组	N3
酮	23	1-茚酮	1H-Inden-1-one,2,3-dihydro-	—	127.46
	24	9-芴酮	9H-Fluoren-9-one	—	57.52
	25	2,3-二甲基-2-环戊烯酮	2-Cyclopenten-1-one,2,3-dimethyl-	197.08	197.01
	26	1-(2,4,5-三乙基苯基)-乙酮	Ethanone,1-(2,4,5-triethylphenyl)-	138.22	—
	27	2,3,6-三甲基-1,4-萘二酮	1,4-Naphthalenedione,2,3,6-trimethyl-	90.04	106.96
	28	巨豆三烯酮	Megastigmatrienone	1036.88	438.41
	29	螺岩兰草酮	Solavetivone	109.88	128.32
	30	2-羟基-环十五烷酮	Cyclopentadecanone,2-hydroxy-	—	207.66
	31	1-[5-(2-呋喃基甲基)-2-呋喃基]-乙酮	Ethanone,1-[5-(2-furanylmethyl)-2-furanyl]-	—	125.11
	32	6-异丙烯基4,8a二甲基-4a,5,6,7,8,8a-六氢-1H-萘-2-酮	6-Isopropenyl-4,8a-dimethyl-4a,5,6,7,8,8a-hexahydro-1H-naphthalen-2-one	—	54.65
酚	33	4-甲基愈创木酚	Creosol	128.06	—
	34	邻甲酚	Phenol,2-methyl-	246.00	160.58
	35	2,5-二甲基苯酚	Phenol,2,5-dimethyl-	286.52	—
	36	愈创木酚	Phenol,2-methoxy-	—	168.36
	37	间甲基苯酚	Phenol,3-methyl-	562.89	—
	38	异丁香酚	Phenol,2-methoxy-4-(1-propenyl)-	—	279.32
	39	苯酚	Phenol	651.74	501.47
	40	对甲基苯酚	*p*-Cresol	—	435.34
	41	2,4-二甲基苯酚	Phenol,2,4-dimethyl-	—	192.55
	42	3,5-二甲基苯酚	Phenol,3,5-dimethyl-	—	102.02
	43	3-乙基苯酚	Phenol,3-ethyl-	—	291.60
	44	对乙烯基愈疮木酚	2-Methoxy-4-vinylphenol	200.49	212.57
	45	2-(1,1-二甲基-2-丙烯基)-3,6-二甲基-苯酚	Phenol,2-(1,1-dimethyl-2-propenyl)-3,6-dimethyl-	—	367.68

续表

类别	序号	成分		含量/（μg/g）	
		中文名称	英文名称	对照组	N3
烷烃	46	二十烷	Eicosane	49.54	109.34
	47	十三烷	Tridecane	—	60.91
	48	二十九烷	Nonacosane	—	24.99
	49	二十三烷	Tricosane	—	8.64
	50	5,5-二甲基-4-(3-甲基-1,3-丁二烯基)-1-氧杂螺[2.5]辛烷	1-Oxaspiro[2.5]octane,5,5-dimethyl-4-(3-methyl-1,3-butadienyl)-	—	11.37
烯炔	51	4-亚甲基-1-(1-甲基乙基)-环己烯	Cyclohexene,4-methylene-1-(1-methylethyl)-	195.34	—
	52	(+)-香橙烯	Aromandendrene	80.11	—
	53	4-甲基-1-(1-甲基乙烯基)-环己烯	Cyclohexene,4-methyl-1-(1-methylethenyl)-	161.63	169.08
	54	顺-β-甲基苯乙烯	(*Z*)-1-Phenylpropene	99.36	—
	55	1,5,5,6-四甲基-1,3-环己二烯	1,3-Cyclohexadiene,1,5,5,6-tetramethyl-	—	136.31
	56	2,4-二甲基苯乙烯	2,4-Dimethylstyrene	108.17	154.73
	57	(*Z*)-3,7-二甲基-1,3,6-十八烷三烯	1,3,6-Octatriene,3,7-dimethyl-,(*Z*)-	133.99	132.71
	58	(3*R*-反式)-3-甲基-6-(1-甲基乙烯基)-环己烯	Cyclohexene,3-methyl-6-(1-methylethenyl)-,(3*R*-*trans*)-	51.40	—
	59	D-柠檬烯	D-Limonene	1249.66	1072.91
	60	1-十四烯	1-Tetradecene	—	134.72
	61	(*E*,*Z*)-2,6-二甲基-2,4,6-辛三烯	2,4,6-Octatriene,2,6-dimethyl-,(*E*,*Z*)-	206.24	80.20
	62	1,3,8-对-薄荷三烯	1,3,8-*p*-Menthatriene	90.34	—
	63	(*E*)-2-十四烯	2-Tetradecene,(*E*)-	66.31	—
	64	6-丁基-1-硝基-环己烯	Cyclohexene,6-butyl-1-nitro-	60.24	—
	65	2-甲基-3-苯基-1-丙烯	2-Methyl-3-phenyl-1-propene	—	69.97

续表

类别	序号	成分		含量/（μg/g）	
		中文名称	英文名称	对照组	N3
烯炔	66	香树烯	Alloaromadendrene	—	77.61
	67	γ-榄香烯	γ-Elemene	—	91.47
	68	反-(-)-5-甲基-3-(1-甲基乙烯基)-环己烯	Cyclohexene,5-methyl-3-(1-methylethenyl)-, *trans*-(-)-	—	53.72
	69	3-乙烯基-1,2-二甲基-1,4-环己二烯	1,4-Cyclohexadiene, 3-ethenyl-1,2-dimethyl-	—	86.18
	70	(*Z*)-5-十五碳烯-7-炔	5-Pentadecen-7-yne,(*Z*)-	—	97.31
	71	石竹烯	Caryophyllene-(I1)	—	39.69
	72	1-苯基-1-丙炔	Benzene,1-propynyl-	137.13	—
苯系	73	1-甲基萘	Naphthalene,1-methyl-	189.08	91.85
	74	萘	Naphthalene	—	107.27
	75	茚	Indene	—	133.79
	76	1,3-二甲基萘	Naphthalene,1,3-dimethyl-	107.13	—
	77	2,6-二甲基萘	Naphthalene,2,6-dimethyl-	75.90	140.87
	78	2,3,6-三甲基萘	Naphthalene,2,3,6-trimethyl-	70.60	—
	79	2,7-二甲基萘	Naphthalene,2,7-dimethyl-	—	98.14
	80	2-甲基芴	9H-Fluorene,2-methyl-	128.78	134.86
	81	2-丁烯基-苯	Benzene,2-butenyl-	40.08	—
	82	1-甲基-2-(2-丙烯基)-苯	Benzene,1-methyl-2-(2-propenyl)-	52.98	—
	83	2,4,6-三甲基苯甲腈	Benzonitrile,2,4,6-trimethyl-	178.42	189.51
	84	3-甲基吲哚	1H-Indole,3-methyl-	—	204.24
	85	异喹啉	Isoquinoline	68.14	35.99
	86	吲哚	Indole	152.17	290.94
	87	1-甲基-1H-茚	1H-Indene,1-methyl-	201.04	258.20
	88	2-甲基-苯并呋喃	Benzofuran,2-methyl-	113.77	—
	89	2,5-二甲基氮茚	Indolizine,2,5-dimethyl-	—	84.52
	90	2,3-二氢-4-甲基-1H-茚	1H-Indene,2,3-dihydro-4-methyl-	—	43.45

续表

类别	序号	成分		含量/（μg/g）	
		中文名称	英文名称	对照组	N3
苯系	91	4-甲基-3-苯基-吡唑	Pyrazole,4-methyl-3-phenyl-	178.55	187.16
	92	1,1-二甲基-1H-茚	1H-Indene,1,1-dimethyl-	135.42	—
	93	1,4,6-三甲基-萘	Naphthalene,1,4,6-trimethyl-	—	80.72
	94	2-丁基-5-己炔基氢-1H-茚	1H-Indene,2-butyl-5-hexyloctahydro-	46.64	—
	95	1,2-二氢-3-甲基-萘	Naphthalene,1,2-dihydro-3-methyl-	—	126.91
	96	1,2,3,4-四甲基-萘	Naphthalene,1,2,3,4-tetramethyl-	—	101.32
	97	1,2,3,4-四氢-1,4-二甲基-萘	Naphthalene,1,2,3,4-tetrahydro-1,4-dimethyl-	—	45.60
	98	2-甲基-苯并呋喃	Benzofuran,2-methyl-	—	123.55
其他	99	维生素 E	Vitamin E	—	67.55
	100	柏木脑	Cedrol	—	11.44
	101	油酸酰胺	9-Octadecenamide,(*Z*)-	160.22	410.24
	102	硬脂酰胺	Octadecanamide	—	83.76
	103	肉豆蔻醚	1,3-Benzodioxole,4-methoxy-6-(2-propenyl)-	57.82	85.94
总量				11057.5（除烟碱）	14337.3（除烟碱）

注："—"表示未检测出该物质。

2.3.2 小结

采取气相色谱-质谱联用技术测定 N1、N2、N3、N4 共 4 个组分的香气成分，从中检测出 72 种成分，未经膜分离的罗汉果浸膏（N1）共检测出 39 种物质；N2 组分共检测出 33 种物质；N3 组分共检测出 31 种物质；N4 组分共检测出 16 种物质。其中异丁香酚、反式角鲨烯、法尼基丙酮、金合欢基丙酮、(1*R*)-(+)-*cis* 蒎烷、(+)-4-蒈烯、(1*S*)-(+)-3-蒈烯等为烟叶中重要的香气成分。

主成分结果表明 N1、N2、N3、N4 组样品香味成分有明显差异。影响 N3 组样品的香气组成的香气成分中金合欢基丙酮具有清甜香、玫瑰香，能赋予卷烟清香香韵。

芒果浸膏经膜分离共分为 N1、N2、N3、N4 四个组分，感官评吸结果表明，N3 组评吸效果最佳，N3 组分加入卷烟后，使得烟气更加柔和，刺激性降低，余味舒适；吸烟机实验结果表明，N3 组分加入卷烟后，烟气中的酚类物质增加较多，其中愈创木酚有特殊的芳香气味，可赋予卷烟烟熏香韵；异丁香酚是典型的辛香特征成分，其辛香香韵与愈创木酚类成分的烟熏香韵比较类似；异丁香酚又可氧化生成香兰素，为一种广泛使用的可食用香料，可赋予卷烟奶香气息。

3 新型焦糖化烟用香料

焦糖化反应，又称卡拉密尔作用（Caramelization），是指以糖类或者糖和水为原料，加热到熔点以上的高温（170℃以上）时，糖类物质经一系列脱水、降解、分子重排及环构成作用、分子间缩聚等反应，最后生成大相对分子质量的深红褐色物质和焦甜香味成分的反应。焦糖化反应与日常生活及食品加工密切相关。在烟草行业中，卷烟燃烧时糖类发生的焦糖化反应，是卷烟焦甜香气的重要来源，也有部分研究将甘草、大枣及玉米进行处理后炙烤来制取特殊风味的焦糖香料。目前对烟草行业对热反应香料的相关研究主要集中在美拉德反应，对焦糖化反应的研究相对较少。

焦糖香料又称焦甜香料或焦糖色素，为深褐色至黑色的液体、块状、粉末状物质，无臭或略带焦香味，具有令人愉快的苦味。焦糖香料使用历史悠久，广泛用于食品、医药等行业。它是目前人们使用的食品添加剂中用量最大的一种，目前全球每年使用焦糖香料超过 30 万 t，市场规模约 15 亿美元。根据所用催化剂和生产工艺不同，焦糖香料可以分为四类：普通焦糖色素（Ⅰ类）、苛性亚硫酸盐焦糖色素（Ⅱ类）、氨法焦糖色素（Ⅲ类）、亚硫酸铵法焦糖色素（Ⅳ类），如表 3.1 所示。

表 3.1　焦糖色素的种类和特点

项目	普通焦糖色素（Ⅰ类）	苛性亚硫酸盐焦糖色素（Ⅱ类）	氨焦糖色素（Ⅲ类）	亚硫酸铵法焦糖色素（Ⅳ类）
国际编号	INC150a EEC No. E150a	INC150b EEC No. E150b	INC150b EEC No. E150b	INC150a EEC No. E150b
色率（EBC）	1.7×10^4	2.7×10^4	$(3.2\sim5.0)\times10^4$	$(2.0\sim8.0)\times10^4$
pH	3.0~4.0	2.5~4.0	2.8~5.5	2.0~3.5
所带电荷	弱负电	负电	正电	强负电
是否含氨类物质	否	否	是	是
典型用途	蒸馏酒、甜食、香味混合剂	国家禁用	焙烤食品、啤酒、酱油	软饮料、汤料、宠物食品

Ⅰ类焦糖香料是糖或者糖与水在较高温度下（一般在140℃以上）反应形成的香料，由于没有氨或者铵盐的参与，其生产中主要发生焦糖化反应而没有美拉德反应。Ⅰ类焦糖香料产品虽然色率较低，但香味更自然丰富。Ⅱ类焦糖色素只用于一些特殊要求的药品和食品，使用范围很小，国家标准禁止此类色素的使用。Ⅲ类焦糖色素用铵盐做助剂，耐盐性好，主要用于酱油着色。Ⅳ类焦糖色素用硫酸铵在酸性条件下生成，着色力强，在酸性饮料如可乐中应用较多。焦糖香料是非常复杂的混合物，主要包括大分子的糖类聚合物和小分子的香味成分两大类，总数超过100种。焦糖香料反应机理非常复杂，整体而言，Ⅲ类和Ⅳ类香料由于铵盐的参与，以美拉德反应为主，Ⅰ类焦糖香料以焦糖化反应为主。

美拉德反应（Maillard reaction）又称羰氨反应，是一种非酶褐变反应，主要是指羰基化合物（醛、酮、还原糖）及氨基化合物（氨基酸、蛋白质、胺以及氨）经过缩合、聚合最终生成了棕黑色的类黑精的反应。其过程中除了生成大分子类黑精，还会产生大量中间体物质（包括还原酮、醛和杂环化合物），这些是重要的风味物质。Ⅲ类和Ⅳ类香料在铵的参与下，初级阶段美拉德反应进行了羰氨缩合反应和分子重排过程，生成了席夫碱和*N*-糖基胺。中级阶段，美拉德重排产物根据pH不同选择不同途径继续进行反应，分别生成糠醛类和还原酮类化合物。最终阶段，经环化作用、脱氢、重排反应和异构化作用进一步缩合而最终形成类黑精（Melanoidins），还有各类不饱和的杂环化合物如咪唑、吡咯、吡啶和吡嗪等。杨伟等以碳酸铵为氨基化合物，制备了葡萄糖和麦芽糖的Ⅳ类焦糖香料，并利用GC-MS测试了两种香料的小分子香味成分。结果表明，吡嗪类化合物如甲基吡嗪、二甲基吡嗪、吡嗪等是这类焦糖香料的主要香味成分，总占比超过60%。此外，还有5-羟甲基糠醛（5-HMF，8%）和小分子酮类等风味成分。

Ⅰ类焦糖香料的生产过程中主要发生焦糖化反应（图3.1）。焦糖化反应初期主要发生聚合反应，糖类在高温脱水作用下形成聚合糖。反应末期，糖类发生分解、脱水、氧化和重排，生成了5-HMF和吡喃酮等香味成分，以及褐色的焦糖色素。研究表明，糖水反应体系下反应得到一类焦糖香料其香味成分以5-HMF，占比50%~80%，其次为2,3-二氢-3,5-二羟基-6-甲基-4(H)-吡喃-4-酮（2,3-Dihydro-3,5-dihydroxy-6-methyl-4H-pyran-4-one,

DDMP）和呋喃酮等。为了减少5-HMF的生成，反应中可以适当降低温度以及加入碳酸钠等助剂。

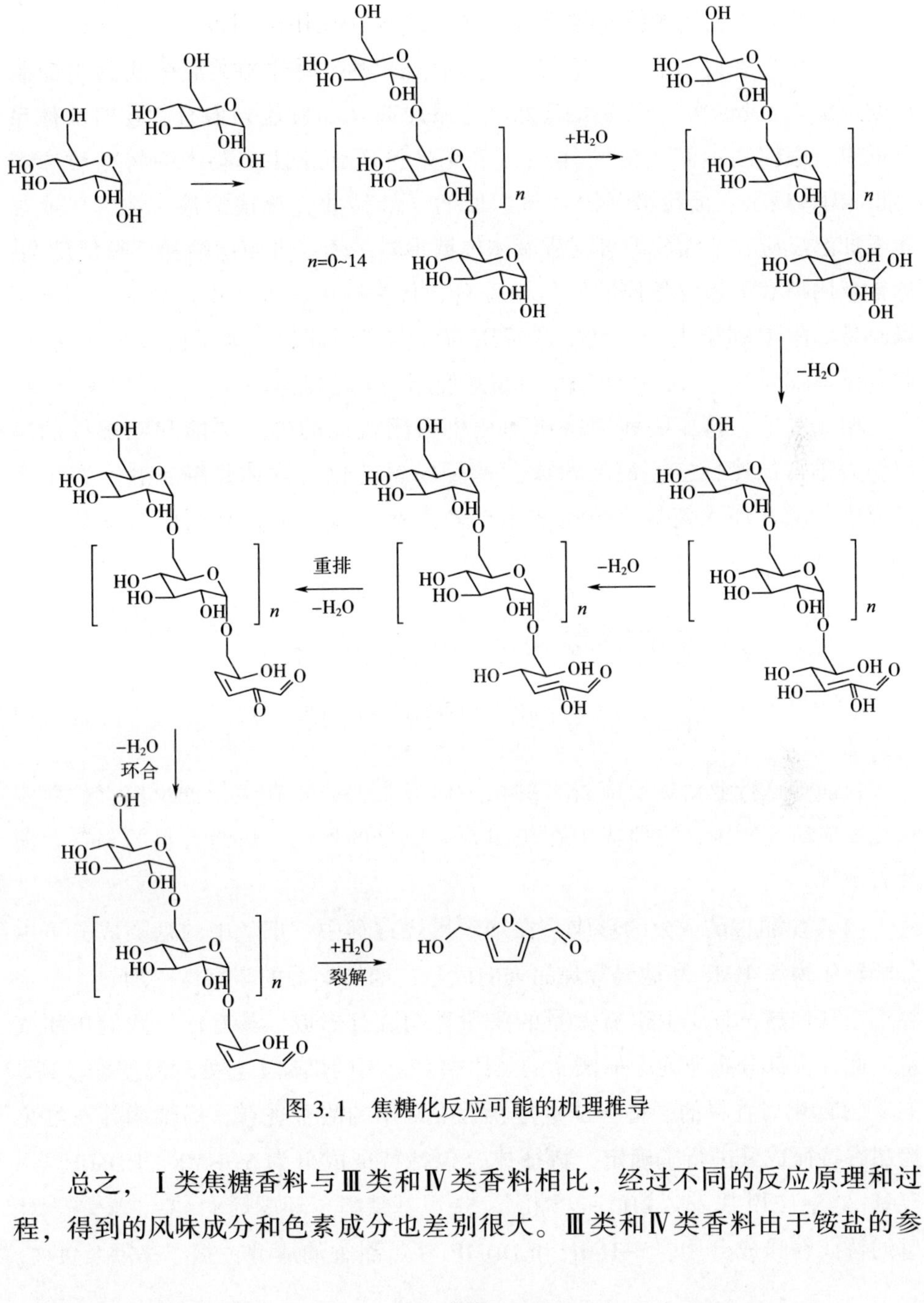

图 3.1 焦糖化反应可能的机理推导

总之，Ⅰ类焦糖香料与Ⅲ类和Ⅳ类香料相比，经过不同的反应原理和过程，得到的风味成分和色素成分也差别很大。Ⅲ类和Ⅳ类香料由于铵盐的参与，可能产生咪唑类有害成分4-甲基咪唑（4-MEI）和4（5）-Tetrahydroxybutylimidazole（THI），我国国家药品监督管理局和美国食品药品监督管理局（FDA）都限制了这两类色素的使用量。相比之下，Ⅰ类焦糖香料产品安全性更高，香味更丰富自然，比较适合在烟草产品中应用。

目前焦糖香料的生产工艺主要包括液体法和固体法。液体法是将原料（包括蔗糖及其糖蜜、淀粉水解物）与添加剂（如铵盐）混合，在溶液体系下反应。固体法不使用溶液体系，主要是挤压膨化法。液体法将糖质原料（如蔗糖、糖蜜、淀粉水解物）与添加剂（如铵盐）配成溶液，在常压或加压下加温反应，浓缩后即可制成液体焦糖香料。为了方便运输和延长保质期，通常利用喷雾干燥设备使液体焦糖香料转化为固体，设备投资较大，喷雾干燥时易黏附不利于生产，且生产费用高、生产周期长。为了提高生产速率，制备色率较高的色素，近年来也有报道使用微波法生产。

相比之下，挤压法利用挤压膨化机密闭机筒的外周热能和双螺杆的高剪切力进行加热反应，使淀粉或蔗糖等原料转化为固体焦糖香料，在生产过程中，通常加入铵盐。挤压法生产效率高，成本低，且便于自动化生产（图3.2）。

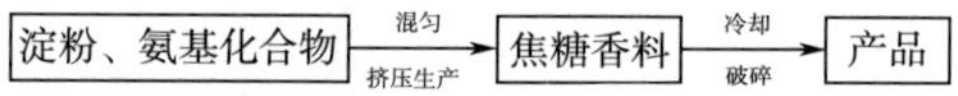

图3.2　固体焦糖香料的生产流程

目前烟草行业对热反应香料的相关研究主要集中在美拉德反应上，对焦糖化反应研究较少，主要集中在焦甜香韵成分的形成、烘烤香料的制备及薄片着色等。

（1）焦甜香韵成分的形成　在烟丝燃烧过程中，烟丝中的糖类成分可以分解转化为5-HMF和糠醛等焦甜香韵成分，增加烟香的丰富性。加热不燃烧卷烟在其加热过程中，也有大量的焦甜香韵成分形成，具有比较浓的焦甜气息。此外，部分企业为增加产品的焦甜感，采用的烘丝工艺处理温度也较高。

（2）烘烤香料的制备　红枣是卷烟中常用的甜香香料，杨鹏元等对红枣烤甜香特征成分进行了确定，特征成分包括特征成分为5-HMF、DDMP、4-羟基-2,5-二甲基-3（2H）-呋喃酮、5-甲基糠醛、环戊烯-1,3-二酮等。甘薯的特征香味成分中，5-HMF和DDMP等焦甜香韵成分占据了70%~90%。

焦麦芽的特征香韵成分也以5-HMF、麦芽酚和DDMP为主，此外还含有吡嗪和2-吡咯烷酮等特征香味成分。此外，也有研究利用甘草、玉米、木薯等进行烘烤以制备特殊的烤甜型香精香料。

（3）薄片着色　有研究人员以市售Ⅲ类和Ⅳ类焦糖色素或焦糖香膏，添加烟草提取物和保润剂，制备薄片加料液，进行薄片着色。

3.1 葡萄糖焦糖化香料制备及应用

为了制备甜感明显、香味丰富的烟用葡萄糖焦糖香料，明确其制备工艺和反应机理，利用转化率、紫外测试、GC-MS分析、活性分析、感官评价等方法，对糖水体系的葡萄糖焦糖化反应规律进行了研究，确定了葡萄糖焦糖化反应的合适工艺和条件，并初步推导了葡萄糖主要焦甜香韵成分的形成机理。

3.1.1 糖水比例优化

在500mL圆底烧瓶中，加入40.0g的葡萄糖，然后加入20.0g纯水，设置磁力搅拌器温度为185℃（加热功率为2.0kW，油浴体积为6.5L），进行油浴加热，转速设为1000r/min。将温度探头置于瓶内反应溶液中，监测反应液的内部温度。同时将玻璃温度计（量程为0~300℃）置于油浴中，监测油浴温度，防止油温过高。反应开始后，随时记录实验现象、反应液温度变化及时间。反应结束后，将反应产物称重后趁热加入10%乙醇溶解得到1.0g/mL的溶液。

在三个500mL圆底烧瓶中，分别加入40.0g的葡萄糖，然后各加入10.0，20.0，40.0g纯水，使糖水比例达到4∶1，2∶1，1∶1，分别在185℃油浴加热，反应液温度达到180℃后反应4min终止。反应产物称重后趁热加入10%乙醇溶解得到1.0g/mL的溶液。

在1000mL圆底烧瓶中，加入200.0g葡萄糖和100.0g纯水，设置油浴186℃加热，转速为1000r/min。在加热过程中，当温度分别达到140（a），170（b），180℃（c）立即取出30.0g反应产物。剩余反应物继续在180℃加热4min（d）。取少量180℃加热4min的反应物，补充50%质量分数的纯水，继续在180℃反应2min（e）。最终，五种反应产物称重后加入10%乙醇获得1.0g/mL的溶液。

根据反应现象可以将葡萄糖的焦糖化反应大致分为3个阶段，反应初期、反应中期和反应末期。从反应开始到170℃、0min（b）为反应初期，从170℃、0min（b）到180℃、4min（d）为反应中期，180℃、4min（d）之后的反应为反应末期。由于170℃反应较弱，而190℃及以上容易产生焦枯气息，选取180℃为目标温度进行下一步的试验研究。

感官评价和GC-MS结果表明，糖水比例对葡萄糖I类焦糖化产物制备影响不大。在反应中，反应液温度达到102℃开始微沸，升温至109℃后才开始迅速升温，102~109℃这一平台期是主要的水分蒸发过程。其中糖水比例为2∶1的反应，平台期持续时间平均为8.5min，整个反应完成平均约35.5min。糖水比例为1∶1的反应，平台期持续时间约为21.0min，整个反应完成约55.0min。糖水比例为4∶1时，虽然持续时间较短约为2.0min，但水的量不足以完全润湿葡萄糖形成混悬溶液，容易导致大规模生产时加热不均匀而影响产品感官质量。考虑工业生产的效率和需求，优选的糖水比例为2∶1。

3.1.2 转化率研究

五种焦糖化产物稀释至1.0mg/mL。各取25μL加入到膜反应器，以1.0mg/mL的纯标准葡萄糖溶液为参考，测试五种焦糖化产物中未反应的葡萄糖含量。用水稀释至10.0mg/mL，测试200~550nm的紫外吸收图谱。

反应早期［室温至170℃、0min（b）］转化率缓慢增加到26%左右。反应中期（从b到d）转化率迅速增加，反应剧烈进行（图3.3）。反应末期（从d到e）转化率维持在80%以上的较高水平，变化已不大。

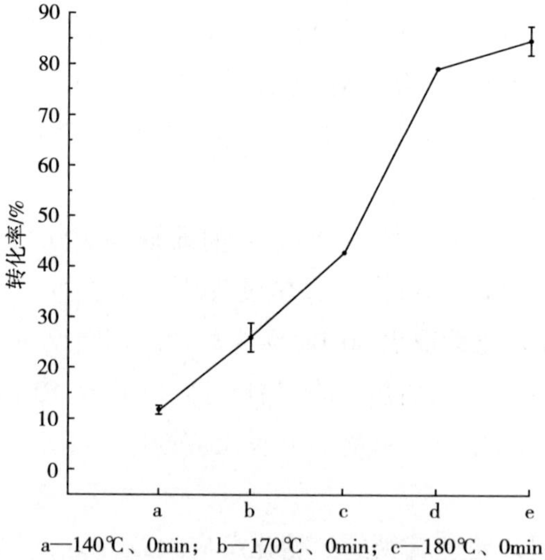

a—140℃、0min；b—170℃、0min；c—180℃、0min；
d—180℃、4min；e—180℃、4min，补水反应2min。

图3.3 葡萄糖转化率分析图

3.1.3 紫外吸收变化

用水稀释至 10.0mg/mL，测试 200~550nm 的紫外吸收图谱。随着反应进行，200~500nm 焦糖化产物的紫外吸收迅速增加。吸收峰主要有两处，其中心位置大约处于 290nm 和 305nm，见图 3.4。其中，290nm 附近的吸收峰到 180℃之后就维持不变，见图 3.5。305nm 附近的吸收峰前期变化不明显，180℃之后就迅速增加，呈现指数级变化。根据文献研究，在焦糖化反应中，葡萄糖先脱水形成聚合物，后期才进一步裂解形成小分子香味成分和色素成分。290nm 的紫外吸收可能与葡萄糖的聚合产物如 Caramelen 和 Caramelin 有关，反应初期以聚合反应为主，温度到 180℃聚合反应达到峰值，290nm 的紫外吸收也达到峰值，不再进一步增加。305nm 的紫外吸收可能与焦糖色素和香味物质有关，这些物质在反应中后期迅速增加。特别是进一步补水反应后，反应产物呈现黑褐色，比 180℃的产物颜色深的多，焦枯气息也出现。

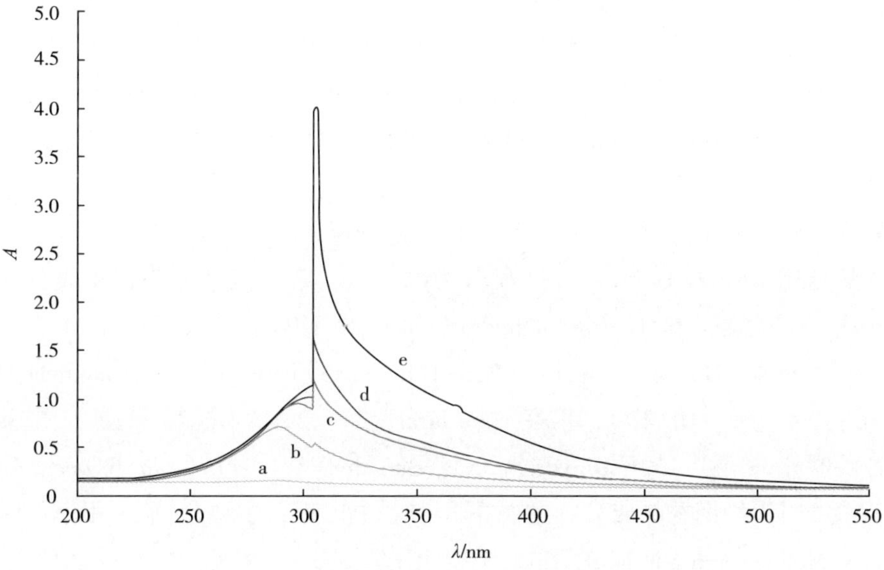

图 3.4 葡萄糖焦糖化产物紫外吸收图谱

3.1.4 香味成分变化

15.0mL 产物溶液用 10.0mL CH_2Cl_2 超声处理 3min，再 60℃回流提取 20min。重复提取后，合并 CH_2Cl_2 层浓缩至 0.9mL。加入 100μL（1.032mg/mL）

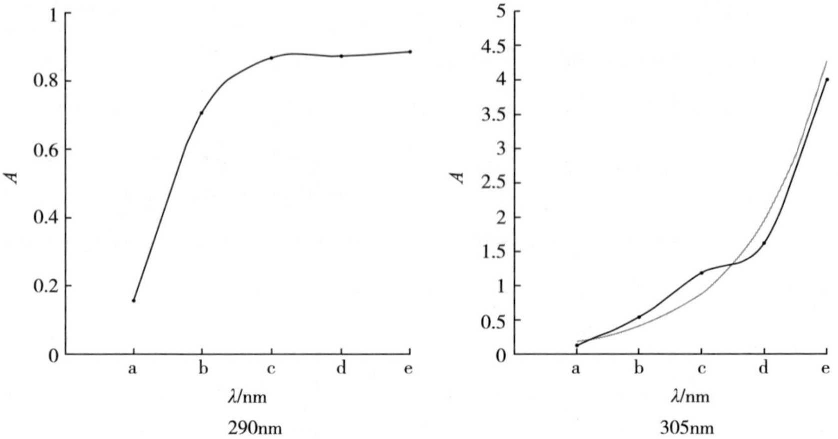

UV/nm	A_a	A_b	A_c	A_d	A_e
290	0.156	0.709	0.869	0.874	0.887
305	0.136	0.543	1.187	1.623	4.000

图 3.5 葡萄糖焦糖化产物 290nm 和 305nm 紫外吸收变化图

乙酸苯乙酯作为内标。检测初始温度 40℃，以 12℃/min 升温至 120℃，然后以 6℃/min 升温至 230℃，并维持 20min。GC-MS 总离子流图利用安捷伦质谱工作站 MSD Chemstation Data Analysis 处理后，进行 NIST 17 谱库检索，选取匹配度大于 80%的质谱离子峰，并结合标样对照，进行定性分析。以乙酸苯乙酯为内标，采用内标工作曲线法进行定量分析。

焦糖化反应香味成分可以明显分为三个组。第一组是主要香味成分，包括 5-羟甲基糠醛（5-Hydroxymethylfurfural，1，5-HMF），2，3-二氢-3，5 二羟基-6-甲基-4（H）-吡喃-4-酮（2，3-Dihydro-3，5-dihydroxy-6-methyl-4H-pyran-4-one，2，DDMP），糠醛（Furfural，3），2，4-二羟基-3，5 二甲基-3（2H）-呋喃-3-酮［2，4-Dihydroxy-3，5-dimethyl-3（2H）-furan-3-one，4］。

第二组为早期香味成分，主要在 b 和 c 中出现，主要包括 3-甲基-2-糠酸（3-Methyl-2-furoic acid，5）、5-羟甲基-2，3-二甲基-2-环戊烯酮（5-Hydroxy-2，3-dimethyl-2-cyclopenten-1-one，6）、2-呋喃甲酰肼（2-Furancarboxylic acid hydrazide，7）等。

第三组中后期香味成分，主要在 d 和 e 中出现，包括 3-呋喃甲酸甲酯（3-Furancarboxylic acid methyl ester，8）、3，4-呋喃二甲醇（3，4-Furandimethanol，9）、5-甲基糠醛（5-Methyl-2-furancarboxaldehyde，10）、2-糠酸甲酯

(Methyl-2-furoate，11)、2-乙酰基呋喃［1-(2-Furanyl)-ethanone，12］、2-糠醛缩二乙醇（2-Furaldehyde diethyl acetal，13）。

葡萄糖焦糖化产物香味成分汇总见表3.2~表3.6。

表3.2 葡萄糖焦糖化产物主要香味成分含量变化汇总表

单位：μg/mL

序号	焦糖香韵成分	a	b	c	d	e
1	5-羟甲基糠醛	—	12.98	32.07	98.52	75.72
2	2,3-二氢-3,5二羟基-6-甲基-4(H)-吡喃-4-酮	—	1.49	1.55	16.11	3.13
3	糠醛	—	0.98	1.15	3.13	0.92
4	2,4-二羟基-3,5二甲基-3(2H)-呋喃-3-酮	—	0.42	0.60	1.28	0.41
5	3-甲基-2-糠酸	—	0.07	0.02	—	—
6	5-羟基-2,3二甲基环戊烯酮	—	—	0.01	—	—
7	2-呋喃甲酰肼	—	0.28	0.47	—	—
8	3-呋喃甲酸甲酯	—	—	—	0.39	2.26
9	3,4-呋喃二甲醇	—	—	—	—	0.02
10	5-甲基呋喃醛	—	—	—	—	0.03
11	2-糠酸甲酯	—	—	—	3.05	0.16
12	2-乙酰基呋喃	—	—	—	0.24	—
13	2-糠醛缩二乙醇	—	—	—	0.39	—
总计			16.22	35.87	123.11	82.20

注："—"表示未检测到。

表3.3 葡萄糖焦糖化产物b（170℃、0min）香味成分汇总表

序号	保留时间/min	化学成分	峰面积/%	浓度/(μg/mL)
1	10.5	糠醛	3.80	0.98
2	13.3	2，4-二羟基-3，5二甲基-3（2H)-呋喃-3-酮	1.63	0.42
3	15.4	2-呋喃甲酰肼	1.10	0.28
4	16.2	2，3-二氢-3，5二羟基-6-甲基-4（H)-吡喃-4-酮	5.79	1.49

续表

序号	保留时间/min	化学成分	峰面积/%	浓度/(μg/mL)
5	17.4	5-羟甲基糠醛	50.41	12.98
6	20.7	3-甲基-2-糠酸	0.25	0.07
7	28.1	柠檬酸三乙酯	1.95	0.50
8	38.3	顺式-4-甲基-β-亚甲基环己烷乙醇	0.07	0.02
9	40.5	1-十二烯	0.76	0.19
10	44.4	2-叔丁基苯氧基乙酸甲酯	0.08	0.02
11	49.4	环十六烯	0.32	0.08

表 3.4　葡萄糖焦糖化产物 c（180℃、0min）香味成分汇总表

序号	保留时间/min	化学成分	峰面积/%	浓度/(μg/mL)
1	10.5	糠醛	2.46	1.15
2	13.3	2,4-二羟基-3,5 二甲基-3(2H)-呋喃-3-酮	1.29	0.60
3	15.3	2-呋喃甲酰肼	1.02	0.47
4	16.2	2,3-二氢-3,5 二羟基-6-甲基-4(H)-吡喃-4-酮	3.34	1.55
5	17.4	5-羟甲基糠醛	68.86	32.07
6	20.7	3-羟基-4-甲氧基苯甲醛	0.15	0.07
7	20.9	3-甲基-2-糠酸	0.04	0.02
8	24.9	5-羟基-2,3 二甲基环戊烯酮	0.01	0.01
9	28.1	柠檬酸三乙酯	0.34	0.16
10	38.2	己二酸二(2-乙基己)酯	1.12	0.52
11	46.8	油酸酰胺	1.01	0.47
12	49.4	十七醛	0.10	0.05

表 3.5　葡萄糖焦糖化产物 d（180℃、4min）香味成分汇总表

序号	保留时间/min	化学成分	峰面积/%	浓度/(μg/mL)
1	10.0	乳酸乙酯	0.81	1.21
2	10.5	糠醛	2.11	3.13
3	12.1	2-乙酰基呋喃	0.16	0.24

续表

序号	保留时间/min	化学成分	峰面积/%	浓度/(μg/mL)
4	13.3	2,4-二羟基-3,5二甲基-3(2H)-呋喃-3-酮	0.86	1.28
5	14.9	2-糠醛缩二乙醇	0.06	0.09
6	15.2	2-糠酸甲酯	2.06	3.05
7	15.5	3-呋喃甲酸甲酯	0.26	0.39
8	16.0	4-羟基-2-丙酰基-2(H)-吡喃-2-酮	0.19	0.28
9	16.2	2,3-二氢-3,5二羟基-6-甲基-4(H)-吡喃-4-酮	10.86	16.11
10	17.6	5-羟甲基糠醛	66.38	98.52
11	20.7	3-羟基-4-甲氧基苯甲醛	0.29	0.43
12	20.9	4,5-二甲基-己烯酮	0.29	0.43
13	22.5	1,6-脱水-β-D-葡萄糖	1.67	2.47
14	24.0	半乳糖基葡萄糖	0.33	0.48
15	24.2	D-α-葡萄庚糖	0.04	0.06
16	25.5	1,6-脱水-β-D-呋喃葡萄糖	0.54	0.80
17	28.1	柠檬酸三乙酯	0.27	0.40
18	37.1	油酸	0.12	0.17
19	42.6	十二烯基丁二酸酐	0.03	0.05
20	46.9	油酸酰胺	0.39	0.58
21	49.4	十七醛	0.05	0.07

表 3.6　葡萄糖焦糖化产物 e（180℃、4min，补水反应 2min）香味成分汇总表

序号	保留时间/min	化学成分	峰面积/%	浓度/(μg/mL)
1	10.5	糠醛	0.95	0.92
2	13.3	2,4-二羟基-3,5二甲基-3(2H)-呋喃-3-酮	0.43	0.41
3	15.2	3-呋喃甲酸甲酯	2.33	2.26
4	15.7	2-糠酸甲酯	0.17	0.16
5	16.2	2,3-二氢-3,5二羟基-6-甲基-4(H)-吡喃-4-酮	3.24	3.14

续表

序号	保留时间/min	化学成分	峰面积/%	浓度/(μg/mL)
6	17.0	癸烷	0.25	0.24
7	17.5	5-羟甲基糠醛	78.22	75.72
8	22.4	1,6-脱水-*β*-D-吡喃葡萄糖	1.72	1.67
9	25.4	1,6-脱水-*β*-D-呋喃葡萄糖	0.67	0.65
10	28.1	柠檬酸三乙酯	0.23	0.23
11	39.2	顺式-4-甲基-*β*-亚甲基环己烷乙醇	0.01	0.01
12	46.8	油酸酰胺	1.06	1.03
13	49.4	十七醛	0.10	0.10
14	54.5	3,4-呋喃二甲醇	0.02	0.02

有意思的是，5-羟甲基糠醛是这类反应的主要成分，占据所有香味物质的66%~78%，它的含量在180℃、4min的产物e中达到最高值，进一步补水反应后有所降低，见图3.6和图3.7。其他三种主要香味成分（见表3.2，序号2~4）也是在180℃、4min的产物中含量最高。总体来说，180℃反应4min是比较合适的反应条件。

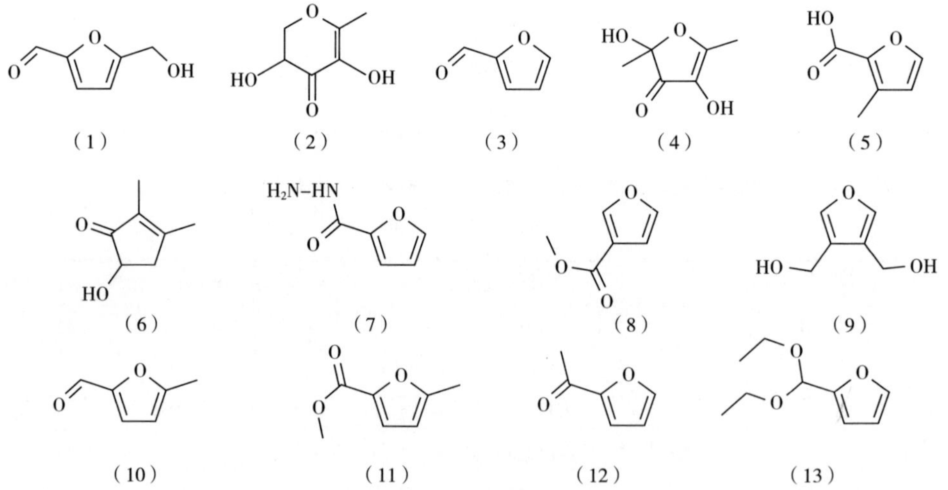

图3.6 GC-MS鉴定的葡萄糖焦糖化产物香味成分

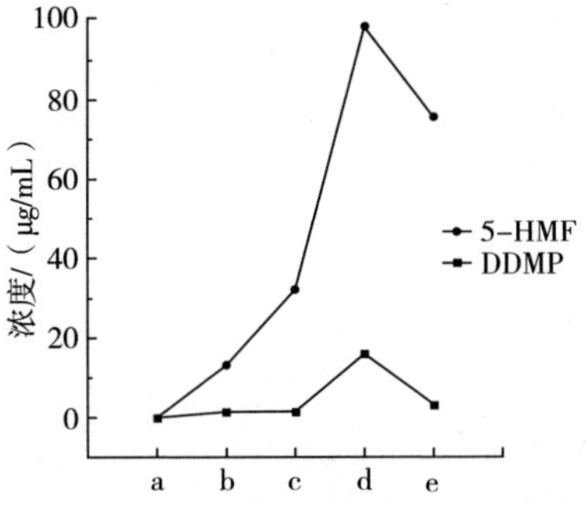

图 3.7　5-HMF 和 DDMP 在 5 种反应产物中的变化

3.1.5　生物活性研究

（1）ABTS［2,2-联氮-双-（3-乙基苯并噻唑啉-6-磺酸）二胺盐］自由基阳离子清除试验　ABTS 母液（碧云天生物有限公司，100μL 氧化剂溶液和 100μL ABTS 溶液混合，室温避光反应 16h，室温保存，3d 内稳定），用 50%乙醇稀释至 734nm 吸收值为 0.65~0.75，为工作液。化合物溶液稀释至 100.0~0.5mg/mL。在 96 孔板中，每孔先加入 180μL ABTS 工作液，再加入 20μL 的化合物溶液。空白组加入 20.0μL 的 50%乙醇，以维生素 E 类似物 Trolox（奎诺二甲基丙烯酸酯）为阳性对照。室温避光反应 6min，测定 734nm 的吸光度。ABTS 自由基清除能力（%）=［$(A_1-A_2)/A_1\times100$］，A_1 为空白组吸光度，A_2 为测试组吸光度。半数有效浓度 EC_{50} 是指使吸光度下降 50%的化合物浓度。

（2）DPPH（1,1-二苯基-2-三硝基苯肼自由基）自由基清除试验　DPPH 工作液（上海麦克林生化试剂有限公司，0.20mmol/L 的 DPPH 50%乙醇溶液，需现配现用）。焦糖化产物溶液稀释至 0.1~20.0mg/mL。在 96 孔板中，每孔先加入 100μL DPPH 工作液和 100μL 的化合物溶液。空白组加入 100μL 的 50%乙醇，以维生素 E 类似物 Trolox 为阳性对照。室温避光反应 30min，测定 517nm 的吸光度。DPPH 自由基清除能力（%）=［$(A_1-A_2)/A_1\times100$］，A_1 为空白组吸光度，A_2 为测试组吸光度，计算方法与 ABTS 类似。

在抗氧化活性测试中，五种焦糖化产物（a，b，c，d，e）都表现出了一定的作用，IC_{50} 值在 0.6~38.4mg/mL，见表 3.7。随着反应的进行，抗氧化能力迅速增加，一直到反应末期（180℃反应 4min）达到稳定范围，2.0mg/mL 的焦糖化产物对 ABTS 自由基清除能力在 63.1%~67.9%，对 DPPH 自由基清除能力在71.1%~76.0%，见图3.8。

表3.7　五种葡萄糖焦糖化产物的抗氧化 IC_{50} 值

测试物	IC_{50}/(mg/mL)	
	ABTS	DPPH
a	13.1±1.8	38.4±3.9
b	2.8±0.6	7.0±1.1
c	1.7±0.5	1.8±0.4
d	0.8±0.1	0.7±0.09
e	0.7±0.09	0.6±0.08
5-羟甲基糠醛（5-HMF）	>2.0	>2.0
奎诺二甲基丙烯酸酯（Trolox）	0.04±0.01	0.05±0.01

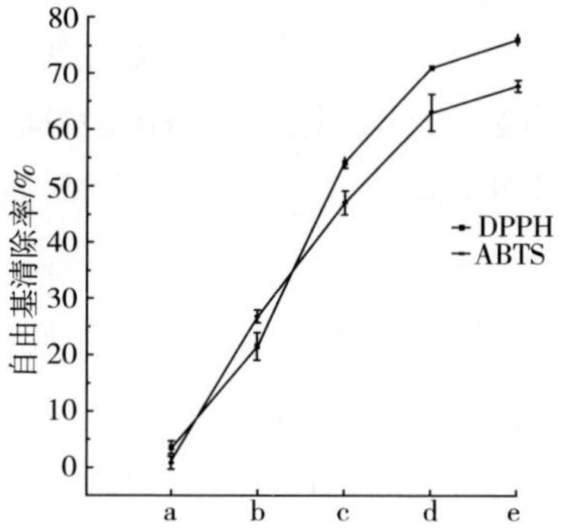

图3.8　2.0mg/mL的葡萄糖焦糖化产物自由基清除能力比较

研究发现，含量最高的成分5-HMF并不具备抗氧化能力（IC_{50}>2.0mg/mL，表3.6）。但是文献报道DDMP（2,3-二氢-3,5-二羟基-6-甲基-4H-吡喃-4-酮）具有抗氧化能力，其抗氧化能力与结构上的酚羟基相关。所以，焦糖化产物的抗氧化能力可能与DDMP以及含有酚羟基的其他香味成分相关。

在抗菌活性测试中，中后期的焦糖化产物（c，d，e）表现出了一定的作用，但是早期的产物没有活性，说明焦糖反产物的抗菌活性可能与香味成分有关。

还有一个证明就是5-HMF也表现出了一定的抗菌作用。但是这些产物对金色葡萄球菌和大肠杆菌并没有抑制作用，说明它们的抗菌作用有一定选择性。

NB 固体培养基：牛肉膏蛋白胨培养基（牛肉膏 3.0g，氯化钠 5.0g，蛋白胨 10.0g，琼脂 20.0g，水 1000mL，pH 7.2）；NB 培养液：牛肉膏 3.0g，氯化钠 5.0g，蛋白胨 10.0g，水 1000mL，pH 7.2）。

所用病原细菌种类为革兰阳性菌金黄色葡萄球菌标准株（*Staphylococcus aureus* ATCC 25923）、粪肠球菌标准株（*Enterococcus faecalis* ATCC 29212）、高地芽孢杆菌（*Bacillus altitudinis*）、革兰阴性菌大肠杆菌（*Escherichia coli* ATCC 25922）。阳性药为大黄素（阳性菌，上海麦克林生化试剂有限公司）和硫酸链霉素（阴性菌，北京索莱宝科技有限公司）。

测试方法：所用细菌在 NB 培养基平板上 37℃活化 24h，然后用接种环挑取较成熟的菌落加入到 NB 液体培养基中，在 35℃和 140r/min 培养 6~8h，用 NB 培养液稀释菌液使其浓度为 $1.0\times10^4 \sim 1.0\times10^6$CFU/mL 备用。待测样品用水溶解，然后用相应的培养液进行 2 倍量稀释，使化合物的浓度分别为 0.1~20.0mg/mL。样品溶液需现用现配，此过程需在超净工作台内无菌操作完成。在超净台上打开无菌 96 孔板，空白组每孔加入 200μL NB 培养液，阳性对照组每孔加入 100μL 阳性药溶液和 100μL 菌悬液，测试组每孔加入 100μL 不同浓度的待测样品溶液和 100μL 菌悬液，生长对照组每孔加入 100μL NB 培养液和 100μL 菌悬液。将 96 孔板以封口胶密封，保鲜袋包好，在 37℃条件下培养 24h 后，用酶标仪测定 530nm 下的吸光度。测试 3 组平行数据。MIC 定义为测试组与生长孔相比，吸光度下降 50%时的化合物浓度。抑制率 = {[(阴性组吸光度的平均值-空白组吸光度的平均值)-(实验组吸光度的平均值-空白组吸光度的平均值)]/(阴性组吸光度的平均值-空白组吸光度的平均值)}×100%。试验结果见表 3.8。

表 3.8　　五种葡萄糖焦糖化产物的抗菌 MIC 值

测试物	MIC 值/(mg/mL)	
	Enterococcus faecalis ATCC 29212	*Bacillus altitudinis*
a	>10.0	>10.0
b	>10.0	>10.0

续表

测试物	MIC 值/(mg/mL)	
	Enterococcus faecalis ATCC 29212	*Bacillus altitudinis*
c	6.8±1.3	5.7±0.9
d	6.6±1.0	5.3±1.1
e	5.3±0.8	2.9±0.4
5-羟甲基糠醛（5-HMF）	1.1±0.2	0.8±0.1
大黄素（Emodin）	0.01±0.003	0.01±0.002

3.1.6 感官评价

将焦糖化产物（1.0g/mL），按照每支 1.0μL 的比例均匀注射于某空白烟支中，制成试验烟支。由 7 名评委组成评吸小组，按照评吸表进行评吸打分，采用“中式卷烟风格特征感官评价方法”对焦糖化反应产物的进行感官评价。

项目组分别对葡萄糖的各种反应条件的焦糖化产物进行了感官评价，见表 3.9。结果表明，5 种葡萄糖焦糖化产物添加于空白卷烟后，得分结果为 d>c>b>a>e。180℃反应 4min 的反应产物 d 焦甜特色明显，风格突出，压制杂气、丰富香韵作用明显。焦糖化产物 c 和 b 有类似的效果，只是甜感更加明显，香气量稍显不足，压制杂气作用不够强。140℃、0min 的焦糖化产物 a 焦甜香韵不明显，只略微使烟气柔和。

表 3.9 葡萄糖焦糖化产物的感官评价结果汇总表

样品	感官评价得分						合计
	光泽	香气	谐调	杂气	刺激	余味	
2#空白组	5.0	27.5	4.5	9.0	15.5	20.5	82.0
a	5.0	27.8	4.6	9.1	15.8	20.7	83.0
b	5.0	28.3	4.9	9.3	16.6	20.8	84.9
c	5.0	28.6	5.0	9.4	17.0	21.0	86.0
d	5.0	29.2	5.0	9.6	17.2	21.3	87.3
e	5.0	28.5	4.2	8.5	14.5	19.5	80.2

整体而言，葡萄糖焦糖化反应在 180℃作用 4min 是比较合适的条件。

3.2 蔗糖焦糖化香料制备及应用

为了制备甜感明显、香味丰富的烟用蔗糖焦糖香料，明确其制备工艺和反应机理，利用转化率、紫外测试、GC-MS 分析、活性分析、感官评价等方法，对糖水体系的蔗糖焦糖化反应规律进行了研究，确定了蔗糖焦糖化反应的合适工艺和条件。

3.2.1 反应率确定

在 1000mL 圆底烧瓶中，分别加入 200.0g 蔗糖，然后各加入 100.0g 纯水，186℃油浴加热，转速为 1000r/min。在加热过程中，当温度分别达到 140℃（a），170℃（b），和 180℃（c）立即取出 30.0g 反应产物。剩余反应物继续在 180℃加热 4min 获得产物 d。取少量 180℃加热 4min 的反应物，补充 50%质量分数的纯水，继续在 180℃反应 2min（e）。最终，10 种反应产物称重后加入 10%乙醇获得 1.0g/mL 的溶液。

将蔗糖标准品用 10%乙醇配制成 10.0，2.0，1.0，0.5，0.1mg/mL 的溶液，分别进行 HPLC-ELSD 检测，根据溶液浓度与色谱峰面积制作果糖溶液的标准曲线。将 5 种蔗糖焦糖化产物溶液用 10%乙醇稀释至 5.0mg/mL，分别进 HPLC-ELSD 检测，计算色谱峰面积值，根据标准曲线计算蔗糖的浓度和反应率。

HPLC-ELSD 检测条件：Agilent Pursuit 5 PFP 五氟苯基色谱柱，250mm×4.6mm，流动相为 5%的甲醇-水（0.1%甲酸），进样量为 5.0μL，柱温 28℃，流速为 1.0mL/min。ELSD 载气为氮气，流速为 1.65L/min，雾化器温度为 30℃，蒸发器温度为 45℃。不同浓度蔗糖溶液的峰面积响应值见表 3.10。

表 3.10　不同浓度蔗糖溶液的峰面积响应值

浓度/(mg/mL)	峰面积（蔗糖）
0.1	123.5
0.5	679.6
1.0	1501.2
2.0	2754.8
5.0	6504.3

将蔗糖标准品配制成 5.0，2.0，1.0，0.5，0.1mg/mL 的溶液，分别进行

HPLC-ELSD 检测，色谱峰面积响应值如表 3. 11 所示。由此进行线性回归分析，得到蔗糖溶液的标准曲线为 y（响应值）= 1292. 7x（蔗糖浓度）+89. 2，其线性拟合系数 R^2 达 0. 999，标准曲线线性关系显著，见图 3. 9。

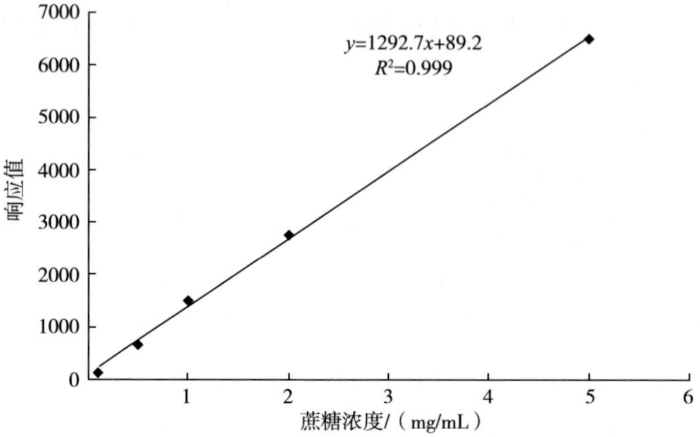

图 3. 9　蔗糖的 HPLC-ELSD 标准曲线

表 3. 11　　不同蔗糖焦糖化产物溶液的糖浓度和反应率汇总表

焦糖化产物	峰面积	浓度/（mg/mL）	反应率/%
a	5328. 4	4. 1	18. 9
b	2588. 8	1. 9	61. 3
c	1281. 9	0. 9	81. 5
d	585. 6	0. 4	92. 3
e	117. 6	0. 02	99. 6

将蔗糖焦糖化产物溶液用 10%乙醇稀释至 5. 0mg/mL，分别进行 HPLC-ELSD 检测，统计蔗糖的色谱峰面积，见图 3. 10 和图 3. 11，根据标准曲线计算焦糖化产物溶液中蔗糖的浓度及反应率，结果如表 3. 11 所示。由此作出反应率曲线如图 3. 11 所示。

随着反应的进行，焦糖化产物溶液中糖类原料的浓度逐渐降低，糖原料逐步转化为聚合糖及香味成分。与葡萄糖焦糖化反应相比，蔗糖的反应速度明显较快，170℃ 0min（b）蔗糖转化率已达到 61. 3%。转化率在 180℃ 4min

时就已达到92.3%，见图3.11。反应末期，反应率处于较高水平，整体变化不大。所以，蔗糖在180℃反应4min就已经反应比较完全。

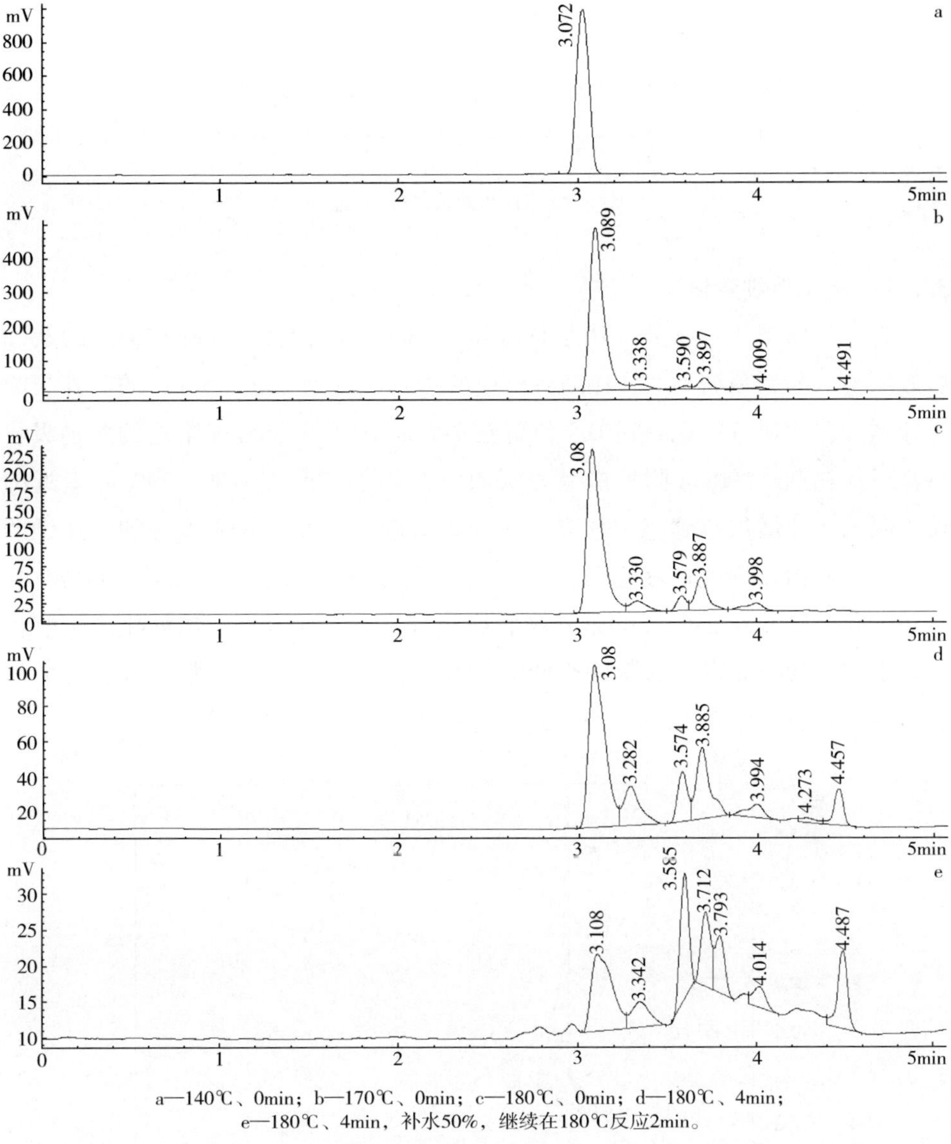

a—140℃、0min；b—170℃、0min；c—180℃、0min；d—180℃、4min；
e—180℃、4min，补水50%，继续在180℃反应2min。

图3.10 蔗糖焦糖化产物的HPLC-ELSD分析

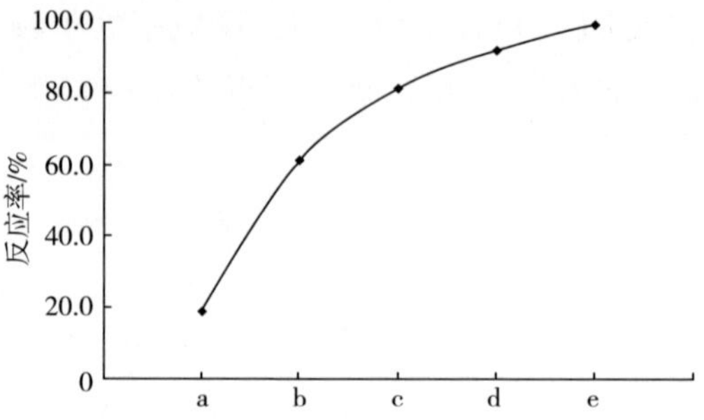

图 3.11　蔗糖的反应率曲线

3.2.2　紫外吸收变化

将五种焦糖化产物分别用水稀释至 2.0mg/mL，测试 200～550nm 的紫外吸收图谱。与葡萄糖类似，伴随着反应的进行，蔗糖 200～550nm 的紫外吸收迅速增加，明显可以观测到中心位置在 290nm 附近和 305nm 附近的两种吸收峰。反应初期，290nm 附近的紫外吸收略微增加。反应中期，290nm 附近的紫外吸收迅速增加达到稳定状态，305nm 附近的紫外吸收显著增加。在试验中发现，蔗糖焦糖化产物会形成更加黏稠的溶液，其焦糖化反应发生较快，其焦糖化产物 b 在 290nm 的紫外吸收明显较高。反应末期，焦糖化产物颜色迅速加深，290nm 附近的紫外吸收处于稳定状态，305nm 的紫外吸收近似呈指数级增长，见图 3.12 和图 3.13。蔗糖焦糖化产物溶液颜色更深。

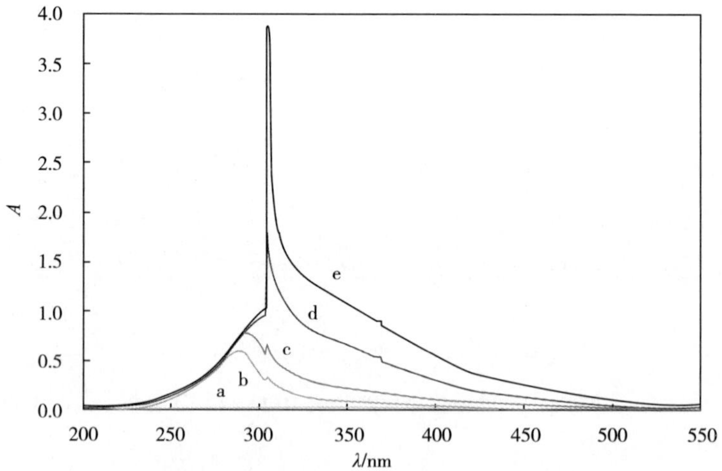

图 3.12　蔗糖焦糖化产物的紫外吸收图谱

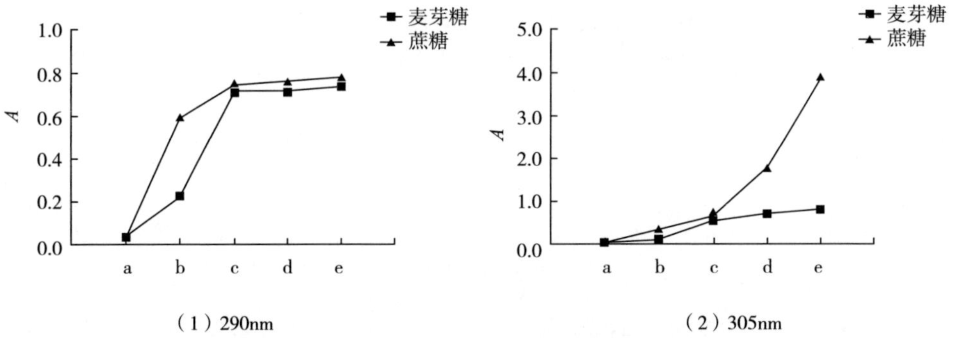

图 3.13 麦芽糖和蔗糖焦糖化产物 290nm 及 305nm 的紫外吸收变化

3.2.3 香味成分变化

15.0mL 产物溶液用 10.0mL CH_2Cl_2 超声处理 3min，再 60℃ 回流提取 20min。重复提取后，合并 CH_2Cl_2 层浓缩至 0.9mL。加入 100μL（1.032mg/mL）乙酸苯乙酯作为内标。检测初始温度 40℃，以 12℃/min 升温至 120℃，然后以 6℃/min 升温至 230℃，并维持 20min。GC-MS 总离子流图利用安捷伦质谱工作站 MSD Chemstation Data Analysis 处理后，进行 NIST 17 谱库检索，选取匹配度大于 80%的质谱离子峰，并结合标样对照，进行定性分析。以乙酸苯乙酯为内标，采用内标工作曲线法进行定量分析。

由图 3.14 和表 3.12 可知，通过 GC-MS 分析，从蔗糖的焦糖化产物中共鉴定出 14 种焦香成分，大致可以分为 3 组，无 4-甲基咪唑生成。第一组是主要焦香成分，包括 5-羟甲基糠醛图 3.14（1）、2-糠酸甲酯图 3.14（2）、糠醛图 3.14（3）、DDMP 图 3.14（4）和 2-乙酰基呋喃图 3.14（5）；第二组图 3.14（6）~（11）是中期香味成分；第三组图 3.14（11）~（14）是蔗糖焦糖化产物的晚期香味成分。在蔗糖焦糖化产物的，产物 d 的 5-HMF 和总香味成分含量最高。总香味成分含量先增高后降低，在 180℃、4min 达到最高值为 762.48μg/mL。总体而言，180℃ 反应 4min 对蔗糖焦糖化反应而言是比较适合的条件。

（1）
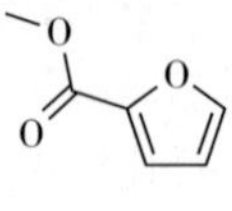
（2）
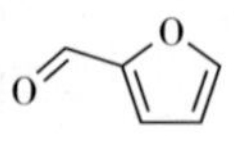
（3）
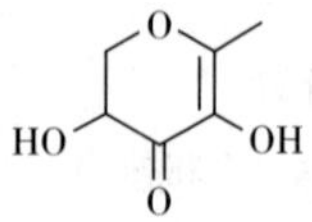
（4）
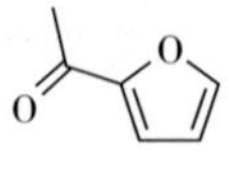
（5）
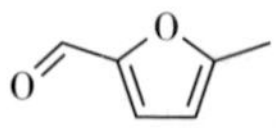
（6）
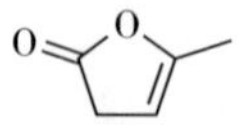
（7）

（8）
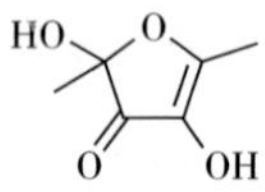
（9）

（10）
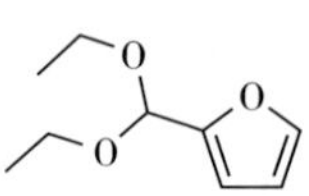
（11）
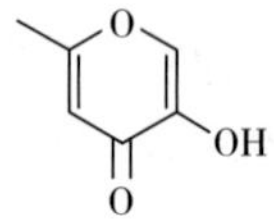
（12）
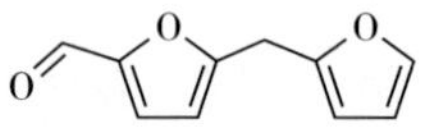
（13）
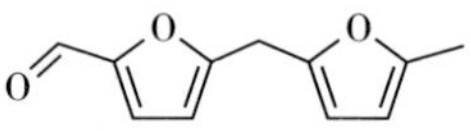
（14）

图 3.14　GC-MS 鉴定的蔗糖焦糖化产物香味成分结构图

表 3.12　　蔗糖焦糖化产物香味成分含量汇总表　　单位：μg/mL

序号	香味成分	蔗糖焦糖化产物				
		a	b	c	d	e
1	5-羟甲基糠醛	—	142.46	398.74	673.45	512.60
2	2-糠酸甲酯	—	2.33	10.57	27.96	33.61
3	糠醛	—	7.97	35.19	41.33	50.01
4	2,3-二氢-3,5 二羟基-6-甲基-4(H)-吡喃-4-酮	—	2.90	4.83	12.36	14.66
5	2-乙酰基呋喃	—	—	0.69	0.72	0.75
6	5-甲基呋喃醛	—	—	—	0.77	2.18
7	5-甲基-2(3H)-呋喃酮	—	—	—	0.39	0.79
8	5-甲基-2(5H)-呋喃酮	—	—	—	1.28	2.59
9	2,4-二羟基-3,5 二甲基-3(2H)-呋喃-3-酮	—	—	—	1.96	1.42
10	2,5-二甲酰基呋喃	—	—	—	1.54	1.97
11	2-糠醛缩二乙醇	—	—	—	0.72	2.92
12	5-羟基-2-甲基-4(H)-吡喃-4-酮	—	—	—	—	0.86
13	5-(2-呋喃甲基)-2-呋喃醛	—	—	—	—	3.55
14	5-(5-甲基-2-呋喃甲基)-2-呋喃醛	—	—	—	—	3.34
总计		—	155.66	450.02	762.48	631.25

注：“—”为未检测到。

3.2.4 生物活性研究

由表 3.13 可知，伴随着反应的进行，蔗糖焦糖化产物的抗氧化能力迅速增加，DPPH 和 ABTS 自由基清除的半数抑制浓度（IC_{50}）迅速下降到 0.45mg/mL 和 0.24mg/mL（蔗糖焦糖化产物 e）。文献报道 DDMP 具有一定的自由基清除能力，可能与其结构上的烯醇羟基有关。蔗糖焦糖化产物的 DDMP 含量更高，自由基清除能力也更强。

表 3.13　　蔗糖焦糖化产物抗氧化的 IC_{50} 汇总表

测试物	IC_{50}/(mg/mL)	
	DPPH	ABTS
a	13.62±1.73	9.58±0.92
b	4.43±0.72	0.86±0.14
c	2.26±0.19	0.50±0.08
d	0.47±0.06	0.25±0.08
e	0.45±0.04	0.24±0.07
5-羟甲基糠醛（5-HMF）	>2.00	>2.00
奎诺二甲基丙烯酸酯*（Trolox）	0.04±0.01	0.04±0.01

注：* 为阳性对照；蔗糖自身无抗氧化活性（IC_{50}>50.00mg/mL）；5-HMF 无活性（IC_{50}>2.00mg/mL）。

（1）ABTS 自由基阳离子清除试验　ABTS 母液（碧云天生物有限公司，100μL 氧化剂溶液和 100μL ABTS 溶液混合，室温避光反应 16h，室温保存，3d 内稳定），用 50%乙醇稀释至 734nm 吸光度为 0.65~0.75，为工作液。化合物溶液稀释至 0.5~100.0mg/mL。在 96 孔板中，每孔先加入 180μLABTS 工作液，再加入 20μL 的化合物溶液。空白组加入 20.0μL 的 50%乙醇，以维生素 E 类似物 Trolox 为阳性对照。室温避光反应 6min，测定 734nm 的吸光度。ABTS 自由基清除能力（%）=[(A_1-A_2)/A_1×100]，A_1 为空白组吸光度，A_2 为测试组吸光度。半数有效浓度 EC_{50} 值是指使吸光度下降 50%的化合物浓度。

（2）DPPH 自由基清除试验　DPPH 工作液（上海麦克林生化试剂有限公司，0.20mmol/L 的 DPPH 50%乙醇溶液，需现配现用）。焦糖化产物溶液稀释至 0.1~20.0mg/mL。在 96 孔板中，每孔先加入 100μL DPPH 工作液和 100μL 的化合物溶液。空白组加入 100μL 的 50%乙醇，以维生素 E 类似物 Trolox 为阳性对照。室温避光反应 30min，测定 517nm 处的吸光度。DPPH 自由基清除能力（%）=[$(A_1-A_2)/A_1\times100$]，A_1 为空白组吸光度，A_2 为测试组吸光度，计算方法与 ABTS 类似。

3.2.5 感官评价

将蔗糖焦糖化产物（1.0g/mL），按照每支 1.0μL 的比例均匀注射于某空白烟支中，制成试验烟支。由 7 名评委组成评吸小组，按照评吸表进行评吸打分，采用“中式卷烟风格特征感官评价方法”对焦糖化反应产物的进行感官评价。

分别对蔗糖的 3 种反应条件的焦糖产应产物进行了感官评价。结果表明（表 3.14），180℃反应 4min 的产物比其他条件下的产物效果好。蔗糖 180℃反应 4min 的产物增浓效果最强，香气饱满，有一定的爆发力。蔗糖焦糖化产物整体上焦甜香韵都比较强（表 3.14）。

表 3.14　蔗糖焦糖化产物的感官评价汇总表

样品名	原料	反应条件	感官评价结果
Z1	蔗糖	180℃、4min	焦甜风格突出，增浓，香气饱满，压制杂气
Z2	蔗糖	180℃、2min	甜感比 Z1 略增加，带有刺激和残留
Z3	蔗糖	170℃、4min	香气也比较饱满，但没有 Z1 强，透发性稍好

3.3 麦芽糖焦糖化香料制备及应用

为了制备甜感明显、香味丰富的烟用麦芽糖焦糖香料，明确其制备工艺和反应机理，利用转化率、紫外测试、GC-MS 分析、活性分析、感官评价等方法，对糖水体系的麦芽糖焦糖化反应规律进行了研究，确定了麦芽糖焦糖化反应的合适工艺和条件。

3.3.1 反应率确定

在 1000mL 圆底烧瓶中，分别加入 200.0g 麦芽糖，然后各加入 100.0g 纯水，186℃油浴加热，转速为 1000r/min。在加热过程中，当温度分别达到 140℃（a），170℃（b），和 180℃（c）立即取出 30.0g 反应产物。剩余反应物继续在 180℃加热 4min 获得产物 d。取少量 180℃加热 4min 的反应物，补充 50%质量分数的纯水，继续在 180℃反应 2min（e）。最终，10 种反应产物称重后加入 10%乙醇获得 1.0g/mL 的溶液。

将麦芽糖标准品用 10%乙醇配制成 10.0，2.0，1.0，0.5，0.1mg/mL 的

溶液，分别进行 HPLC-ELSD 检测，根据溶液浓度与色谱峰面积制作麦芽糖溶液的标准曲线。将 5 种麦芽糖焦糖化产物溶液用 10%乙醇稀释至 5.0mg/mL，分别进行 HPLC-ELSD 检测，计算色谱峰面积值，根据标准曲线计算麦芽糖的浓度和反应率。HPLC-ELSD 检测条件：Agilent Pursuit 5 PFP 五氟苯基色谱柱，250mm×4.6mm，流动相为 5%的甲醇-水（0.1%甲酸），进样量为 5.0μL，柱温 28℃，流速为 1.0mL/min，ELSD 载气为氮气，流速为 1.65L/min，雾化器温度为 30℃，蒸发器温度为 45℃。

将麦芽糖标准品配制成 5.0，2.0，1.0，0.5，0.1mg/mL 的溶液，分别进行 HPLC-ELSD 检测，色谱峰面积响应值如表 3.15 所示。由此进行线性回归，得到麦芽糖溶液的标准曲线为 y（峰面积响应值）= 1129.3x（麦芽糖溶液浓度）+53.5，其线性拟合系数 R^2 达 0.997，标准曲线线性关系显著，见图 3.15。

表 3.15　不同浓度麦芽糖溶液的峰面积响应值

浓度/(mg/mL)	峰面积（麦芽糖）
0.1	112.6
0.5	515.4
1.0	1387.5
2.0	2281.2
5.0	5683.0

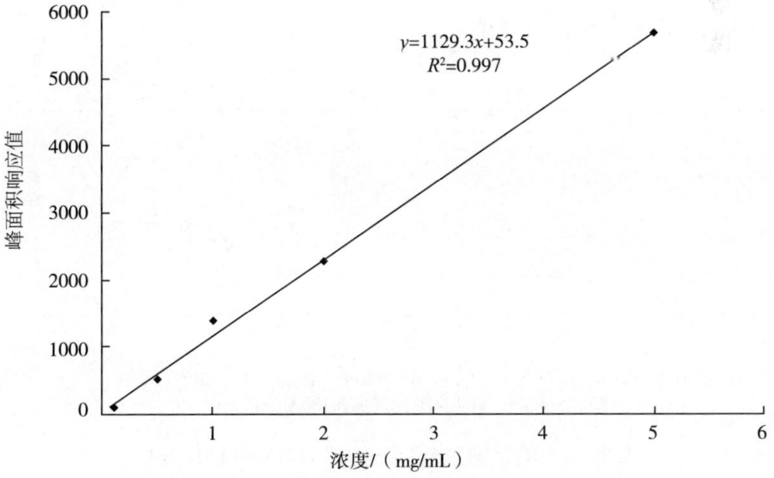

图 3.15　麦芽糖的 HPLC-ELSD 标准曲线

将麦芽糖焦糖化产物溶液用 10% 乙醇稀释至 5.0mg/mL，分别进行 HPLC-ELSD 检测，统计色谱峰面积，见图 3.16 和图 3.17，根据标准曲线计算焦糖化产物溶液中麦芽糖的浓度及反应率，结果如表 3.16 所示。由此做出反应率曲线如图 3.17 所示。

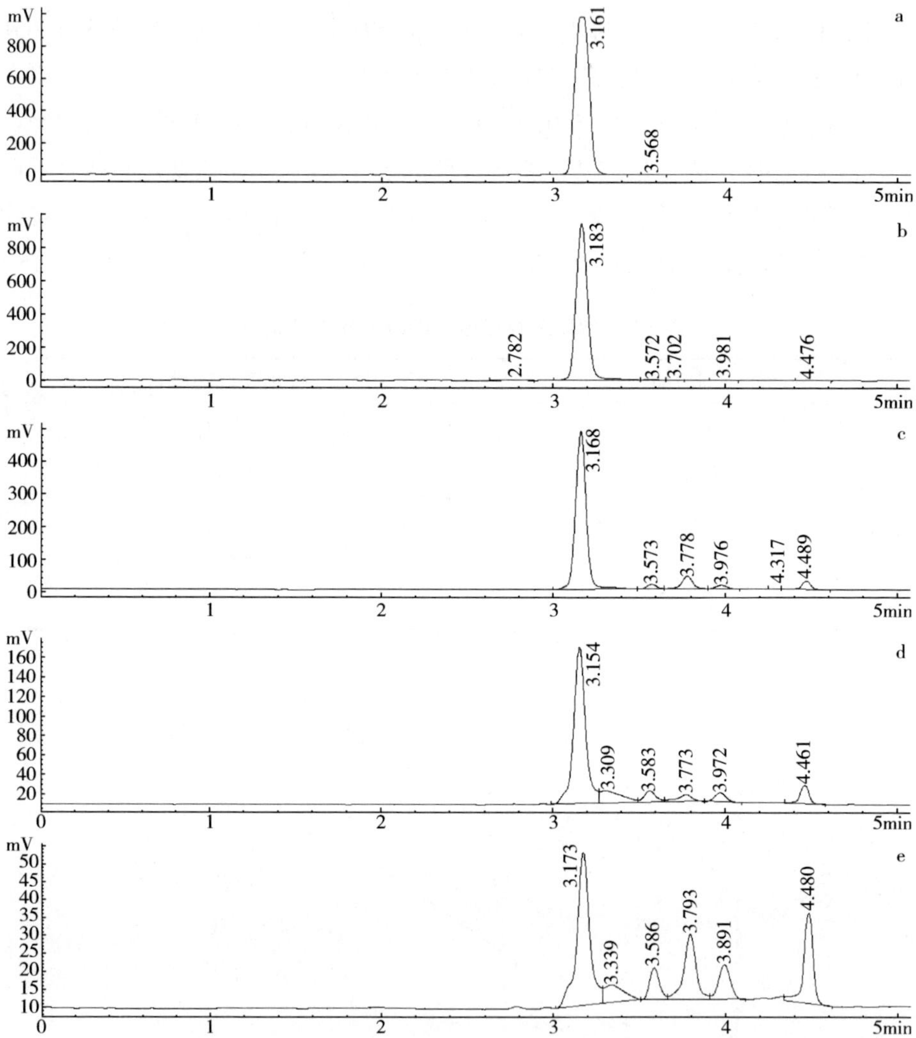

a—140℃、0min；b—170℃、0min；c—180℃、0min；d—180℃、4min；
e—180℃、4min，补水50%，继续在180℃反应2min。

图 3.16 麦芽糖焦糖化产物的 HPLC-ELSD 分析

表 3.16 不同麦芽糖焦糖化产物溶液的糖浓度和反应率汇总表

焦糖化产物	峰面积	浓度/(mg/mL)	反应率/%
a	5249.0	4.6	8.0
b	4411.6	3.9	22.8
c	2117.4	1.8	63.4
d	789.8	0.7	87.0
e	225.2	0.2	97.0

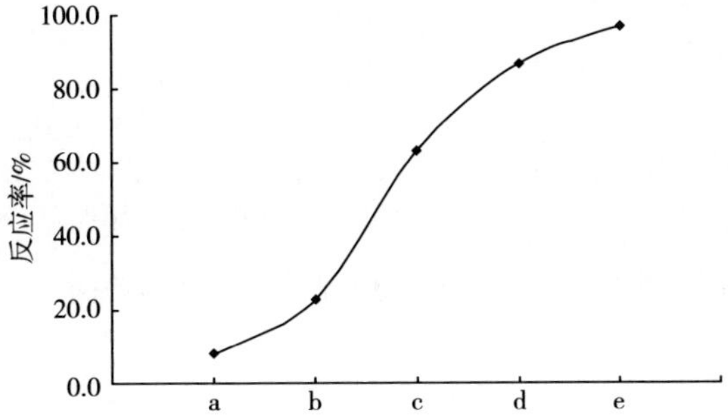

图 3.17 麦芽糖焦糖化产物的反应率曲线

随着反应的进行，麦芽糖焦糖化产物溶液中糖类原料的浓度逐渐降低，糖原料逐步转化为聚合糖及香味成分。麦芽糖的转化率在 180℃、4min 时就已达到 87.0%，见图 3.17。反应末期，反应率处于较高水平，整体变化不大。所以，麦芽糖在 180℃反应 4min 反应已比较完全。

3.3.2 紫外吸收变化

将焦糖产物溶液用水稀释至 2.0mg/mL，测试 200~550nm 的紫外吸收图谱。与葡萄糖类似，伴随着反应的进行，麦芽糖 200~550nm 的紫外吸收迅速增加，明显可以观测到中心位置在 290nm 附近和 305nm 附近的两种吸收峰。反应初期，290nm 附近的紫外吸收值略微增加。反应中期，在 290nm 附近的紫外吸收迅速增加达到稳定状态，305nm 附近的紫外吸收显著增加。在试验中发现，蔗糖焦糖化产物 b 在 290nm 的紫外吸收明显高于麦芽糖焦糖化产物 b。反应末期，焦糖化产物颜色迅速加深，290nm 附近的紫外吸收处于稳定状态，305nm 处的紫外吸收近似呈指数级增长，见

图 3.18。蔗糖焦糖化产物 e 在 305nm 处的紫外吸收值显著高于麦芽糖焦糖化产物 e。

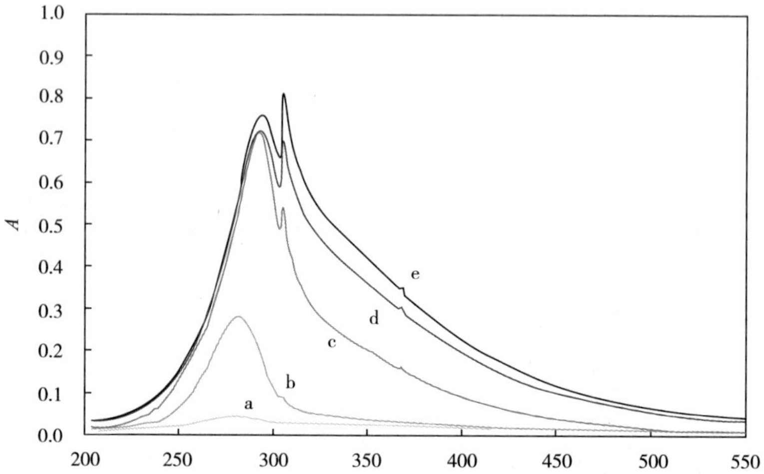

图 3.18　麦芽糖焦糖化产物的紫外吸收图

3.3.3　香味成分变化

15.0mL 产物溶液用 10.0mL CH_2Cl_2 超声处理 3min，再 60℃ 回流提取 20min。重复提取后，合并 CH_2Cl_2 层浓缩至 0.9mL。加入 100μL（1.032mg/mL）乙酸苯乙酯作为内标。检测初始温度 40℃，以 12℃/min 升温至 120℃，然后以 6℃/min 升温至 230℃，并维持 20min。GC-MS 总离子流图利用安捷伦质谱工作站 MSD Chemstation Data Analysis 处理后，进行 NIST 17 谱库检索，选取匹配度大于 80%的质谱离子峰，并结合标样对照，进行定性分析。以乙酸苯乙酯为内标，采用内标工作曲线法进行定量分析。

通过 GC-MS 分析，从麦芽糖的焦糖化产物中共鉴定出 11 种焦香成分，见图 3.19 和表 3.17，大致可以分为 2 组，无 4-甲基咪唑生成。第一组是主要焦香成分，包括 5-羟甲基糠醛（1）、2-糠酸甲酯（2）、糠醛（3）、DDMP（4）、2-乙酰基呋喃（5）和 2-呋喃甲醇（6），因为它们在中期和晚期焦糖化产物中均有产生，且含量较高。第二组（7）~（11）是含量较低的香味成分，主要在反应中期发现。

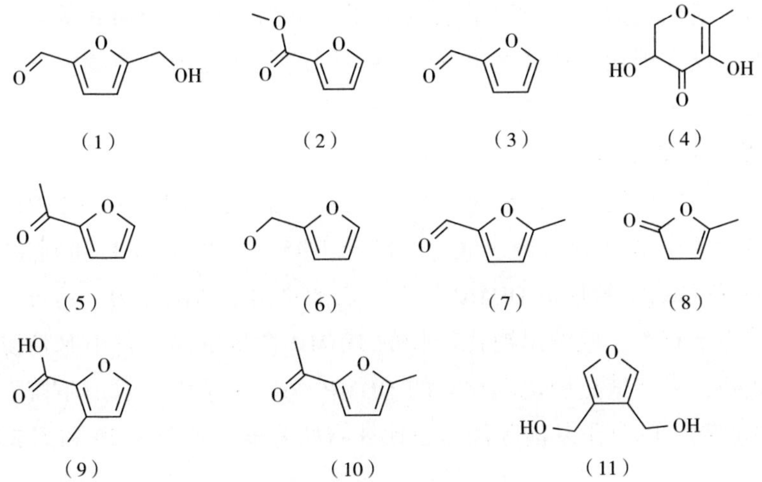

图 3.19 GC-MS 鉴定的香味成分结构图

表 3.17　　麦芽糖焦糖化产物香味成分含量汇总表　　单位：μg/mL

序号	香味成分	麦芽糖焦糖化产物				
		a	b	c	d	e
1	5-羟甲基糠醛	—	48.21	67.47	86.78	41.11
2	2-糠酸甲酯	—	0.54	0.71	1.22	1.14
3	糠醛	—	—	1.62	0.93	0.71
4	2,3-二氢-3,5 二羟基-6-甲基-4(H)-吡喃-4-酮	—	0.54	1.58	1.82	0.74
5	2-乙酰基呋喃	—	0.28	0.56	1.27	1.79
6	2-糠醇	—	—	0.09	0.44	0.59
7	5-甲基呋喃醛	—	—	—	0.03	—
8	5-甲基-2(3H)-呋喃酮	—	—	—	0.05	—
9	3-甲基-2-糠酸	—	—	0.11	0.04	—
10	5-甲基-2-乙酰基呋喃	—	—	0.04	—	—
11	3,4-呋喃二甲醇	—	—	—	0.03	—
总计		—	49.57	72.18	92.61	46.08

注：“—”为未检测到。

麦芽糖焦糖化产物总香味成分含量先增高后降低，产物 d 的 5-HMF 和总香味成分含量最高为 92.61μg/mL。总体而言，180℃反应 4min 对麦芽糖焦糖化反应而言是比较适合的条件。有趣的是，蔗糖焦糖化产物 d 的总香味成分含量是麦芽糖焦糖化产物 d 的 8 倍之高，因此蔗糖焦糖化产物能产生更为丰富的香味。

3.3.4 生物活性研究

伴随着反应的进行，焦糖化产物的抗氧化能力迅速增加，DPPH 和 ABTS 自由基清除的半数抑制浓度（IC_{50}）迅速下降到 0.93mg/mL 和 0.44mg/mL，如表 3.18 所示。文献报道 DDMP 具有一定的自由基清除能力，可能与其结构上的烯醇羟基有关。蔗糖焦糖化产物的 DDMP 含量更高，自由基清除能力也更强。此外，麦芽糖焦糖化产物 e 的 DDMP 含量相对于 d 有所下降，故麦芽糖焦糖化产物 e 的自由基清除能力也比 d 有所降低，见图 3.20 和图 3.21。

表 3.18　麦芽糖焦糖化产物抗氧化的 IC_{50} 汇总表

焦糖化产物	IC_{50}/(mg/mL)	
	DPPH	ABTS
a	16.95±1.88	11.74±0.93
b	6.28±0.93	3.50±0.23
c	2.20±0.36	0.66±0.10
d	0.84±0.07	0.41±0.07
e	0.93±0.06	0.44±0.09
5-羟甲基糠醛（5-HMF）	>2.00	>2.00
奎诺二甲基丙烯酸酯（Trolox）*	0.04±0.01	0.04±0.01

注：* 为阳性对照；麦芽糖自身无抗氧化活性（IC_{50} > 50.00mg/mL）；5-HMF 无活性（IC_{50} > 2.00mg/mL）；结果用三组试验平均值±SD 表示。

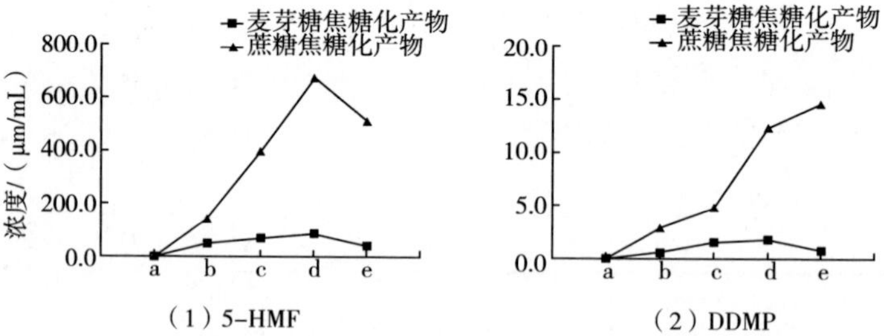

（1）5-HMF　（2）DDMP

图 3.20　麦芽糖和蔗糖焦糖化产物 5-HMF 及 DDMP 含量变化

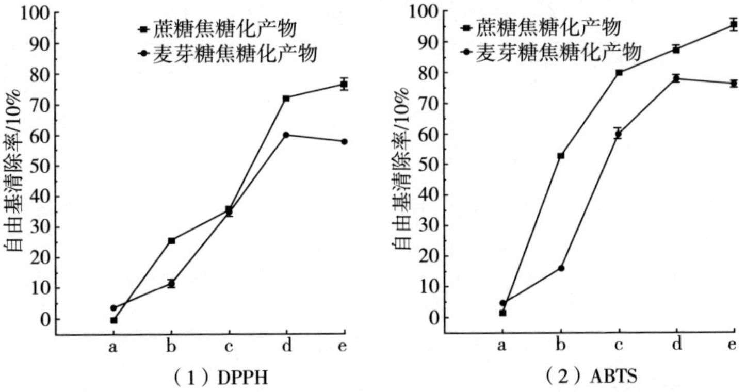

图 3.21 1.0mg/mL 的麦芽糖和蔗糖焦糖化产物自由基清除能力比较

(1) ABTS 自由基阳离子清除试验 ABTS 母液（碧云天生物有限公司，100μL 氧化剂溶液和 100μL ABTS 溶液混合，室温避光反应 16h，室温保存，3d 内稳定），用 50%乙醇稀释至 734nm 吸收值为 0.65~0.75，为工作液。化合物溶液稀释至 0.5~100.0mg/mL。在 96 孔板中，每孔先加入 180μLABTS 工作液，再加入 20μL 的化合物溶液。空白组加入 20.0μL 的 50%乙醇，以维生素 E 类似物 Trolox 为阳性对照。室温避光反应 6min，测定 734nm 的吸光度。ABTS 自由基清除能力（%）= $[(A_1-A_2)/A_1\times100]$，A_1 为空白组吸光度，A_2 为测试组吸光度。半数有效浓度 EC_{50} 值是指使吸光度下降 50%的化合物浓度。

(2) DPPH 自由基清除试验 DPPH 工作液（上海麦克林生化试剂有限公司，0.20mmol/L 的 DPPH 50%乙醇溶液，需现配现用）。焦糖化产物溶液稀释至 0.1~20.0mg/mL。在 96 孔板中，每孔先加入 100μL DPPH 工作液和 100μL 的化合物溶液。空白组加入 100μL 的 50%乙醇，以维生素 E 类似物 Trolox 为阳性对照。室温避光反应 30min，测定 517nm 的吸光度。DPPH 自由基清除能力（%）= $[(A_1-A_2)/A_1\times100]$，A_1 为空白组吸光度，A_2 为测试组吸光度，计算方法与 ABTS 类似。

3.3.5 感官评价

项目组分别对麦芽糖的 3 种反应条件的焦糖化反应产物加入卷烟进行感官评价。结果（表 3.19）表明，麦芽糖焦糖化产物甜感最强，风格也更为突出，180℃反应 4min 的产物比其他条件下的产物效果好。蔗糖的焦糖化产物整体上焦甜香韵都比较强，麦芽糖的甜感稍好。

表 3.19　麦芽糖焦糖化产物的感官评价汇总表

样品	反应条件	感官评价结果
M1	180℃、4min	甜感较强，比葡萄糖产物明显，焦香明显，香气稍丰富，谐调良好
M2	180℃、2min	甜感比 M1 增强，焦香味减弱，烟香没有 M1 丰富
M3	170℃、4min	焦香味比 M2 稍增加，略有残留

4 新型美拉德反应中间体的合成及应用

卷烟香气风格是由众多具有香味特性的化学成分综合作用的结果，其中成分众多且含量差异大。卷烟香气成分复杂，按照致香基团不同，一般将其分为杂环类、醇类、醛类、酮类、酸类、酯类、酚类、酰胺类、醚类及烃类等。

杂环类、酮类及酚类化合物是构成烤香和甜香的主要物质，可形成典型的烘焙香、坚果香和甜香香韵，增进烟香自然特征。然而，多数烤香和甜香化合物性质不稳定，如吡嗪、吡啶和呋喃类化合物，其阈值较低、挥发性高、留香不持久。麦芽酚、甲基环戊烯醇酮和3-甲基-2-环戊烯-1-酮等在空气中易氧化分解，从而降低卷烟香气品质，影响内在质量稳定性。因此，上述化合物直接应用于卷烟加香难以保证产品风格和质量稳定，而使用香味前体化合物是解决上述问题的有效途径之一。香味前体化合物化学性质稳定，其经卷烟燃吸裂解，不仅能释放出大量致香物质，提升卷烟抽吸品质，还可保证产品香气风格持久稳定。

烟草中存在许多重要的香味前体物，其中美拉德反应初级阶段产生一类重要香味前体——Amadori 化合物，主要包括1-L-氨基酸-1-脱氧-D-果糖类化合物和1-L 氨基酸-1-脱氧-4-O-(α-D-吡喃葡萄糖基)-β-D-吡喃果糖苷类化合物，其性质稳定，但经卷烟燃吸可裂解产生大量致香物质，包括DDMP、麦芽酚、环戊烯酮类、呋喃类、吡嗪类以及吡咯类化合物，可增加卷烟的烤香和甜香香韵，将其添加到卷烟中，对于提升卷烟香气品质、改善抽吸舒适性、提升卷烟品质具有明显效果。

美拉德反应中间体香味特征化合物本身没有香气或对香味感受作用不大，但经加热裂解可释放出大量香味物质，如呋喃类、吡喃酮类、吡嗪类以及环戊烯酮类化合物，裂解产物是卷烟烟气及食品中重要致香成分，如表4.1所示。

表 4.1　　美拉德反应中间体化合物裂解致香成分

烤甜香	2,3-二氢-3,5-二羟基-6-甲基-4H-吡喃-4-酮、3,5-二羟基-2-甲基-4H-吡喃-4-酮、5-甲基糠醛、3-甲基呋喃、2-乙基呋喃、2,5-二甲基呋喃、2,4-二甲基呋喃、2-乙烯基呋喃、糠醛、5-甲基糠醇、γ-丁内酯、2-5H-呋喃酮、4-环戊烯-1,3-二酮-2-环戊烯酮、2-甲基-2-环戊烯酮、3,4-二甲基-2-环戊烯酮和 2,3-二甲基-2-环戊烯酮等
烘焙香	2,5-二甲基吡嗪、2,6-二甲基吡嗪、2-乙烯基吡嗪、1-乙基-5-甲基吡嗪、2-乙基-6-甲基吡嗪、2,3,5-三甲基吡嗪、2-甲基-3-乙基吡嗪、2,5-二甲基-3-乙基吡嗪、2-乙基-3,5-二甲基吡嗪、2-乙酰基-3-甲基吡嗪、3,5-二甲基-2-丙基-吡嗪、2-乙酰基-1-甲基吡咯和 2-乙酰基呋喃等
可可香	1-甲基吡咯、2,4-二甲基吡咯、3-甲基吡咯、2-甲基吡咯、2,5-二甲基吡咯、2-乙基吡咯、3-乙基吡咯等
花香	吲哚、1,3-二甲基吲哚、5-甲基吲哚、4-甲基吲哚、2-甲基吲哚、2,3,5-三甲基吲哚、2,6-二甲基吲哚、2,3-二甲基吲哚、1,2,3-三甲基吲哚、5,6,7-三甲基吲哚、2,3,7-三甲基吲哚、1-乙基-3-甲酸基吲哚和 1,2,3,7-四甲基吲哚等
奶香	2,3-丁二酮、2,3-戊二酮、3-甲基-1,2-环戊二酮等

Amadori 化合物具有提升卷烟香气品质的作用，开展合成及应用技术研究，对提升卷烟品质具有重要意义。目前，1-L-氨基酸-1-脱氧-D-果糖类化合物已有研究报道，但关于另一种重要 Amadori 化合物——1-L 氨基酸-1-脱氧-4-O-(α-D-吡喃葡萄糖基)-β-D-吡喃果糖苷研究还是空白，开展此类化合物分析对于食品及烟草风味品质、稳定性及营养价值具有重要意义。

美拉德反应中间体主要包括 Amadori 化合物和 Heyns 化合物，其反应基本原理为：还原糖的羰基与氨基酸或蛋白质的氨基之间发生加成反应后，加成产物迅速失去一分子水而转变为希夫碱，再经环化形成相应的 *N*-取代醛，最后再经 Amadori 重排或 Heyns 重排（图 4.1）分别转成为 1-L-氨基酸-1-脱氧-D-果糖或 2-L-氨基酸-2-脱氧-D-葡萄糖类化合物。

还原糖与氨基酸类化合物反应，生成 1-L-氨基酸-1-脱氧-D-果糖类化合物，即 Amadori 化合物，果糖与氨基酸类化合物反应产生 2-氨基-2-脱氧-1-醛糖，即 Heyns 化合物。

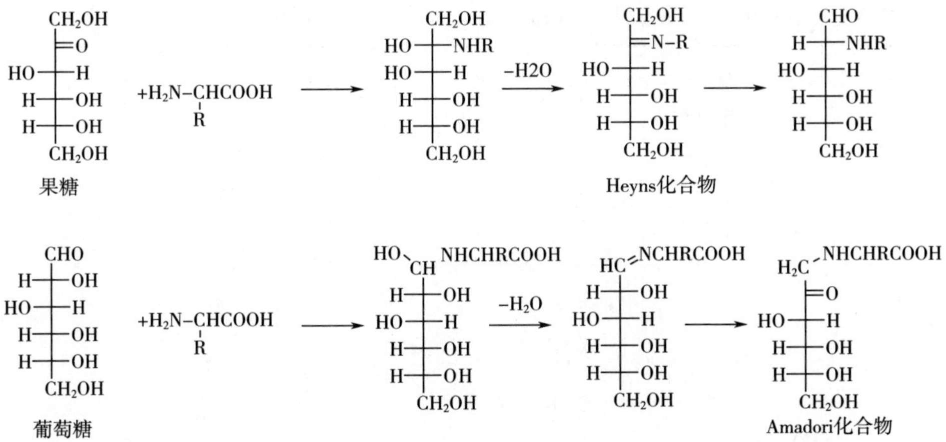

图 4.1　Amadori 重排和 Heyns 重排

Amadori 化合物是醛糖与氨基酸发生美拉德反应的重排产物，结构为 1-L-氨基酸-1-脱氧-D-果糖。Heyns 化合物是酮糖与氨基酸反应可生成果糖胺，再经 Heyns 重排后产生的美拉德反应中间体，这类化合物具有 2-L-氨基酸-2-脱氧-D-葡萄糖骨架结构。两者结构较为近似，均为不易挥发的重要香味前体物，本身没有气味，且在热解时产生吡嗪类、呋喃类、吡啶类、呋喃酮、吡喃酮类等杂环化合物，尤其裂解产生 DDMP 等吡喃酮类不但可改善卷烟吸味，而且对彰显卷烟烤甜香韵具有重要的作用。

4.1　三种 Heyns 化合物的合成及结构表征

通过对国内外相关科技文献资料的系统检索，制定了 Heyns 化合物合成技术路线及实施方案。以 D-果糖为原料，分别与不同氨基酸反应，合成 2-L-天冬氨酸-2-脱氧-D-葡萄糖（Glu-Asp）、2-L-苏氨酸-2-脱氧-D-葡萄糖（Glu-Thr）和 2-L-酪氨酸-2-脱氧-D-葡萄糖（Glu-Tyr）等 3 种 Heyns 化合物。利用红外光谱（IR）、核磁共振碳谱（^{13}C-NMR）和高分辨质谱（HR-MS）表征其化学结构。

4.1.1　2-L-天冬氨酸-2-脱氧-D-葡萄糖（Glu-Asp）的合成及结构表征

（1）合成路线　2-L-天冬氨酸-2-脱氧-D-葡萄糖的合成路线见图 4.2。

（2）合成方法

①果糖基天冬氨酸二钾盐的合成。

向装有温度计、冷凝管的三口瓶中加入 14.1g（0.251mol）氢氧化钾和

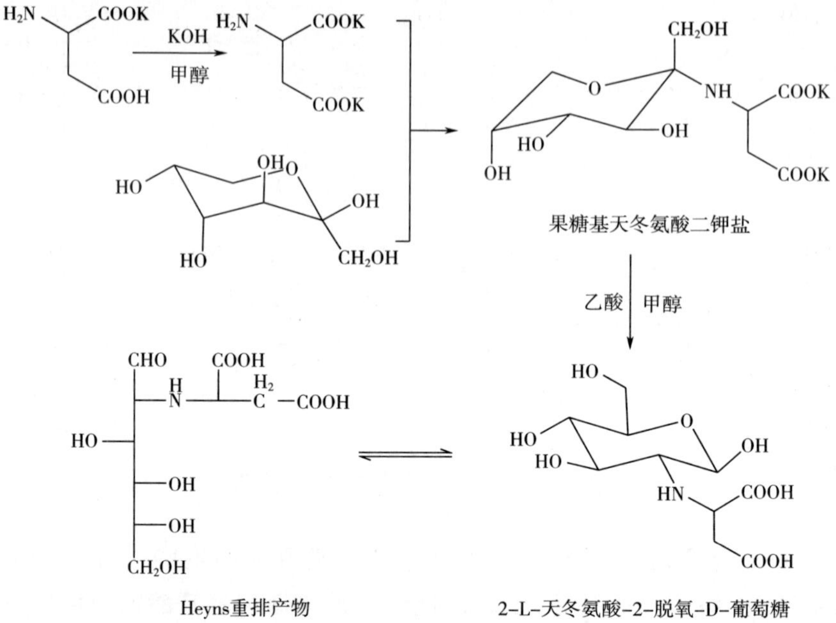

图 4.2 2-L-天冬氨酸-2-脱氧-D-葡萄糖的合成路线

150mL 无水甲醇，磁力搅拌至溶解。加入 43.0g（0.251mol）L-天冬氨酸单钾盐，室温下反应 0.5h 后，加入 450mL 无水甲醇和 27.0g（0.150mol）D-果糖，回流反应 3.0h。冷却至室温，将反应液浓缩至 150mL，过滤除去未反应的氨基酸钾盐，滤液冷却至 0℃，边搅拌边逐滴加入乙醇，收集沉淀并在甲醇/乙醇中重结晶两次后，真空干燥得到白色晶体果糖基天冬氨酸二钾盐，其产率为 83.90%。

②2-L-天冬氨酸-2-脱氧-D-葡萄糖的合成。

将 60mL 无水甲醇和 6.0g（0.016mol）果糖基天冬氨酸二钾盐加入 200mL 三口瓶中，磁力搅拌 30min 后，加入 2mL 乙酸并回流反应 1.5h，结束反应并冷却至 0℃，加入 40mL 无水乙醇，收集沉淀并在无水甲醇中重结晶，真空干燥得到白色晶体 2-L-天冬氨酸-2-脱氧-D-葡萄糖（Glu-Asp），其产率为 75.60%。

（3）结构表征 采用红外光谱（IR）、核磁共振碳谱（^{13}C-NMR）和高分辨质谱（HR-MS）分别对最终产物进行结构表征，2-L-天冬氨酸-2-脱氧-D-葡萄糖（Glu-Asp）的化学结构式如图 4.3 所示：

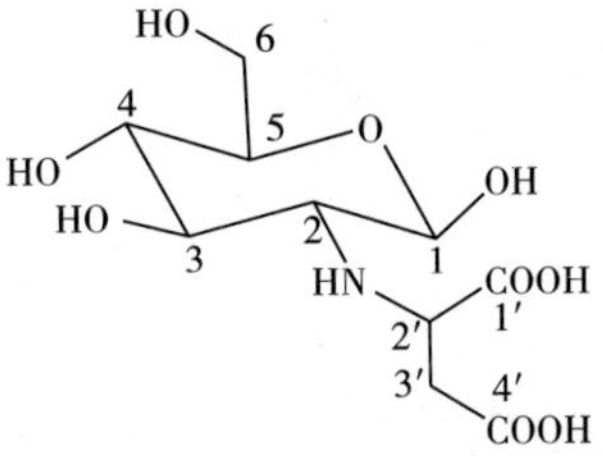

图 4.3 Glu-Asp 化学结构式

①红外光谱。

采用美国 Nicolet 公司 Thermo Nicolet Avatar 370 傅里叶变换红外光谱仪进行测试，用 KBr 压片，扫描范围为 450~4000cm^{-1}，结果见图 4.4。

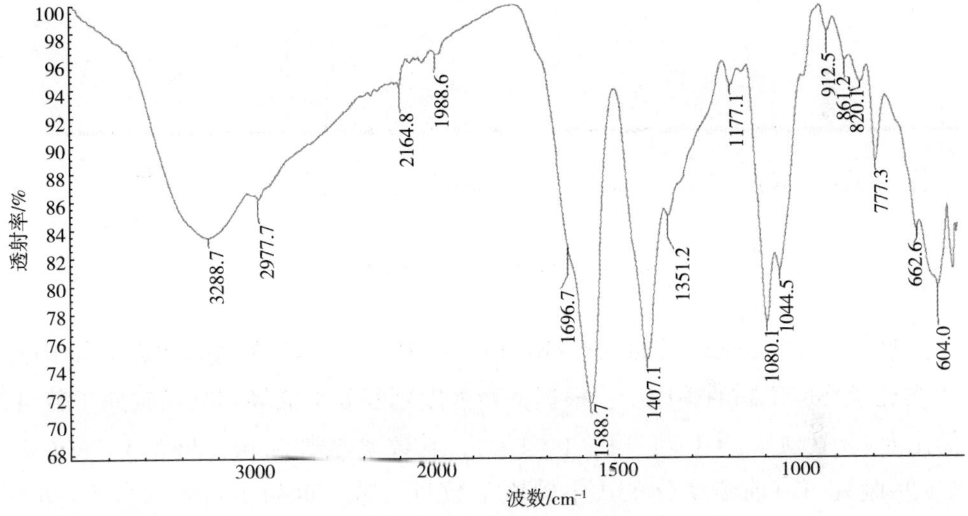

图 4.4 Glu-Asp 的红外光谱图

由图 4.4 所示，3211.7cm^{-1} 处的吸收峰表明了—NH 或—OH 的存在；2977.7cm^{-1} 为饱和烃基 C—H 伸缩振动；由于受氨基影响，羰基吸收峰向高场的方向移动，即 1628.7cm^{-1} 和 1588.7cm^{-1} 为氨基酸 C ═O 的特征吸收峰；1080.1cm^{-1} 和 1044.5cm^{-1} 为 C—O—C 特征吸收峰。由此可初步确定化合物与 2-L-天冬氨酸-2-脱氧-D-葡萄糖结构相吻合。

②核磁共振碳谱。

以氘代水为溶剂对 2-L-天冬氨酸-2-脱氧-D-葡萄糖进行核磁共振波谱

测试，测试结果见图 4.5。

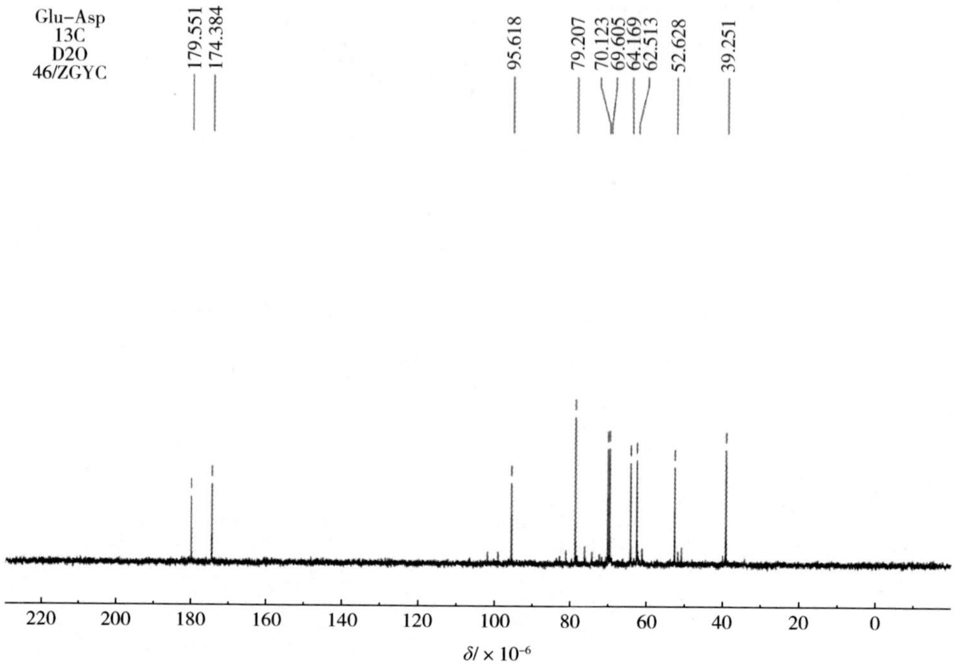

图 4.5　Glu-Asp 核磁共振碳谱图

图 4.5 为所合成产品的[13]C-NMR 谱，图中给出的 10 条谱峰代表了分子中 10 种化学环境不同的碳原子，根据谱峰强度判断 δ 由低场到高场碳原子数目简比为 1：1：1：1：1：1：1：1：1：1，其数字之和为 10，与 2-L-天冬氨酸-2-脱氧-D-葡萄糖分子式中碳原子数目一致，可初步将碳归属为：$\delta=179.551\times10^{-6}$ 为 C4′，$\delta=174.384\times10^{-6}$ 为 C1′，$\delta=95.618\times10^{-6}$ 为 C1，$\delta=79.207\times10^{-6}$ 为 C5，$\delta=70.123\times10^{-6}$ 为 C4，$\delta=69.605\times10^{-6}$ 为 C3，$\delta=64.169\times10^{-6}$ 为 C2′，$\delta=62.513\times10^{-6}$ 为 C6，$\delta=52.628\times10^{-6}$ 为 C2，$\delta=39.251\times10^{-6}$ 为 C3′。由上所述，此[13]C-NMR 谱与目标物 2-L-天冬氨酸-2-脱氧-D-葡萄糖的结构吻合。

③高分辨质谱。

由于 2-L-天冬氨酸-2-脱氧-D-葡萄糖（Glu-Asp）极性较强，并且对热比较敏感，故采用电喷雾离子源（ESI）高分辨率质谱（HR-MS）进行质谱分析（高分辨率质谱仪 Exactive Orbitrap，美国 Thermo 公司）。溶剂选用 50%

的甲醇水溶液为流动相，结果见图 4.6。

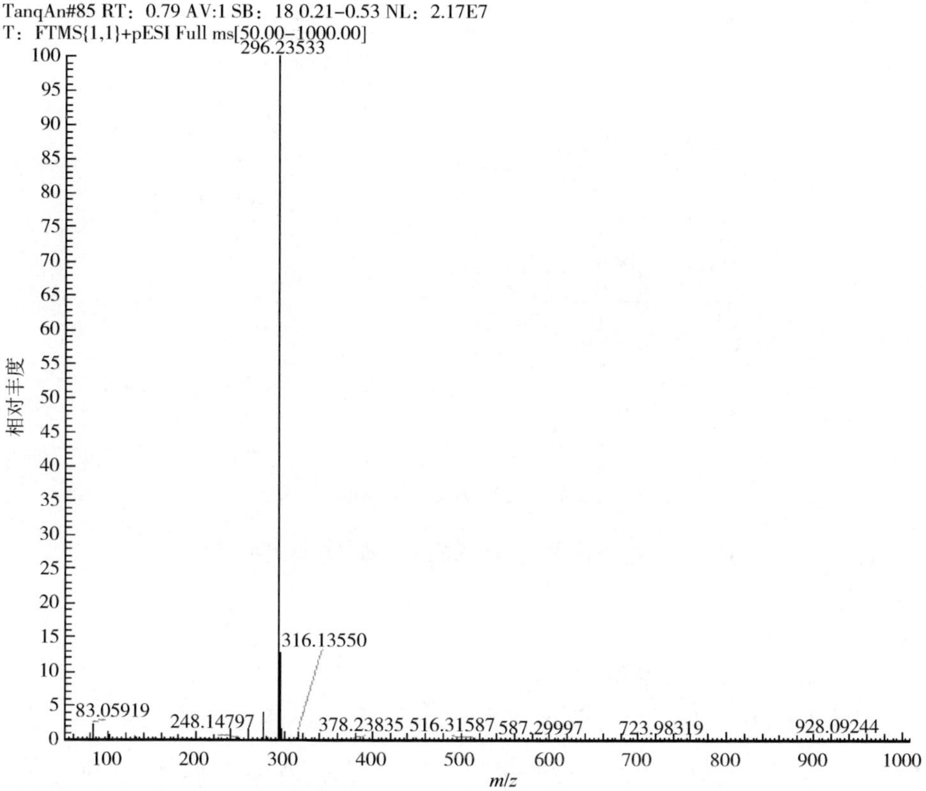

图 4.6　Glu-Asp 的高分辨率质谱

通过对其正离子模式图分析，可以得到样品分子离子峰 $[M+H]^+$ 为 296.23533，加氢分子式为 $C_{10}H_{18}NO_9$，可判断其准分子为 $C_{10}H_{17}NO_9$，其相对分子质量为 295.22749，而 2-L-天冬氨酸-2-脱氧-D-葡萄糖的理论分子式为 $C_{10}H_{17}NO_9$，其理论相对分子质量 295.22698，因此，样品分子元素组成与 2-L-天冬氨酸-2-脱氧-D-葡萄糖的元素组成一致。根据 N 规律，分子中含有奇数个氮原子，符合理论氮原子个数。

综上所述，结合红外光谱（IR）、核磁共振碳谱（^{13}C-NMR）和高分辨率质谱（HR-MS）可确定所得化合物为目标物 2-L-天冬氨酸-2-脱氧-D-葡萄糖。

4.1.2　2-L-苏氨酸-2-脱氧-D-葡萄糖（Glu-Thr）的合成及结构表征

（1）合成路线　2-L-苏氨酸-2-脱氧-D-葡萄糖的合成路线见图 4.7。

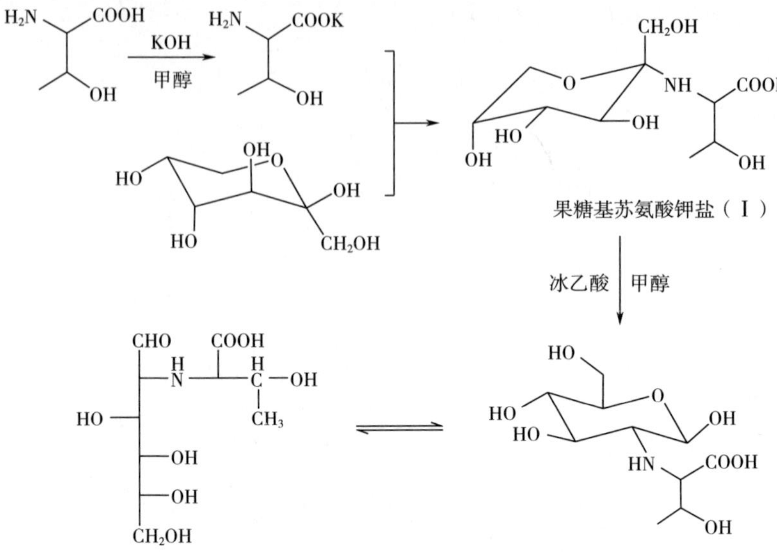

2-L-苏氨酸-2-脱氧-D-葡萄糖（Ⅱ）

图 4.7　2-L-苏氨酸-2-脱氧-D-葡萄糖的合成路线

（2）合成方法

①果糖基苏氨酸钾盐的合成。

将 5.6g（0.10mol）氢氧化钾和 100mL 无水甲醇加入三口瓶中，磁力搅拌溶解。加入 11.9g（0.10mol）L-苏氨酸，室温下反应 0.5h。加入 21.6g（0.12mol）D-果糖和 200mL 无水甲醇，磁力搅拌，回流反应 5.0h。冷却至室温，将反应液浓缩至 100mL，过滤除去未反应的原料，滤液冷却至-10℃，边搅拌边逐滴加入丙酮，收集沉淀。重复上步操作，并在无水甲醇中重结晶两次后，真空干燥得到白色晶体果糖基苏氨酸钾盐，产率为 79.9%。

②2-L-苏氨酸-2-脱氧-D-葡萄糖的合成。

将 3g 果糖基苏氨酸钾盐和 60mL 无水甲醇加入三口瓶中，磁力搅拌 0.5h 后，加入 1mL 冰乙酸并回流反应 1h，结束反应并冷却至 0℃，加入 30mL 无水乙醇，收集沉淀并在无水甲醇中重结晶得到 2-L-苏氨酸-2-脱氧-D-葡萄糖，纯度为 99%，产率为 69.7%。

（3）结构表征　采用红外光谱（IR）、核磁共振碳谱（^{13}C-NMR）和高分辨质谱（HR-MS）分别对最终产物进行结构表征，2-L-苏氨酸-2-脱氧-D-葡萄糖（Glu-Thr）的化学结构式如图 4.8 所示。

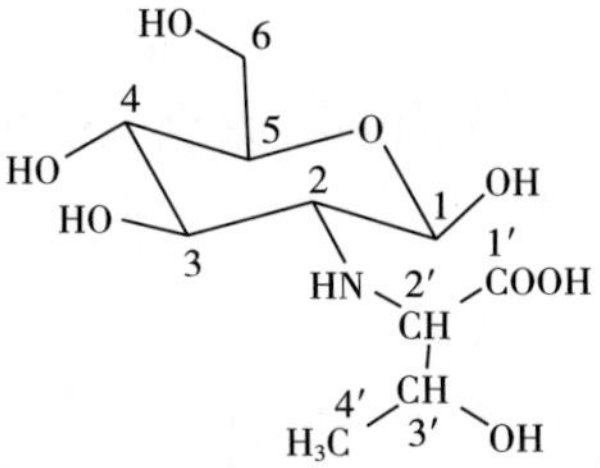

图 4.8 Glu-Thr 化学结构式

①红外光谱。

采用美国 Nicolet 公司 Thermo Nicolet Avatar 370 傅里叶变换红外光谱仪进行测试，用 KBr 压片，扫描范围为 450～4000cm^{-1}，结果见图 4.9。

由图 4.9 所示，3391.98cm^{-1} 处的吸收峰表明了—NH 或—OH 的存在；2925.58cm^{-1} 为饱和烃基 C—H 伸缩振动；由于受氨基影响，羰基吸收峰向高场的方向移动，即 1644.73cm^{-1} 为氨基酸 C ═O 的特征吸收峰；1252.15cm^{-1} 和 1067.35cm^{-1} 为 C—O—C 特征吸收峰。由此可初步确定化合物与 2-L-苏氨酸-2-脱氧-D-葡萄糖结构相吻合。

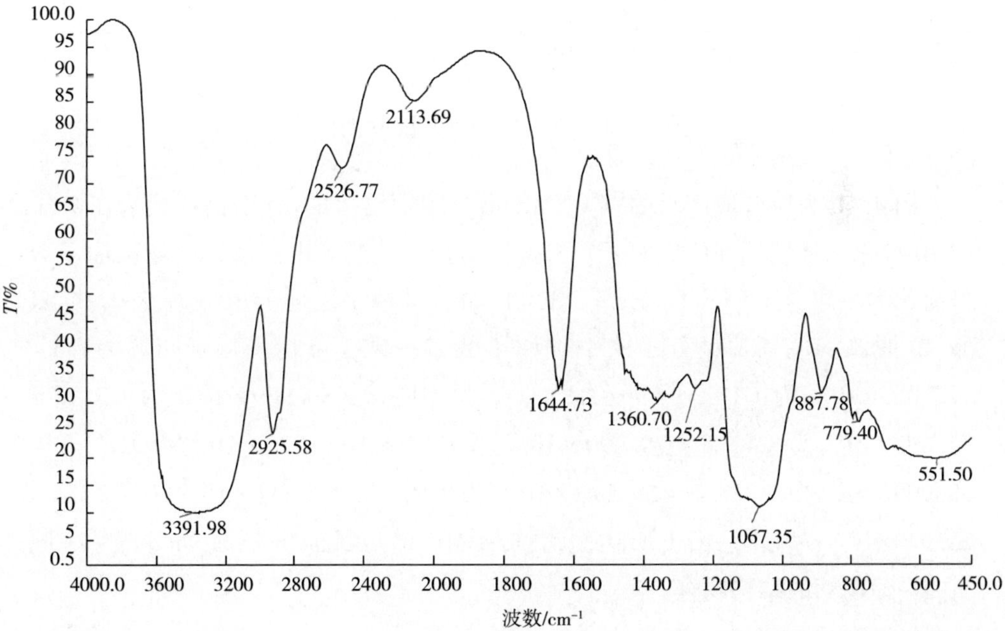

图 4.9 Glu-Thr 的红外光谱图

②核磁共振碳谱。

以氘代水为溶剂对 2-L-苏氨酸-2-脱氧-D-葡萄糖进行核磁共振波谱测试，测试结果见图 4.10。

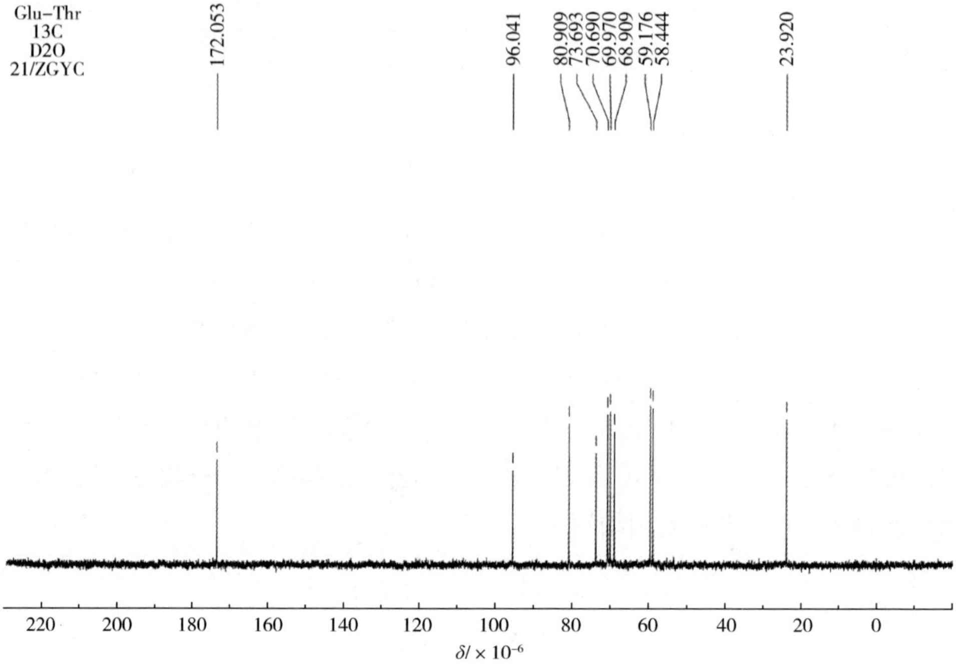

图 4.10　Glu-Thr 核磁共振碳谱图

图 4.10 为所合成产品的 ^{13}C-NMR 谱，图中给出的 10 条谱峰代表了分子中 10 种化学环境不同的碳原子，根据谱峰强度判断 δ 由低场到高场碳原子数目简比为 1∶1∶1∶1∶1∶1∶1∶1∶1∶1，其数字之和为 10，与 2-L-苏氨酸-2-脱氧-D-葡萄糖分子式中碳原子数目一致，可初步将碳归属为：$\delta=172.053\times10^{-6}$ 为 C1′，$\delta=96.041\times10^{-6}$ 为 C1，$\delta=80.909\times10^{-6}$ 为 C5，$\delta=73.693\times10^{-6}$ 为 C4，$\delta=70.690\times10^{-6}$ 为 C3，$\delta=69.970\times10^{-6}$ 为 C2′，$\delta=68.909\times10^{-6}$ 为 C3′，$\delta=59.176\times10^{-6}$ 为 C6，$\delta=58.444\times10^{-6}$ 为 C2，$\delta=23.920\times10^{-6}$ 为 C4′。由上所述，此 ^{13}C-NMR 谱与目标物 2-L-苏氨酸-2-脱氧-D-葡萄糖的结构吻合。

③高分辨质谱。

由于 2-L-苏氨酸-2-脱氧-D-葡萄糖（Glu-Thr）极性较强，并且对热比较敏感，故采用电喷雾离子源（ESI）高分辨率质谱（HR-MS）进行质谱分析（高分辨率质谱仪 Exactive Orbitrap，美国 Thermo 公司）。溶剂选用 50%的甲醇水溶液为流动相，结果见图 4. 11。

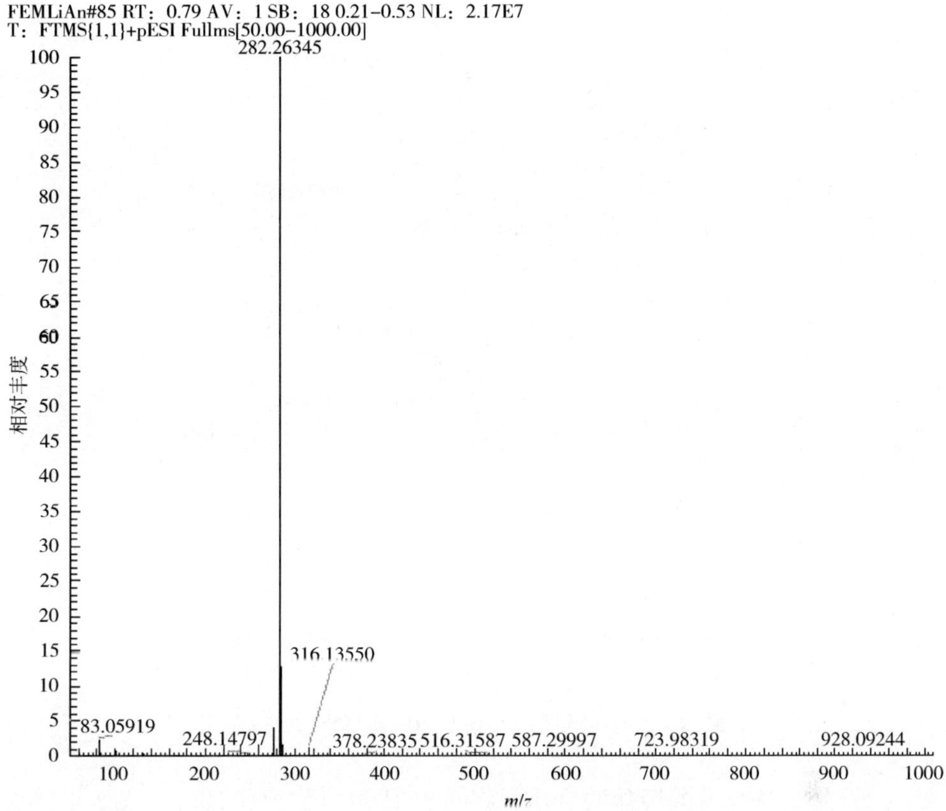

图 4. 11　Thr-Glu 的高分辨率质谱

通过对正离子模式图分析，可以得到样品分子离子峰［M+H］$^+$为 282. 26345，加氢分子式为 $C_{10}H_{20}NO_8$，可判断其准分子为 $C_{10}H_{19}NO_8$，相对分子质量为 281. 25534，而 2-L-苏氨酸-2-脱氧-D-葡萄糖理论分子式为 $C_{10}H_{19}NO_8$，其理论相对分子质量 281. 25468，因此，样品分子元素组成与 2-L-苏氨酸-2-脱氧-D-葡萄糖的元素组成一致。根据 N 规律，分子中含有奇数个氮原子，符合理论氮原子个数。

综上所述，结合红外光谱（IR）、核磁共振碳谱（^{13}C-NMR）和高分辨率质谱（HR-MS）可确定所得化合物为目标物 2-L-苏氨酸-2-脱氧-D-葡萄糖。

4.1.3 2-L-酪氨酸-2-脱氧-D-葡萄糖（Glu-Tyr）的合成及结构表征

（1）合成路线　2-L-酪氨酸-2-脱氧-D-葡萄糖的合成路线见图 4.12。

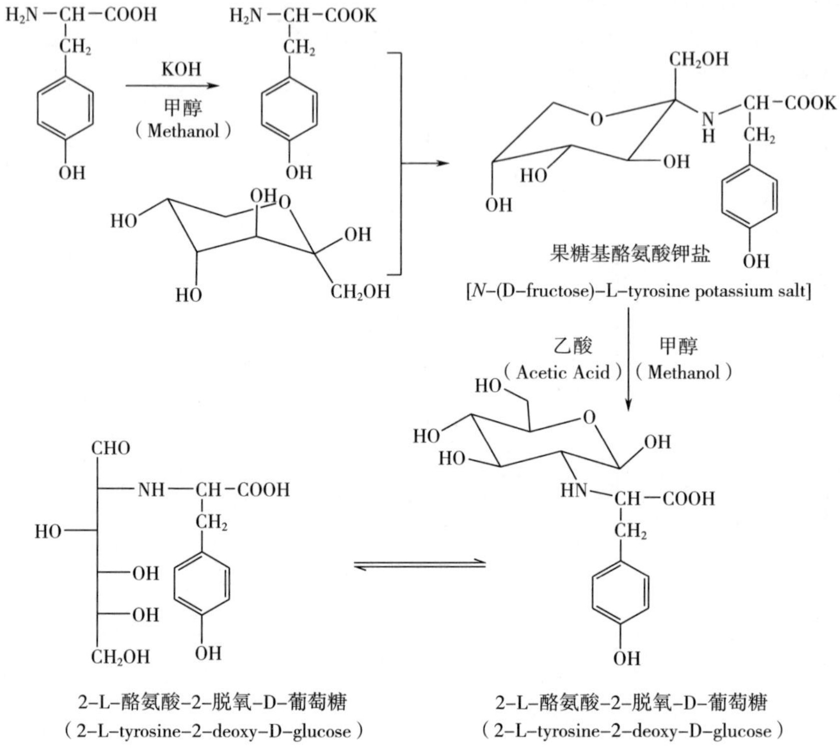

图 4.12　2-L-酪氨酸-2-脱氧-D-葡萄糖的合成路线

（2）果糖基酪氨酸钾盐的合成　将 9.352g 氢氧化钾和 200mL 无水甲醇加入三口瓶中，磁力搅拌溶解。加入 30.227g L-酪氨酸，室温下反应 30min。加入 18g 无水 D-果糖和 350mL 无水甲醇，磁力搅拌，回流反应 2.0h。冷却至室温，将反应液浓缩至 100mL，过滤除去未反应的原料，滤液冷却至-20℃，边搅拌边逐滴加入无水乙醇，抽滤，收集沉淀。重复上步操作，在甲醇/乙醇中重结晶两次后，真空干燥得到白色晶体果糖基酪氨酸钾盐，产率为 79.3%。

（3）2-L-酪氨酸-2-脱氧-D-葡萄糖的合成　将 50mL 无水甲醇和 3g 果糖基酪氨酸钾盐加入三口瓶中，磁力搅拌 30min 后，加入 1mL 冰乙酸并回流反应 1h，结束反应并冷却至 0℃，加入 30mL 无水乙醇，沉淀经抽滤、真空干燥后，在无水甲醇中重结晶得到 2-L-酪氨酸-2-脱氧-D-葡萄糖，产率为 69.5%。

（4）结构表征　采用红外光谱（IR）、核磁共振碳谱（^{13}C-NMR）和高分辨质谱（HR-MS）分别对最终产物进行结构表征，2-L-酪氨酸-2-脱氧-D-葡萄糖（Glu-Tyr）的化学结构式如图 4.13 所示：

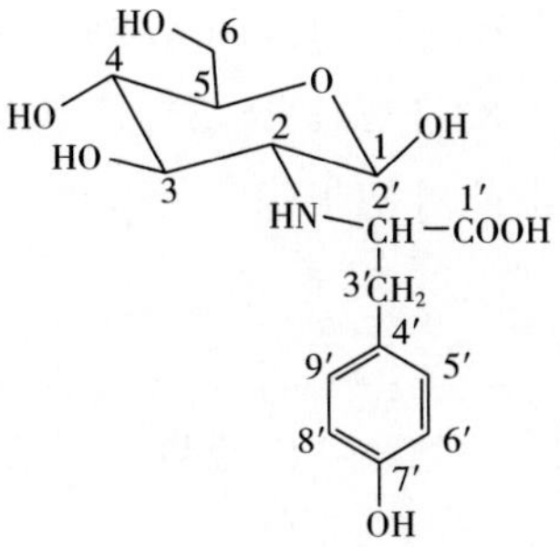

图 4.13　Glu-Tyr 化学结构式

①红外光谱。

采用美国 Nicolet 公司 Thermo Nicolet Avatar 370 傅里叶变换红外光谱仪进行测试，用 KBr 压片，扫描范围为 450~4000cm^{-1}，结果见图 4.14。

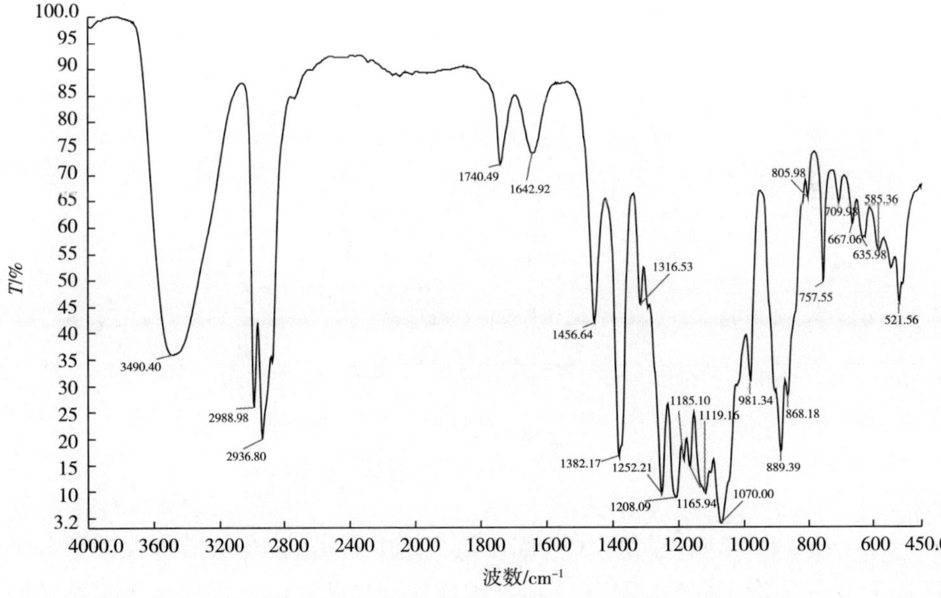

图 4.14　Glu-Tyr 的红外光谱图

由图 4.14 所示，3490.40cm^{-1} 处的吸收峰表明了—NH 或—OH 的存在；2988.98cm^{-1} 和 2936.80cm^{-1} 为苯环 C—H 伸缩振动吸收峰，1456.64cm^{-1} 和 1382.17cm^{-1} 是苯环共轭双键的伸缩振动，再结合苯环 C—H 面外弯曲振动谱带 805.98cm^{-1}、757.55cm^{-1} 和 709.98cm^{-1}，表明了苯环的存在；由于受氨基影响，羰基吸收峰向高场的方向移动，即 1740.49cm^{-1} 和 1642.92cm^{-1} 为氨基酸 C ═O 的特征吸收峰；1382.17，1316.53，1252.21，1208.09，1185.10cm^{-1} 为 C—O—C 特征吸收峰。由此可初步确定化合物与 2-L-酪氨酸-2-脱氧-D-葡萄糖结构相吻合。

②核磁共振碳谱。

以氘代水为溶剂对 2-L-酪氨酸-2-脱氧-D-葡萄糖进行核磁共振波谱测试，测试结果见图 4.15。

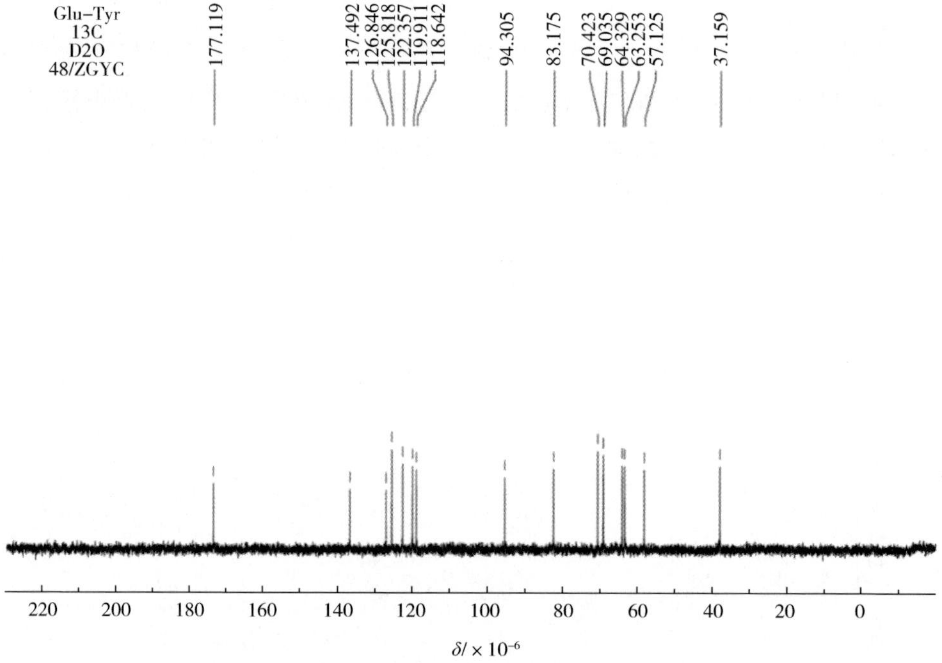

图 4.15　Glu-Tyr 核磁共振碳谱图

图 4.15 为所合成产品的^{13}C-NMR 谱，图中给出的 10 条谱峰代表了分子中 10 种化学环境不同的碳原子，根据谱峰强度判断 δ 由低场到高场碳原子数目简比为 1 : 1 : 1 : 1 : 1 : 1 : 1 : 1 : 1 : 1 : 1 : 1 : 1 : 1 : 1，其数字之和为

15，与2-L-酪氨酸-2-脱氧-D-葡萄糖分子式中碳原子数目一致。由图可初步将碳归属为：$\delta=177.119\times10^{-6}$为C1′，$\delta=137.492\times10^{-6}$为C7′，$\delta=126.846\times10^{-6}$为C4′，$\delta=125.818\times10^{-6}$为C9′，$\delta=122.357\times10^{-6}$为C5′，$\delta=119.911\times10^{-6}$为C6′，$\delta=118.642\times10^{-6}$为C8′，$\delta=94.305\times10^{-6}$为C1，$\delta=83.175\times10^{-6}$为C5，$\delta=70.423\times10^{-6}$为C4，$\delta=69.035\times10^{-6}$为C3，$\delta=64.329\times10^{-6}$为C6，$\delta=63.253\times10^{-6}$为C2′，$\delta=57.125\times10^{-6}$为C2，$\delta=37.159\times10^{-6}$为C3′。由上所述，此$^{13}C$-NMR谱与目标物2-L-酪氨酸-2-脱氧-D-葡萄糖的结构吻合。

③高分辨质谱。

由于2-L-酪氨酸-2-脱氧-D-葡萄糖（Glu-Tyr）极性较强，并且对热比较敏感，故采用电喷雾离子源（ESI）高分辨率质谱（HR-MS）进行质谱分析（高分辨率质谱仪 Exactive Orbitrap，美国 Thermo 公司）。溶剂选用50%的甲醇水溶液为流动相，结果见图4.16。

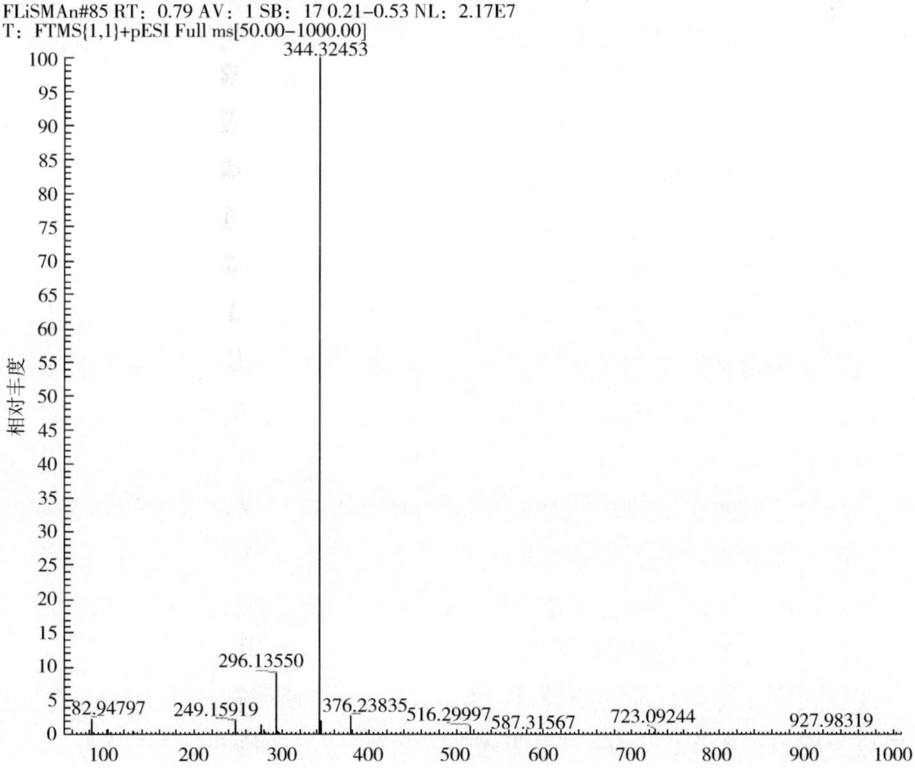

图4.16　Glu-Tyr的高分辨率质谱

通过对其正离子模式图分析，可以得到样品分子离子峰 $[M+H]^+$ 为344.32453，加氢分子式为 $C_{15}H_{22}NO_8$，可判断其准分子为 $C_{15}H_{21}NO_8$，其相对分子质量为343.31669，而2-L-酪氨酸-2-脱氧-D-葡萄糖的理论分子式为 $C_{15}H_{21}NO_8$，其理论相对分子质量343.31462，因此，样品分子元素组分与2-L-酪氨酸-2-脱氧-D-葡萄糖的元素组分一致。根据N规律，分子中含有奇数个氮原子，符合理论氮原子个数。

综上所述，结合红外光谱（IR）、核磁共振碳谱（^{13}C-NMR）和高分辨率质谱（HR-MS）可确定所得化合物为目标物2-L-酪氨酸-2-脱氧-D-葡萄糖。

4.2 新型美拉德反应中间体感官评价

以黄金叶品牌参比卷烟为载体，分别采用单体香料感官作用评价方法，对前期合成得到的3种Heyns化合物进行卷烟感官作用评价，从中筛选对卷烟既有明显感官作用效果又有良好物理保润性能的化合物。其中采用单体香料感官作用评价方法，主要从香气特性、烟气特性和口感特性三个方面，开展11种新型美拉德反应中间体卷烟感官作用评价。利用手套箱法开展11种新型美拉德反应中间物理保润性能测试。

以黄金叶品牌参比卷烟为载体，采用单体香料感官作用评价方法，主要从香气特性、烟气特性和口感特性三个方面，开展3种Heyns化合物卷烟感官作用评价。

（1）评价方法　采用单体香料在卷烟中作用评价方法，考察3种Heyns化合物感官作用。具体感官作用评价表如表4.2所示，表中香气特性评价指标说明如下。

①谐调：根据新型美拉德反应中间体经燃吸后与烟草本香的和合程度，分为谐调、较谐调、不谐调、外香显露。

②丰富性：根据新型美拉德反应中间体经燃吸后，对卷烟香气特性的影响程度，分为变差、不明显、变好。

③香气质：卷烟香气的质越好分值越高，香气质越差分值越低。香气质主要分为五个档次：1即为差，2为较差，3为中等，4为较好，5为好。

④香气量：卷烟香气的量越足分值越高，香气的量越少分值越低。香气量主要分为五个档次：1即为少，2为较少，3为中等，4为较足，5为充足。

⑤杂气：卷烟杂气越少分值越高。杂气主要分为五个档次：1为杂气重，2为较重，3为有，4为略有，5为似有或无。

⑥透发性：卷烟香气越透发分值越高，香气越沉闷分值越低。香气的透发性主要分为五个档次：1为沉闷，2为较沉闷，3为中等，4为较透发，5为透发。

烟气特性：

①劲头：卷烟烟气劲头越大分值越高，劲头越小分值越低。烟气劲头主要分为五个档次：1为小，2为较小，3为中等，4为较大，5为大。

②浓度：卷烟烟气浓度越大分值越高，浓度越小分值越低。烟气浓度主要分为五个档次：1为小，2为较小，3为中等，4为较大，5为大。

③细柔程度：卷烟烟气越细腻柔和分值越高，烟气越粗糙分值越低。烟气细腻柔和程度主要分为五个档次：1为粗糙，2为较粗糙，3为中等，4为较细腻柔和，5为细腻柔和。

口感特性：

①刺激类型：卷烟烟气刺激性经过评价的主要类型划分为尖刺和呛刺两种类型，采用打钩形式标识刺激类型。

②刺激程度：卷烟的刺激性越小分值越高，刺激性越大分值越低。刺激性程度主要分为五个档次：1为大，2为较大，3为中等，4为较小，5为小。

③干燥程度：卷烟干燥感越弱分值越高，干燥感越强分值越低。干燥程度主要分为五个档次：1为强，2为较强，3为中等，4为较弱，5为弱。

④回甜：评价口腔回甜感，越大分值越高，烟气越苦分值越低。烟气甜度主要分为五个档次：1为苦，2为较苦，3为中等，4为较甜，5为甜。

⑤余味：卷烟评价后整体余味的感受越干净舒适分值越高，余味越差分值越低。余味主要分为五个档次：1即为差，2为较差，3为中等，4为较干净舒适，5为干净舒适。

嗅香：嗅香在评价之前由专门的评价人员讨论商定后统一填写，香韵表现形式根据保润剂经燃吸后所表现出来的香气特性，选择进行打钩。备注栏可以填写上述五项中不能体现的特殊情况，评价人员通过感官评吸后，参照表中灰色背底单元格参比卷烟的分值对每个指标进行打分，然后对数据进行加权平均处理（表4.2）。

表 4.2　　香气特性感官作用评价表

	果香			花香			膏香			甜香			辛香			清香			其他
嗅香	强	中	弱	强	中	弱	强	中	弱	强	中	弱	强	中	弱	强	中	弱	

香气特性	谐调	谐调（）		较谐调（）		不谐调（）		外香显露（）		
	丰富性	变差（）			不明显（）			变好（）		
	香气质	1（）	1.5（）	2（）	2.5（）	3（）	3.5（）	4（）	4.5（）	5（）
	香气量	1（）	1.5（）	2（）	2.5（）	3（）	3.5（）	4（）	4.5（）	5（）
	杂气	1（）	1.5（）	2（）	2.5（）	3（）	3.5（）	4（）	4.5（）	5（）
	透发性	1（）	1.5（）	2（）	2.5（）	3（）	3.5（）	4（）	4.5（）	5（）
烟气特性	劲头	1（）	1.5（）	2（）	2.5（）	3（）	3.5（）	4（）	4.5（）	5（）
	浓度	1（）	1.5（）	2（）	2.5（）	3（）	3.5（）	4（）	4.5（）	5（）
	细柔程度	1（）	1.5（）	2（）	2.5（）	3（）	3.5（）	4（）	4.5（）	5（）
口感特性	刺激类型	尖刺		（）			呛刺（）			
	刺激程度	1（）	1.5（）	2（）	2.5（）	3（）	3.5（）	4（）	4.5（）	5（）
	干燥程度	1（）	1.5（）	2（）	2.5（）	3（）	3.5（）	4（）	4.5（）	5（）
	回甜	1（）	1.5（）	2（）	2.5（）	3（）	3.5（）	4（）	4.5（）	5（）
	余味	1（）	1.5（）	2（）	2.5（）	3（）	3.5（）	4（）	4.5（）	5（）
香韵表现形式	果香（） 花香（） 甜香（） 辛香（） 膏香（） 清香（）							其他		
备注										

注：灰色背底单元格为参比卷烟标准分值。

（2）评价结果　以黄金叶品牌参比卷烟为载体，考察 3 种 Heyns 化合物不同用量对卷烟感官质量的影响，经评价确定其在卷烟中适宜用量为 100mg/kg。然后以 500mg/kg 用量，称取 Glu-Asp、Glu-Thr 和 Glu-Tyr 等 3 种 Heyns 化合物，以适量体积分数为 95%的乙醇水溶液稀释后均匀施加至参比卷烟烟丝中，并在温度 22℃±1℃、相对湿度 60%±2%条件下平衡 48h，卷制成烟支。在感官评吸前三天将卷烟在温度为 22℃±1℃，相对湿度 60%±2%条件下平衡 48h，然后以黄金叶品牌空白卷烟为参比，按照评价方法和要求进行感官评吸。卷烟的感官作用评价结果见表 4.3，在所有表格中总分均不含劲头分值。

表 4.3　　不同 Heyns 化合物感官作用评价结果

项目	参比	Glu-Asp	Glu-Thr	Glu-Tyr
香气质	4.00	4.23	4.23	4.37
香气量	3.50	3.70	3.70	3.83
杂气	3.50	3.63	3.67	3.77
透发性	3.50	3.53	3.50	3.53
劲头	3.00	3.00	3.00	3.00
浓度	3.50	3.70	3.70	3.83
细柔程度	3.50	3.50	3.50	3.53
刺激程度	3.00	2.93	3.00	3.03
干燥程度	3.00	3.00	3.03	3.03
回甜	3.50	3.50	3.53	3.53
余味	3.50	3.63	3.57	3.57
总分	34.50	35.35	35.43	36.02

评价结果见图 4.17，与参比卷烟相比，添加 3 种 Heyns 化合物的卷烟香气质、香气量、杂气和浓度等指标均明显提高，其他指标基本不变，说明上述 3 种美拉德反应中间体在提升卷烟香气品质和浓度，降低杂气等方面效果明显；与参比卷烟相比，添加 Glu-Asp、Glu-Thr 和 Glu-Tyr 三种 Heyns 化合

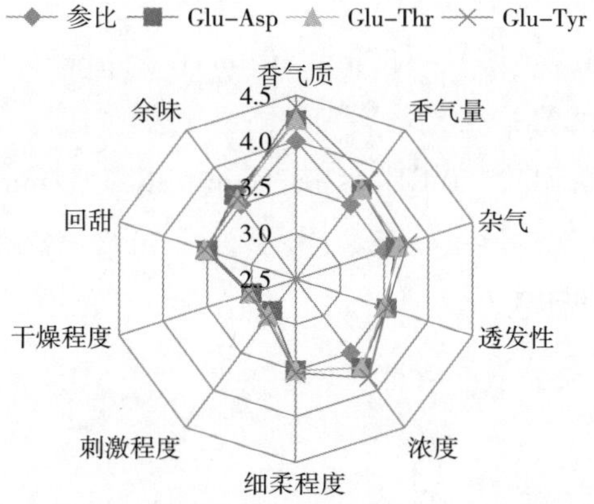

图 4.17　不同 Heyns 化合物感官作用评价结果

物卷烟总分值分别提高了 0.85 分、0.93 分和 1.52 分。其中 Glu-Tyr 在提升卷烟香气质和香气量、增加浓度、降低杂气等方面效果更为显著，将其添加至卷烟后，可赋予卷烟醇和馥郁的香气，进一步彰显卷烟醇香风格特征。

4.3 新型美拉德反应中间体热裂解研究

美拉德反应中间体自身并没有致香作用，但在卷烟燃烧过程中会发生裂解反应，产生致香物质，因此，研究美拉德反应中间体的热裂解性能十分必要。为研究不同类型美拉德反应中间体的热裂解产物分布及香韵特点，同时由于卷烟抽吸时最高温度可达 900℃，根据卷烟燃烧温度场实际情况，本章节分别选择在 300℃、500℃、700℃和 900℃四个温度下，对所合成的 3 种美拉德反应中间体进行热裂解试验。

4.3.1 热裂解方法

称取 5mg 化合物样品，置于中空小石英管中，分别在 300℃、500℃、700℃和 900℃四个温度下进行快速热裂解，裂解产物由载气 He 直接导入 GC/MS 中进行分离鉴定。

Py-GC/MS 条件为：裂解氛围 10%氧气和 90%氮气；

裂解器附件温度：250℃；

传输线温度：250℃；

吸附阱条件：吸附温度 50℃，脱附温度 280℃；

升温程序：初始温度 50℃，升温速度 20℃/ms，分别设定 300℃、500℃、700℃和 900℃四个温度，保持 10s；

色谱柱：DB-5MS 色谱柱（30m×250μm×0.25μm）；

进样口温度：200℃；

升温程序：初始温度 50℃，保持 1min，以 5℃/min 升至 200℃，保持 5min；

载气：He（99.999%）；

流速：1mL/min；

分流比：10∶1；

离子源：EI；

电子能量：70eV；

离子源温度：200℃；

四极杆温度：150℃；

扫描方式：全扫描；

扫描范围：30~1000u。

4.3.2　热裂解产物分析

（1）Glu-Asp 热裂解研究　为确定 Glu-Asp 的主要裂解产物，在相同试验条件下，对裂解产物的保留时间及质谱图进行比对分析，采用标准品混合标样法对 2,3-丁二酮等 42 种化合物进行定性分析，对其他裂解产物采用检索 NIST02 质谱数据库定性分析，采用峰面积归一法确定各组分相对含量（质量分数），结果见表 4.4。为保证试验结果的可重复性和准确性，在每个温度下进行 3 次平行试验，计算裂解产物相对含量的相对标准偏差（RSD），各裂解产物的 RSD 在 0.69%~9.28%，说明试验方法准确可靠。

表 4.4　不同温度下 Glu-Asp 的主要热裂解产物

编号	保留时间 /min	产物	匹配度 /%	相对含量/%			
				300℃	500℃	700℃	900℃
1	2.43	2,3-丁二酮*	92	1.18	1.53	0.97	0.73
2	2.78	2-丁酮*	84	—	0.40	0.75	0.81
3	3.37	2-甲基呋喃*	96	0.33	0.85	0.61	0.52
4	3.67	乙酸*	93	8.75	2.03	1.17	1.06
5	4.09	2-戊酮*	80	—	—	0.31	0.20
6	4.76	2,3-戊二酮*	98	0.36	0.76	0.39	0.28
7	5.04	2,5-二甲基呋喃*	99	—	0.81	0.63	0.30
8	5.17	3-羟基-2-丁酮	92	1.05	0.72	0.33	0.35
9	5.36	2,4-二甲基呋喃	90	—	—	0.53	0.37
10	5.95	吡嗪*	98	—	0.23	0.11	0.10
11	6.39	1-甲基吡咯*	93	—	0.63	0.35	0.27
12	6.47	2-甲基丁醇*	81	0.63	0.59	0.38	0.29
13	6.69	吡啶*	98	—	0.87	0.61	0.67
14	6.88	吡咯*	94	—	0.96	0.87	0.55
15	7.54	甲苯*	77	—	—	0.25	0.51
16	10.26	1-乙基吡咯	94	—	0.26	0.35	0.23

续表

编号	保留时间/min	产物	匹配度/%	相对含量/%			
				300℃	500℃	700℃	900℃
17	10.39	2-甲基吡啶	98	—	0.39	0.57	0.51
18	10.92	2-甲基吡嗪*	94	1.89	1.56	0.90	0.70
19	11.16	2-呋喃甲醛*	95	—	0.40	0.36	0.41
20	12.85	2,5-二甲基吡咯*	95	—	0.32	0.29	0.55
21	12.86	2,3-二甲基吡咯	88	—	0.41	0.52	0.43
22	13.70	2-甲基吡咯	93	—	0.43	0.66	0.51
23	13.72	3-甲基吡咯*	92	0.39	0.76	0.61	0.35
24	14.96	3-甲基吡啶*	98	0.33	0.52	0.62	0.56
25	15.11	4-甲基吡啶	99	—	0.33	0.67	0.73
26	15.86	2,4-二甲基吡咯	82	—	—	0.41	0.27
27	17.51	4-环戊烯-1,3-二酮*	93	0.23	0.50	1.64	1.56
28	19.57	2-甲基-2-环戊烯-1-酮*	95	—	0.23	0.70	1.21
29	20.01	3-羟甲基吡啶	80	—	0.06	0.30	0.47
30	20.11	2,5-二甲基吡嗪*	93	1.91	2.96	1.94	1.22
31	20.23	2,6-二甲基吡嗪*	94	0.95	0.39	0.92	0.35
32	20.30	2-呋喃基甲基酮*	96	—	0.62	0.36	0.68
33	20.58	2-乙基吡嗪*	84	—	0.23	0.18	0.24
34	20.83	2,3-二甲基吡嗪*	94	0.47	0.33	0.52	0.70
35	20.90	2(5H)-呋喃酮*	94	—	0.92	0.23	0.10
36	22.16	2-环己烯-1-酮*	83	—	0.23	0.21	0.21
37	23.83	2,3-二甲基吡啶*	99	—	0.14	0.21	0.20
38	26.27	3-甲基-2-环戊烯-1-酮	96	—	—	0.32	0.27
39	26.39	5-甲基-2-糠醇	95	—	0.47	0.46	0.28
40	26.49	5-甲基糠醛*	96	0.28	0.75	0.98	0.77
41	27.65	3,5-二甲基吡啶*	98	—	—	0.21	0.20
42	28.38	2,4-二羟基-2,5-二甲基-3(2H)-呋喃-3-酮	93	0.36	0.57	1.13	0.64
43	28.43	3-甲基-2(5H)-呋喃酮*	78	—	—	0.92	0.88
44	29.88	3,4-二甲基-2-环戊烯-1-酮	98	—	—	0.92	0.48

续表

编号	保留时间/min	产物	匹配度/%	相对含量/%			
				300℃	500℃	700℃	900℃
45	30.65	2-乙基-6-甲基吡嗪*	96	0.41	0.15	0.26	0.44
46	30.72	2-乙基-5-甲基吡嗪	89	0.41	0.17	0.16	0.20
47	31.09	2,3,5-三甲基吡嗪*	96	0.27	0.30	0.28	0.44
48	31.35	2-乙基-3-甲基吡嗪	94	0.45	0.27	0.32	0.34
49	34.11	2,3,4 三甲基吡咯	93	—	0.05	0.15	0.21
50	34.70	3-甲基-1,2-环戊二酮*	95	—	0.17	0.11	0.08
51	34.84	2-乙酰基吡啶*	98	—	0.14	0.26	0.36
52	35.50	2,3-二甲基-2-环戊烯-1-酮*	95	0.03	0.08	0.33	1.04
53	39.73	2-乙酰基吡咯*	99	1.56	0.89	0.88	1.08
54	40.36	2,5-二甲基-4-羟基-3(2H)-呋喃酮*/菠萝酮	99	1.91	1.01	1.74	1.35
55	41.09	3,5-二甲基-2-乙基吡嗪	99	0.11	0.30	0.24	0.14
56	41.09	2,5-二甲基-3-乙基吡嗪	92	0.03	0.11	0.14	0.19
57	42.21	2,4-二甲基-3-乙基吡咯	92	—	0.08	0.18	0.14
58	44.22	2,5-二甲基-3-乙基吡咯	95	—	—	0.09	0.19
59	45.05	2-甲基-3-羟基-4-吡喃酮*/麦芽酚	97	0.92	1.49	1.76	1.52
60	49.87	2,3-二氢-3,5-二羟基-6-甲基-4H-吡喃-4-酮/DDMP	99	35.52	20.65	6.76	8.05
61	52.81	3-乙酰基-1-甲基吡咯	83	—	0.41	0.23	0.16
62	52.87	4-羟基-2,3-二氢-呋喃酮	86	0.19	0.23	0.16	0.12
63	53.06	2-乙酰基-1-甲基吡咯	84	—	—	0.51	0.12
64	53.55	3,5-二羟基-2-甲基-5,6-二氢-吡喃-4-酮	92	0.85	1.21	1.35	1.56
65	56.46	1-茚酮	98	—	0.06	0.55	0.04
66	58.11	吲哚*	99	—	0.23	0.60	0.36
67	58.96	2,3-环已吡啶	89	—	—	0.42	0.79
68	59.13	2,6-二甲基-3-羟基吡啶	89	—	0.23	—	—
69	59.65	5-甲基吲哚	95	—	0.11	0.50	0.14

续表

编号	保留时间/min	产物	匹配度/%	相对含量/%			
				300℃	500℃	700℃	900℃
70	60.79	3,6-二甲基吲唑	83	—	0.16	0.35	0.15
71	61.06	2-甲基吲哚*	95	—	—	1.00	0.67
72	61.07	3-甲基吲哚*	97	—	0.10	0.51	0.32
73	61.08	7-甲基吲哚	96	—	—	0.50	0.23

注：*该化合物采用标准品对照定性，其他采用质谱库检索定性，匹配度均在80%以上。“—”为未检出。

由表4.4可知，裂解温度对Glu-Asp裂解产物数量有显著影响，随着裂解温度的升高，裂解产物的数量逐渐增加，Glu-Asp在300℃、500℃、700℃和900℃下的裂解产物分为28，60，72，72种。

Glu-Asp在300℃下裂解时，生成21种杂环类物质（相对含量49.51%，呋喃类、吡嗪类、吡咯类、吡啶类、糠醛类、呋喃酮类和吡喃酮类物质）；5种酮类物质（2.84%，2,3-丁二酮、2,3-戊二酮、3-羟基-2-丁酮、4-环戊烯-1,3-二酮和2,3-二甲基-2-环戊烯-1-酮）；醇类（0.63%，2-甲基丁醇）和羧酸（8.75%，乙酸）各1种。其中DDMP的相对含量最高，为35.52%；乙酸次之，相对含量为8.75%；2-甲基吡嗪、2,5-二甲基吡嗪、2-乙酰基吡咯和2,5-二甲基-4-羟基-3（2H）-呋喃酮（菠萝酮）的相对含量也较高，相对含量均在1.50%以上。

Glu-Asp在500℃下裂解时，裂解产物数量较300℃下增加23种，共生成47种杂环类物质（相对含量44.83%，呋喃类、吡嗪类、吡咯类、吡啶类、糠醇类、糠醛类、呋喃酮类、吡喃酮类、吲唑类和吲哚类物质）；10种酮类物质（5.23%，2,3-丁二酮、2,3-戊二酮和3-羟基-2-丁酮等）；醇类（0.59%，2-甲基丁醇）、羧酸（2.03%，乙酸）和芳烃类物质（0.06%，1-茚酮）各1种。其中，DDMP的相对含量最高，为20.65%；2,5-二甲基吡嗪次之，为2.96%，乙酸、2,3-丁二酮和2-甲基吡嗪的相对含量均在1.50%以上。

Glu-Asp在700℃下裂解时，裂解产物的数量较500℃下增加12种，共生成55种杂环类物质（37.01%，呋喃类、吡嗪类、吡咯类、吡啶类、糠醇类、糠醛类、呋喃酮类、吡喃酮类、吲哚类和吲唑类）；13种酮类物质（7.34%，4-环戊烯-1,3-二酮、2,3-丁二酮和3,4-二甲基-2-环戊烯-1-酮等）；2种芳烃类物质（0.80%，甲苯和1-茚酮）；醇类（0.38%，2-甲基丁醇）和羧酸（1.17%，乙酸）各1种。其中，DDMP的相对含量最高，为6.76%；2,5-二甲基吡嗪次之，为1.94%；4-环戊烯-1,3-二酮、2,5-二甲基-4-羟基-3（2H)-呋喃酮（菠萝酮）和2-甲基-3-羟基-4-吡喃酮（麦芽酚）的相对含量均在1.50%以上。

Glu-Asp在900℃下裂解时，裂解产物的数量较700℃下增加0种，共生成55种杂环类物质（33.35%，呋喃类、吡嗪类、吡咯类、吡啶类、糠醇类、糠醛类、呋喃酮类、吡喃酮类、吲唑类和吲哚类），13种酮类物质（7.88%，2-甲基-2-环戊烯-1-酮、4-环戊烯-1,3-二酮和2,3-二甲基-2-环戊烯-1-酮等）；2种芳烃类物质（0.55%，甲苯和1-茚酮）；醇类（0.29%，2-甲基丁醇）和羧酸（1.06%，乙酸）各1种。其中，DDMP的相对含量最高，为8.05%；4-环戊烯-1,3-二酮和3,5-二羟基-2-甲基-5,6-二氢-吡喃-4-酮相对含量次之，均为1.56%；2-甲基-3-羟基-4-吡喃酮（麦芽酚）的相对含量均在1.50%以上。

Glu-Asp在不同温度下裂解生成73种化合物，主要裂解产物包括呋喃类、吡嗪类、吡咯类、吡啶类、糠醇类、糠醛类、呋喃酮类、吡喃酮类、吲唑类和吲哚类等物质，大多为烟草或烘焙食品中的重要致香成分。根据文献报道，裂解产物表现为焦甜香、烘焙香、甜香、烟草香、奶油香和花香等香韵，见表4.5。DDMP是重要的香味前体物，广泛存在于烟草及食品烘烤过程中，可裂解产生大量的致香物质，具有改善卷烟香气品质和增加甜香的作用。乙酸可利于卷烟烟气酸碱平衡，可改善抽吸舒适性。表4.4显示，在4个不同的裂解温度下，DDMP均为Glu-Asp的主要裂解产物，相对含量分别达到35.52%，20.65%，6.76%，5.05%，而乙酸的相对含量也均在1.00%以上。

表4.5　Glu-Asp主要热裂解产物的香气特征

香韵	致香化合物
焦甜香	2-甲基呋喃、2,5-二甲基呋喃、2-甲基吡啶、2-呋喃甲醛、2（5H)-呋喃酮、5-甲基糠醛、2,4-二羟基-2,5-二甲基-3（2H)-呋喃-3-酮、3-甲基-2（5H)-呋喃酮、2,3-二甲基-2-环戊烯-1-酮、2-乙酰基吡咯、2,5-二甲基-4-羟基-3（2H)-呋喃酮（菠萝酮）、2-甲基-3-羟基-4-吡喃酮（麦芽酚）、3,5-二羟基-2-甲基-5,6-二氢-吡喃-4-酮和2,3-二氢-3,5-二羟基-6-甲基-4H-吡喃-4-酮（DDMP）

续表

香韵	致香化合物
烘焙香	吡嗪、2-甲基吡嗪、2,5-二甲基吡嗪、2,6-二甲基吡嗪、2-乙基吡嗪、2,3-二甲基吡嗪、2-乙基-6-甲基吡嗪、3,5-二甲基-2-乙基吡嗪、2-乙基-5-甲基吡嗪和2,3,5-三甲基吡嗪
甜香	2,3-戊二酮、吡啶、吡咯、4-环戊烯-1,3-二酮、2-甲基-2-环戊烯-1-酮、3,4-二甲基-2-环戊烯-1-酮、3-甲基-1,2-环戊二酮和2-乙酰基吡啶
烟草香	3-甲基吡啶、4-甲基吡啶、3,5-二甲基吡啶和2,5-二甲基-3-乙基吡嗪
奶油香	2,3-丁二酮、3-羟基-2-丁酮和5-甲基-2-糠醇
花香	吲哚和2-甲基吲哚

（2）Glu-Thr 热裂解研究　为确定 Glu-Thr 的主要裂解产物，在相同试验条件下，对裂解产物的保留时间及质谱图进行比对分析，采用标准品混合标样法对 2,3-丁二酮等 32 种化合物进行定性分析，对其他裂解产物采用检索 NIST02 质谱数据库定性分析，采用峰面积归一法确定各组分相对含量（质量分数），结果见表 4.6。为保证试验结果的可重复性和准确性，在每个温度下进行 3 次平行试验，计算裂解产物相对含量的相对标准偏差（RSD），各裂解产物的 RSD 在 0.75%~12.08%，说明试验方法准确可靠。

表 4.6　　不同温度下 Glu-Thr 的主要热裂解产物

编号	保留时间/min	裂解产物	匹配度/%	相对含量/%			
				300℃	500℃	700℃	900℃
1	3.05	2,3-丁二酮*	92	0.18	0.69	1.04	0.86
2	3.22	2-甲基呋喃*	94	0.19	0.45	0.73	0.74
3	4.14	乙酸*	91	9.03	5.79	2.06	1.56
4	5.40	2-乙基呋喃*	85	0.58	0.92	1.78	2.30
5	5.64	2,5-二甲基呋喃*	97	—	0.71	1.65	1.79
6	6.81	吡嗪*	93	0.86	1.07	1.09	0.91
7	7.16	1-甲基吡咯*	91	—	—	0.19	0.29
8	7.52	吡啶*	90	—	0.18	0.53	0.64
9	8.27	吡咯*	92	—	0.67	1.12	0.91
10	8.41	甲苯*	93	—	—	0.31	0.47

续表

编号	保留时间/min	裂解产物	匹配度/%	相对含量/%			
				300℃	500℃	700℃	900℃
11	11.30	2-乙基-5-甲基呋喃	86	—	—	0.13	0.23
12	11.83	2-甲基四氢呋喃-3-酮*	91	0.15	1.25	2.09	1.83
13	12.25	1-乙基吡咯	87	—	—	0.25	0.35
14	12.50	2-甲基吡啶	93	—	—	0.35	0.51
15	12.85	2-甲基吡嗪*	93	2.70	2.24	1.64	1.50
16	13.51	2-甲基吡咯	82	—	0.29	0.52	0.43
17	15.32	3-甲基吡咯*	90	0.11	0.34	0.66	0.75
18	15.75	4-甲基吡啶	81	—	0.31	0.41	0.29
19	17.33	邻二甲苯*	90	—	—	—	0.13
20	17.66	2,5-二甲基吡咯*	80	—	—	0.27	0.38
21	19.12	3-甲基丁酸	83	0.19	0.16	—	—
22	20.09	环己酮	80	0.59	—	—	—
23	21.88	2-乙基吡啶	81	—	—	—	0.15
24	22.06	2-甲基-2-环戊烯-1-酮*	94	—	—	0.32	0.57
25	22.52	2,5-二甲基吡嗪*	90	2.35	2.43	2.25	1.92
26	22.62	2,6-二甲基吡嗪*	91	1.46	1.64	1.35	0.81
27	23.12	2-乙基吡嗪*	90	—	0.13	0.25	0.28
28	23.33	2,3-二甲基吡嗪*	93	0.55	1.45	1.85	1.45
29	24.53	3-吡啶甲醇	85		—	0.10	0.16
30	25.22	2,5-二甲基吡啶	86	—	—	0.12	0.17
31	25.26	3,5-二甲基吡啶*	93	—	0.17	0.22	0.15
32	25.55	2,3-二甲基吡咯	81	—	—	0.07	0.19
33	27.97	3-乙基吡咯	83	—	—	0.15	0.26
34	28.11	2-乙基吡咯*	85	—	0.09	0.15	0.17
35	29.17	3,4-二甲基吡啶*	87	—	—	0.13	0.23
36	29.52	5-甲基-2-糠醇	93	1.43	1.83	2.40	2.56
37	33.54	4-甲基戊酸*	92	—	—	0.89	1.65
38	34.19	2-乙基-6-甲基吡嗪*	90	1.12	1.62	1.88	1.64

续表

编号	保留时间/min	裂解产物	匹配度/%	相对含量/%			
				300℃	500℃	700℃	900℃
39	34.55	2-乙基-5-甲基吡嗪	90	1.03	1.53	1.47	0.91
40	34.68	2,3,5-三甲基吡嗪*	87	1.59	1.81	1.62	1.21
41	36.93	2-乙基-4-甲基吡咯	82	—	—	0.19	0.23
42	37.72	吡嗪酰胺	87	—	—	0.08	0.12
43	37.95	2,3,5-三甲基吡咯	81	—	—	0.05	0.16
44	40.33	2-羟基-5-甲基吡啶	85	—	0.11	0.19	0.20
45	43.28	5-乙基糠醛	80	—	—	0.09	0.21
46	44.73	2-氨基-3-氰基-5-甲基吡嗪	80	—	—	0.13	0.13
47	45.51	2-乙酰基吡咯*	90	1.23	0.69	0.16	0.17
48	45.78	3-乙基-2,6-二甲基吡嗪	85	—	—	0.12	0.12
49	46.48	2,6-二乙基吡嗪*	85	—	—	0.16	0.19
50	46.71	3,5-二甲基-2-乙基吡嗪	89	1.23	1.36	1.50	1.52
51	47.61	2,5-二甲基-4-羟基-3(2H)-呋喃酮*/菠萝酮	89	2.86	2.55	1.86	1.67
52	51.63	2-甲基-3-羟基-4-吡喃酮*/麦芽酚	92	1.51	1.82	1.97	1.82
53	57.94	2,3-二氢-3,5-二羟基-6-甲基-4H-吡喃-4-酮/DDMP	91	37.25	18.35	11.65	8.35
54	61.58	2-甲基-3,5-二羟基-4H-吡喃-4-酮	92	1.09	1.81	2.68	2.83
55	63.01	1-甲基吲嗪	80	—	—	0.14	0.18
56	67.99	7-甲基吲嗪	80	—	0.18	0.23	0.17
57	68.09	2-甲基吲哚*	89	—	0.21	0.30	0.25
58	68.71	3-甲氧基-4-羟基苯甲醛*	87	—	0.29	0.28	—
59	70.82	2,5-二甲基吲哚	90	—	—	0.25	0.34
60	70.94	2,5-二甲基吲嗪	85	—	—	0.15	0.21

注：*该化合物采用标准品对照定性，其他采用质谱库检索定性，匹配度均在80%以上。“—”为未检出。

由表4.6可知，裂解温度对Glu-Thr裂解产物数量有显著影响，随着裂解温度的升高，裂解产物的数量逐渐增加，Glu-Thr 在 300℃、500℃、700℃和 900℃下的裂解产物分别为 23，34，56，57 种。

Glu-Thr 在 300℃下裂解时，生成 19 种杂环类物质（相对含量 59.29%，呋喃类、吡嗪类、吡咯类、糠醇类、呋喃酮类和吡喃酮类物质）；羧酸（9.22%，乙酸和 3-甲基丁酸）和酮类物质（0.77%，2,3-丁二酮和环己酮）各 2 种。其中 DDMP 的相对含量最高，为 37.25%；乙酸次之，相对含量为 9.03%；2-甲基吡嗪、2,5-二甲基吡嗪、2,3,5-三甲基吡嗪、2,5-二甲基-4-羟基-3（2H)-呋喃酮（菠萝酮）和 2-甲基-3-羟基-4-吡喃酮（麦芽酚）的相对含量也较高，相对含量均在 1.50%以上。

Glu-Thr 在 500℃下裂解时，裂解产物数量较 300℃下增加 11 种，共生成 30 种杂环类物质（相对含量 48.21%，呋喃类、吡嗪类、吡啶类、吡咯类、糠醇类、呋喃酮类、吡喃酮类、吲嗪类和吲哚类物质）；2 种羧酸（5.95%，乙酸和 3-甲基丁酸）；醛类（0.29%，3-甲氧基-4-羟基苯甲醛）和酮类物质（0.69%，2,3-丁二酮）各 1 种。其中，DDMP 的相对含量最高，为 18.35%；乙酸次之，为 5.79%；2-甲基吡嗪、2,5-二甲基吡嗪、2,6-二甲基吡嗪、5-甲基-2-糠醇、2-乙基-5-甲基吡嗪、2-乙基-6-甲基吡嗪、2,3,5-三甲基吡嗪、2,5-二甲基-4-羟基-3（2H）-呋喃酮（菠萝酮）、2-甲基-3-羟基-4-吡喃酮（麦芽酚）和 2-甲基-3,5-二羟基-4H-吡喃-4-酮的相对含量均在 1.50%以上。

Glu-Thr 在 700℃下裂解时，裂解产物的数量较 500℃下增加 22 种，共生成 50 种杂环类物质（49.30%，呋喃类、吡嗪类、吡咯类、吡啶类、糠醇类、糠醛类、呋喃酮类、吡喃酮类、吲嗪类和吲哚类）；羧酸（2.95%，乙酸和 4-甲基戊酸）和酮类物质（1.36%，2,3-丁二酮和 2-甲基-2-环戊烯-1-酮）各 2 种；醛类（0.28%，3-甲氧基-4-羟基苯甲醛）和芳烃类物质（0.31%，甲苯）各 1 种。其中，DDMP 的相对含量最高，为 11.65%；2-甲基-3，5-二羟基-4H-吡喃-4-酮次之，为 2.68%；乙酸、2-乙基呋喃、2,5-二甲基呋喃、2-甲基四氢呋喃-3-酮、2-甲基吡嗪、2,5-二甲基吡嗪、2,3-二甲基吡嗪、5-甲基-2-糠醇、2-乙基-6-甲基吡嗪、2,3,5-三甲基吡嗪、3,5-二甲基-2-乙基吡嗪、2,5-二甲基-4-羟基-3（2H)-呋喃酮（菠萝酮）和 2-甲基-3-羟基-4-吡喃酮（麦芽酚）的相对含量均在 1.50%以上。

Glu-Thr 在 900℃下裂解时，裂解产物的数量较 700℃下增加 1 种，共生成51种杂环类物质（44.98%，呋喃类、吡嗪类、吡咯类、吡啶类、糠醇类、糠醛类、呋喃酮类、吡喃酮类、吲嗪类和吲哚类），芳烃类物质（0.60%，甲苯和邻二甲苯）、羧酸（3.21%，乙酸和4-甲基戊酸）和酮类物质（1.43%，2,3-丁二酮和2-甲基-2-环戊烯-1-酮）各2种。其中，DDMP的相对含量最高，为8.35%；2-甲基-3,5-二羟基-4H-吡喃-4-酮次之，为2.83%；乙酸、2-乙基呋喃、2,5-二甲基呋喃、2-甲基四氢呋喃-3-酮、2-甲基吡嗪、2,5-二甲基吡嗪、5-甲基-2-糠醇、4-甲基戊酸、2-乙基-6-甲基吡嗪、3,5-二甲基-2-乙基吡嗪、2,5-二甲基-4-羟基-3（2H）-呋喃酮（菠萝酮）和2-甲基-3-羟基-4-吡喃酮（麦芽酚）的相对含量均在1.50%以上。

Glu-Thr在不同温度下裂解生成60种化合物（表4.7），主要裂解产物包括呋喃类、吡嗪类、吡咯类、吡啶类、糠醇类、糠醛类、呋喃酮类、吡喃酮类、吲嗪类和吲哚类等物质，大多为烟草或烘焙食品中的重要致香成分。根据文献报道，裂解产物表现为焦甜香、烘焙香、甜香、烟草香、奶油香和花香等香韵，见表4.7。DDMP是重要的香味前体物，广泛存在于烟草及食品烘烤过程中，可裂解产生大量的致香物质，具有改善卷烟香气品质和增加甜香的作用。乙酸可利于卷烟烟气酸碱平衡，可改善抽吸舒适性。表4.6显示，在4个不同的裂解温度下，DDMP均为Glu-Thr的主要裂解产物，相对含量分别达到37.25%，18.35%，11.65%，8.35%，而乙酸的相对含量也均在1.50%以上。

表4.7　Glu-Thr主要热裂解产物的香气特征

香韵	致香化合物
焦甜香	2-甲基呋喃、2-乙基呋喃、2,5-二甲基呋喃、2,5-二甲基-4-羟基-3（2H）-呋喃酮（菠萝酮）、2-甲基-3-羟基-4-吡喃酮（麦芽酚）和2,3-二氢-3,5-二羟基-6-甲基-4H-吡喃-4-酮（DDMP）
烘焙香	吡嗪、2-甲基四氢呋喃-3-酮、2-甲基吡嗪、2,5-二甲基吡嗪、2,6-二甲基吡嗪、2-乙基吡嗪、2,3-二甲基吡嗪、2-乙基-6-甲基吡嗪、2-乙基-5-甲基吡嗪、2,3,5-三甲基吡嗪、2-乙酰基吡咯、3-乙基-2,6-二甲基吡嗪和3,5-二甲基-2-乙基吡嗪
甜香	吡啶、吡咯、3-甲基丁酸、环己酮、2-甲基-2-环戊烯-1-酮和3-甲氧基-4-羟基苯甲醛

续表

香韵	致香化合物
烟草香	2-甲基吡啶、4-甲基吡啶、2-乙基吡啶、3-吡啶甲醇、3,5-二甲基吡啶和3,4-二甲基吡啶
奶油香	2,3-丁二酮和5-甲基-2-糠醇
花香	2-甲基吲哚和2,5-二甲基吲哚

(3) Glu-Tyr热裂解研究　为确定Glu-Tyr的主要裂解产物，在相同试验条件下，对裂解产物的保留时间及质谱图进行比对分析，采用标准品混合标样法对2,3-丁二酮等33种化合物进行定性分析，对其他裂解产物采用检索NIST02质谱数据库定性分析，采用峰面积归一法确定各组分相对含量（质量分数），结果见表4.8。为保证试验结果的可重复性和准确性，在每个温度下进行3次平行试验，计算裂解产物相对含量的相对标准偏差（RSD），各裂解产物的RSD在0.79%~12.17%，说明试验方法准确可靠。

表4.8　　不同温度下Glu-Tyr的主要热裂解产物

编号	保留时间/min	裂解产物	匹配度/%	相对含量/%			
				300℃	500℃	700℃	900℃
1	3.12	2,3-丁二酮*	87	0.33	0.58	0.67	0.71
2	4.15	2-甲基呋喃*	93	0.33	2.28	1.95	1.53
3	4.39	3-甲基呋喃	96	—	0.85	0.73	0.41
4	4.62	乙酸*	93	7.02	3.76	1.35	0.76
5	5.39	2,3-戊二酮*	79	0.28	0.31	0.33	0.27
6	5.51	2,5-二甲基呋喃*	94	—	2.98	3.57	3.95
7	6.08	1-甲基吡咯*	92	—	0.72	0.69	0.93
8	6.37	吡咯*	83	—	1.21	1.53	1.99
9	6.7	甲苯*	92	—	1.17	0.72	0.52
10	7.19	1-甲基吡咯烷	85	0.79	—	—	—
11	7.27	2-乙酰基呋喃	92	1.19	0.99	0.81	0.32
12	7.58	吡嗪*	93	—	0.11	0.05	0.02
13	7.61	1-乙基吡咯	87	—	—	0.45	0.33
14	7.76	2-甲基吡啶	97	—	0.60	0.71	0.73

续表

编号	保留时间/min	裂解产物	匹配度/%	相对含量/%			
				300℃	500℃	700℃	900℃
15	8.01	2-甲基吡嗪*	83	—	—	0.38	0.29
16	8.21	2-甲基吡咯	95	—	0.63	0.51	0.45
17	8.52	3-甲基吡咯*	86	0.03	1.94	2.15	2.75
18	9.03	3-甲基吡啶*	95	0.05	0.86	1.02	1.37
19	9.18	对二甲苯	92	—	—	0.46	0.73
20	9.46	2-环戊烯-1,4-二酮	88	0.80	1.94	1.23	—
21	9.61	2,6-二甲基吡啶	96	—	—	0.99	0.89
22	9.82	苯乙烯	90	—	—	—	0.71
23	10.07	2,3-二甲基吡咯	83	—	1.72	1.36	0.96
24	10.19	2-乙基吡啶	90	—	—	0.92	1.16
25	10.37	2,5-二甲基吡嗪*	93	1.04	2.86	2.81	2.96
26	10.41	2,6-二甲基吡嗪*	81	1.07	2.61	2.04	2.73
27	10.55	2,5-二甲基吡咯*	88	—	0.34	0.51	0.45
28	10.68	2-乙基吡咯*	90	—	1.01	1.30	0.91
29	10.89	3,4-二甲基吡啶*	94	—	0.55	1.19	1.17
30	11.18	3-乙基吡咯	86	—	0.43	0.40	0.28
31	11.24	1-乙基吡咯	80	—	—	0.45	0.39
32	11.33	2,3-二甲基吡啶*	92	—	0.86	1.35	1.07
33	11.44	5-甲基-2-糠醇	91	3.16	1.53	1.12	0.53
34	11.83	5-甲基糠醛*	94	2.98	1.36	2.77	1.96
35	12.2	3-甲基-2-环戊烯-1-酮*	86	—	0.51	0.36	0.30
36	12.31	3-甲基-2(5H)-呋喃酮*	90	—	0.22	1.02	0.98
37	12.44	4,4-二甲基-2-环戊烯-1-酮	94	—	—	0.66	—
38	13.15	2,3,5-三甲基吡嗪*	86	0.41	0.49	0.39	0.55
39	13.23	3,5-二甲基吡啶*	91	—	0.82	0.72	0.87
40	13.34	2,3-二氢吡喃酮	88	0.54	—	—	—
41	13.48	2,3,4-三甲基吡咯	90	—	0.26	0.47	0.44
42	14.09	2-乙酰基吡啶*	87	—	—	0.25	0.28
43	14.19	2,3-二甲基-2-环戊烯-1-酮*	90	—	0.91	0.45	0.37

续表

编号	保留时间/min	裂解产物	匹配度/%	相对含量/%			
				300℃	500℃	700℃	900℃
44	14.41	苯乙醛*	91	1.61	2.12	1.60	0.52
45	14.53	茚	95	—	—	—	0.47
46	14.67	2-乙酰-3,4,5,6-四氢吡啶	93	—	0.57	—	—
47	14.82	2,3,5-三甲基吡啶	92	—	—	0.63	0.35
48	15.02	2-乙基-4,6-二甲基吡啶	96	—	—	—	0.22
49	15.33	3-甲基-1,2-环戊二酮*	91	—	0.46	0.41	0.12
50	15.49	4-乙基吡啶	86	—	—	—	0.23
51	15.86	2,4-二甲基-3-乙基吡咯	83	0.39	0.62	0.52	—
52	15.94	2,5-二甲基-3-乙基吡咯	89	—	0.33	0.21	0.10
53	16.17	2,5-二甲基吡啶	82	—	—	0.37	0.25
54	16.3	2-甲基四氢呋喃-3-酮*	90	0.51	0.73	0.65	0.12
55	16.41	菠萝酮/2,5-二甲基-4-羟基-3(2H)-呋喃酮*	83	2.83	3.93	0.72	0.95
56	16.57	苯乙醇*	95	1.87	1.59	1.65	1.43
57	16.69	2-乙基-6-甲基吡啶	82	—	0.28	0.63	0.50
58	17.26	麦芽酚/2-甲基-3-羟基-4-吡喃酮*	92	1.02	1.69	1.03	0.89
59	17.95	2,3-二氢-3,5-二羟基-6-甲基-4H-吡喃-4-酮/DDMP	80	27.13	7.99	7.11	3.58
60	18.37	2-乙酰基吡咯*	90	1.07	1.45	2.06	1.87
61	20.17	2,6-二甲基吡咯烷	82	—	0.38	—	—
62	20.37	3,5-二羟基-2-甲基-5,6-二氢-吡喃-4-酮	90	1.72	2.71	2.15	2.16
63	20.55	6-甲基吲哚	90	—	0.22	0.45	—
64	20.61	2-甲基吲哚*	80	—	—	—	1.29
65	20.83	4-甲基吲哚	80	—	—	0.11	0.26
66	20.98	2-乙基-5-甲基吡嗪	80	—	1.27	1.44	0.98
67	22.23	2-甲基萘	86	—	—	0.17	0.22
68	23.21	2-乙基-6-异丙基吡啶	82	—	0.39	—	—

续表

编号	保留时间/min	裂解产物	匹配度/%	相对含量/%			
				300℃	500℃	700℃	900℃
69	26.43	1,2,3-三甲基吲哚	81	—	—	—	1.26
70	26.77	2,3,7-三甲基吲哚	85	—	—	—	1.23
71	38.75	十六烷酸异丙酯	89	—	0.02	0.13	0.17

注：* 该化合物采用标准品对照定性，其他采用质谱库检索定性，匹配度均在 80%以上。“—”为未检出。

由表 4.8 可知，裂解温度对 Glu-Tyr 裂解产物数量有显著影响，随着裂解温度的升高，裂解产物的数量逐渐增加，Glu-Tyr 在 300℃、500℃、700℃和 900℃下的裂解产物分别为 24，50，59，62 种。

Glu-Tyr 在 300℃下裂解时，生成 18 种杂环类物质（相对含量 46.26%，呋喃类、吡咯类、吡嗪类、吡啶类、糠醇类、糠醛类、呋喃酮类和吡喃酮类物质）；3 种酮类物质（1.41%，2,3-丁二酮、2,3-戊二酮和 2-环戊烯-1,4-二酮）；醇类（1.87%，苯乙醇）、醛类（1.61%，苯乙醛）和羧酸（7.02%，乙酸）各 1 种。其中 DDMP 的相对含量最高，为 27.13%；乙酸次之，相对含量为 7.02%；5-甲基-2-糠醇、5-甲基糠醛、苯乙醛、苯乙醇、3,5-二羟基-2-甲基-5,6-二氢-吡喃-4-酮和 2,5-二甲基-4-羟基-3（2H）-呋喃酮（菠萝酮）的相对含量也较高，相对含量均在 1.50%以上。

Glu-Tyr 在 500℃下裂解时，裂解产物数量较 300℃下增加 26 种，共生成 39 种杂环类物质（相对含量 50.79%，呋喃类、吡咯类、吡嗪类、吡啶类、糠醇类、糠醛类、呋喃酮类、吡喃酮类和吲哚类物质）；6 种酮类物质（4.71%，2,3-丁二酮、2,3-戊二酮、2-环戊烯-1,4-二酮、3-甲基-2-环戊烯-1-酮、2,3-二甲基-2-环戊烯-1-酮和 3-甲基-1,2-环戊二酮等）；醇类（1.59%，苯乙醇）；醛类（2.12%，苯乙醛）、羧酸（3.76%，乙酸）、酯类（0.02%，十六烷酸异丙酯）和芳烃类物质（1.17%，甲苯）各 1 种。其中，DDMP 的相对含量最高，为 7.99%；2,5-二甲基-4-羟基-3（2H）-呋喃酮（菠萝酮）次之，为 3.93%，2-甲基呋喃、乙酸、2,5-二甲基呋喃、3-甲基吡咯、2-环戊烯-1，4-二酮、2,3-二甲基吡咯、2,5-二甲基吡嗪、2,6-二甲基吡嗪、5-甲基-2-糠醇、苯乙醇、苯乙醛、2-甲基-3-羟基-4-吡喃酮（麦芽酚）和 3,5-二羟基-2-甲基-5,6-二氢-吡喃-4-酮的相对含量均在 1.50%以上。

Glu-Tyr在700℃下裂解时，裂解产物数量较500℃下增加9种，共生成45种杂环类物质（52.69%，呋喃类、吡咯类、吡嗪类、吡啶类、糠醇类、糠醛类、呋喃酮类、吡喃酮类和吲哚类）；7种酮类物质（4.11%，2,3-丁二酮、2,3-戊二酮、2-环戊烯-1,4-二酮、3-甲基-2-环戊烯-1-酮、4，4-二甲基-2-环戊烯-1-酮、2,3-二甲基-2-环戊烯-1-酮和3-甲基-1,2-环戊二酮等）；3种芳烃类物质（1.35%，甲苯、对二甲苯和2-甲基萘）；醇类（1.65%，苯乙醇）、醛类（1.60%，苯乙醛）、酯类（0.13%，十六烷酸异丙酯）和羧酸（1.35%，乙酸）各1种。其中，DDMP相对含量最高，为7.11%；2,5-二甲基呋喃次之，为3.57%；2-甲基呋喃、吡咯、3-甲基吡咯、2,5-二甲基吡嗪、2,6-二甲基吡嗪、5-甲基糠醛、苯乙醇、苯乙醛、2-乙酰基吡咯和3,5-二羟基-2-甲基-5,6-二氢-吡喃-4-酮相对含量均在1.50%以上。

Glu-Tyr在900℃下裂解时，裂解产物的数量较700℃下增加3种，共生成48种杂环类物质（49.89%，呋喃类、吡咯类、吡嗪类、吡啶类、糠醇类、糠醛类、呋喃酮类、吡喃酮类和吲哚类），5种酮类物质（1.77%，2,3-丁二酮、2,3-戊二酮、3-甲基-2-环戊烯-1-酮、2,3-二甲基-2-环戊烯-1-酮和3-甲基-1,2-环戊二酮等）；5种芳烃类物质（2.65%，甲苯、对二甲苯、苯乙烯、茚和2-甲基萘）；醇类（1.43%，苯乙醇）、醛类（0.52%，苯乙醛）、酯类（0.17%，十六烷酸异丙酯）和羧酸（0.76%，乙酸）各1种。其中，2,5-二甲基呋喃的相对含量最高，为3.95%；DDMP次之，为3.58%；2-甲基呋喃、吡咯、3-甲基吡咯、2,5-二甲基吡嗪、2,6-二甲基吡嗪、5-甲基糠醛、2-乙酰基吡咯和3,5-二羟基-2-甲基-5,6-二氢-吡喃-4-酮的相对含量均在1.50%以上。

Glu-Tyr在不同温度下裂解生成71种化合物，见表4.9，主要裂解产物包括呋喃类、吡咯类、吡嗪类、吡啶类、糠醇类、糠醛类、呋喃酮类、吡喃酮类和吲哚类等物质，大多为烟草或烘焙食品中的重要致香成分。根据文献报道，裂解产物表现为焦甜香、烘焙香、烟草香、甜香、奶油香和花香等香韵，见表4.9。DDMP是重要的香味前体物，广泛存在于烟草及食品烘烤过程中，可裂解产生大量的致香物质，具有改善卷烟香气品质和增加甜香的作用。乙酸可利于卷烟烟气酸碱平衡，可改善抽吸舒适性。表4.8显示，在4个不同的裂解温度下，DDMP均为Glu-Tyr的主要裂解产物，相对含量分别达到27.13%，7.99%，7.11%，3.58%，而乙酸的相对含量也均在1.00%以上。

表 4.9　Glu-Tyr 主要热裂解产物的香气特征

香韵	致香化合物
焦甜香	2-甲基呋喃、2,5-二甲基呋喃、2-乙酰基呋喃、2-甲基吡啶、2-环戊烯-1,4-二酮、5-甲基糠醛、2,3-二甲基-2-环戊烯-1-酮、2,5-二甲基-4-羟基-3（2H）-呋喃酮（菠萝酮）、3-甲基-2（5H）-呋喃酮、2-甲基-3-羟基-4-吡喃酮（麦芽酚）、2-乙酰基吡咯、2,3-二氢-3,5-二羟基-6-甲基-4H-吡喃-4-酮（DDMP）和3,5-二羟基-2-甲基-5,6-二氢-吡喃-4-酮
烘焙香	吡嗪、2-甲基吡嗪、2,5-二甲基吡嗪、2,6-二甲基吡嗪、2,3,5-三甲基吡嗪、2-甲基四氢呋喃-3-酮和2-乙基-5-甲基吡嗪
烟草香	3-甲基吡啶、2,6-二甲基吡啶、2-乙基吡啶、3,4-二甲基吡啶、3,5-二甲基吡啶和4-乙基吡啶
甜香	2,3-戊二酮、吡咯、2-乙酰基吡啶和3-甲基-1,2-环戊二酮
奶油香	2,3-丁二酮和5-甲基-2-糠醇
花香	苯乙醛、苯乙醇和2-甲基吲哚

采用 Py-GC/MS 对合成的3种美拉德反应中间体的裂解特性进行了研究，结果表明，反应温度显著影响裂解产物的分布，裂解产物数量随反应温度的增加而增加，并对不同新型美拉德反应中间体的裂解产物的致香成分进行了分析。DDMP 是重要的致香成分，不同的新型美拉德反应中间体的裂解产物致香成分的香韵特征不同，具体结论如下。

Glu-Asp 在不同温度下裂解生成73种化合物，主要裂解产物包括呋喃类、吡嗪类、吡咯类、吡啶类、糠醇类、糠醛类、呋喃酮类、吡喃酮类、吲唑类和吲哚类等物质，大多为烟草或烘焙食品中的重要致香成分。裂解产物表现为焦甜香、烘焙香、甜香、烟草香、奶油香和花香等香韵。

Glu-Thr 在不同温度下裂解生成60种化合物，主要裂解产物包括呋喃类、吡嗪类、吡咯类、吡啶类、糠醇类、糠醛类、呋喃酮类、吡喃酮类、吲嗪类和吲哚类等物质，大多为烟草或烘焙食品中的重要致香成分。裂解产物表现为焦甜香、烘焙香、甜香、烟草香、奶油香和花香等香韵。

Glu-Tyr 在不同温度下裂解生成71种化合物，主要裂解产物包括呋喃类、吡咯类、吡嗪类、吡啶类、糠醇类、糠醛类、呋喃酮类、吡喃酮类和吲哚类等物质，大多为烟草或烘焙食品中的重要致香成分。裂解产物表现为焦甜香、烘焙香、烟草香、甜香、奶油香和花香等香韵。

第二部分

微胶囊缓释香料的开发及应用

5 单体香料微胶囊包埋技术研究

许多烟用香料因为在生产、存储过程中存在挥发强、易氧化、易分解的问题，不能很好地运用在烟草配方中。并且，卷烟中香料的挥发散失会导致卷烟寿命缩短。这些缺点限制了许多挥发性强烈的优异香料的使用。但是，如果将这些烟用香料制造成微胶囊，就可以增加它们的稳定性，在吸燃的状态下才把香气成分释放出来，就可以使用了，同时可改良卷烟主流烟气的味道和品质，增加香味。用烟用香料制造微胶囊的主要作用表现在以下四个方面。一是使敏感性物质较少地和外界环境接触，增加稳定性，例如敏感的肉桂醛，氧化后的风味和之前是不同的，把它制成微胶囊就可以保存和持留风味了。二是阻止风味的散发，使风味的散失尽可能地减少。三是让芯材物质具备缓释作用，抽吸时，风味可以均匀地释放，例如薄荷醇，直接加入烟草中使用时，抽吸的前几口会感到风味充足，但在很短的时间内风味就会消失，使后面几口缺乏风味。所以将其制造成微胶囊，让风味持续释放。四是改变香料的状态，由液态变为固态，提升存储、运输、使用的方便性。

目前，卷烟加香的技术在不断改善的过程中，从添加形式上分为香线法与微胶囊加香法；从添加卷烟的部位分为烟丝加入法与滤嘴加入法。

加香时既可以直接加入烟丝中，也可以放在辅料中。但是香精放在烟丝中，在抽吸过程中，烟丝燃烧的温度可达800℃，香精挥发的同时会发生化学反应，不能保证卷烟香味的纯正。在滤嘴中添加香精，距离口腔近，过滤明显减少，香精能得到充分利用。而且，滤嘴中温度低，香精一般不会发生反应，可以保证香精纯正。在滤嘴中加香，香线法的保质时间短、香精释放不均匀，时有时无的香气会让吸烟者感觉很不舒服。把烟用的香精作为囊心制造出微胶囊卷烟，防止其直接燃烧改变香味，同时，也不会在抽吸前挥发香味，以保证原有的香味。

目前，国外对于卷烟中微胶囊的应用研究已经取得了非常不错的进展。美国专利3540456、3550598用复凝聚法制造微胶囊，有柠檬油、薄荷醇和薄荷油。把它们用在烟草薄片上，可以增加薄片的香气，改善品质。Quinn 等把丁香油制成微胶囊，加入烟丝里面，抽吸时，卷烟会持久释放丁香风味，并且会听到“啪、啪”的响声，那是因为微胶囊受热而破裂。美国专利 5144964 对 β-环糊精把香兰素、香柠檬油等香料进行包埋，制作出极小颗粒的微胶囊，达到分子水平，并且加在卷烟纸中。因此，燃吸时释放芯材，既增加主流烟气香味，又赋予测流烟气香气。采用微胶囊的烟草代用品，既包括燃烧过程，也可不包括燃烧过程。在一个模拟卷烟的装置中，把含有烟草烟气的微胶囊放进去，随着微胶囊的破裂，烟气进入抽烟者口腔，提供较好的香气与味道。

以微胶囊技术设计出来的烟草代用品，包括燃烧过程，当然也可以不包括燃烧过程。把烟草烟气制作成微胶囊，放到模拟装置中，在试验过程中，微胶囊破裂后香气会被抽烟者吸到口中。所以，可以把微胶囊放到薄片或者其他的代用材料表面，并且卷制成和传统卷烟一样长度、一样直径的圆筒状烟草代替品。当抽烟者使用这种代替品时，不用燃烧任何材料便可以获得很令人满意的模拟烟气，如果用手搓捏一下这种代替品，通过其中的空气就会带着香气进入口腔。彭荣淮等用复凝聚法把薄荷醇微胶囊化，再应用到卷烟上时，评吸的最终结果表明这种方式可以改进薄荷卷烟的吸味品质。因为微胶囊起到了增加卷烟保存薄荷醇的能力；雍国平等用相分离-凝聚法和溶剂脱水法两种方法把薄荷油制造成微胶囊，并添加到滤嘴和烟丝中，评吸中含有令人愉快的薄荷香味。同时，测定了烟气粒相里面薄荷油的含量。国内的微胶囊技术目前处于刚刚起步的阶段，卷烟微胶囊化这一过程还需要更加深入的研究。只有这样，才可以让微胶囊这一技术在卷烟工业中产业化。

5.1 喷雾冷凝法制备肉桂醛微胶囊及其在卷烟中的应用

肉桂醛，液体呈黄色，是肉桂精油的主要成分。肉桂醛本身具有肉桂油和桂皮油的辛香气和烧焦芳香味，且留香持久，其本身无毒无害。研究表明，肉桂醛不仅对引起食源性疾病的大肠杆菌和金黄色葡萄球菌有抑制作用，还对引起食物霉变的霉菌具有抑制作用，因此可用于酒类和烟草产品，并作为其他合成香精香料的原料。然而，肉桂醛相对分子质量小，易挥发，还含有不饱和键，在空气中就能被氧化，所以限制了肉桂醛的应用。如果使用微胶囊技术对肉桂醛进行包埋，不仅能够减少肉桂醛的散失还能保护其不被氧化，必将会提高肉桂醛的利用率。微胶囊技术的目的是将包埋在微胶囊里的芯材与外界隔离开来，实现其芯材不与光和空气或其他有影响的因素接触，或者实现微胶囊中物质释放的可控制性，即对芯材的释放时间、释放速度进行控制。

本节利用雾化造粒设备制备肉桂醛微胶囊，对其进行结构表征，同时研究其在空气中的释放规律及在卷烟中的加香效果。选取海藻酸钠为壁材，肉桂醛为芯材，优化喷雾冷凝法制备微胶囊的工艺。通过单因素试验考察海藻酸钠浓度、肉桂醛浓度、乳化剂加入量对微胶囊包埋率的影响，然后对肉桂醛微胶囊的粒径分布和表面结构进行表征，并研究了所制微胶囊在水中的释放速度。结果表明：海藻酸钠浓度为 0.4%，肉桂醛浓度为 1%，乳化剂（吐温 60）的加入量为 0.4%，肉桂醛微胶囊的包埋率最高达到 62.5%；肉桂醛微胶囊粒径在 18.5~995.6μm 分布，其中 90%粒径小于 383.6μm；光学显微镜下可以观察到肉桂醛微胶囊呈圆球状，电子扫描显微镜可以观察到微胶囊表面呈多孔状；肉桂醛微胶囊在水中的释放速度先上升后下降，到 240min 后达到释放平衡状态。本研究为喷雾冷凝法在香精香料包埋中的应用提供技术支撑。

5.1.1 喷雾冷凝法制备肉桂醛微胶囊

（1）肉桂醛微胶囊的制备　取适量肉桂醛加入盛有一定量蒸馏水的烧杯中，用高速分散均质机进行均质乳化，备用。按设定比例称取海藻酸钠，加入蒸馏水，在磁力搅拌器上保持 40℃进行搅拌，让海藻酸钠充分溶解。将溶解后的海藻酸钠与肉桂醛乳化液混合，在磁力搅拌器上搅拌，直至混合均匀，放置 30min 后，倒入喷雾设备，在输入空气压力为 0.2MPa 条件下进行微胶囊制备，喷出的微胶囊用 2%浓度的氯化钙溶液接收进行固化。固化一定时间后，抽滤掉氯化钙溶液，得到肉桂醛微胶囊。然后用蒸馏水冲洗两遍，无水乙醇冲洗一遍，放置在滤纸上在室温下自然干燥，待微胶囊表面干燥后，将微胶囊转入密闭容器内保存。

（2）肉桂醛含量的检测方法　将一定量肉桂醛用 10mL 乙醇水溶液（9mL 乙醇+1mL 水）溶解，用紫外分光度计对其进行全波长扫描，发现肉桂醛在 304nm 处有个尖锐的最大吸收峰，然后就固定 304nm 的波长下肉桂醛的吸光度来检测肉桂醛含量。然后准确称取相应量的肉桂醛，溶解在 10mL 乙醇水溶液（9mL 乙醇+1mL 水）中，配制的肉桂醛溶液浓度分别为 0.1，0.2，0.4，

0.6，0.8，1.0，1.5mg/mL，在 304nm 处测定吸光度，得到标准曲线 $y=0.7921x-0.0482$（$R^2=0.9948$）（y 为吸光度；x 为肉桂醛浓度）。

（3）肉桂醛微胶囊包埋率的测定　将除去表面水分的肉桂醛微胶囊的质量记为 m_1，取其中的 1g，加入到盛有 200mL 蒸馏水的烧杯中，再加入 0.5g 的柠檬酸钠，放置在磁力搅拌器上，维持温度 40℃搅拌，待微胶囊完全溶解后，按照上述方法测定肉桂醛的含量为 x_1，计算肉桂醛微胶囊包埋率：

$$y=\frac{200x_1m_1}{500m_2}$$

式中　y——肉桂醛微胶囊包埋率,%；

x_1——测定溶液中肉桂醛含量，mg/mL；

m_1——肉桂醛微胶囊质量，g；

m_2——加入的肉桂醛的质量，g。

（4）海藻酸钠浓度对微胶囊包埋率的影响　按照上述方法制备肉桂醛微胶囊，设置海藻酸钠溶液的浓度为 1%，2%，3%，4%，肉桂醛的含量为 1%，其他保持不变，制备肉桂醛微胶囊后，测定肉桂醛微胶囊的包埋率。

分析图 5.1 数据可知，肉桂醛微胶囊的包埋率随海藻酸钠溶液浓度的增加先增大后减小，试验发现，当海藻酸钠浓度大于 4%时，混合液难以实现雾化。海藻酸钠作为微胶囊的壁材，不仅影响微胶囊的囊膜强度，还对微胶囊的包埋率有影响。海藻酸钠溶液的黏度随海藻酸钠浓度的升高先增大后减小，微胶囊的机械强度也随之增加。海藻酸钠浓度太低时，微胶囊机械强度不够，包埋的肉桂醛微粒容易扩散出微胶囊，导致包埋率降低。然而，海藻酸钠溶液浓度过高时会使海藻酸钠肉桂醛乳化混合液的黏度过大而难以雾化，或者制备的微胶囊发生变形。

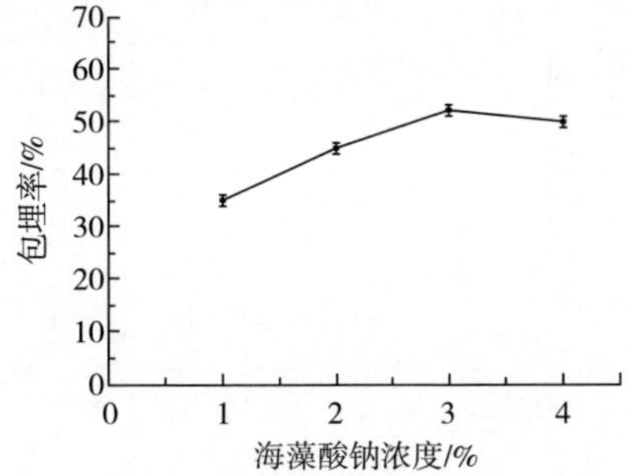

图 5.1　海藻酸钠浓度对微胶囊包埋率影响

（5）肉桂醛浓度对微胶囊包埋率的影响　按照上述方法制备肉桂醛微胶囊，设定海藻酸钠溶液浓度为 4%，肉桂醛的添加量分别为 0.5%，1%，1.5%，2%，制备出肉桂醛微胶囊后，测定肉桂醛微胶囊的包埋率。影响结果见图 5.2。

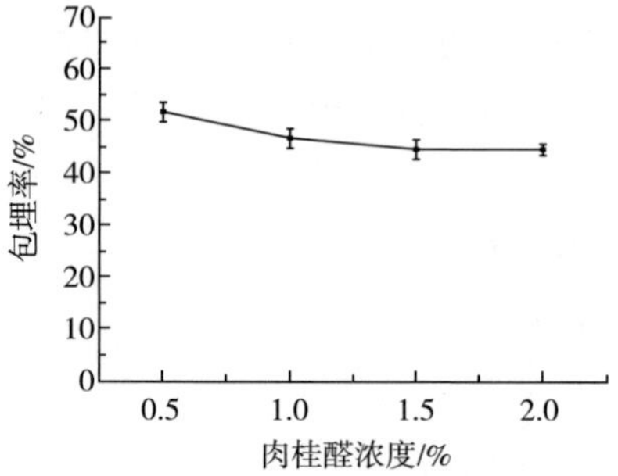

图 5.2　肉桂醛浓度对微胶囊包埋率的影响

肉桂醛浓度对微胶囊包埋率的影响主要体现在肉桂醛作为芯材与壁材海藻酸钠的比例上，即芯壁比。固定壁材海藻酸钠浓度为 4%，考察不同浓度肉桂醛对包埋率的影响。分析图 5.2 数据可知，随着肉桂醛浓度的升高，微胶囊的包埋率呈缓慢下降趋势，即海藻酸钠对肉桂醛的包埋能力逐渐下降。

（6）乳化剂对微胶囊包埋率的影响　设定海藻酸钠溶液浓度为 4%，肉桂醛的浓度为 1%，在均质乳化时加入 0.2%，0.4%，0.6%，0.8%的吐温 60，然后制备肉桂醛微胶囊，并测定肉桂醛微胶囊的包埋率。影响结果见图 5.3。

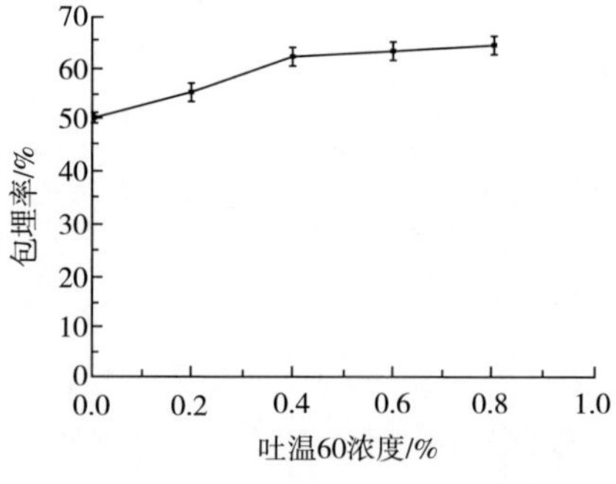

图 5.3　吐温 60 加入量对微胶囊包埋率的影响

由图 5.3 可知，加入乳化剂的主要作用是增加肉桂醛在水中分散的乳化稳定性，但是乳化剂的用量也不是越多越好。虽然高速分散均质机能够将油状的肉桂醛粉碎成微小的粒子分散在水中，但是由于均质时间和均质机本身能力的问题，还是会有大颗粒的肉桂醛油滴存在，大的油滴是难以被包埋的，这样就影响了微胶囊的包埋率。如果加入乳化剂（试验选择的是吐温 60）则能更有利于形成 O/W 小油滴，同时也会增加肉桂醛乳液的乳化稳定性。由图 5.3 分析可知，当海藻酸钠浓度为 4%，肉桂醛浓度为 1%，吐温 60 的加入量为 0.4%时，肉桂醛微胶囊的包埋率达到 62.5%。

（7）乳化剂类型对微胶囊包埋率的影响　乳化剂类型对微胶囊包埋率的影响见图 5.4。

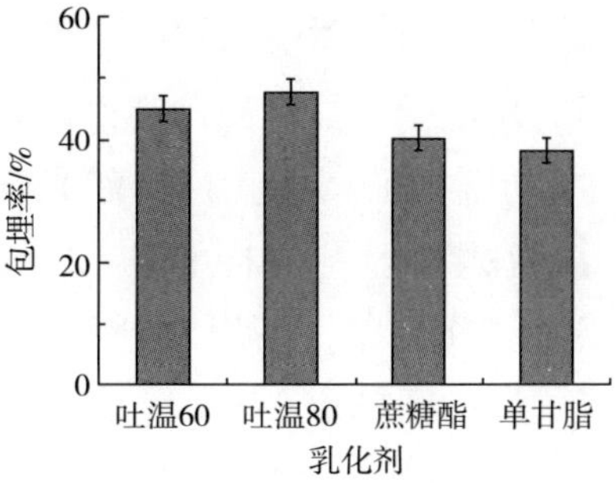

图 5.4　乳化剂类型对为微胶囊包埋率的影响

由图 5.4 可知，不同的乳化剂对微胶囊的包埋率有显著影响，可能与不同乳化剂的亲水亲油平衡值（HLB）有关，由于肉桂醛经乳化分散之后，主要形成 O/W 形微粒，所以 HLB 值高有利于肉桂醛分散到水中，所形成的微粒粒径更小，乳化稳定性也越好。另外，试验发现使用吐温 80 作为乳化剂时，虽然微胶囊有较好的包埋率，但是制备出来的微胶囊带有吐温 80 的刺激性气味，使得微胶囊的感官品质下降。选用蔗糖酯时，由于蔗糖酯并不是溶解在水中，所以经雾化后，氯化钙溶液会形成一层膜，使雾化液滴漂浮在氯化钙溶液表面，需要不断搅拌才能保证反应完成。而单甘脂则需要长时间的热水搅拌才能分散，增加试验的工作量。综合考虑，选择吐温 60 作为乳化剂。

（8）肉桂醛粒径分布的检测　取适量的肉桂醛微胶囊用激光粒度分析仪测定微胶囊的粒径分布。经测定肉桂醛微胶囊粒径分布结果见图 5.5。

分析图 5.5 数据可知，微胶囊粒径分布范围在 18.5~995.6μm，其中粒径小于 44.85μm 的占 10%，小于 137.8μm 的占 50%，小于 383.6μm 的占 90%。

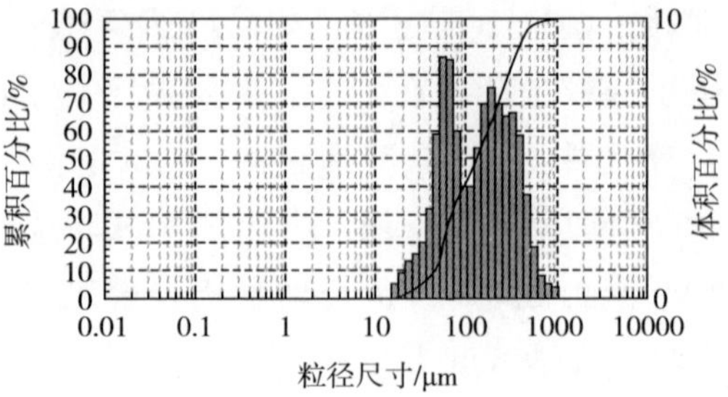

图 5.5　肉桂醛微胶囊粒径分布

由此可见，所制备的微胶囊有较宽的粒径分布范围。

(9) 肉桂醛表面结构表征　吸取单个的肉桂醛微胶囊颗粒，放置在载玻片上，用光学显微镜观察微胶囊在水中的形态。然后将制备的肉桂醛微胶囊真空冷冻干燥，经喷金后，用电子扫描显微镜观察其表面结构。

肉桂醛微胶囊在水中的形态见图 5.6 (1)，经光学显微镜放大 40 倍可以看到肉桂醛小油滴均匀分散在微胶囊中。图 5.6 (2) 为肉桂醛除去表面水分后的形态，经光学显微镜放大 100 倍，可以看到失去部分水后的微胶囊表面发生了凹陷，但整体还是规则的圆球形。

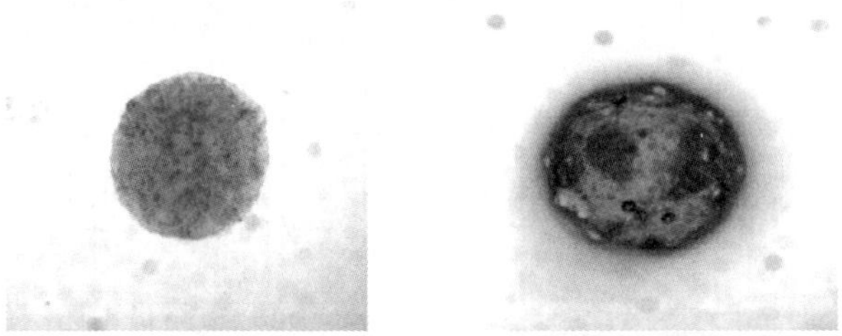

(1) 微胶囊在光学显微镜下水中的形态 (2) 微胶囊在光学显微镜下空气中形态

图 5.6　肉桂醛微胶囊光学显微镜下的形态

制备的肉桂醛微胶囊经冷冻干燥后，经电子扫描显微镜观察表面结构 (图 5.7)。

从图 5.7 (1) (放大 200 倍)，可以看出微胶囊经干燥后放生了皱缩。从图 5.7 (2) (放大 500 倍)，可以明显看到微胶囊的表面结构，微胶囊表面有许多圆孔，可能是接近微胶囊表面的肉桂醛油滴或者在微胶囊内部的小气泡在干燥过程中扩散出微胶囊留下的痕迹。

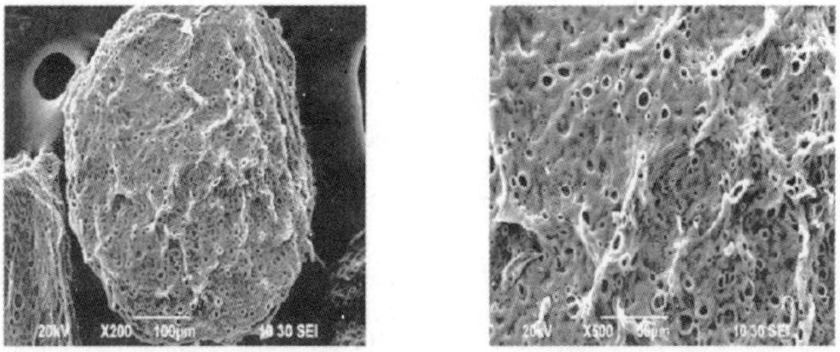

（1）微胶囊在电子显微下放大200倍的形态（2）微胶囊在电子显微镜下放大500倍形态

图 5.7　肉桂醛微胶囊的表面结构图

（10）微胶囊释放规律的研究　取自然干燥下的微胶囊 0.5g，放置于 200mL 水中，按照设定时间测定释放到水中微胶囊的量，另外，取出 1mL 的液体后，需及时补充 1mL 的蒸馏水到烧杯中，以上述方法测定肉桂醛。考虑到肉桂醛和微胶囊在食品领域应用较多，尤以水相体系食品的应用最为广泛，所以对肉桂醛在水中的释放规律进行了研究，结果见图 5.8。

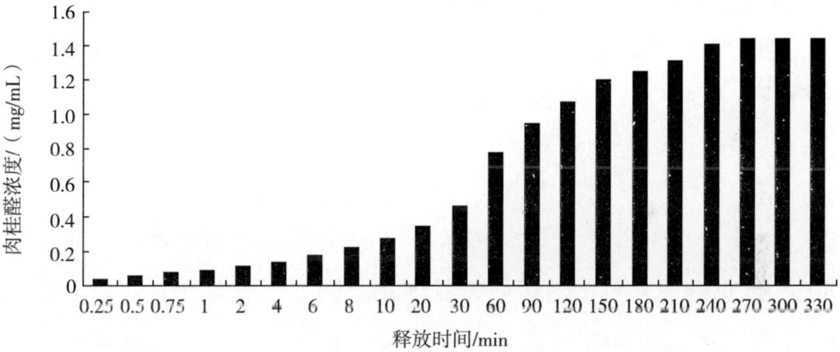

图 5.8　肉桂醛微胶囊在水中的释放规律

由图 5.8 分析可知，在前 30min 内，肉桂醛的释放速度逐渐加快，30min 后每隔 30min 测定 1 次，在 30~120min 微胶囊释放肉桂醛的速度仍然是增加的，120min 后肉桂醛的释放速度减慢，到 240min 后，溶液中肉桂醛的浓度已经基本不变，此时微胶囊达到释放平衡状态。由此可见，以海藻酸钠为壁材，用喷雾冷凝法制备的肉桂醛微胶囊有平稳的释放速率。

（11）小结　本节主要对肉桂醛微胶囊的包埋率的影响因素、微胶囊的形态表征和微胶囊的释放规律 3 个方面进行研究，最后得出以海藻酸钠为壁材，喷雾冷凝法制备的肉桂醛微胶囊最大包埋率可达 62.5%。微胶囊的粒径主要分布在 383.6μm 以下，光学显微镜下观察微胶囊为均匀的圆球状，经冷冻干燥后的微胶囊发生皱缩，表面呈多孔状。对肉桂醛微胶囊的释放规律研究结果表明肉桂醛微胶囊在水中有平稳的释放性。喷雾冷凝法制备的微胶囊具有操作简单、条件温和、控释效果好等优点，本试验能为喷雾冷凝法在香精香料、食品添加剂、染料的包埋提供方法和技术的支撑。

5.1.2 肉桂醛微胶囊的制备及在卷烟中的应用

肉桂醛微胶囊的制备流程见图 5.9。

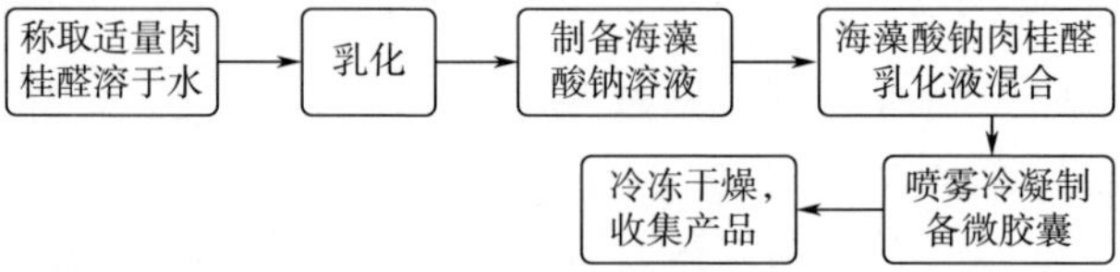

图 5.9 肉桂醛微胶囊制备流程图

（1）肉桂醛微胶囊的制备　称取 0.3g 肉桂醛加入到盛有 30mL 蒸馏水的烧杯中，加入乳化剂吐温 60，加入量为质量分数 0.4%。用高速分散均质机进行均质乳化，高速分散均质机转速为 10000r/min，时间 1min。将得到的乳化液封存，备用。然后配制海藻酸钠溶液，在磁力搅拌器上搅拌，保持温度为 40℃，直至搅拌均匀。用超声波去除气泡后，与肉桂醛乳化液混合，在磁力搅拌器上搅拌，直至搅拌均匀。静置 10min 后倒入喷雾冷凝设备进行喷雾，用质量分数 2%的氯化钙溶液接收并且固化。固化一段时间后，将微胶囊收集到一铁丝滤网中，用蒸馏水冲洗两遍，放入培养皿中，加入适量蒸馏水，冷冻干燥，得到微胶囊。

（2）肉桂醛微胶囊包埋率的测定　理论总油含量：称取肉桂醛 2g，按照前述方法制备微胶囊，微胶囊的理论总油含量为 $m=2g$。微胶囊总油含量的测定：用无水乙醚作溶剂，称取 2.000g 样品于已知质量为 m_1 的烧杯中，加入 80g 无水乙醚，振荡，用超声波破碎 15min，过滤，合并滤液，将滤液在 50℃水浴中加热，蒸出无水乙醚，称重 m_2，(m_2-m_1) 即为油的质量，即微胶囊总油含量。

包埋率为实际被包埋量与理论被包埋量的比值，计算见下式：

$$包埋率=[(m_2-m_1)/m]\times100\%$$

（3）海藻酸钠肉桂醛乳化混合液体系黏度对微胶囊包埋率的影响　在

25℃下，用旋转流变仪测定混合液的黏度，转速为10r/s。设置海藻酸钠肉桂醛乳化混合液体系的黏度分别为0.2，0.4，0.8，1.2Pa·s，肉桂醛的含量为1%（质量分数），其他保持不变，按照“5.1.1 喷雾冷凝法制备肉桂醛微胶囊”的方法制备肉桂醛微胶囊后，测定肉桂醛微胶囊的包埋率，结果见图5.10。

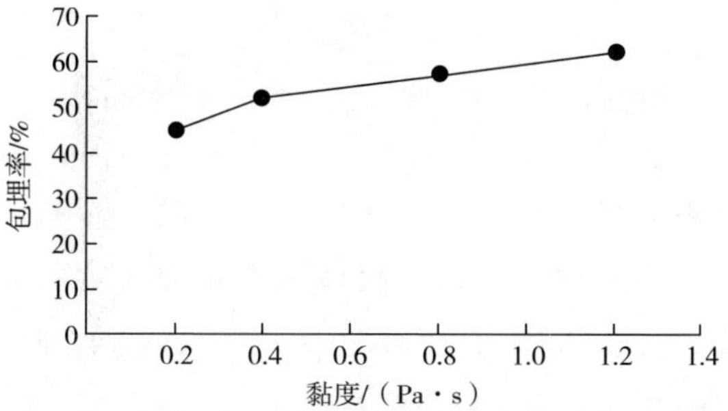

图5.10 海藻酸钠肉桂醛乳化混合液体系黏度对微胶囊包埋率的影响

在空气压力一定的条件下，海藻酸钠溶液黏度与制备出的微胶囊粒径有直接关系，间接影响微胶囊的包埋率。随着海藻酸钠溶液黏度增大，海藻酸钠肉桂醛乳化混合液体系黏度增加，制备出的肉桂醛微胶囊粒径增大，微胶囊包埋率也随之增加；相反，海藻酸钠肉桂醛乳化混合液体系黏度降低，制备出的肉桂醛微胶囊粒径减小，微胶囊包埋率降低。试验发现，当海藻酸钠肉桂醛乳化混合液体系黏度超过1.2Pa·s时，海藻酸钠肉桂醛乳化混合液体系黏度太大，难以实现雾化。海藻酸钠肉桂醛乳化混合液体系黏度太低，微胶囊包裹不住芯材，包埋的肉桂醛容易从肉桂醛微胶囊中逸出，导致包埋率降低。鉴于肉桂醛微胶囊的包埋率随海藻酸钠肉桂醛乳化混合液体系黏度的增加而增大，经综合考虑，混合液黏度为1.2Pa·s时较为适宜。

（4）固化时间对微胶囊包埋率的影响 保持海藻酸钠肉桂醛乳化混合溶液体系黏度为1.2Pa·s，肉桂醛质量分数1%，其他保持不变，固化时间分别为10，20，30，40min，制备出肉桂醛微胶囊后，测定肉桂醛微胶囊的包埋率。固化时间对微胶囊包埋率的影响结果见图5.11。

分析图5.11数据可知，随着固化时间的不断增加，微胶囊的包埋率先上升而后下降，即海藻酸钠对肉桂醛的包埋能力随时间延长先上升而后急速下

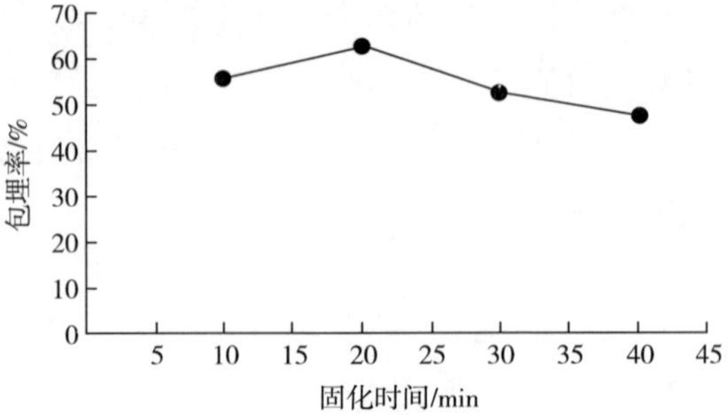

图 5.11　固化时间对微胶囊包埋率的影响

降。肉桂醛微胶囊刚制备好后，固化时间较短，微胶囊的硬度比较低，弹性较差。但是试验过程中发现，肉桂醛微胶囊在水溶液中的释放速率较大，固化时间越长，肉桂醛散失也越多，使得肉桂醛微胶囊包埋率降低。肉桂醛微胶囊固化时间对微胶囊的包埋率有显著影响，综合考虑，制得的肉桂醛微胶囊固化时间为 20min 较为适宜。

（5）氯化钙溶液浓度对微胶囊包埋率的影响　设定海藻酸钠肉桂醛乳化混合液体系黏度为 1.2Pa · s，肉桂醛质量分数 1%，氯化钙质量分数分别为 1%，2%，3%，4%，按照“5.1.1　喷雾冷凝法制备肉桂醛微胶囊”的方法制备肉桂醛微胶囊，制备出肉桂醛微胶囊后，测定肉桂醛微胶囊的包埋率。

海藻酸钠是一种天然高分子糖类，可以通过与二价阳离子如钙离子的交联而发生凝聚。钙离子的浓度会影响交联时间和形成的海藻酸钙的硬度。在制备肉桂醛微胶囊时，如果氯化钙浓度过低，固化时间长，海藻酸钠液珠会发生溶解，影响包埋率。如果氯化钙浓度高，形成的微胶囊硬度增加，囊壁过于致密又会影响肉桂醛的释放。所以需要选择一个适合的氯化钙浓度。氯化钙溶液浓度对微胶囊包埋率的影响见图 5.12。由图 5.12 可知，随着氯化钙溶液浓度的升高，微胶囊包埋率先增加后基本保持不变。说明在固化时间一定的条件下，增加氯化钙的浓度对微胶囊的包埋率影响并不显著，所以选择氯化钙浓度为质量分数 2%较为合适。

（6）芯壁质量比对微胶囊包埋率的影响　设定肉桂醛与海藻酸钠的质量比（芯壁比）分别为 0.3∶1，0.5∶1，1∶1，1.5∶1，海藻酸钠肉桂醛乳化混合液体系黏度为 1.2Pa · s，肉桂醛质量分数 1%，其他保持不变，按照前述

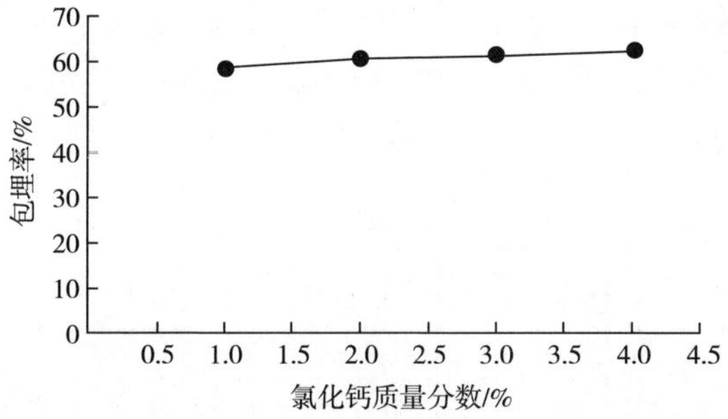

图 5.12 氯化钙溶液浓度对微胶囊包埋率的影响

方法制备肉桂醛微胶囊，制备出肉桂醛微胶囊后，测定肉桂醛微胶囊的包埋率。

芯壁比对微胶囊包埋率的影响结果见图 5.13。芯壁比越小，即肉桂醛用量少，而壁材海藻酸钠用量较大，所以包埋率比较高。但是得到的微胶囊机械强度太大，肉桂醛释放速度缓慢；随着囊芯肉桂醛用量的增加，包埋率越来越低，且得到的微胶囊保护肉桂醛的能力也减弱，肉桂醛释放速度比较快。综合考虑，当芯壁比为 0.5∶1 的时候，制备出来的微胶囊有较好的机械强度且微胶囊包埋率也比较高。当海藻酸钠肉桂醛乳化混合液体系黏度为 1.2Pa·s、固化时间为 20min、氯化钙溶液浓度为质量分数 2%时，肉桂醛微胶囊的包埋率可高达 67%。

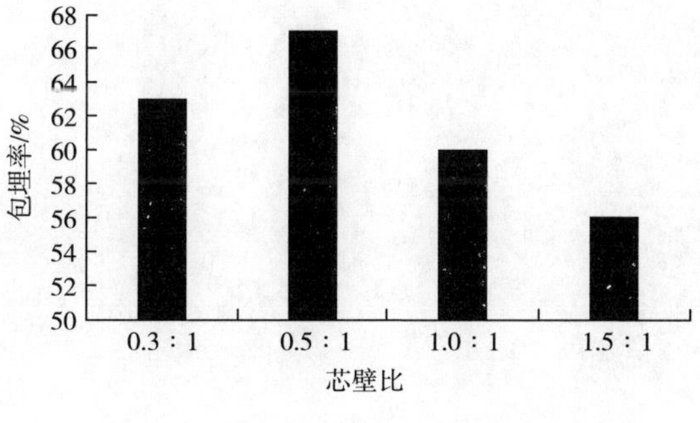

图 5.13 芯壁比对微胶囊包埋率的影响

（7）肉桂醛微胶囊粒径结构特性分析　取适量的肉桂醛微胶囊用激光粒度分析仪测定微胶囊的粒径分布；用电子扫描显微镜观察其表面结构。经测定，肉桂醛微胶囊粒径分布结果见图 5.14。由图 5.14 数据可知，喷雾冷凝法制备的肉桂醛微胶囊粒径分布并不均匀，主要有三个分布区域，分别为：52.3~62.2μm、148.0~209.3μm 和 352.0~1408.0μm，分别占总量的 8.22%、26.15%和 64.45%。

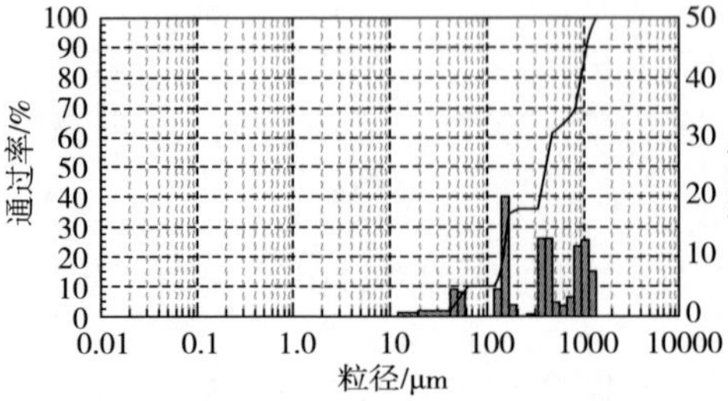

图 5.14　肉桂醛微胶囊粒径分布

制备的肉桂醛微胶囊经冷冻干燥后，经电子扫描显微镜观察表面结构如图 5.15 所示。其中图 5.15（1）放大了 50 倍，可以看出微胶囊经干燥后发生了皱缩，但仍然呈现圆球状，从图中也可以看出，微胶囊的粒径大小并不一致，这也印证了微胶囊粒径测定的结果。图 5.15（2）为放大 5000 倍，可以明显看到微胶囊的表面结构，微胶囊表面有许多圆孔，这些孔隙直接影响微胶囊释放肉桂醛的速率，同时这些孔隙的存在使得被包埋的肉桂醛能够通过孔隙被释放出来，从而达到控释的效果。

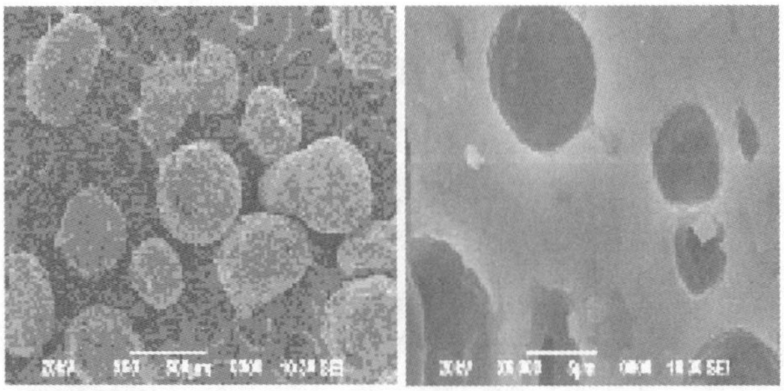

（1）　（2）

图 5.15　肉桂醛微胶囊的表面结构图

（8）肉桂醛微胶囊的热重分析　用热重分析仪分析其对温度的稳定性，热重扫描温度 25~800℃。

肉桂醛微胶囊的热重分析结果见图 5.16。由图 5.16 可知，喷雾冷凝法制备的微胶囊在质量损失上呈现先快后慢的规律，在 25~250℃，微胶囊质量损失主要来自微胶囊内肉桂醛和其中水分的散失，质量损失速度较快，在温度250℃时微胶囊的质量损失 48.82%。之后微胶囊的质量损失主要是海藻酸钠等壁材质量的损失，损失速率下降，最后微胶囊的留重率为 23.17%。

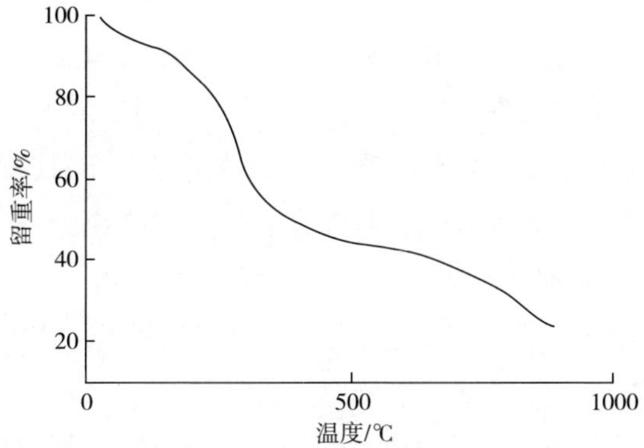

图 5.16 热重分析结果

（9）微胶囊在空气中释放规律的研究 取冷冻干燥后的微胶囊 1g，放置于烘箱中，温度为 50℃，设定每隔 10min 测定一次肉桂醛微胶囊的剩余质量。

肉桂醛微胶囊释放规律的研究结果如图 5.17 所示。由图 5.17 分析可知，在前 30min 内，肉桂醛微胶囊的剩余质量快速降低，即肉桂醛的释放速度较快，在 30~90min 微胶囊释放肉桂醛的速度有所减慢，90min 后肉桂醛的释放速度明显减慢，直至肉桂醛微胶囊的剩余质量基本不变，此时微胶囊中的肉桂醛基本挥发完。由此可见，以海藻酸钠为壁材，用喷雾冷凝法制备的肉桂醛微胶囊可达到平稳释放。

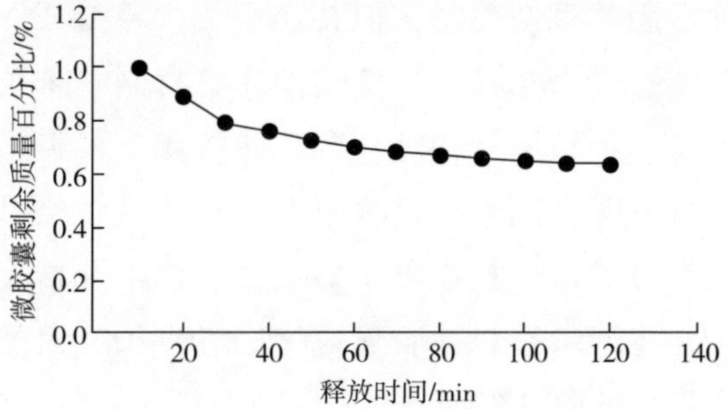

图 5.17 肉桂醛微胶囊的释放规律

（10）微胶囊在卷烟中的加香应用　将空白烟丝分为3组，每组10g。一组为空白对照组，一组加入质量分数0.3%的肉桂醛，最后一组每支卷烟加入0.3g的微胶囊，微胶囊加在滤嘴与烟支接合处。3组烟丝，每组卷制成10支卷烟，在23℃、相对湿度60%条件下，平衡48h后评吸。卷烟评吸结果表明：与空白对照组相比，肉桂醛的加入使得烟气更加丰满，但其气息偏重，不能很好地与烟草本香谐调，不过杂气明显减少，刺激性降低，余味也比较舒适；微胶囊的加入同样可使得卷烟的香气更加丰满，烟香醇和，且杂气减少，刺激性降低，余味也较舒适。另外，在香气持久性上，微胶囊可使香味成分得到很好的保留，而直接添加肉桂醛的方式会令其香味成分挥发较快。

（11）小结　经对肉桂醛微胶囊的包埋率影响因素、微胶囊的结构特性和微胶囊在空气中的释放规律三个方面进行研究后得出，以海藻酸钠为壁材，以喷雾冷凝法制备的肉桂醛微胶囊有较好的包埋率。当海藻酸钠肉桂醛乳化混合液体系黏度为1.2Pa·s、固化时间为20min、氯化钙溶液质量分数为2%时，肉桂醛微胶囊的包埋率可高达67%；肉桂醛微胶囊粒径分布范围为52.3~1408.0μm，64.45%的微胶囊粒径集中在352.0~1408.0μm；经冷冻干燥后的肉桂醛微胶囊发生皱缩，表面呈多孔状；热重分析可知微胶囊在25~250℃的质量损失速度较快；肉桂醛微胶囊有平稳的释放性。肉桂醛微胶囊用于卷烟时能有效地减轻杂气、降低刺激性，并能使烟香醇和。不过，目前试验只能将微胶囊加到烟支末端。在抽吸时，只有当烟支抽吸到最后时，肉桂醛微胶囊加入的效果才有明显体现。因此，在今后的试验中，需要着重考虑如何将微胶囊均匀地添加到卷烟烟支中。

5.2　苯乙醛纳米微胶囊的制备及其在卷烟中的应用

苯乙醛是一种常用的香精香料，但其在空气中易变质、挥发，为提高其稳定性，本试验以苯乙醛为芯材、海藻酸钠为壁材制备苯乙醛纳米香料微胶囊。通过对壁材用量、香精用量和乳化剂用量等因素的调节，以纳米微胶囊粒径为优化指标进行单因素试验，以响应面分析法或正交试验分析法进行分析，并采用激光粒度分析仪、扫描电子显微镜、热重分析仪等对纳米微胶囊进行一系列表征，并将纳米香料微胶囊应用于卷烟中，对纳米微胶囊进行热裂解试验和感官评吸。试验结果如下。

（1）苯乙醛纳米微胶囊最佳的制备工艺条件中各组分使用条件为：乳化

剂为吐温 80，海藻酸钠浓度为 0. 561mg/mL，香精添加量为 0. 251%，乳化剂添加量为 0. 076%。在此条件下制备出的纳米微胶囊乳液稳定性良好，粒径呈正态分布，粒径为 165nm 左右。

（2）苯乙醛纳米胶囊扫描电镜结果显示，干燥后的纳米微胶囊形状近似椭圆形或不规则球形。

（3）苯乙醛纳米微胶囊包埋成功。苯乙醛纳米微胶囊得率为 84. 92%，包埋率为 71. 35%。

（4）通过热稳定性分析可知，海藻酸钠、壳聚糖在一定温度下能够有效抵抗外界高温保护苯乙醛香料，减缓香精的释放速度，延长留香时间。

（5）苯乙醛纳米微胶囊的容重为 0. 2105g/cm^3，苯乙醛纳米微胶囊的休止角都较小，说明苯乙醛纳米微胶囊粉末产品的黏性小、流动性和散落性较好。

（6）苯乙醛纳米微胶囊的热裂解结果表明，主要共鉴定出 34 种挥发性成分，主要是苯乙醛，无有害成分产生；感官评吸表明，苯乙醛纳米微胶囊在卷烟中添加量为 0. 02g/支时，感官评吸效果最好，能增加卷烟的香气量，使烟气更加柔和，减小刺激性，改善余味。

5. 2. 1 苯乙醛纳米微胶囊的制备

采用乳液聚合法制备苯乙醛纳米微胶囊。以海藻酸钠为壁材，苯乙醛为芯材，选择吐温 80 为乳化剂。具体试验步骤如下：将海藻酸钠溶于去离子水；将乳化剂与苯乙醛加入海藻酸钠溶液，进行超声处理后进行磁力搅拌，磁力搅拌一定时间后加入氯化钙溶液，继续进行搅拌，既得苯乙醛的纳米胶囊乳液，冷冻干燥后得白色粉末状的纳米微胶囊。制备工艺流程如图 5. 18 所示。

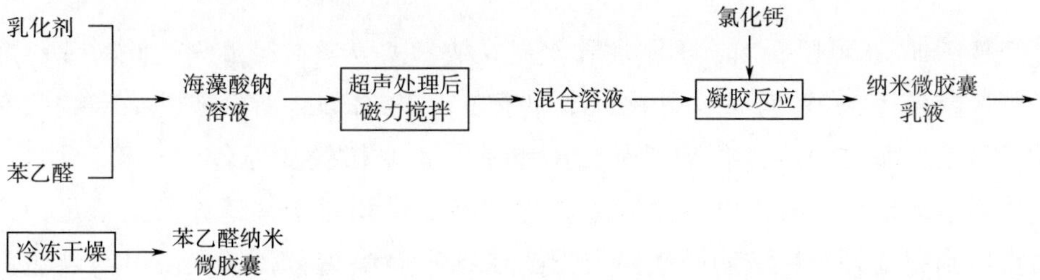

图 5. 18 苯乙醛纳米微胶囊制备的工艺流程

（1）单因素试验 纳米微胶囊与微胶囊最大的不同为粒径大小。因此，以纳米微胶囊的粒径为标准，进行工艺优化试验。首先在预试验基础上，研究单一变量乳化剂添加量、香精添加量和壁材添加量对纳米微胶囊粒径大小的影响，粒径最小则工艺最优。

①乳化剂添加量对纳米微胶囊粒径大小的影响。

本试验中乳化剂选用吐温 80。在海藻酸钠浓度、香精添加量、温度、搅拌转速、搅拌时间等其他试验条件相同的情况下，考察不同乳化剂添加量对苯乙醛纳米微胶囊粒径大小的影响。在常温条件下，其他试验参数分别为：海藻酸钠溶液的浓度 1.0mg/mL、乳化过程的时间为 15min、反应时的搅拌速度为 1200r/min、反应搅拌时间为 60min，香精的使用量为 0.25%，乳化剂的使用量分别为：0%，0.07%，0.085%，0.10%，0.115%，0.13%，检测乳化剂使用量的多少对粒径大小的影响，结果如图 5.19 所示。

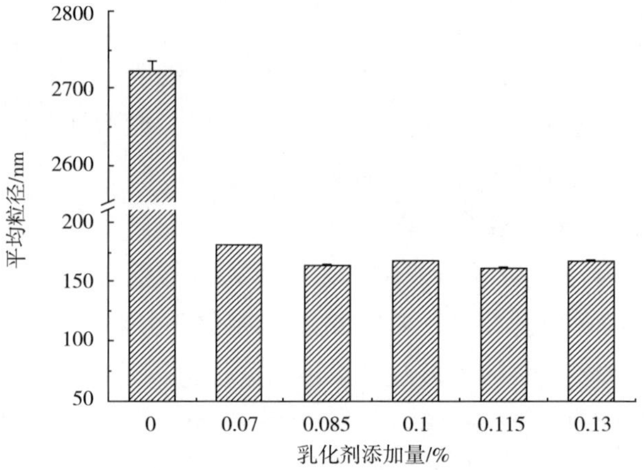

图 5.19　乳化剂添加量对苯乙醛纳米微胶囊粒径的影响

从图 5.19 可以看出，不添加乳化剂时纳米微胶囊粒径最大，此时苯乙醛微胶囊粒径为 2722.54nm；乳化剂添加量在 0.085%时，所形成的纳米微胶囊粒径最小，而后随着乳化剂添加量的增加，纳米微胶囊粒径大小趋于稳定。乳化剂添加量较低时，可能是因为乳化剂添加量相对于香精添加量不足，香精得不到完全乳化，液滴较大，所形成的纳米微胶囊粒径较大。但当乳化剂的量增大到一定范围，纳米微胶囊的粒径大小趋于稳定，都小于 500nm，这可能是因为乳化剂将香精油完全乳化分散成细小的小液滴。综合考虑，海藻酸钠溶液中乳化剂的添加量为 0.085%。

②香精添加量对纳米微胶囊粒径大小的影响。

在海藻酸钠浓度、乳化剂添加量、试验温度、搅拌转速、搅拌时间等其他试验条件相同的情况下，考察了不同香精添加量对形成纳米微胶囊粒径大小的影响。乳化剂使用量为0.085%，其他试验参数保持不变，设定香精的使用量分别为：0.20%，0.25%，0.30%，0.35%，0.40%，0.45%测定其对苯乙醛纳米微胶囊粒径大小的影响，试验结果如图5.20所示。

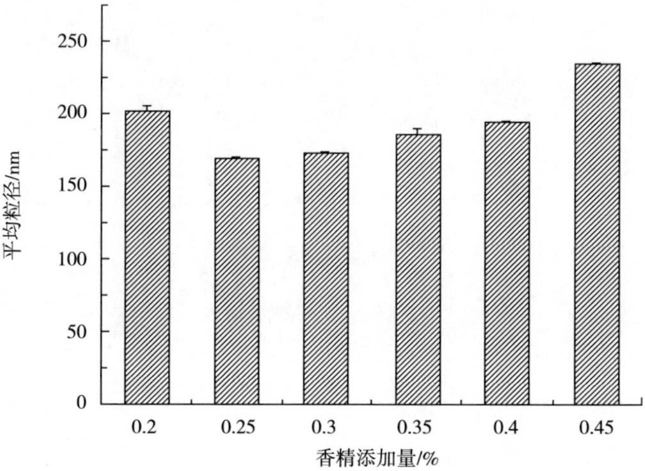

图5.20　香精添加量对苯乙醛纳米微胶囊粒径的影响

由图5.20可知，当香精的使用量为0.25%时，苯乙醛纳米微胶囊粒径最小，为169nm。并且随着苯乙醛香精的使用量的增加，苯乙醛纳米微胶囊粒径也随之增大，这可能是因为当香精量过多时，使得乳化剂的量相对变少，导致香精乳化不完全，从而使得完成包埋后的纳米微胶囊粒径变大，甚至出现香精包埋不完全或包埋香精的壁囊过薄出现破裂情况。所以香精添加量与乳化剂添加量和壁材添加量的配比十分重要，因此最后确定本试验香精添加量为0.25%。

③海藻酸钠浓度对纳米微胶囊粒径大小的影响。

在香精添加量、乳化剂添加量、试验温度、搅拌转速、搅拌时间等其他试验条件相同的情况下，考察了不同海藻酸钠添加量对形成苯乙醛纳米微胶囊粒径大小的影响。在室温下，苯乙醛香精添加量为0.25%、吐温80乳化剂添加量为0.08%，其他试验条件相同时，设定海藻酸钠溶液浓度为：0.5，0.6，0.7，0.8，0.9，1.0mg/mL，考察海藻酸钠溶液浓度对苯乙醛纳米微胶囊粒径大小的影响，试验结果如图 5. 21 所示。

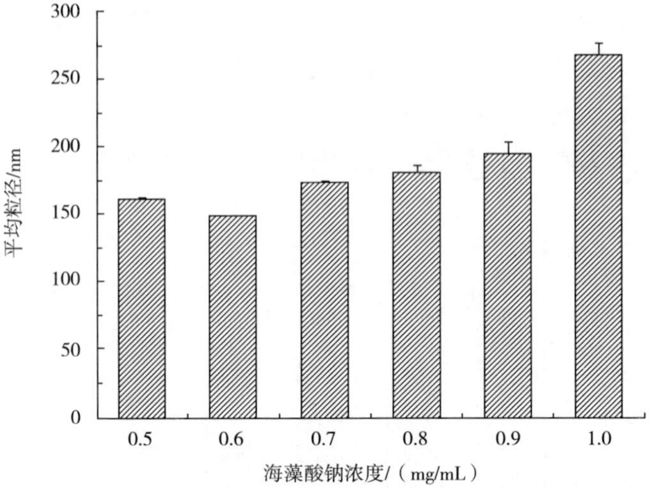

图 5. 21　海藻酸钠溶液浓度对苯乙醛纳米微胶囊粒径的影响

由图 5. 21 可知，苯乙醛纳米胶囊粒径最大值出现在海藻酸钠溶液浓度为 1. 0mg/mL 处，粒径为 274nm；苯乙醛纳米胶囊粒径最小值出现在海藻酸钠溶液浓度为 0. 6mg/mL 处，粒径为 148. 4nm。最后，确定本试验海藻酸钠最适浓度为 0. 6mg/mL。另外，由图可以看出粒径的大小与海藻酸钠用量呈正比例增长。这可能是由于随着海藻酸钠添加量的增加，固化剂氯化钙的量相对变少，两者之间的离子交联效果减弱，微胶囊结构变得疏松，从而使得苯乙醛纳米微胶囊粒径变大。

（2）苯乙醛纳米微胶囊响应面试验　在单因素试验基础上，根据中心复合设计（Central composite designs）原理，选择乳化剂添加量、香精添加量、海藻酸钠添加量对苯乙醛纳米微胶囊粒径影响较大的因素为自变量，以苯乙醛纳米微胶囊的粒径为响应值，设计三因素三水平响应面试验，如表 5. 1 所示。

表 5. 1　苯乙醛纳米微胶囊响应面试验因素水平表

水平	因素		
	A［海藻酸钠浓度/(mg/mL)］	*B*［香精添加量/%］	*C*［乳化剂添加量/%］
−1	0. 5	0. 2	0. 07
0	0. 6	0. 25	0. 085
1	0. 7	0. 3	0. 1

①响应面试验方案及结果。

以 A［海藻酸钠浓度（mg/mL）］、B［香精添加量（%）］、C［乳化剂添加量（%）］3 个因素为自变量，以粒径值为响应值，采用 Central composite designs 模式进行试验，试验方案与结果如表 5.2 所示。

表 5.2　　苯乙醛纳米微胶囊制作响应面试验方案及结果

序号	因素			粒径/nm
	A/(mg/mL)	B/%	C/%	
1	−1.68179	0	0	161
2	0	0	−1.68179	156.9
3	0	0	0	158.5
4	−1	−1	1	186.5
5	0	1.68179	0	166.8
6	1	−1	−1	160.4
7	1	1	−1	182.4
8	−1	1	−1	156.7
9	0	0	0	154.2
10	0	0	0	147.6
11	−1	1	1	166.3
12	1	1	1	221.3
13	0	0	0	147.5
14	0	0	0	158.5
15	−1	−1	−1	163.7
16	1	−1	1	208.1
17	1.68179	0	0	212.4
18	0	0	0	151.4
19	0	0	1.68179	198.3
20	0	−1.68179	0	162.4

②回归方程的方差分析。

为了研究海藻酸钠浓度、香精添加量、乳化剂添加量对苯乙醛纳米微胶囊制备工艺的影响，在单因素试验基础上，进行响应面分析试验，根据试验结果，利用 Design Expert 软件对表 5.2 试验结果进行回归拟合分析，得到二阶多项式方程（Y 为粒径）为：

$$Y=152.85+13.58A+1.13B+13.81C+7.80AB+6.78AC-2.75BC+12.56A^2+4.74B^2+9.34C^2$$

对上述模型进行方差分析结果见表 5.3。由表 5.3 可知回归方程模型 $P<0.0001$，模型是极显著；$R^2=97.87\%$，说明苯乙醛纳米微胶囊粒径的变化有 97.87%来源于壁材添加量、香精添加量和乳化剂添加量，拟合程度好，误差小。失拟项 $P=0.6761$（>0.05），模型失拟度不显著；证明此模型拟合程度良好，可以有效预测纳米微胶囊的粒径。

另外，经 Design-Expert10 软件分析优化，可得苯乙醛纳米微胶囊最佳制备工艺参数为：海藻酸钠浓度为 0.561mg/mL，香精添加量为 0.251%，乳化剂添加量为 0.076%。用此条件验证试验，得到苯乙醛纳米微胶囊的粒径为 152.1nm，与理论预测值 145.125nm 只相差 6.975nm，二者一致性较高，说明最优制备工艺结果可靠。

根据 P 值大小可知：A、C、AB、AC、A^2、B^2、C^2 对纳米微胶囊粒径影响显著，并且三个因素对苯乙醛纳米微胶囊粒径影响的主次顺序为 $C>A>B$，即乳化剂添加量>海藻酸钠浓度>香精添加量。

表 5.3　苯乙醛纳米微胶囊回归方程系数显著性及方差分析

方差来源	总偏差平方和	自由度	平均偏差平方和	F	（$P-F$）	显著性
模型	9392.86	9	1043.65	51.06	<0.0001	**
A	2518.12	1	2518.12	123.19	<0.0001	**
B	17.37	1	17.37	0.85	0.3784	
C	2605.27	1	2605.27	127.46	<0.0001	**
AB	486.72	1	486.72	23.81	0.0006	*
AC	367.21	1	367.21	17.96	0.0017	*
BC	60.50	1	60.50	2.96	0.1161	
A^2	2272.26	1	2272.26	111.16	<0.0001	**
B^2	324.23	1	324.23	15.86	0.0026	*
C^2	1257.02	1	1257.02	61.50	<0.0001	**
误差项	204.41	10	20.44			
失拟项	80.51	5	16.10	0.65	0.6761	不显著
纯误差	123.89	5	24.78			
所有项	9597.27	19.00				

注：*—差异显著（$P<0.05$）；**—差异极显著（$P<0.0001$）。

（3）各因素交互分析 响应面能够直接反映各因素与响应值规范化综合得分之间的关系和各因素间的交互作用，响应面的陡峭程度反映了两个因素的交互作用影响的大小，响应面的坡度越陡，等高线密集形成椭圆则反映两因素的交互作用的影响越大，反之，两因素的交互作用影响不大。

图 5.22 为乳化剂添加量在零水平下，海藻酸钠浓度与香精添加量对苯乙醛纳米微胶囊粒径的响应面及等高线。由图 5.22（1）可知，随着海藻酸钠浓度增大，苯乙醛纳米微胶囊的粒径先减小后增大。当香精添加量逐渐增加时，苯乙醛纳米微胶囊粒径先减小后增大。由图 5.22（2）可知，海藻酸钠浓度与香精添加量交互作用是显著的，对纳米微胶囊粒径的影响是显著的结果，与方差分析相一致。

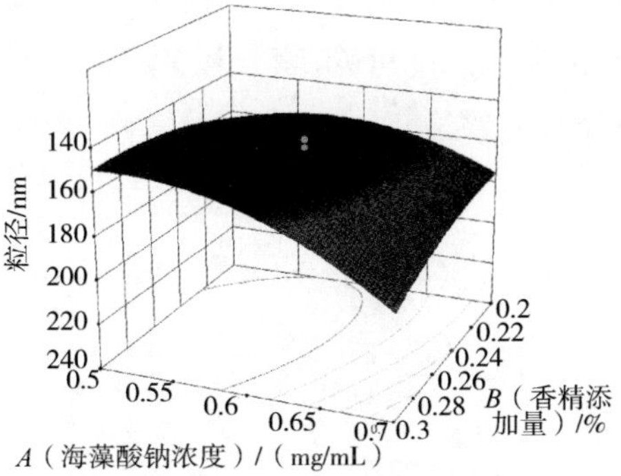

（1）响应面

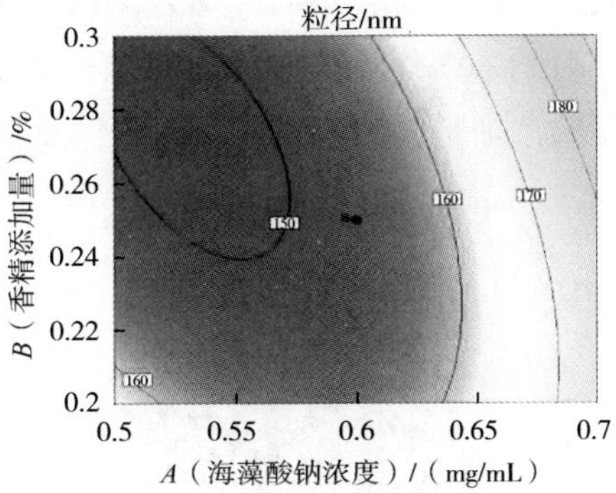

（2）等高线图

图 5.22 海藻酸钠的用量和香精的使用量对苯乙醛纳米微胶囊粒径影响的响应面及等高线图

图 5.23 为香精添加量在零水平下，海藻酸钠浓度与乳化剂添加量对苯乙醛纳米微胶囊粒径的响应面及等高线。由图 5.23（1）可知，在海藻酸钠浓度较低时，随着乳化剂添加量的增大，苯乙醛纳米微胶囊的粒径持续增大，并且乳化剂添加量对苯乙醛纳米微胶囊粒径的影响显著。另外海藻酸钠的用量和乳化剂的使用量对苯乙醛纳米微胶囊粒径影响的等高线较密集且接近于椭圆形，说明海藻酸钠浓度与乳化剂添加量的交互作用是显著的。由图 5.23（2）可知，海藻酸钠浓度与乳化剂添加量有一定的交互作用，并且交互作用是显著的。其结果与方差分析一致。

图 5.24 为海藻酸钠浓度在零水平下，香精添加量与乳化剂添加量对苯乙醛纳米微胶囊粒径的响应面及等高线。由图 5.24（1）可知，苯乙醛纳米微

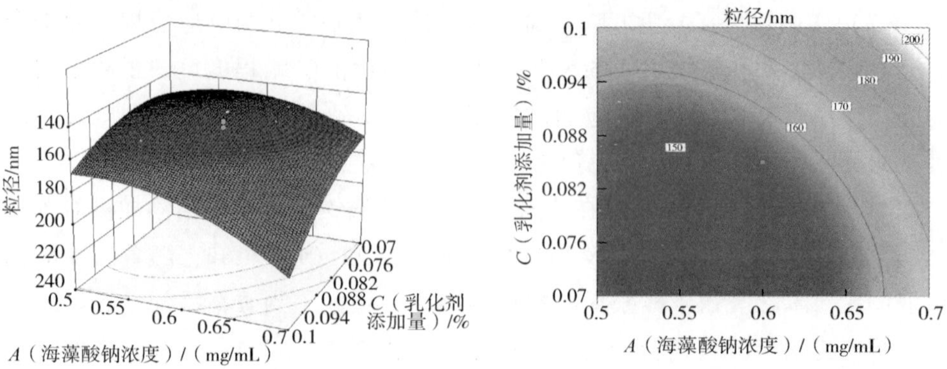

（1）响应面　（2）等高线图

图 5.23　海藻酸钠的用量和乳化剂的使用量对苯乙醛纳米微胶囊粒径影响的响应面及等高线图

胶囊的粒径受乳化剂添加量与香精添加量变化幅度不是很大，两者的交互作用对纳米微胶囊粒径的影响不显著。由图 5.24（2）可知，乳化剂添加量与香精添加量的交互作用较弱，结果与方差分析一致。

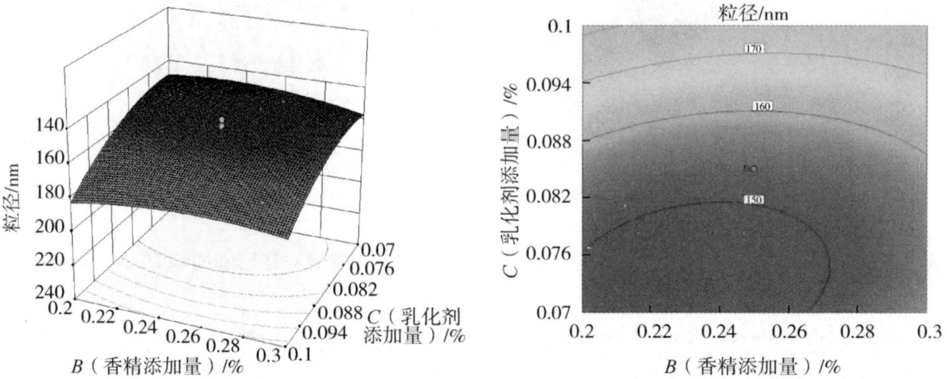

（1）响应面　（2）等高线图

图 5.24　香精使用量和乳化剂使用量对苯乙醛纳米微胶囊粒径影响的响应面及等高线图

（4）苯乙醛纳米微胶囊的特性表征

①纳米微胶囊的平均粒径检测。

通过 MICROTRACS3500 激光粒度仪检测苯乙醛纳米微胶囊粒径大小和分布，检测温度为 25℃，对苯乙醛纳米微胶囊乳液粒径进行检测，从图 5.25 可知，苯乙醛纳米微胶囊乳液的粒径近似于正态分布，苯乙醛纳米微胶囊平均粒径是 165nm。

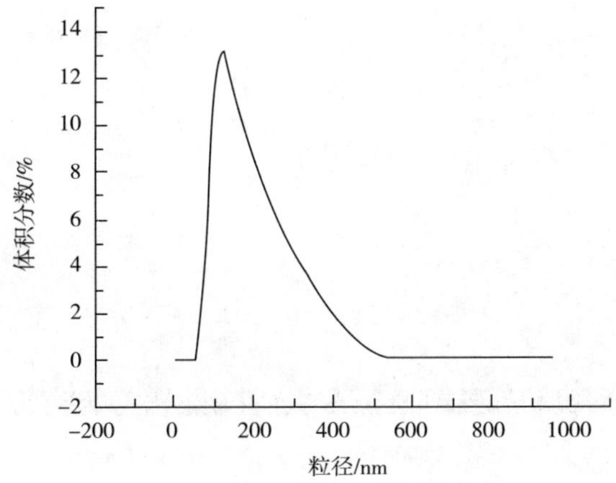

图 5.25 苯乙醛纳米微胶囊的粒径分布图

②苯乙醛纳米微胶囊乳状液的稳定性。

随机从已制备好的苯乙醛纳米微胶囊样品中取一组样，按相同体积分为三份，编号①、②、③，①号样放在冰箱保鲜柜里，②号样放在室温条件下，③号放在 40℃的恒温水浴锅中；24h 后，观察苯乙醛纳米微胶囊乳液是否出现游离水层。结果表明：24h 后，各样品没有出现游离水层，并分别在显微镜下观察三个样，发现各样品中纳米微胶囊的数量、大小差异不大。经多次试验后发现，苯乙醛纳米微胶囊乳状液稳定性良好，24h 后基本没有出现游离水层，计算乳状液的稳定性高达 99%，仍为白色不透明液体。

③苯乙醛纳米微胶囊的表面结构观察。

将干燥后的苯乙醛纳米微胶囊样品固定，经喷金处理后通过 SU−70 热场发射扫描电镜观察苯乙醛纳米微胶囊的表面形态。

对已干燥好的苯乙醛纳米微胶囊粉末进行扫描电镜观察。

苯乙醛纳米微胶囊干燥后，在场发射扫描电子显微镜下的结果如图 5.26 所示，其中图 5.26（1）为放大 5000 倍后观察到苯乙醛纳米微胶囊外观，图 5.26（2）为在场发射扫描电子显微镜下放大 30000 倍纳米微胶囊的外观，从图中可以看出苯乙醛纳米微胶囊形状近似椭圆形或不规则球形。从整体上来看，干燥后的苯乙醛纳米微胶囊有一定的塌陷，部分发生粘连，这可能是因为纳米微胶囊在自然脱水过程中受到表面张力的作用而收缩。另外样品在电镜高速电子束冲击下，也会导致其塌陷和粘连情况加剧。

（1）场发射扫描电子显微镜（×5000）　（2）场发射扫描电子显微镜（×30000）

图 5.26　苯乙醛纳米微胶囊扫描电镜图

④傅里叶变换红外光谱仪分析（FTIR）。

用 FTIR 进行红外光谱分析。分别对苯乙醛纳米微胶囊、壁材海藻酸钠、苯乙醛香料进行红外光谱测定。采用压片法，先将样品与溴化钾混合均匀并研成细粉，压片，然后测样得到的三者的 FTIR 谱图。

分别对苯乙醛纳米微胶囊、苯乙醛香料和壁材海藻酸钠进行 FTIR 分析，结果如图 5.27 所示。

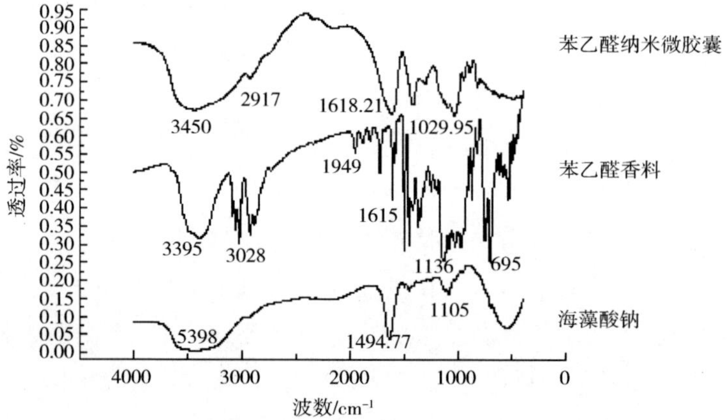

图 5.27　苯乙醛纳米微胶囊及所用试剂的红外光谱图

三条曲线在 $3200\sim3700cm^{-1}$ 处出现一强峰，判断为 O—H 伸缩振动产生的，说明三个样品中含有—OH。海藻酸钠在 $2927cm^{-1}$ 处有一吸收峰为—CH_2 的伸缩振动、在 $1618cm^{-1}$ 有特征吸收峰为—C ═ C—，在 1419，1303，

1029cm^{-1} 有特征吸收峰，分别为—CH_2—产生的弯曲振动和酯、胺产生的 X-Y 伸缩振动产生的。苯乙醛在 3024，2922，2731cm^{-1} 处有特征吸收峰，分别为不饱和芳烃 C—H 伸缩振动、饱和烃的 C—H 和醛基的 C—H 伸缩振动产生的，而纳米微胶囊在 3024，2922，2731cm^{-1} 处没有明显的吸收峰。苯乙醛在 1724cm^{-1} 处有特征峰，为羰基（C ═O）的伸缩振动产生的。在 1604，1452，1369，966，758，695cm^{-1} 的吸收峰分别代表双键的伸缩振动、—CH_2—、—CH_3—、RCH ═CH_2、单取代苯、RCH ═CHR。

通过对比苯乙醛香料、海藻酸钠、苯乙醛纳米微胶囊三者的红外光谱图，在苯乙醛香料中出现的香料特征峰在苯乙醛纳米微胶囊中并没有出现。所以，从红外光谱的峰形、峰位可证明苯乙醛香料成功被包裹进海藻酸钠中。

⑤纳米微胶囊包埋效果的表征。

纳米微胶囊得率=[干燥后纳米微胶囊的质量/(壁材质量+芯材质量)]×100%

纳米微胶囊包埋率=[(干燥后纳米微胶囊中的总芯材质量-干燥后纳米微胶囊表面芯材质量)/开始加入芯材质量]×100%

式中干燥后纳米微胶囊中的总芯材质量测定：称取 2g 干燥后的纳米微胶囊样品三份，加水溶解形成均匀的纳米微胶囊乳液，加入石油醚后采用细胞破碎仪破壁超声 15min，将有机相移至称量好的烧杯中，反复操作至水层无油，将烧杯中的有机相浓缩后挥干，用减重法计算出干燥后纳米微胶囊中的芯材质量。

干燥后纳米微胶囊表面芯材质量：称取 2g 干燥后的纳米微胶囊样品三份于离心管中，加入 15mL 石油醚，剧烈振荡后离心 5min（6000r/min），反复 3 次，合并上清液于称量好的烧杯中，浓缩挥干后称取烧杯质量，用减重法计算出干燥后的纳米微胶囊中表面芯材质量。

按照苯乙醛纳米微胶囊最佳制备工艺参数：海藻酸钠浓度为 0.561mg/mL，香精添加量为 0.251%，乳化剂添加量为 0.076%。制备苯乙醛纳米微胶囊，进行三次重复性试验，得到其包埋效果如表 5.4 所示。

表 5.4　苯乙醛纳米微胶囊包埋效果

包埋效果表征参数	测量数值/%	标准偏差/%
纳米微胶囊得率	84.92	1
纳米微胶囊包埋率	71.35	1.36

⑥纳米胶囊热重分析。

通过 DiamondTG/DTA 热重分析仪对纳米微胶囊粉末、壁材粉末及香料进行热重分析，考察三者的热稳定性。热重分析条件为：以 10℃/min 升温速度由 25℃升温至 800℃，空气流速 40mL/min，载气为高纯氮气，流量为 20mL/min。对苯乙醛纳米微胶囊的分析结果见图 5.28。

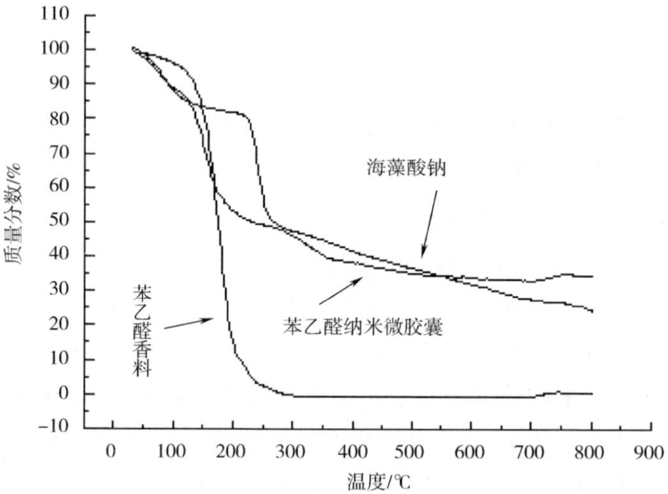

图 5.28　苯乙醛纳米微胶囊热分解质量损失图

由图 5.28 可以看出，苯乙醛纳米微胶囊分解速度比较迅速，质量曲线下降很快，温度升高至 230℃时失重率达 99.02%。分析苯乙醛纳米微胶囊的热重曲线得出，在 250℃以下时，苯乙醛香料受海藻酸钠的保护，质量损失为 18%左右。当温度超过 250℃时质量分数基本呈直线下降，出现失重峰，主要原因是海藻酸钠达到熔点开始熔化，苯乙醛香料有部分被暴露出来。当温度升高到海藻酸钠沸点附近时，囊壁完全熔解，苯乙醛香料被完全暴露出来。温度达到 550℃以后，苯乙醛纳米微胶囊质量损失率大于壁材的损失率，这是因为破壁后的香料受热挥发，直到 750℃挥发完全后，苯乙醛纳米微胶囊质量曲线趋于平直，走势与壁材的质量曲线一致。

⑦纳米微胶囊缓释特性的测定。

分别称取 1g 苯乙醛纳米微胶囊粉末和 1g 苯乙醛香料三份置于培养皿中，放入设置温度为 60℃的真空烘箱内，每隔一小时测量一次苯乙醛纳米微胶囊粉末和苯乙醛香料的质量变化。绘制苯乙醛纳米微胶囊和苯乙醛香料质量随时间的变化曲线。结果如图 5.29 所示。

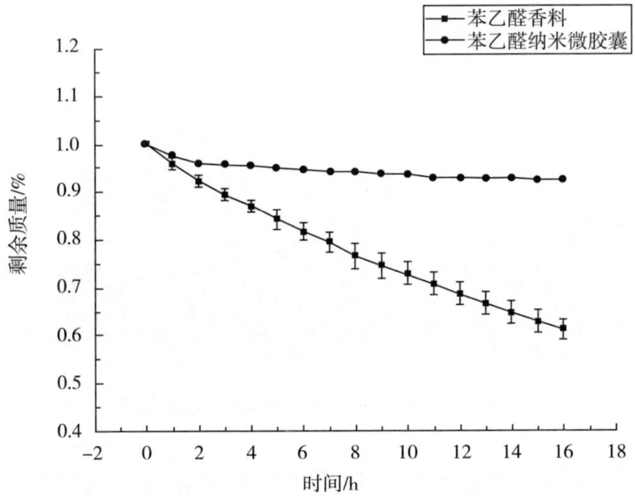

图 5.29 苯乙醛香料与苯乙醛纳米微胶囊释放曲线

1g 苯乙醛香料在 60℃烘箱内 16h 挥发将近 40%，而苯乙醛纳米微胶囊 16h 仅挥发 7.7%。由此说明，苯乙醛纳米微胶囊化可以有效地延缓其释放速度。

⑧纳米微胶囊容重的测定。

称取 2g（m）干燥后的苯乙醛纳米微胶囊产品，将其装入 10mL 的量筒中，然后在水平实验台上来回晃动 50 次左右使纳米微胶囊自然下沉，读取体积。最后用所称样品的质量除以体积，即为样品的容重。容重越大表示压实效果越好。称取干燥后的 2g 苯乙醛纳米微胶囊粉末，读取读数稳定后的苯乙醛纳米微胶囊的体积（V）9.5mL，所以苯乙醛纳米微胶囊的容重 γ 为：$\gamma = m/V = 0.2105$g/mL

⑨纳米微胶囊散落性的测定。

称取 3g 干燥后的苯乙醛纳米微胶囊产品，让其经过漏斗自然下落到水平圆盘上，自然堆积成粉堆，通过测定粉堆的高度和半径，根据公式计算休止角。休止角 α 反应散落性的大小，休止角越大散落性越差，休止角越小散落性越好。如图 5.30 所示，形成一个高 $H = 2.1$cm，半径 $R = 7.7$cm 的微胶囊粉末堆，$\mathrm{Tan}\alpha = H/R$，$\alpha = 15.26°$。苯乙醛纳米微胶囊休止角较小，说明苯乙醛纳米微胶囊粉末产品的黏性小、流动性和散落性较好。

图 5.30　苯乙醛纳米微胶囊自由散落图

（5）小结　以海藻酸钠为壁材包裹苯乙醛香精以乳液聚合法制备苯乙醛纳米微胶囊，在单因素的基础上，进行响应面试验，优化苯乙醛香精的制备工艺。试验结果如下。

①苯乙醛纳米微胶囊的最优制备工艺为：海藻酸钠浓度为 0.561mg/mL，香精添加量为 0.251%，乳化剂添加量为 0.076%。苯乙醛纳米微胶囊乳液稳定性良好，平均粒径为 165nm。

②苯乙醛纳米胶囊的扫描电镜结果显示，干燥后的纳米微胶囊形状近似椭圆形或不规则球形。

③通过对比苯乙醛、海藻酸钠、纳米微胶囊三者的红外光谱图分析可知，苯乙醛纳米微胶囊包埋成功；苯乙醛纳米微胶囊得率为 84.92%±0.1%，包埋率为 71.35%。

④通过热稳定性分析可知，海藻酸钠在一定温度下能够有效抵抗外界高温保护苯乙醛香料，减缓苯乙醛香料的释放速度，延长留香时间。

⑤苯乙醛纳米微胶囊的容重为 0.2105g/mL，苯乙醛纳米微胶囊休止角较小，说明苯乙醛纳米微胶囊粉末产品的黏性小、流动性和散落性较好。

5.2.2　苯乙醛纳米微胶囊在卷烟中的应用

（1）苯乙醛纳米微胶囊热裂解　取适量苯乙醛纳米微胶囊样品于热裂解专用石英管中，并在两端加入适量石英棉压实。将制备好的热裂解样品管置于热裂解仪器样品架上备用。

热裂解条件：裂解氛围为氦气；

初始温度：50℃；

升温速度：20℃/min，升温至300℃、600℃和900℃，保持10s。

气相质谱条件如下。

色谱柱：DB-5MS（60m×0.25mm×0.25μm）；

载气：氦气，流量为1.0mL/min；

进样口温度：280℃；

进样量：1μL；

分流比：5∶1；

升温程序：初温50℃，保持2min，以3℃/min的速度升温至180℃，保持10min，10℃/min的速度升温至220℃，保持5min；

质谱条件：电子轰击离子源（EI）；

电子电流：70eV；

离子源温度：230℃；

四极杆温度：150℃；

传输线温度：280℃；

扫描的范围：30~550u。

利用NIST11标准谱库检索定性，采用峰面积归一法进行定量。通过对苯乙醛纳米微胶囊在线裂解，裂解成分选取匹配度70%以上的挥发性成分，如表5.5所示。

表5.5　苯乙醛纳米微胶囊热裂解成分及含量

序号	成分		含量/%		
	化学名称	英文名称	300℃	600℃	900℃
1	苯甲酸	Benzoicacid	—	—	0.1365
2	苯	Benzene	0.082	0.1804	0.5174
3	邻苯二甲酸二异丁酯	1,2-Benzenedicarboxylicacid, *bis*（2-methylpropyl）ester	—	—	0.0634
4	菲	Phenanthrene	—	—	0.0125
5	乙基苯	Ethylbenzene	—	—	0.2786
6	苏合香烯	Styrene	—	—	0.4484
7	苯甲醛	Benzaldehyde	9.6765	6.6075	5.4798
8	己二酸二辛酯	Hexanedioicacid, *bis*（2-ethylhexyl）ester	—	0.8753	1.2153

续表

序号	成分		含量/%		
	化学名称	英文名称	300℃	600℃	900℃
9	1,2-二苯乙烷	Bibenzyl	—	—	0. 1297
10	苯乙酸	Benzeneaceticacid	—	—	0. 2092
11	甲苯	Toluene	0. 1706	0. 0824	0. 97
12	油酸乙酯	EthylOleate	—	—	0. 0564
13	庚醛	Heptanal	0. 1362	0. 0598	—
14	棕榈酸甲酯	Hexadecanoicacid, methylester	—	0. 1089	0. 0502
15	蒽	Anthracene	—	—	0. 0495
16	苯乙醛	Benzeneacetaldehyde	83. 1121	85. 001	74. 676
17	苯并呋喃	Benzofuran	—	—	0. 0854
18	苯乙炔	Phenylethyne	—	—	0. 065
19	环戊二烯	1,3-Cyclopentadiene	—	—	0. 1268
20	亚油酸乙酯	Linoleicacidethylester	—	—	0. 019
21	对甲基苯乙烯	Benzene, 1-ethenyl-4-methyl-	—	—	0. 0048
22	1-氯庚烷	Heptane, 1-chloro-	0. 0246	—	—
23	反式-13-十八碳烯酸	*trans*-13-Octadecenoicacid	—	0. 0671	—
24	10,11-二氢-5H-二苯并［a,d］环庚烯	10,11-Dihydro-5H-dibenzo［a,d］cycloheptene	—	—	0. 1086
25	二苯并噻唑	5H-Dibenzo［a,d］cyclohepten-5-ol, 10,11-dihydro-	—	—	0. 0159
26	对苯二甲酸二异辛酯	Diisooctyladipate	—	0. 0983	—
27	9-丙基-蒽	Anthracene, 9-propyl-	—	0. 1339	0. 5698
28	4-氯苯乙醇	4-Chlorophenylmethylcarbinol	0. 6721	—	—
29	2-正丁基呋喃	2-*n*-Butylfuran	0. 0192	—	—
30	2-苯基茚	1H-Indene, 2-phenyl-	—	—	0. 0704
31	1,2-苯二甲酸，2-甲基丙酯丁酯	1,2-Benzenedicarboxylicacid, butyl2-methylpropylester	0. 0732	—	—
32	9-丙基-蒽	Anthracene9-propyl-	0. 0083	—	—
33	2-蒽基环氧乙烷	2-Anthracenyloxirane	—	0. 0776	—
34	邻苯二甲酸异丁酯	Phthalicacid, isobutylnonylester	—	0. 0532	—

由表 5.5 可知，苯乙醛纳米微胶囊的裂解产物挥发性成分在 300，600，900℃都含有苯、苯甲醛、甲苯、苯乙醛，主要为苯乙醛，其占到了挥发性成分总量的 70%以上；并且，苯乙醛纳米微胶囊的裂解产物挥发性成分中不含有有害成分。苯乙醛纳米微胶囊裂解产物中除苯乙醛外，还含有一些其他物质，但含量较低。300℃条件下苯乙醛纳米微胶囊裂解出 10 种物质，其中醛类 3 种，包括苯甲醛、苯乙醛和庚醛，其中苯乙醛含量占 83.11%，苯甲醛，特征香为苦杏仁香，增强烟草自然香气，庚醛为水果香味，苯乙醛特征香类似于风信子的香气，低浓度下具有甜香气；醇类、酯类和呋喃类各 1 种，特有香味成分 6 种。600℃条件下裂解出 12 种物质，醛类 3 种，包括庚醛、苯乙醛和苯甲醛，其中苯乙醛含量占 85.00%；酯类 4 种，包括己二酸二辛酯、棕榈酸甲酯、对苯二甲酸二异辛酯和邻苯二甲酸异丁酯，特有香味成分 4 种。900℃条件下裂解出 24 种物质，其中醛类物质 2 种，苯乙醛含量占 74.68%，酯类 5 种，包括亚油酸乙酯等；呋喃类 1 种为苯并呋喃；还有一些酸类物质，酸类物质可以中和烟气中的碱性，使烟气更加醇和；特有香味成分 17 种。

（2）苯乙醛纳米微胶囊在卷烟中的感官评价　选取真龙卷烟的成品烟丝，均匀分为两组，一组在空白烟筒中加入不同量的苯乙醛纳米微胶囊至滤棒底部，按照每支烟总质量 0.80g±0.01g 的标准卷制样品。另一组不添加苯乙醛纳米微胶囊按照每支烟总质量 0.80g±0.01g 的标准进行卷制。将制备好的卷烟按照国家标准要求，在温度 22℃±2℃，相对湿度 60%±5%的恒温恒湿箱中平衡 48h。由 10 名具有烟草行业感官评吸资格的评吸员，对每组卷烟分别进行评价，感官评吸结果见表 5.6。

表 5.6　　苯乙醛纳米微胶囊应用于卷烟后的评吸效果

苯乙醛纳米微胶囊添加量/(g/支)	感官评吸结果
空白样	香气量稍平淡，喉部稍有刺激性，余味稍有不足
0.01	香气质和香气量稍有增加，使烟气细腻丰满，余味更加舒适
0.02	香气质和香气量增加，使烟气细腻丰满，更加柔和，卷烟刺激性降低，余味更加舒适
0.03	香气量丰满，劲头略有减小，杂气减少

续表

苯乙醛纳米微胶囊添加量/(g/支)	感官评吸结果
0.04	香气量稍高，劲头较小，烟气协调性较差
0.05	香气量过高，烟气不协调，影响卷烟风格

由评吸结果可知，卷烟感官评吸效果在苯乙醛纳米微胶囊添加量一定范围内随苯乙醛纳米微胶囊添加量的增加而提高，但苯乙醛纳米微胶囊添加量过高，影响卷烟风格，烟气不协调；苯乙醛纳米微胶囊添加量为0.02g/支时，在卷烟抽吸过程中可以稳定释放，逐口抽吸品质稳定性较好，并且卷烟的抽吸品质提高，香气质和香气量增加，使烟气细腻丰满，更加柔和，卷烟刺激性降低，余味更加舒适。

（3）小结　本节将制备出的苯乙醛纳米微胶囊应用于卷烟中，考察其在300℃、600℃和900℃三个温度的裂解产物对卷烟感官品质的影响，试验结果如下。

①苯乙醛纳米微胶囊在300℃、600℃和900℃三个温度热裂解，共鉴定出34种挥发性成分，主要为苯乙醛，另外包括醛类、酯类和醇类等，未产生有害成分，为提高卷烟吸食品质提供了理论依据。

②感官评吸表明，苯乙醛纳米微胶囊在卷烟中添加量为0.02g/支时评吸效果最好，增加卷烟的香气质和香气量，使烟气细腻丰满，更加柔和，减小刺激性，改善余味。

6 天然香料微胶囊包埋技术

6.1 怀菊花精油微胶囊的制备及其在卷烟中的应用

本试验选取怀菊花为原料，用水蒸气蒸馏法，加以复合酶（果胶酶和纤维素酶）辅助提取怀菊花精油，通过响应面优化得出在液料比为 9∶1，加酶量为 4.4%，提取时间为 5h，酶解时间 2h，pH 为 5 时，提取怀菊花精油有最大得率为 0.848%。提取得到的怀菊花精油呈鲜绿色，并有浓郁的菊花香气，经测定其密度为 0.974g/cm^3。分析怀菊花精油的化学成分，共检测出匹配度大于 80%的挥发性化合物 84 种，其中萜烯烃类化合物占 32 种，含量最高，相对含量达到 27.93%。经分析其中含有有较多的香味成分，如（*E*）-*β*-金合欢烯、（*Z*）-*β*-金合欢烯、环氧石竹烯、橙花叔醇等。然后以怀菊花精油为材料，用传统的复凝聚法制备怀菊花精油微胶囊，壁材选择明胶和阿拉伯胶，通过单因素和正交试验确定了壁材浓度为 1%，芯壁比为（1∶1）~（1∶2），pH 为 3.5，搅拌速度为 600r/min 时，能制备出有较好的包埋率和较小颗粒度的怀菊花精油微胶囊。经测定，复凝聚法制备的微胶囊最大包埋率为 78.62%。干燥后，怀菊花微胶囊呈凝胶状，有明显的菊花香气，其含水率为 25%，含油率为 40%，其粒径分布主要在 418.6~1184μm。复凝聚法制备的微胶囊对温度敏感，温度超过 60℃时微胶囊发生破裂。

接着用新型的喷雾冷凝法制备怀菊花精油微胶囊，壁材选择为海藻酸钠，用氯化钙接收固化。通过单因素和正交试验确定了海藻酸钠浓度为 2%，怀菊花精油浓度为 0.5%，吐温 60 浓度为 0.06%，CMC 浓度为 0.6 时，怀菊花精油微胶囊有最大包埋率为 65%。喷雾冷凝法制备的怀菊花精油微胶囊经喷雾干燥呈颗粒和粉末状，有明显的菊花香气，含水率 3.28%，含油率为 15.7%，其粒径可以通过仪器调控而变化，能分布在 18.50~995.6μm。喷雾冷凝法制备的微胶囊热稳定好，在水中加热并不会发生破裂。

对怀菊花微胶囊的释放规律进行研究，重点考察了干燥方式、粒径大小、温度因素对怀菊花微胶囊释放速度的影响，结果表明，冷冻干燥比烘箱加热干燥得到的微胶囊表面有更多的孔隙，这会直接影响微胶囊的释放速度。另外，粒径越小，怀菊花微胶囊在水中和在空气中的释放速度越快。微胶囊在水中释放受温度影响较大，温度越高，微胶囊释放速度越快，而微胶囊在空气中释放受环境影响不大。最后，将怀菊花精油、复凝聚法制备的微胶囊和喷雾冷凝法制备的微胶囊应用于卷烟加香中，感官评吸结果表明，怀菊花精油添加量在0.1%~0.3%时，能够增加卷烟香气，减小刺激性，改善余味。喷雾冷凝法制备怀菊花微胶囊的添加量在0.04~0.06g/支时，能够增加柔和烟气，减小刺激性，赋予卷烟更多的清甜味。复凝聚法制备的怀菊花微胶囊由于呈凝胶状，会增大卷烟吸阻，使烟气变淡，所以不适合直接添加到卷烟当中。本研究对香料的包埋和烟用香料微胶囊在卷烟中的应用提供了参考依据。

6.1.1 复凝聚法制备怀菊花精油微胶囊

将香料微胶囊化就是用天然或者合成的高分子物质将分散的固体或者液体香料微粒外包覆一层半透膜或者密闭膜的过程。香料微胶囊化后就能够有效保护敏感性物质，而且能达到香料缓释的作用。香料微胶囊化可将液体香料固化，香料的应用范围因此而大大增加，比如，固体烟用香料不仅可以添加到烟丝中，还可以添加到卷烟滤嘴中。另外，固体香料也更便于储存和运输。因此，本试验就以怀菊花精油为芯材（“1.7.1 怀菊花精油的提取以及成分分析”中叙述了怀菊花精油制备工艺），以常用的复凝聚法制备怀菊花微胶囊，并用于卷烟加香中，希望能对怀菊花微胶囊在卷烟工业中的提供参考依据。

（1）怀菊花精油微胶囊的制备　称取适量的明胶和阿拉伯胶加水（质量比为1∶1），在50℃水浴锅中溶解，待完全溶解后混合，加入一定量的怀菊花精油，用均质机在10000r/min条件下均值1min，然后在恒温磁力搅拌器上恒温40℃，保持一定转速，用10%浓度的醋酸溶液调节溶液pH，反应30min，加入1mL的戊二醛溶液，再用5%的NaOH调节溶液pH到8~9，将反应容器放入冰水浴中冷却，保持2h后可发现怀菊花微胶囊漂浮在溶液上层。将溶液抽滤，怀菊花微胶囊湿囊被保留在滤纸上，用蒸馏水反复冲洗，去掉残留的戊二醛，用50%乙醇溶液冲洗一次，洗去微胶囊表面的怀菊花精油，放入50℃干燥箱中干燥，便得到怀菊花精油微胶囊。

复凝聚法制备的微胶囊粒径分布结果见图 6.1。分析图 6.1 可知，虽然微胶囊粒径在 26.16~1408μm 均有分布，但从含量上看，微胶囊的粒径主要分布在 418.6~1184μm（占总量的 71.3%）。这是由于复凝聚法制备微胶囊的粒径主要受怀菊花精油乳化油滴的大小和搅拌速度的影响，而制备过程对其粒径大小影响较小。这两者确定后，微胶囊大小变化范围则比较小。

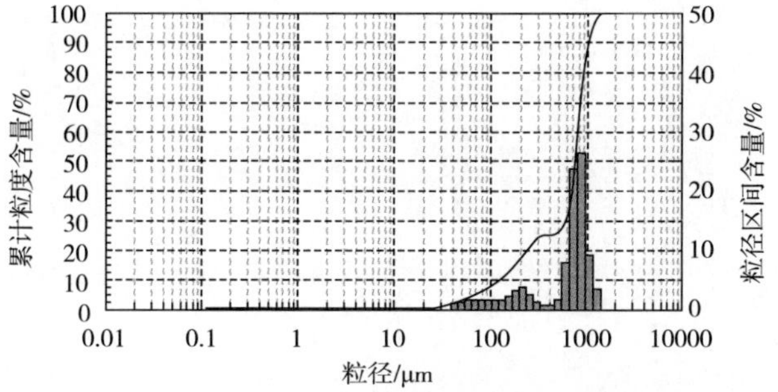

图 6.1　怀菊花精油微胶囊的粒径分布

（2）单因素对微胶囊成囊效果的影响　按照怀菊花微胶囊的制备方法，考察单因素（壁材浓度、芯壁比、搅拌速度、pH）对菊花微胶囊成囊效果的影响，在 100 倍显微镜下观察并记录结果。单因素梯度设置如下：壁材浓度为 0.5%，1%，2%；芯壁比为 1∶2，1∶1，2∶1；搅拌速度为 400，500，600r/min；pH 为 3.5，4，4.5。

①壁材浓度对微胶囊成囊效果的影响。

结果见图 6.2，从图中可知在 100 倍显微镜下三种不同的条件下制备的怀菊花精油微胶囊形态差异并不明显。微胶囊的得率随壁材浓度的增大而升高，而壁材浓度过大，制备的微胶囊容易粘连，不利于冲洗和分离。壁材浓度较小时，形成的微胶囊硬度较差，不利于干燥。因此判断，壁材浓度为 1%时比较合适。

②芯壁比对微胶囊成囊效果的影响。

芯壁比对微胶囊成囊效果的影响结果见图 6.3。由图 6.3 可以明显看出，芯壁比在 1∶2 时形成的微胶囊颗粒较小，在芯壁比为 1∶1 和 2∶1 时，包覆的怀菊花精油微粒都较多，形成的微胶囊颗粒也较大，包埋率反而下降，因此芯壁比在 1∶2 时效果更佳，这与路宏波等的研究结果一致。

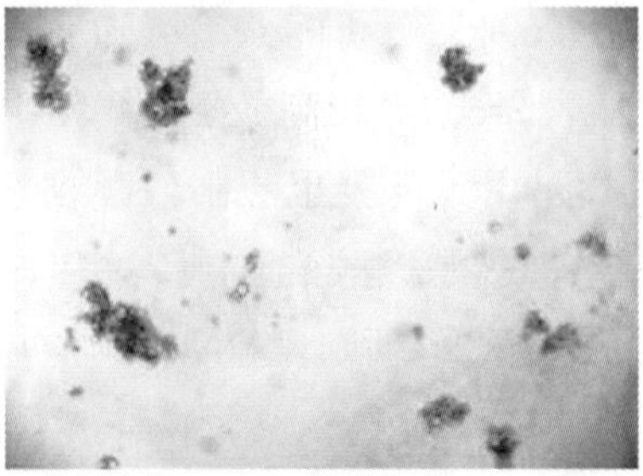

（1）壁材浓度：0.5%；芯壁比：1∶1；pH：4.0；搅拌速度：500r/min

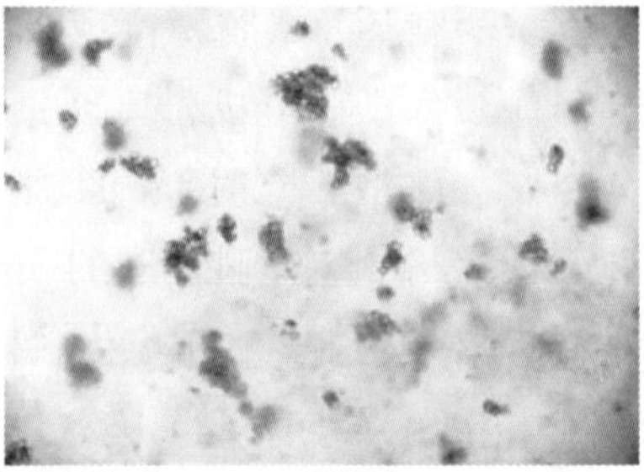

（2）壁材浓度：1.0%；芯壁比：1∶1；pH：4.0；搅拌速度：500r/min

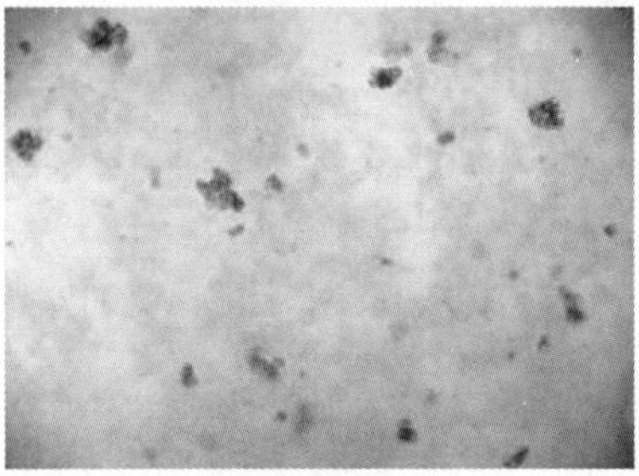

（3）壁材浓度：2.0%；芯壁比：1∶1；pH：4.0；搅拌速度：500r/min

图 6.2　壁材浓度对怀菊花精油微胶囊成囊效果的影响

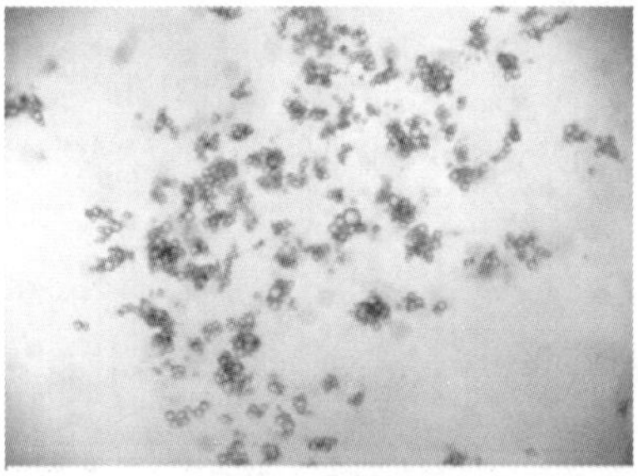

（1）壁材浓度：1.0%；芯壁比：1∶2；pH：4.0；搅拌速度：500r/min

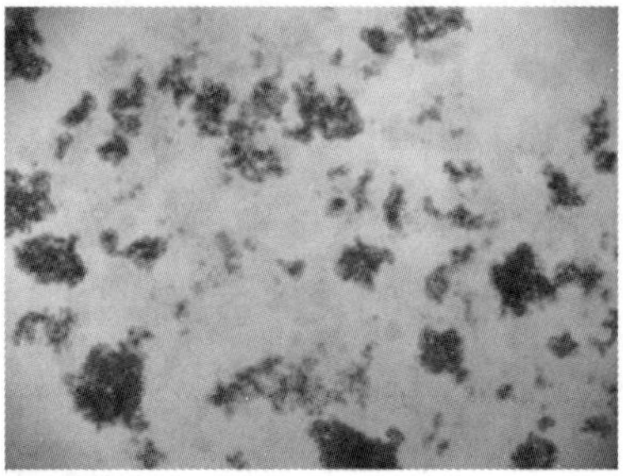

（2）壁材浓度：1.0%；芯壁比：1∶1；pH：4.0；搅拌速度：500r/min

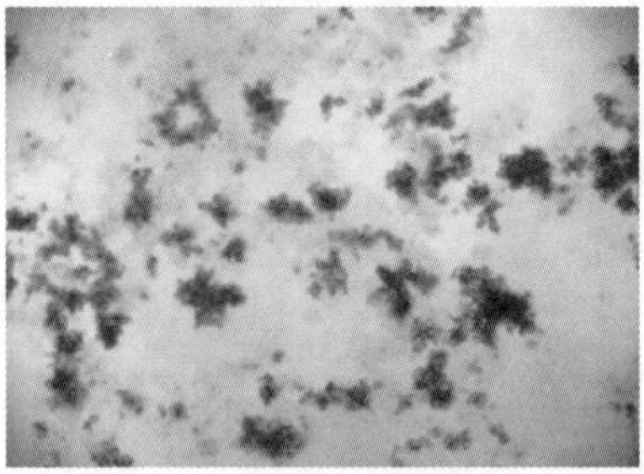

（3）壁材浓度：1.0%；芯壁比：2∶1；pH：4.0；搅拌速度：500r/min

图 6.3　芯壁比对怀菊花精油微胶囊成囊效果的影响

③搅拌速度对微胶囊成囊效果的影响。

搅拌速度对微胶囊成囊效果的影响结果见图 6.4。较高的搅拌速度有利于怀菊花精油的分散，同时形成微胶囊后，微胶囊大部分也不会发生粘连。但是，搅拌速度过快，可能会造成微胶囊破壁，影响微胶囊的包埋率。图 6.4 中显示出微胶囊颗粒的大小随搅拌速度增加呈下降趋势。这是由于搅拌速度增快更有利于精油微粒的分散，发生大量精油微粒团聚的可能性减少。所以，600r/min 的搅拌速度更有利于微胶囊分散。

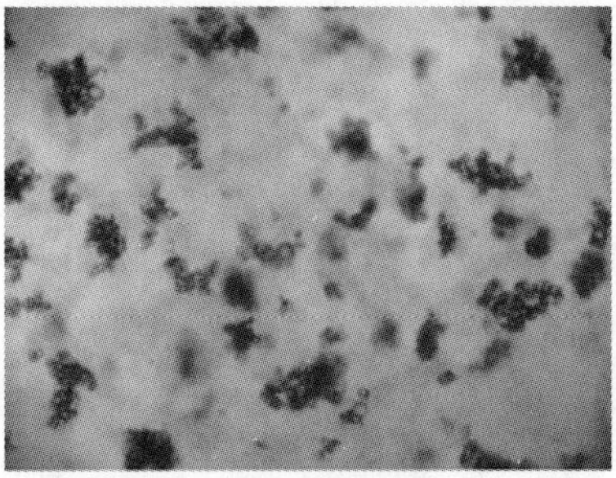

（1）壁材浓度：1.0%；芯壁比：1∶1；pH：4.0；搅拌速度：400r/min

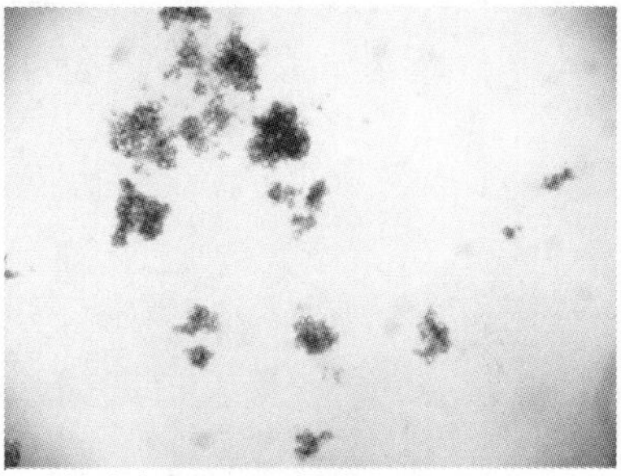

（2）壁材浓度：1.0%；芯壁比：1∶1；pH：4.0；搅拌速度：500r/min

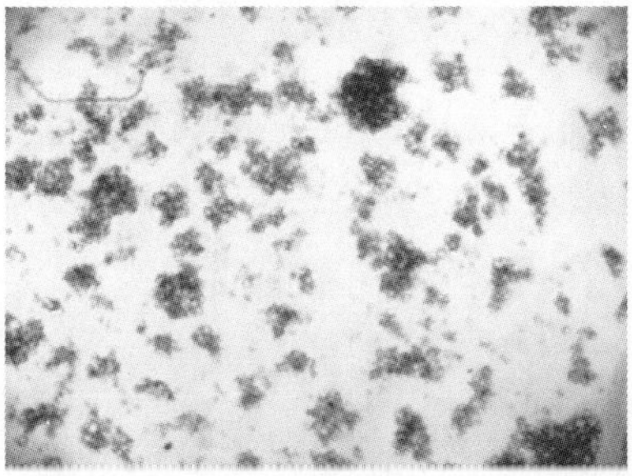

（3）壁材浓度：1.0%；芯壁比：1∶1；pH：4.0；搅拌速度：600r/min

图 6.4　搅拌速度对怀菊花精油微胶囊成囊效果的影响

④溶液 pH 对微胶囊成囊效果的影响。

溶液 pH 对微胶囊成囊效果的影响结果见图 6.5。由图 6.5 可知，溶液 pH 在 3.5 和 4.0 时微胶囊成囊效果良好，而在 pH 为 4.5 时，微胶囊成囊率很低，从视野中可以看出，大部分都是精油分散的油滴，形成的微胶囊的较少。因此判断微胶囊成囊的 pH 应该在 3.5~4.0。

（3）怀菊花精油微胶囊包埋率、含油率和含水率的测定　将制备的怀菊花精油微胶囊平均分成两份，分别测定两份微胶囊的包埋率（V_1）和含水率（V_2）。

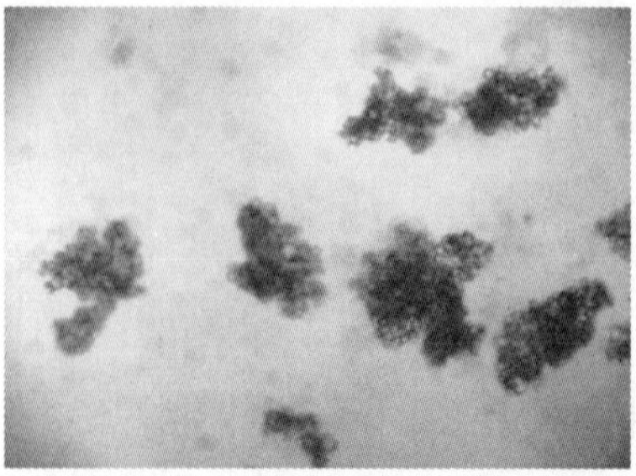

（1）壁材浓度：1.0%；芯壁比：1∶2；pH：3.5；搅拌速度：500r/min

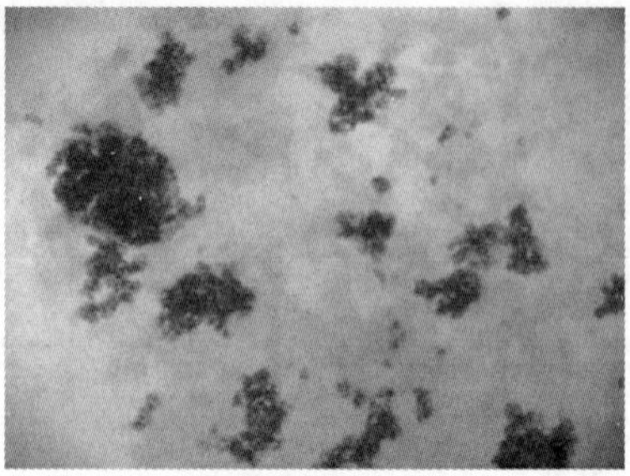

（2）壁材浓度：1.0%；芯壁比：1∶1；pH：4.0；搅拌速度：500r/min

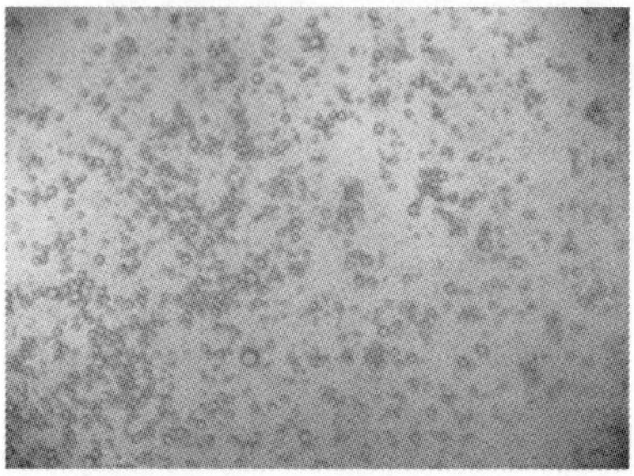

（3）壁材浓度：1.0%；芯壁比：1∶1；pH：4.5；搅拌速度：500r/min

图 6.5　溶液 pH 对微胶囊成囊效果的影响

怀菊花精油微胶囊包埋率（V_1）和含油率（V_2）的测定：将质量为 M_0 的微胶囊（怀菊花精油添加量为 M）置于索氏提取器中，用石油醚回流 4h，收集石油醚，在 40℃烘箱中挥发干石油醚后，得怀菊花精油质量为 M_1，计算如下：

$$V_1 = \frac{M_1}{M} \times 100\%$$

$$V_2 = \frac{M_1}{M_0} \times 100\%$$

怀菊花精油含水率（V_3）的测定：将质量为 M_0 的微胶囊置于 120℃的烘箱中，烘干至恒重。将烘干的微胶囊置于索氏提取器中用石油醚回流 4h，收集微胶囊，在烘箱中挥发干石油醚，测其质量为 M_2，计算如下：

$$V_3 = \frac{M_0 - M_1 - M_2}{M_0} \times 100\%$$

（4）微胶囊化对怀菊花精油加速挥发的影响　制备出怀菊花精油微胶囊后，取出一部分检测其含水率和含油率，根据油和水的比例取相应的配制蒸馏水和怀菊花精油混合液，然后将怀菊花精油微胶囊和混合液置于 60℃烘箱内，加速精油挥发，定时测定两组样品质量，记录结果。

（5）正交试验优化怀菊花精油微胶囊包埋率　设计正交试验，选择 $L_9(3^4)$ 正交试验表对制备微胶囊的工艺条件（壁材浓度、芯壁比、搅拌速度、pH）进行优化，以获得包埋率最优的微胶囊，结果见表 6.1。由表 6.1 极差分析可知，四种因素对微胶囊包埋率影响顺序为：pH>壁材浓度>芯壁比>搅拌速度，得出最优组合为：*A2B2C1D3*，即当壁材浓度为 1%，芯壁比为 1∶1，pH 为 3.5，搅拌速度为 600r/min，怀菊花微胶囊应该有最大包埋率，经试验验证，此最优组合条件下，怀菊花精油微胶囊的包埋率为 78.62%。

表 6.1　　怀菊花精油微胶囊正交试验优化结果

项目	壁材浓度（A）/%	芯壁比（B）	pH（C）	搅拌速度（D）/（r/min）	包埋率/%
实验 1	0.5	1∶2	3.5	400	59.55
实验 2	0.5	1∶1	4	500	58.59
实验 3	0.5	2∶1	4.5	600	9.18
实验 4	1	1∶2	4	600	70.93
实验 5	1	1∶1	4.5	400	20.32
实验 6	1	2∶1	3.5	500	67.21
实验 7	2	1∶2	4.5	500	10.94
实验 8	2	1∶1	3.5	600	68.71
实验 9	2	2∶1	4	400	58.39
*k*1	42.440	47.140	65.157	46.087	
*k*2	52.820	49.207	45.767	45.580	
*k*3	46.013	44.927	30.350	49.607	
极差	10.380	4.280	34.807	4.027	
最优水平	A2（1%）	B2（1∶1）	C1（3.5）	D3（600）	

（6）温度对怀菊花精油微胶囊热稳定的影响　制备的怀菊花精油微胶囊经过冲洗后，重新分散到蒸馏水中，然后在 50℃ 水浴锅中保持 30min 后观察微胶囊形态。接着升高水浴锅温度到 60℃、70℃ 和 80℃，分别观察各温度下怀菊花微胶囊形态，记录结果。

温度对微胶囊温度性的影响结果见图 6.6。由图 6.6 分析可知，温度低于 60℃ 水溶液中的微胶囊和显微镜下的微胶囊颗粒变化均不明显，但随着温度再升高，溶液中的微胶囊发生部分溶解，显微镜下观察微胶囊较大颗粒也发生破裂［图 6.6（4）中箭头标示］，小颗粒增多，精油微粒分散到水溶液中。但同时，怀菊花精油微胶囊在水中的稳定性也受到壁材浓度、固化时间等因素的影响，一般认为，壁材浓度增大，固化时间越长，微胶囊的稳定性就越高。然而，微胶囊在水中的热稳定性也不是越高越好，比如，通过加热释放芯材到目标物料的微胶囊，需要调控相应的微胶囊破壁温度以适应实际生产的需要。

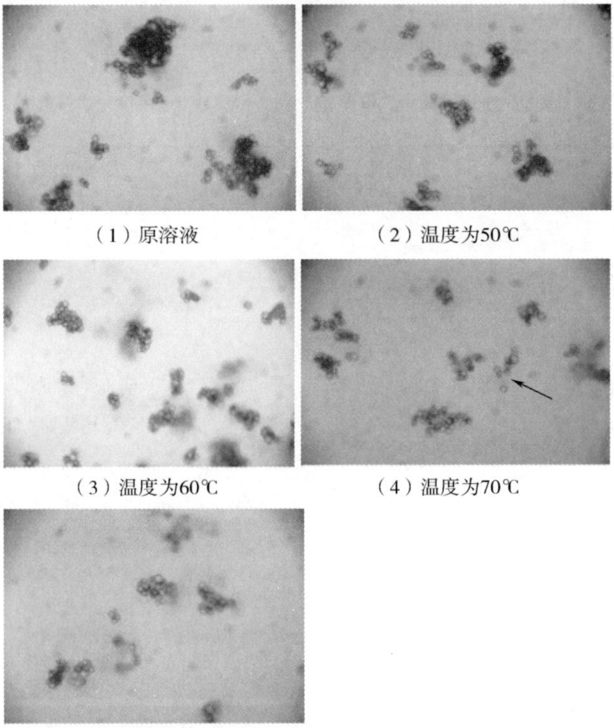

（1）原溶液　（2）温度为50℃

（3）温度为60℃　（4）温度为70℃

（5）温度为80℃

图 6.6　温度对怀菊花精油微胶囊稳定性的影响

（7）复凝聚法制备怀菊花微胶囊粒径分布　复凝聚法制备的微胶囊粒径分布结果见图 6.7。分析图 6.7 可知，虽然微胶囊粒径在 26.16～1408μm 均有分布，但从含量上看，微胶囊的粒径主要分布在 418.6～1184μm，占总量的 71.3%。这是由于复凝聚法制备微胶囊的粒径主要受怀菊花精油乳化油滴的大小和搅拌速度的影响，而制备过程对其粒径大小影响较小。这两者确定后，微胶囊大小变化范围则比较小。

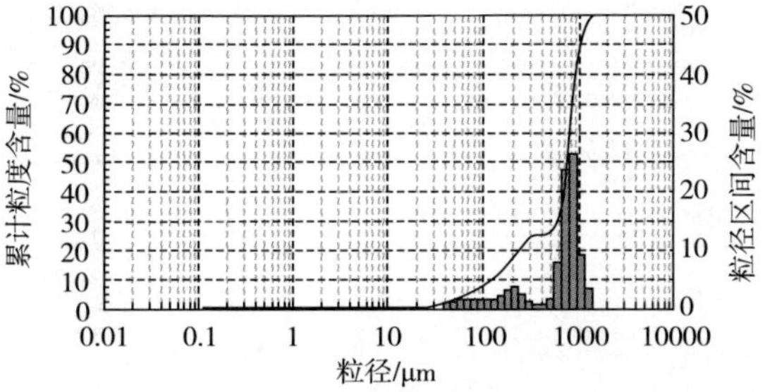

图 6.7　怀菊花精油微胶囊的粒径分布

（8）小结　本试验选取怀菊花精油为芯材，明胶和阿拉伯胶为壁材，用复凝聚法制备怀菊花精油微胶囊。单因素试验结果显示，当壁材浓度为 1%，芯壁比为 1∶2，pH 为 3.5~4，搅拌速度为 600r/min 时，微胶囊的成囊效果较好，微胶囊颗粒较小。正交试验优化了怀菊花精油微胶囊包埋率，得出当壁材浓度为 1%，芯壁比为 1∶1，pH 为 3.5，搅拌速度为 600r/min，怀菊花微胶囊有最大包埋率达到 78.62%。综合可得，当壁材浓度为 1%，芯壁比为（1∶1）~（1∶2），pH 为 3.5，搅拌速度为 600r/min 时，能制备出有较好的包埋率和较小颗粒度的怀菊花精油微胶囊。微胶囊经烘干后，含水率为 31.2%，含油率为 42.8%。另外，温度对怀菊花精油微胶囊稳定性影响显著，当温度高于 60℃时，微胶囊颗粒开始发生破裂。

6.1.2　喷雾冷凝法制备怀菊花精油微胶囊

微胶囊的制备方法主要有复凝聚法、喷雾干燥法、喷雾冷凝法、乳化法等。其中喷雾干燥法需要接触高温，不适合热敏性物料的包埋；复凝聚法和乳化法处理样品量较少，不适合工业化生产。而喷雾冷凝法具有过程温和、固化效率高、控释效果好、水溶和水不溶均能包埋的优点，因而受到越来越多的关注。而且，喷雾冷凝法技术应用于制备香料微胶囊还鲜有文献报道。本试验利用雾化造粒设备制备怀菊花精油微胶囊。

（1）怀菊花精油微胶囊的制备　取适量怀菊花精油加入盛有一定量蒸馏水的烧杯中，用高速分散均质机进行均质乳化，备用。按设定比例称取海藻酸钠，加入蒸馏水，在磁力搅拌器上保持 40℃进行搅拌，让海藻酸钠充分溶解。将溶解后的海藻酸钠与怀菊花精油乳化液混合，在磁力搅拌器上搅拌，直至混合均匀，放置 30min 后，倒入喷雾设备，在输入空气压力为 0.2MPa 条件下进行微胶囊制备，喷出的微胶囊用 2%浓度的氯化钙溶液接收进行固化。

固化一定时间后，抽滤掉氯化钙溶液，得到肉桂醛微胶囊，用蒸馏水冲洗两遍，无水乙醇冲洗一遍，放置在滤纸上在室温下自然干燥，待微胶囊表面干燥后，将微胶囊转入密闭容器内保存。

（2）怀菊花精油含量的检测方法　将一定量怀菊花精油用 10mL 乙醇水溶液（9mL 乙醇+1mL 水）溶解，用紫外分光光度计对其进行全波长扫描，发现怀菊花精油在 304nm 处有个尖锐的最大吸收峰，以 304nm 的波长下怀菊花精油吸光度来检测怀菊花精油含量。准确称取相应量的怀菊花精油，溶解在 10mL 乙醇水溶液（9mL 乙醇+1mL 水）中，配制的怀菊花精油溶液浓度分别为 0.1，0.2，0.4，0.6，0.8，1.0，1.5mg/mL，在 304nm 处测定吸光度，得到标准曲线 $y=0.7921x-0.0482$（$R^2=0.9948$）（y：吸光度；x：怀菊花精油浓度）。

（3）怀菊花精油微胶囊的含水率和含油率测定　取适量干燥后的怀菊花精油，用烘箱法测定怀菊花精油微胶囊含水率，参照 GB 5009.3—2010《食品安全国家标准　食品中水分的测定》，怀菊花精油的含量（含油率）参照“1.5 复合酶法提取怀菊花精油”中方法测得。

（4）怀菊花精油微胶囊包埋率的测定　将除去表面水分的怀菊花精油微胶囊质量记为 m_1，然后取其中的 1g，记为 m_2，加入盛有 200mL 蒸馏水的烧杯中，再加入 0.5g 的柠檬酸钠，放置在磁力搅拌器上，维持温度 40℃ 搅拌，待微胶囊完全溶解后，测定怀菊花精油的含量为 x_1，计算怀菊花精油微胶囊包埋率 y 如下式：

$$y = \frac{x_1 \times 200 \times m_1}{m_2 \times 1000 \times 0.5} \times 100\%$$

式中　y——怀菊花精油微胶囊包埋率；

x_1——测定溶液中怀菊花精油含量；

m_1——怀菊花精油微胶囊质量；

m_2——加入的怀菊花精油的质量。

（5）海藻酸钠浓度对微胶囊包埋率的影响　按照复凝聚法制备怀菊花精油微胶囊，设置海藻酸钠溶液的浓度为 1%，2%，3%，4%，怀菊花精油的含量为 1%，其他保持不变，制备怀菊花精油微胶囊后，测定怀菊花精油微胶囊的包埋率。

不同浓度海藻酸钠对怀菊花精油微胶囊包埋率的影响结果见图 6.8。分析

图 6. 8 数据可知，怀菊花精油微胶囊的包埋率随海藻酸钠溶液浓度的增加而增大，试验发现，当海藻酸钠浓度大于 4%时，混合液难以实现雾化。海藻酸钠作为微胶囊的壁材，不但影响微胶囊的囊膜强度，而且对微胶囊的包埋率也有影响。海藻酸钠溶液的黏度随海藻酸钠浓度的升高而增大，微胶囊的机械强度也随之增加。海藻酸钠浓度太低时，微胶囊机械强度不够，包埋的怀菊花精油微粒容易扩散出微胶囊，导致包埋率降低。然而，海藻酸钠溶液浓度过高时会使海藻酸钠怀菊花精油乳化混合液的黏度过大而难以雾化，或者制备的微胶囊发生变形。

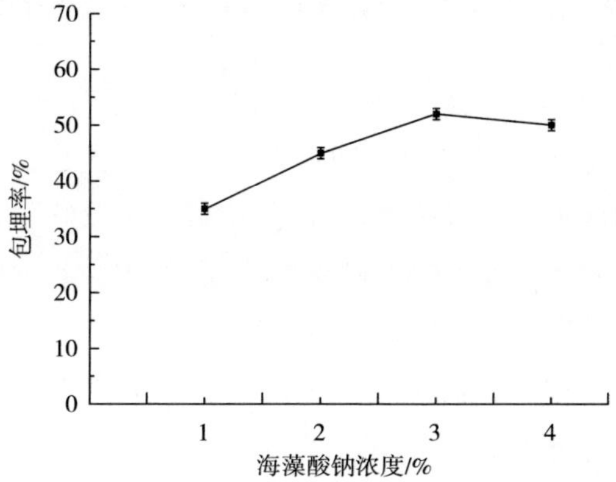

图 6. 8　海藻酸钠浓度对怀菊花精油微胶囊包埋率影响

（6）怀菊花精油浓度对微胶囊包埋率的影响　按照复凝聚法制备怀菊花精油微胶囊，设定海藻酸钠溶液浓度为 4%，怀菊花精油的添加量分别为 0. 5%，1%，1. 5%，2%，制备出怀菊花精油微胶囊后，测定怀菊花精油微胶囊的包埋率。

怀菊花精油浓度对微胶囊包埋率的影响结果见图 6. 9。怀菊花精油浓度对微胶囊包埋率的影响主要体现在怀菊花精油作为芯材与壁材海藻酸钠的比例上，即芯壁比。此因素主要考察海藻酸钠在 4%的浓度时制备的微胶囊对怀菊花精油的包埋能力。分析图 6. 9 数据可知，随着怀菊花精油浓度的升高，微胶囊的包埋率呈缓慢下降趋势，即海藻酸钠对怀菊花精油的包埋能力逐渐下降。

（7）乳化剂类型对微胶囊包埋率的影响　由图 6. 10 可知，不同的乳化剂对微胶囊的包埋率有显著影响，这可能与不同乳化剂的 HLB 值有关，由于怀

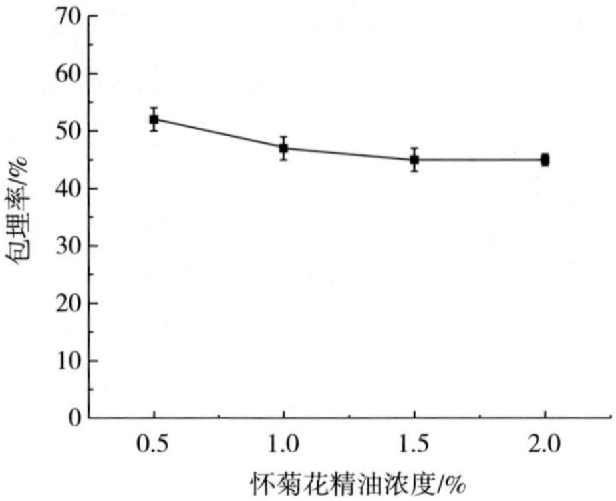

图 6.9 怀菊花精油浓度对其微胶囊包埋率的影响

菊花精油经乳化分散之后，主要形成的 O/W 形微粒，所以高 HLB 值有利于怀菊花精油分散到水中，所形成的微粒粒径更小，乳化稳定性也越好。吐温 60 和吐温 80 的 HLB 值要大于蔗糖酯和单甘脂，所以吐温 60 和吐温 80 制备微胶囊的包埋率较高，但吐温 60 和吐温 80 制备的微胶囊包埋率并没有显著性差异。另外，试验发现使用吐温 80 作为乳化剂时，虽然微胶囊有较好的包埋率，但是制备出来的微胶囊带有吐温 80 的刺激性气味，使得微胶囊的感官品质下降。选用蔗糖酯时，由于蔗糖酯并不溶解在水中，所以经雾化后，氯化钙溶液会形成膜，使雾化液滴漂浮在氯化钙溶液表面，需要不断搅拌才能保证反应完成。而单甘脂则需要长时间的热水搅拌才能分散，增加试验的工作量。综合考虑，吐温 60 是制备怀菊花精油微胶囊合适的乳化剂。

（8）乳化剂加入量对微胶囊包埋率的影响　设定海藻酸钠溶液浓度为 4%，怀菊花精油的浓度为 1%，在均质乳化时加入 0.2%，0.4%，0.6%，0.8%的吐温 60，然后按照复凝聚法制备怀菊花精油微胶囊，然后测定怀菊花精油微胶囊的包埋率。

乳化剂的加入量对微胶囊包埋率影响的结果见图 6.11。加入乳化剂的主要作用是增加怀菊花精油在水中分散的乳化稳定性，但是乳化剂的用量也不是越多越好。虽然高速分散均质机能够将油状的怀菊花精油粉碎成微小的粒子分散在水中，但是由于均质时间和均质机本身能力的问题，还是会有大颗粒的怀菊花精油油滴存在，大的油滴是难以被包埋的，这样就影响了微胶囊的包埋率。如果加入乳化剂（试验选择的是吐温 60）则能更有利于形成 O/W 的小油滴，同时也会增加怀菊花精油乳液的乳化稳定性。由图 6.11 数据分析

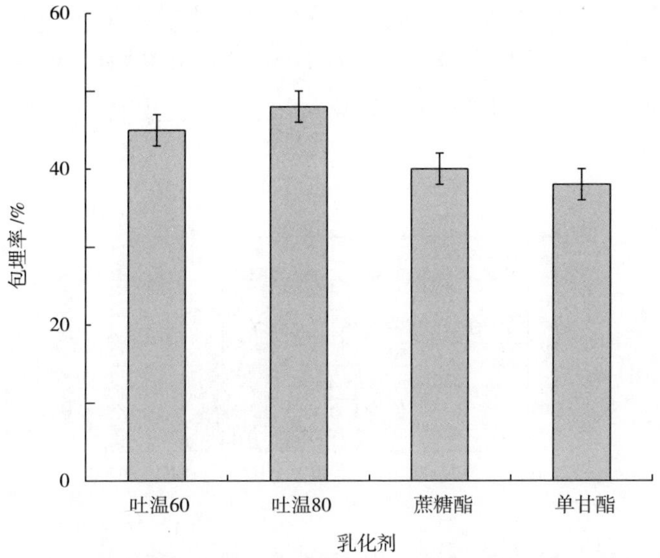

图 6.10 乳化剂类型对怀菊花精油微胶囊包埋率的影响

可知，当海藻酸钠浓度为 0.4%，怀菊花精油浓度为 1%，吐温 60 的加入量为 0.4%时，怀菊花精油微胶囊的包埋率达到 62.5%。

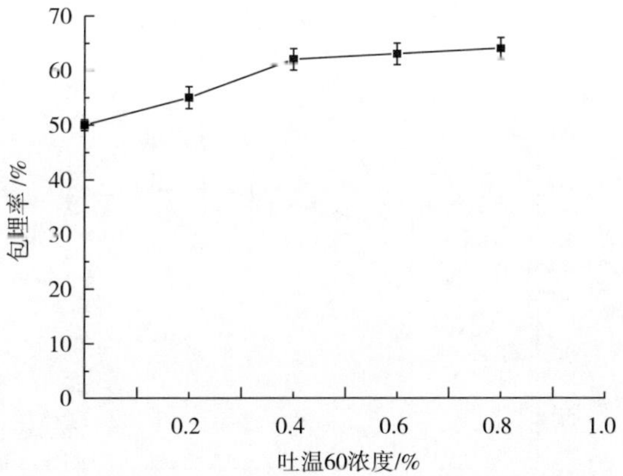

图 6.11 吐温 60 加入量对怀菊花精油微胶囊包埋率的影响

（9）怀菊花精油微胶囊粒径分布的检测　取适量的怀菊花精油微胶囊用激光粒度分析仪测定微胶囊的粒径分布。

在制备微胶囊的过程中，通过改变喷头旋钮调控喷出的液滴粒径大小而控制微胶囊的粒径大小，然后用激光粒度分析测定微胶囊的粒径，结果见图 6.12。从图中可以看出微胶囊的粒径分布范围为 18.50~995.6μm，也就是从理论上来说，用雾化器制备的微胶囊可以制备出 18.50~995.6μm 的微胶囊。

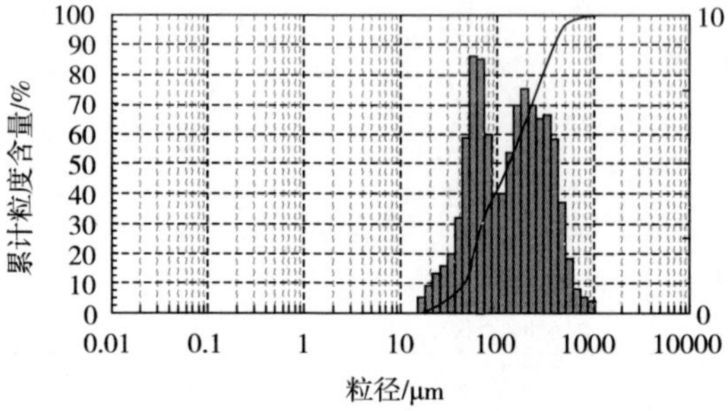

图 6.12　怀菊花精油微胶囊的粒径分布范围

（10）稳定剂的加入量对微胶囊包埋率的影响　由图 6.13 可知，稳定剂 CMC 的加入能够增大微胶囊的包埋率，这是由于稳定剂的加入使精油和海藻酸钠体系更加稳定，乳化的精油乳液更好地分散在海藻酸钠中，精油微粒在微胶囊中的稳定性也会增加。

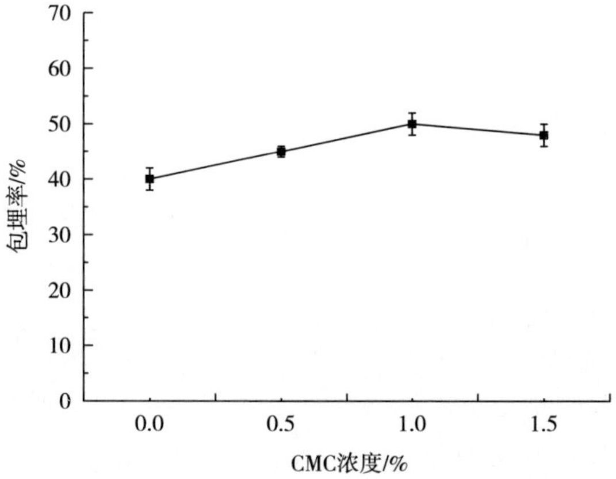

图 6.13　CMC 浓度对怀菊花精油微胶囊包埋率的影响

（11）正交试验优化怀菊花精油微胶囊包埋率　在单因素结果的基础上，选取海藻酸钠浓度、怀菊花精油浓度、乳化剂（吐温 60）浓度、稳定剂

(CMC)浓度设计正交试验，对怀菊花精油微胶囊包埋率进行优化，结果见表6.2和表6.3。

表6.2　　怀菊花精油微胶囊正交试验水平因素表

A (海藻酸钠浓度)/%	*B* (怀菊花精油浓度)/%	*C* (吐温60浓度)/%	*D* (CMC浓度)/%
1	0.5	0.02	0.2
2	1	0.04	0.4
3	1.5	0.06	0.6

表6.3　　怀菊花精油微胶囊正交试验结果

项目	*A*(海藻酸钠浓度)	*B*(怀菊花精油浓度)	*C*(吐温60浓度)	*D*(CMC浓度)	包埋率/%
实验1	1	1	1	1	45
实验2	1	2	2	2	42
实验3	1	3	3	3	50
实验4	2	1	2	3	60
实验5	2	2	3	1	54
实验6	2	3	1	2	40
实验7	3	1	3	2	62
实验8	3	2	1	3	40
实验9	3	3	2	1	45
*k*1	45.667	55.667	41.667	48.000	
*k*2	51.333	45.333	49.000	48.000	
*k*3	49.000	45.000	55.333	50.000	
R	5.666	10.667	13.666	2.000	

由表6.3分析可知，各因素对怀菊花精油微胶囊包埋率影响大小的顺序为*C*>*B*>*A*>*C*，即乳化剂（吐温60）的浓度对微胶囊包埋率影响最大，精油浓度次之，然后是海藻酸钠浓度，稳定剂（CMC）的影响最小。极差分析得出各因素的最优水平是*A*2*B*1*C*3*D*3，即海藻酸钠浓度为2%，怀菊花精油浓度为0.5%，吐温60浓度为0.06%，CMC浓度为0.6时。由于正交试验表中并未出现此条件的试验组合，需要进行试验验证。经验证，此条件下，怀菊花精

油微胶囊包埋率为 65%。

（12）怀菊花精油微胶囊的形态结构表征　在光学显微镜下观察制备出的怀菊花精油微胶囊，结果见图 6.14 和图 6.15。其中 6.14 为在水溶液中微胶囊放大 40 倍的状态，在图中可以明显看到怀菊花精油微胶囊呈规整的圆形，精油微粒均匀分散在微胶囊内部。图 6.15 为微胶囊经抽滤后，自然晾干后在水外的形态，可以看见表面发生一定的皱缩，但仍呈现圆球形，精油微粒也清晰可见。

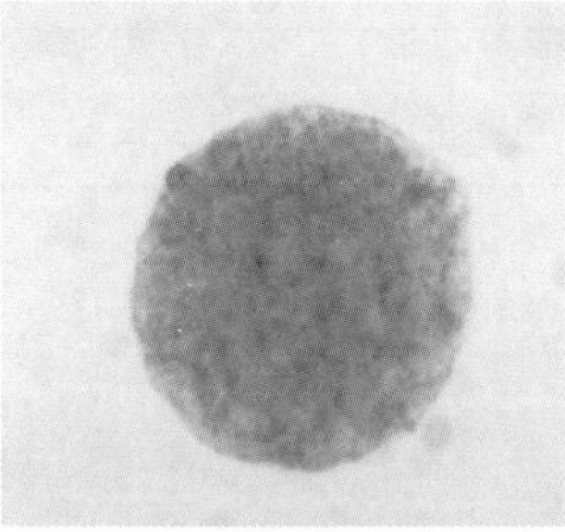

图 6.14　怀菊花精油微胶囊水中形态

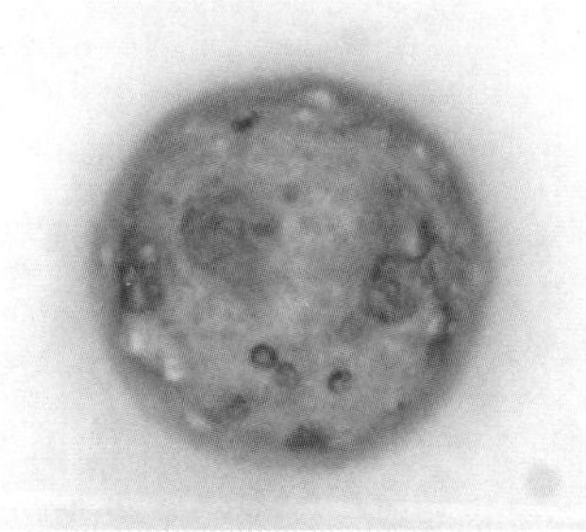

图 6.15　怀菊花精油微胶囊水外形态

（13）小结　本节选用喷雾冷凝法制备怀菊花精油微胶囊，单因素试验考察了海藻酸钠浓度、氯化钙浓度、怀菊花精油浓度、乳化剂类型、乳化剂浓度、稳定剂浓度对微胶囊包埋率的影响，发现海藻酸钠浓度、怀菊花精油浓度、乳化剂浓度和稳定剂浓度对微胶囊包埋率影响显著，然后设计正交试验，对怀菊花精油微胶囊包埋率进行优化，得出当海藻酸钠浓度为 2%，怀菊花精油浓度为 0.5%，吐温 60 浓度为 0.06%，CMC 浓度为 0.6%时，怀菊花精油微胶囊有最大包埋率为 65%。通过光学显微镜观察微胶囊外观形态，微胶囊呈规则的圆球形。

经测定，微胶囊的含水率为 3.28%，含油率为 15.7%。激光粒度分析仪分析了喷雾冷凝法制备的微胶囊的粒径分布范围，微胶囊分布在 18.50~995.6μm。

6.1.3 怀菊花精油微胶囊释放规律的研究

前部分内容介绍了用复凝聚法和喷雾冷凝法制备怀菊花精油微胶囊，两种方法制备的微胶囊在形态和包埋精油的效果上均有差异，这样就会导致二者在实际应用中也会有所不同。另外，香料微胶囊不但可以在卷烟中应用，而且在食品保鲜和调味方面也能发挥作用。要将香料微胶囊应用于实际中，必须考察其释放性能，而在实际应用中也尤以在水中和空气中释放最为广泛。所以，对怀菊花精油在水中和空气中的释放规律进行研究，主要考察干燥方式、温度、湿度对微胶囊释放香料效果的影响。

（1）微胶囊的制备及干燥　按照复凝聚法和喷雾冷凝法在最优条件下制备怀菊花精油微胶囊，将制备的微胶囊分别使用烘箱烘干法和冷冻干燥法进行干燥，收集干燥样品，待用。

①不同干燥方式对微胶囊表面结构的影响。

喷雾冷凝法制备的怀菊花精油微胶囊经烘箱加热干燥和冷冻干燥后，经电子扫面显微镜观察表面结构，如图 6.16 所示，其中左列两图是冷冻干燥结果，右列两图为烘箱加热干燥结果。由图 6.16 可以看出，喷雾冷凝法制备的微胶囊经干燥后，整体形状发生一定的塌陷，但仍能够呈现比较规则的球形，另外，二者表面均比较粗糙，而且带有孔隙，但冷冻干燥后微胶囊带有的孔隙更多。

复凝聚法制备的怀菊花精油微胶囊由于囊膜强度较低，经过冷冻干燥后，大部分微胶囊发生破裂，皱缩成丝状，所以无法进行扫描电子显微镜观察。烘箱加热干燥后的微胶囊则发生了粘连，呈块状。能分散的微胶囊含水率又太大，不满足电镜观察的要求，所以未对复凝聚法制备的微胶囊表面结构进行观察。

②不同干燥方式对微胶囊释放性能的影响。

选择相同粒径、不同干燥方式的怀菊花精油微胶囊放入水中，测定水中怀菊花精油的含量，结果见图 6.17。由图 6.17 可知，微胶囊经两种干燥方式干燥后，在水中释放怀菊花精油的总体规律一致，即释放速度先增加后减小，最后达到平衡状态，但二者在释放速度和释放量上有明显区别，主要表现在冷冻干燥的微胶囊在水中释放速度要明显高于烘箱干燥的微胶囊，这可能与

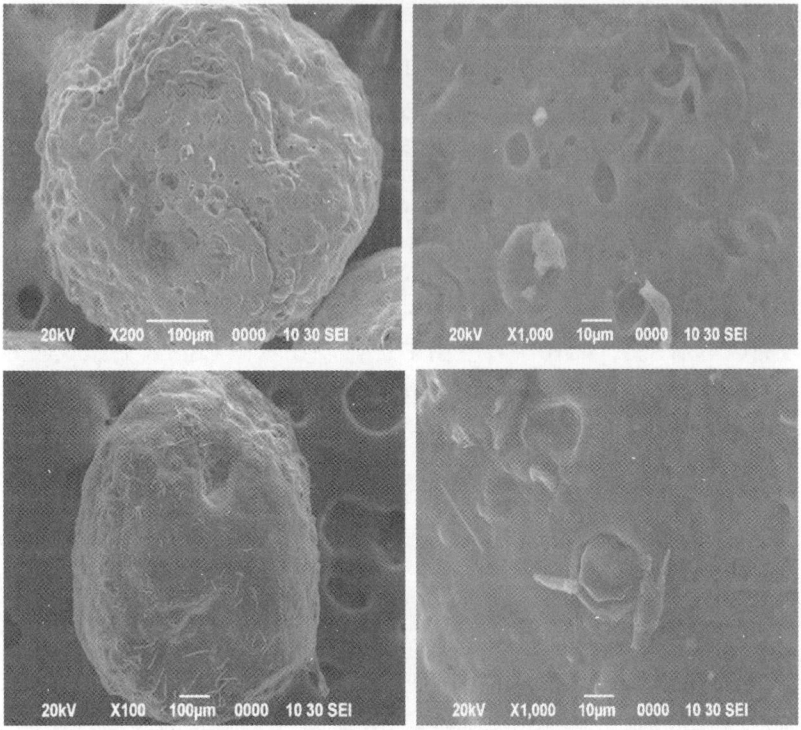

图 6. 16　不同干燥方式下怀菊花微胶囊表面结构电镜扫描图

冷冻干燥后微胶囊表面有更多孔隙有关。另外，冷冻干燥的微胶囊释放怀菊花精油的量也高于烘箱干燥的微胶囊，这表明烘箱加热干燥怀菊花精油微胶囊过程中损失的怀菊花精油更多。

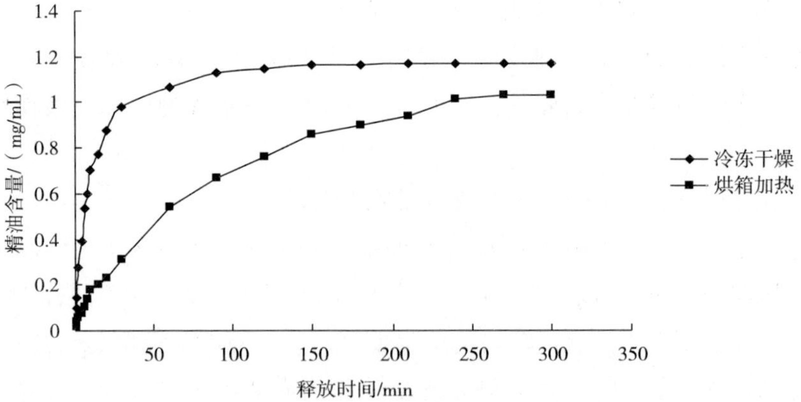

图 6. 17　不同干燥方式的怀菊花精油微胶囊在水中的释放规律

将两种干燥方式制备的怀菊花精油微胶囊至于烘箱内，设定温度为50℃，根据设定时间测定微胶囊质量的变化，结果见图6.18。由图6.18分析可知，冷冻干燥后的微胶囊在50℃条件下释放质量下降更快，这可能与其表面结构多孔隙有关。另外，冷冻干燥的微胶囊质量损失也更多，这说明其含有怀菊花精油的量也越多。烘箱干燥法得到的微胶囊由于本身就是通过烘箱加热的方式干燥的，所以其质量变化并不多。

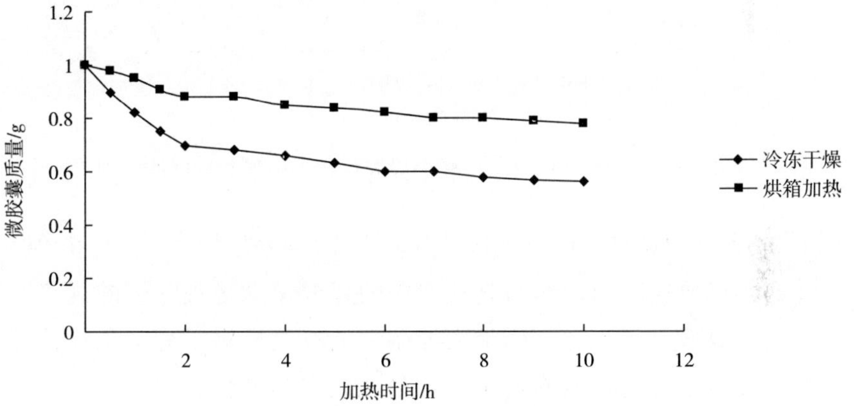

图6.18 不同干燥方式的怀菊花微胶囊在空气中的释放规律

（2）不同粒径对怀菊花精油释放性能的影响 在用喷雾冷凝法制备怀菊花精油微胶囊时，可以通过调节喷嘴的旋钮简单控制制备的微胶囊粒径大小。试验过程中，制备了三种粒径的微胶囊，并观察其在相同的介质（水和空气）和相同温湿度条件下怀菊花精油释放速度的差异。另外，对不同干燥方式下的微胶囊进行电镜扫面分析，观察其表面结构。由于复凝聚法制备的微胶囊粒径大小调控难以实现，所以不对其进行粒径分析的研究。

用喷雾冷凝法制备怀菊花精油微胶囊可以调控微胶囊粒径的大小，通过调控喷头旋钮制备出大（248.9~497.8μm）、中（62.23~209.3μm）、小（26.16~88μm）三种粒径微胶囊，经冷冻干燥后，三者在水中的释放规律见图6.19。由图6.19分析可知，怀菊花精油微胶囊在水中的释放速度随着粒径的增大而变慢，粒径最小的微胶囊释放怀菊花精油的速度最快，中等大小的微胶囊次之，大粒径的微胶囊释放速度最慢。

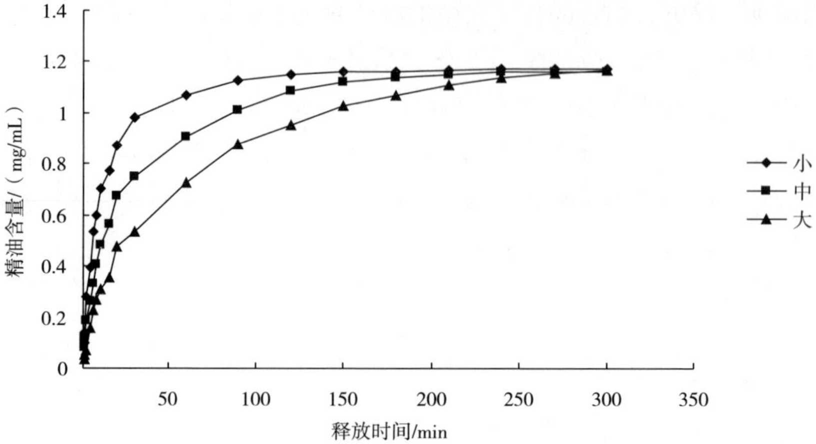

图 6.19　不同粒径对怀菊花精油微胶囊在水中释放速度的影响

图 6.20 为不同粒径的微胶囊在空气介质中的释放速度。由图 6.20 可知，粒径大小对其释放速度的影响与其在水中的释放速度呈现一致的规律，即粒径越小，其释放速率越大。这样就为控制精油释放提供了另一条途径，一般来说，微胶囊对精油的控制释放可以通过固化时间调控，固化时间越短，微胶囊强度越低，精油就越容易释放。通过本次试验，可以知道粒径大小对其释放速度也有明显影响。

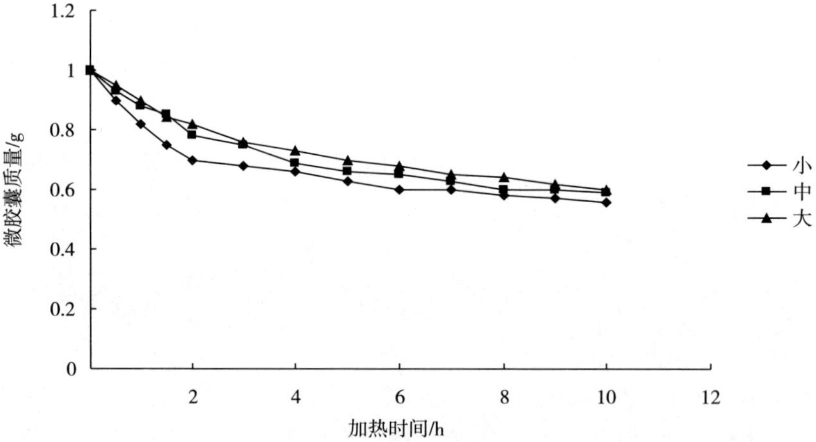

图 6.20　不同粒径对怀菊花精油微胶囊在空气中释放速度的影响

（3）温度对怀菊花精油微胶囊释放性能的影响　取冷冻干燥的两种微

胶囊各0.5g，放置于200mL水中，设定水温30℃、50℃和70℃，按照设定时间测定释放到水中微胶囊的量，另外，取出1mL的液体后，需及时补充1mL的蒸馏水到烧杯中，肉桂醛的测定方法参照“5.1.1（2）肉桂醛含量的检测方法”。取冷冻干燥的两种微胶囊各1g，置于烘箱中，分别设定温度30℃、50℃和70℃，按照设定时间，称量微胶囊的质量，计算其质量变化。

喷雾冷凝法制备的微胶囊，在不同水温下的释放规律如图6.21所示。由图6.21可知，升高水温可以加快微胶囊释放怀菊花精油。另外，试验中可以观察到温度对喷雾冷凝法制备的微胶囊形态并没有太大影响，微胶囊并没有发生破裂或者溶解现象，而由前面试验结果可知，由复凝聚法制备的微胶囊在70℃时发生破裂，所以未对其进行释放规律研究。

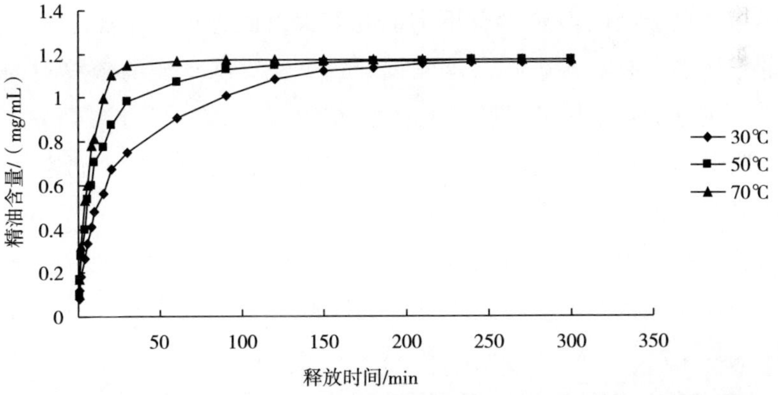

图6.21 不同温度下怀菊花精油微胶囊在水中释放规律

在不同温度条件下，在空气中怀菊花精油微胶囊质量随时间的变化规律结果见图6.22。由图6.22可以看出不同温度下，微胶囊在空气中的质量变化基本相同，这与微胶囊在不同温度的水中释放规律不同。所以微胶囊在空气中释放时，升高温度并不能明显增加怀菊花精油微胶囊的释放速度。

（4）小结　本节主要对怀菊花精油微胶囊在水中和空气中的释放规律进行研究，还对比了不同干燥方式对怀菊花精油微胶囊释放性能的影响，主要结论有以下几点。

①通过扫面电镜观察微胶囊的表面结构，结果表明经冷冻干燥后的微胶

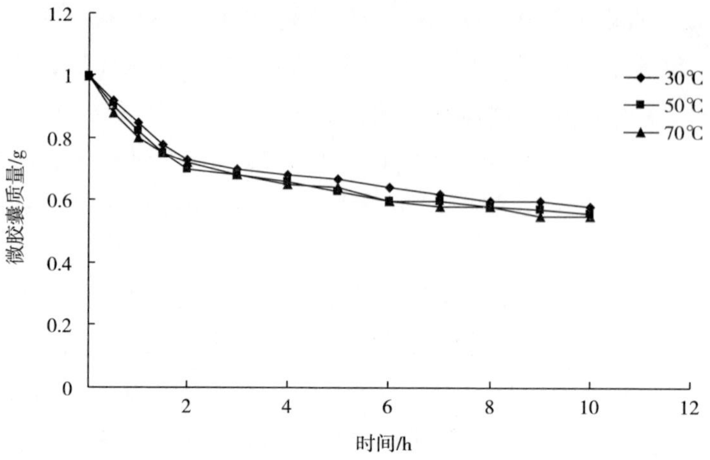

图 6.22　不同温度下怀菊花微胶囊在空气中的释放规律

囊比经烘箱加热干燥的微胶囊有更多的孔隙，由此可见，干燥方式的不同对微胶囊的结构也会有直接影响，这样就导致了经冷冻干燥的微胶囊的释放速度要高于经烘箱加热干燥的微胶囊的释放速度。

②微胶囊的粒径大小对微胶囊的释放特性也有明显影响，微胶囊粒径越小，微胶囊在水中和空气中释放怀菊花精油的速度就越快。

③微胶囊在水中的释放速度受水温的影响较大，温度越高，怀菊花精油微胶囊释放怀菊花精油的速度就越快，而微胶囊在空气中的释放速度受空气温度的影响较小。

6.1.4　怀菊花精油微胶囊在卷烟中的应用

天然植物精油在卷烟加香中的应用在第一章已有介绍，综合前文对怀菊花精油的化学成分分析，可知怀菊花精油中有多种致香成分，适合用于卷烟加香。将怀菊花精油进行微胶囊化后用于卷烟加香的效果，需要进行感官评价等验证。所以，本节对怀菊花精油微胶囊卷烟加香的效果和其对烟气质量的影响进行研究。

（1）怀菊花精油卷烟加香及感官评吸　按照烟丝质量 0.1%，0.2%，0.3%，0.4%的量计算称取相应质量的怀菊花精油，将称取的怀菊花精油用 5mL 70%乙醇溶解，均匀喷洒到烟丝上，经过平衡后，卷制成卷烟，然后将制成的卷烟在 25℃，相对湿度 60%的环境下平衡 12h 进行感官评吸。

怀菊花精油的卷烟加香评吸结果见表 6.4。由表 6.4 分析可知，当怀菊花精油添加量在0.1%~0.3%时，能够增加卷烟香气，柔和烟气，提高卷烟余味的舒适度。

表6.4　　怀菊花精油加香评吸结果

添加量/%	评吸结果
空白	香气量不足，刺激性小，劲头适中，余味欠佳
0.1	香气量有所提升，烟气变柔和，余味舒适度提升
0.2	香气量明显提升，烟气更加柔和，余味舒适
0.3	香气量明显提升，烟气柔和，杂气增加，余味舒适
0.4	怀菊花精油香气明显与烟香不谐调，甚至掩盖烟香

（2）怀菊花精油微胶囊的加香及感官评吸　根据设定的每支烟添加的微胶囊的质量梯度（0.02，0.04，0.06，0.08g）将微胶囊先加到烟筒内，然后进行填烟，制成卷烟，平衡12h进行感官评吸。

复凝聚法制备的怀菊花精油微胶囊的卷烟加香效果结果见表6.5。由于复凝聚法制备的微胶囊呈凝胶状态，加入卷烟中会增大卷烟吸阻，而且凝胶状态的微胶囊又会吸收部分烟气使烟气变淡，劲头变小。所以，复凝聚法制备的微胶囊不适合直接添加到卷烟中。

表6.5　　怀菊花精油微胶囊（复凝聚法）加香评吸结果

添加量/(g/支)	感官评吸结果
空白	香气量不足，刺激性小，劲头适中，余味欠佳
0.02	香气量有所提升，烟气柔和，劲头变小，余味舒适
0.04	香气量提升，能感受到菊花香气，烟气柔和，余味舒适
0.06	菊花香气明显，与烟香不谐调
0.08	菊花香气明显，与烟香不谐调

喷雾冷凝法制备的怀菊花精油微胶囊加香评吸结果见表6.6。怀菊花精油微胶囊在卷烟中能够很好地释放，特别是在烟支燃烧的最后几口，烟气的灼烧感增加，但是温度的上升又促进了怀菊花精油的释放，能够很好地减轻烟气的刺激性。另外，通过揉捏烟支后端，造成微胶囊破壁而增大释放量，可起到增加香气的效果，综合考虑怀菊花精油微胶囊的添加量为0.04~0.06g/支。

表 6.6　　怀菊花精油微胶囊（喷雾冷凝法）加香评吸结果

添加量/(g/支)	感官评吸结果
空白	香气量不足，刺激性小，劲头适中，余味欠佳
0.02	香气量提升不明显，劲头适中，刺激性小
0.04	香气量提升，烟气柔和，余味舒适，清甜感明显
0.06	香气量提升，烟气柔和，余味舒适，能感受到菊花香味
0.08	香气量提升，杂气增加，菊花香气明显，余味欠佳

（3）烟气化学成分分析　根据“6.1.1　复凝聚法制备怀菊花精油微胶囊”的方法卷制带有怀菊花精油微胶囊的卷烟 10 支和空白烟 10 支，上吸烟机，分别用剑桥滤片捕集烟气，然后进行同时蒸馏萃取，用气质联用仪（GC-MS）分析烟气粒相物的挥发性化学成分，并与空白组对照。GC-MS 上样条件如下。

色谱柱：HP-5MS 毛细管柱（60m×0.32mm×0.25μm）；

进样口温度：250℃；

程序升温：初始温度 40℃ 维持 3min，以 6℃/min 的速度升至 260℃，维持 5 分钟；

汽化温度：270℃；

载气：He，1mL/min；

分流比：10∶1；

电离方式：EI 源；

检测器及温度：FID，300℃；

传输线温度：280℃；

电离能量：70eV；

离子源温度：230℃；

扫描范围：30~700u；

检索谱库：NIST05 库。

将怀菊花精油微胶囊添加到卷烟中，作为试验组，分析其烟气化学成分并与空白烟对比，选取匹配度大于 80%的化合物，结果见表 6.7。由表 6.7 结合怀菊花精油的化学成分表分析可知，烟气中增加的化合物是怀菊花精油的成分的有 6 种，分别是 2,2,4-三甲基-3-环己烯-1-甲醛、冰片、棕榈酸甲酯、金合欢烯、β-桉叶烯。

表 6.7 怀菊花精油微胶囊加香卷烟烟气分析结果对比

序号	化合物		相对含量	
	中文名称	英文名称	空白组/%	试验组/%
1	5-甲基呋喃醛	2-Furancarboxaldehyde,5-methyl-	0.80	1.07
2	苯酚	Phenol	0.77	0.89
3	(3*R*-*Z*)-3-甲基-6-(1-甲基乙烯基)-环己烯	Cyclohexene,3-methyl-6-(1-methylethenyl)-,(3*R*-*trans*)-	0.25	0.27
4	2,2,4-三甲基-3-环己烯-1-甲醛	2,2,4-Trimethyl-3-cyclohexen-1-formaldehyde	—	0.35
5	D-柠檬烯	D-Limonene	1.26	1.93
6	苯乙醛	Benzeneacetaldehyde	0.12	0.14
7	(*Z*)-3,7-二甲基-1,3,6-十八烷三烯	1,3,6-Octatriene,3,7-dimethyl-,(*Z*)-	0.22	0.24
8	邻甲酚	Phenol,2-methyl-	0.30	0.30
9	4-甲基苯酚	*p*-Cresol	0.53	0.61
10	冰片	Borneol	—	0.09
11	三甲基(2-甲基-1-丙烯基)-环丙烷	Cyclopropane,trimethyl(2-methyl-1-propenylidene)-	0.15	—
12	5,5-二甲基-1-乙基-1,3-环戊二烯	1,3-Cyclopentadiene,5,5-dimethyl-1-ethyl-	0.56	—
13	萘	Naphthalene	0.20	0.27
14	4-乙基苯酚	Phenol,4-ethyl-	0.63	0.71
15	五甲基环戊二烯	1,3-Cyclopentadiene,1,2,3,4,5-pentamethyl-	0.18	0.15
16	2-甲氧基-4-乙烯基苯酚	2-Methoxy-,4-vinylphenol	0.45	0.33
17	烟碱	Pyridine,3-(1-methyl-2-pyrrolidinyl)-,(*S*)-	55.61	35.45
18	2-(1-甲基-2-吡咯烷基)-吡啶	Pyridine,2-(1-methyl-2-pyrrolidinyl)-	0.18	0.19
19	(*E*)-8-甲基-5-(1-甲基乙基)-6,8-Nonadien-2-酮	6,8-Nonadien-2-one,8-methyl-5-(1-methylethyl)-,(*E*)-	0.34	0.32
20	7-甲基吲哚	1H-Indole,7-methyl-	0.39	0.41

续表

序号	化合物		相对含量	
	中文名称	英文名称	空白组/%	试验组/%
21	巨豆三烯酮	Megastigmatrienone	1.28	1.14
22	(*Z*)-β-金合欢烯	*cis*-β-Farnesene	—	0.31
23	二氢-β-紫罗兰酮	2-Butanone,4-(2,6,6-trimethyl-1-cyclohexen-1-yl)-	0.15	—
24	醋酸植醇	Phytol,acetate	3.11	3.92
25	棕榈酸甲酯	Hexadecanoicacid,methylester	—	0.51
26	邻苯二甲酸二丁酯	Dibutylphthalate	0.48	—
27	β-桉叶烯	Naphthalene,decahydro-4a-methyl-1-methylene-7-(1-methylethenyl)-,[4aR-(4a. alpha.,7. alpha.,8a. beta.)]-	—	0.15
28	亚油酸甲酯	9,12-Octadecadienoicacid(*Z*,*Z*)-,methylester	—	0.32
29	亚麻酸甲酯	9,12,15-Octadecatrienoicacid,methylester,(*Z*,*Z*,*Z*)-	0.55	0.67
30	硬脂酸甲酯	Methylstearate	0.08	0.11
31	2-甲基-5-(1-甲基乙烯基)-8-甲基二环[5.3.0]癸烷	Bicyclo[5.3.0]decane,2-methylene-5-(1-methylvinyl)-8-methyl-	0.08	—
32	维生素 E	Vitamin E	—	3.26
33	二十烷	Eicosane	—	0.26

(4) 小结　本节内容主要研究怀菊花精油及怀菊花精油微胶囊的加香效果，感官评吸结果表明：怀菊花精油添加量在0.1%~0.3%时，能够增加卷烟香气，减小刺激性，改善余味。喷雾冷凝法制备的怀菊花精油微胶囊添加到卷烟中，其添加量在0.04~0.06g/支时，能够增加柔和烟气，减小刺激性，赋予卷烟更多的清甜味。然后，分析加入微胶囊的试验组和空白组的烟气化学组成，试验组烟气增加的怀菊花精油的香味成分有2,2,4-三甲基-3-环己烯-1-甲醛、冰片、棕榈酸甲酯、金合欢烯、β-桉叶烯。另外，复凝聚法制备的怀菊花微胶囊由于微胶囊呈凝胶状，会增大卷烟吸阻，使烟气变淡，所以可能不适合直接添加到卷烟当中。但复凝聚法制备的微胶囊在60℃会开始

囊膜破裂，所以可以作为保护香料的一种手段，添加到食品或者卷烟香料中。

6.2 芒果浸膏微胶囊的理化特性及其在卷烟中的应用研究

本节采用芒果浸膏制备微胶囊，研究其理化特性以及在卷烟中的应用，研究表明：①微胶囊的粒径分布主要分布在541.8~1069.0μm，冷冻干燥得到的微胶囊表面有孔隙。②微胶囊的容重为0.327g/cm^3，休止角为15.8°，表明微胶囊的黏性小，流动性良好。③对芒果浸膏微胶囊的释放规律研究结果表明芒果浸膏微胶囊在水中的释放速度受温度影响较大，温度越高，微胶囊释放速度越快，而微胶囊在空气中的释放速度受环境温度影响不大。④芒果浸膏微胶囊的热裂解产物中共鉴定出81种成分，主要有糠醛、2,3-二甲基-2-环戊烯酮、甲基环戊烯醇酮、棕榈酸甲酯、邻甲基苯乙酮等致香物质，为其在卷烟中的应用提供了参考。⑤感官评吸表明，试验中的N3组微胶囊评吸效果最好，能增加卷烟的香气质和香气量，使烟气细腻丰满，减小刺激性，改善余味。

6.2.1 芒果浸膏微胶囊的制备

准确称取100.00g芒果粉，用滤纸包好置于索氏提取器中，加入500mL无水乙醇，加热回流2h。过滤，滤液减压蒸馏至无乙醇流出，得到芒果浸膏。

将芒果浸膏进行处理：芒果浸膏分别通过50nm陶瓷膜和100ku有机膜处理。芒果浸膏未过膜记为N1，50nm陶瓷膜截留段记为N2，100ku有机膜截留段记为N3，100ku有机膜透过段记为N4。

分别取一定量的四种不同组分芒果浸膏加入盛有100mL蒸馏水的烧杯中，加入1~3滴乳化剂，用高速均质机（1000r/min）进行乳化，待用。配制海藻酸钠溶液，40℃下搅拌溶解，溶解完全后与芒果浸膏乳化液混合，搅拌均匀后超声除泡。倒入喷雾设备中，在输送空气压力为0.2MPa的条件下进行喷雾，制备微胶囊。喷头下方固化剂为浓度2%的氯化钙溶液，滤网收集固化好的微胶囊，用无水乙醇冲洗两遍、蒸馏水冲洗两遍后冷冻干燥。

（1）芒果浸膏微胶囊表面结构表征　取适量干燥好的不同组分的芒果浸膏微胶囊用光学显微镜和电子扫描显微镜观察其表面结构。冷冻干燥后的芒果浸膏微胶囊的形态如图6.23所示。图6.23（1）是微胶囊在光学显微镜下观测图（放大100倍），喷雾冷凝法制备的微胶囊经冷冻干燥后其整体形状发生一定的塌陷，但基本仍能呈比较规则的球形，表面干燥，带有较多的孔隙。

扫描电镜观测图见图 6.23（2），放大 2000 倍后，由图可以看出微胶囊经干燥后发生了皱缩，但仍然呈现圆球状，微胶囊表面有许多圆孔，这些孔隙直接影响微胶囊释放芒果浸膏的速度，同时这些孔隙的存在使得被包埋的芒果浸膏能够通过孔隙被释放出来，从而达到缓释的效果。

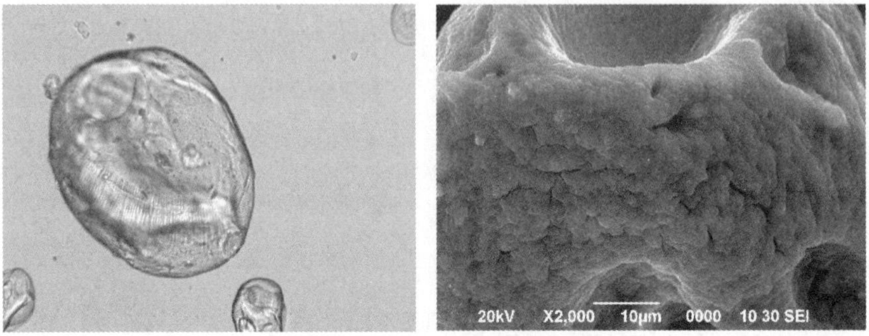

（1）　　　　　　　　（2）

图 6.23　芒果浸膏微胶囊表面结构图

（2）芒果浸膏微胶囊粒径分布检测　取适量干燥好的不同组分的芒果浸膏微胶囊用激光粒度分析仪测定其粒径分布。芒果浸膏微胶囊粒径分布结果见图 6.24。由图 6.24 可知，喷雾冷凝法制备的芒果浸膏微胶囊粒径分布并不均匀，主要分布在 541.8～1069.0μm，其中 592.0μm 的占总量的 35.02%，995.6μm 的占总量的 17.96%。微胶囊粒径分布不均匀与雾化气流的压力和海藻酸钠和芒果浸膏混合体系的均匀性均有很大关系，试验过程中发现，适当降低雾化气流的压力、增加混合液体系的静止时间能够使微胶囊的粒径分布的均匀性增加。

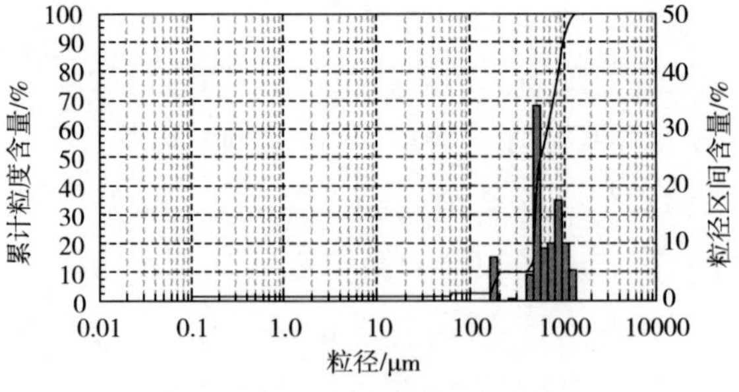

图 6.24　芒果浸膏微胶囊粒径分布图

(3) 芒果浸膏微胶囊产品的基本性质　准确称取 2g 微胶囊制品，置于 10mL 的量筒中，晃动 50 次左右后待微胶囊自然下沉，读取体积。最后用所称样品的质量除以体积，即为样品的容重。

称取 5g 的芒果浸膏微胶囊产品，让其经过漏斗自然下落到水平圆盘上，自然堆积成粉堆，通过测定粉堆的高度和半径，计算休止角。休止角反应散落性的大小，休止角越大散落性越差，休止角越小散落性好。

制备的芒果浸膏微胶囊产品呈乳白色，粉末细致均匀。通过粉末自由散落过程中粉末堆积形成的锥体高度和直径，计算出休止角为 15.8°，对比李艳南等用复合凝聚法制备天然椰子油微胶囊试验结果，可知芒果浸膏微胶囊粉末产品的黏性小、流动性良好。芒果浸膏微胶囊产品的基本指标见表 6.8。

表 6.8　芒果浸膏微胶囊产品的基本指标

项目	指标
容重/(g/cm^3)	0.327
休止角/(°)	15.8

(4) 芒果浸膏微胶囊在空气中的释放规律　取冷冻干燥后的微胶囊 0.5g，放置于烘箱中，温度为 50，60，70℃，每隔一定的时间测定一次芒果浸膏微胶囊的剩余质量。分别测试四种不同组分作对比实验。由图 6.25 可以看出，在不同温度条件下，四种组分所制备的芒果浸膏微胶囊质量变化情况基本相同。由此可以看出芒果浸膏微胶囊在空气中释放时升高温度并不能明显增加其释放速度。原因可能是芒果浸膏微胶囊在空气中释放速度和被包埋的物质的相对分子质量有关，芒果浸膏微胶囊中挥发性物质较少，因此，温度对其影响不大。

(5) 芒果浸膏微胶囊在水中的释放规律　分别用电子天平称取 2.5，5，10，15，20，25，30mg 四种组分芒果浸膏微胶囊，与 9∶1（体积比）的乙醇水溶液混合定容到 25mL 的容量瓶中，做成梯度为 0.1，0.2，0.4，0.6，0.8，1.0，1.5mg/mL 的溶液（x），测吸光度（y），制作标准曲线，见表 6.9。

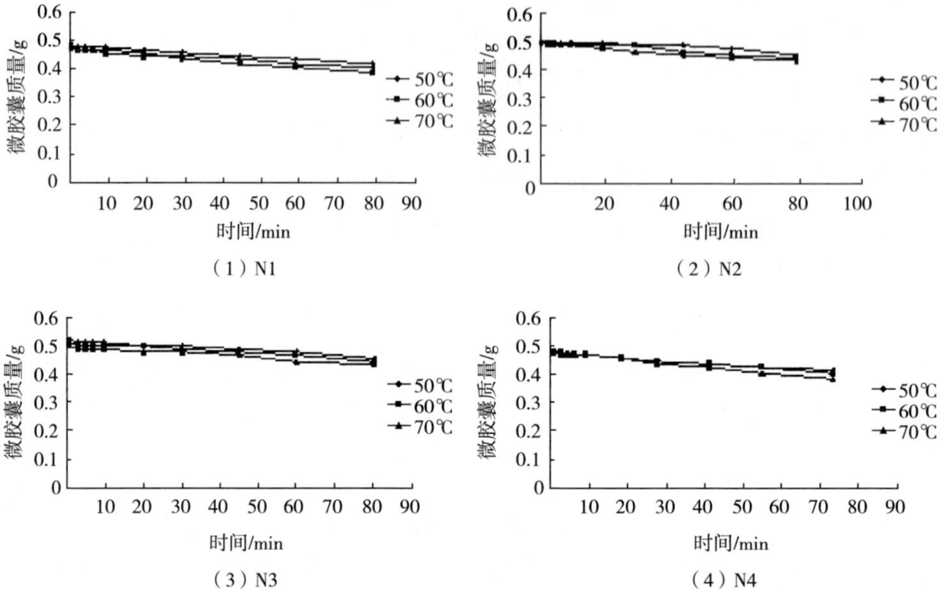

图 6.25　四种组分芒果浸膏微胶囊在空气中释放规律

表 6.9　　四种不同组分芒果浸膏微胶囊释放规律的标准曲线

组分	标准曲线
N1	$y=0.8359x+0.0255$ （$R^2=0.9950$）
N2	$y=0.4603x+0.0078$ （$R^2=0.9952$）
N3	$y=0.2325x+0.0233$ （$R^2=0.9939$）
N4	$y=0.4187x+0.0716$ （$R^2=0.9910$）

取冷冻干燥后的芒果浸膏微胶囊 0.5g 放入 200mL 水中，设定水温 30，50，70℃，按照设定时间测定水中芒果浸膏微胶囊的吸光度，根据制作的标准曲线探究其释放规律。注意取出 1mL 的液体后，需将测定后的液体倒回容器中以保持溶液的总体积不发生变化。

喷雾冷凝法制备的四种不同组分的芒果浸膏微胶囊，在不同水温下的释放规律见图 6.26。由图 6.26 可知，升高水温可以加快芒果浸膏微胶囊的释放速度，因为芒果浸膏微胶囊在水中的释放速度和其水溶性有关，升高温度可以加快芒果浸膏在水中的溶解速度，所以升高温度可以提高芒果浸膏微胶囊在水中的释放速度。

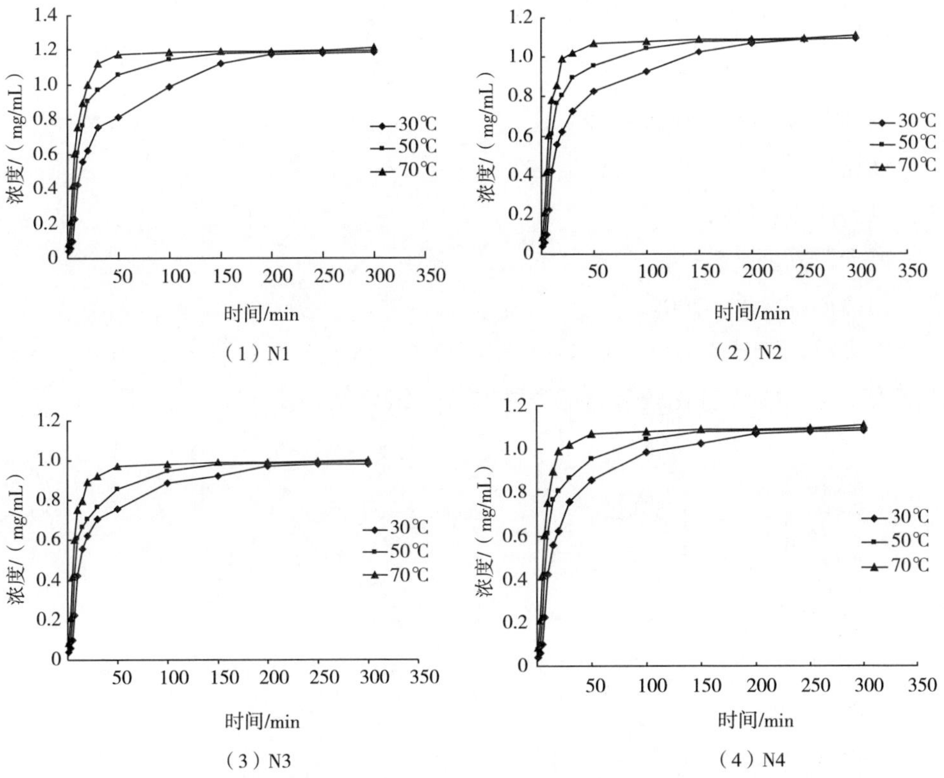

图 6.26　四种组分芒果浸膏微胶囊在水中释放规律图表

（6）芒果浸膏微胶囊热裂解-气相色谱质谱分析　取 1 根裂解仪专用石英裂解管，装填农残级石英棉，然后取 N3 组分的芒果浸膏微胶囊样品 1mg 装入裂解管中，将裂解管放入热裂解仪中，按设定的裂解条件进行裂解，裂解产物直接进入气相色谱-质谱联用仪分析，GC-MS 条件如下。

①色谱条件。

色谱柱：HP-5MS 毛细管柱（60m×0.32mm×0.25μm）；

进样口温度：250℃；

程序升温：初始温度 50℃维持 3min，然后以 4℃/min 的速度升至 280℃，维持 5min；

汽化温度：270℃；

载气：He，1mL/min；

分流比：50∶1。

②质谱条件。

电离方式：EI 源；

检测器及温度：FID，300℃；

传输线温度：280℃；

电离能量：70eV；

离子源温度：230℃；

扫描范围：30~700u。

芒果浸膏微胶囊600℃和900℃裂解产物总离子流图如图6.27所示。选取匹配度大于80%，且比较重要的致香成分，结果见表6-10。

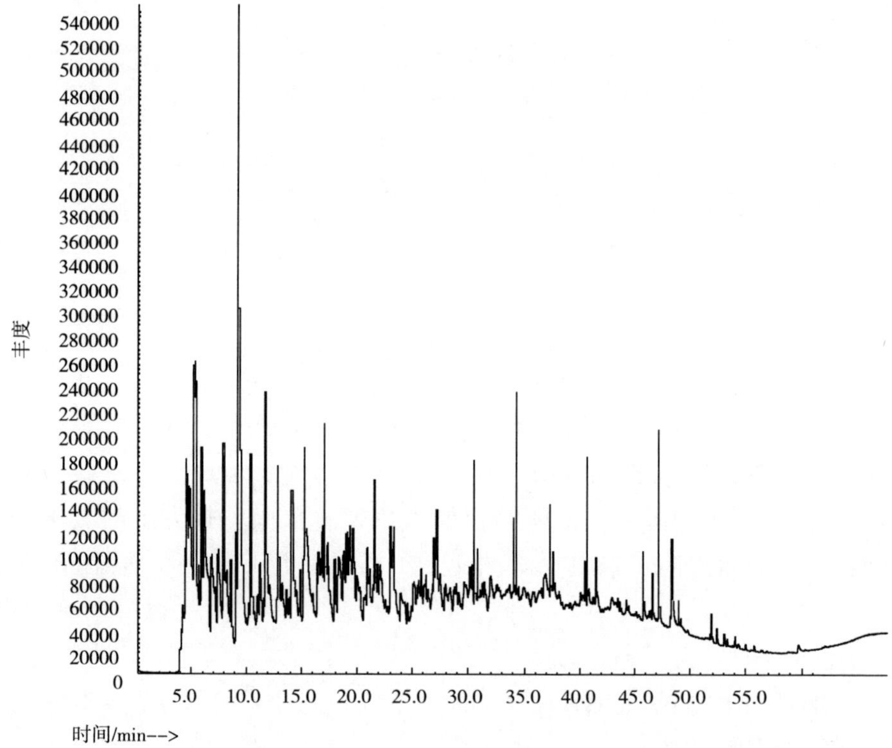

（1）600℃

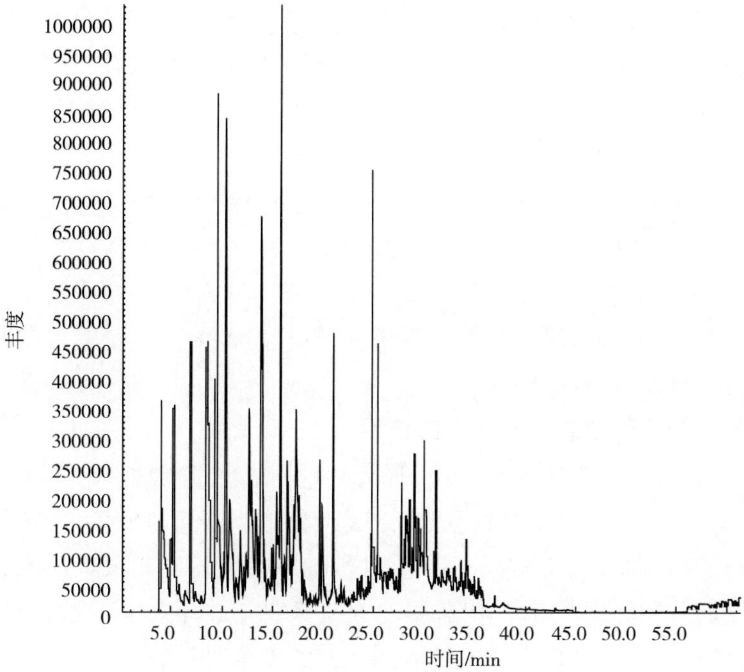

（2）900℃

图 6.27 N3 组分芒果浸膏微胶囊 600℃和 900℃下总离子流色谱图

表 6.10 N3 组分芒果浸膏微胶囊裂解产物及相对含量

序号	产物		相对浓度/%	
	中文名	英文名	600℃	900℃
1	糠醛	Furfural	12.4171	3.2855
2	甲基环戊烯醇酮	2-Cyclopenten-1-one，2-methyl-	2.6158	2.2518
3	2,3-二甲基-2-环戊烯酮	2-Cyclopenten-1-one，2,3-dimethyl-	3.2328	—
4	2-十九烷酮	2-Nonadecanone	0.1541	—
5	十七烷酮	2-Heptadecanone	0.2786	—
6	邻甲基苯乙酮	Ethanone，1-(2-methylphenyl)-	—	0.0477
7	棕榈酸甲酯	Hexadecanoicacid，methylester	1.0772	—
8	2-甲基苯并呋喃	Benzofuran，2-methyl-	—	0.2413
9	7-甲基苯并呋喃	Benzofuran，7-methyl-	—	0.9307

注：“—”表示未检测出该物质。

600℃条件下，共检测出 6 种物质；900℃条件下，共检测出 5 种物质。其中糠醛和甲基环戊烯醇酮为共有组分，糠醛特征是面包香、黄油香，使烟气具有甜味；甲基环戊烯醇酮具有咖啡似的焦糖样愉快香气，稀释时有枫槭样甜美香气，是一种良好的增香剂和低热甜味剂。

600℃条件下，裂解出醛酮类物质较多，多为致香成分，对烟草吸食品质影响较大。棕榈酸甲酯具有浓郁的焙烤咖啡的香气；900℃条件下特有裂解成分有邻甲基苯乙酮、2-甲基苯并呋喃和 7-甲基苯并呋喃，邻甲基苯乙酮具有甜香气味，赋予卷烟清甜的花香；2-甲基苯并呋喃和 7-甲基苯并呋喃是杂环芳香有机化合物，具有芳香味。

6.2.2 芒果浸膏微胶囊在卷烟中的应用

称取 80g 的空白烟丝将其分为四份，每份 20g。分别加入 N1 组分芒果浸膏微胶囊、N2 组分芒果浸膏微胶囊、N3 组分芒果浸膏微胶囊、N4 组分的芒果浸膏微胶囊。取数只空烟筒，用卷烟器将这些烟丝卷制成成品卷烟，每组卷制 15 支烟，在温度 23℃，相对湿度 60%条件下，平衡 48h 后，进行评吸。卷烟感官质量评吸标准依据 GB 5606. 4—2005《卷烟　第 4 部分：感官技术要求》。对每组烟支进行随机抽样评吸，评吸结果如表 6. 11 所示，四组分各项评分结果比较发现，不同组分的芒果浸膏微胶囊对卷烟感官质量影响大小顺序为 N3>N2>N1>N4；说明 N3 的芒果浸膏微胶囊在这 4 种组分中加香效果最好，能增加卷烟的香气质和香气量，使烟气细腻丰满，减小刺激性，改善余味。

表 6. 11　　芒果浸膏微胶囊卷烟评吸结果表

样品组	光泽（5/4/3 分）	香气（32/28/24 分）	谐调（6/5/4 分）	杂气（12/10/8 分）	刺激性（20/17/15 分）	余味（25/22/20 分）	合计分值
对照组	5	26	5	10	17	21	84
N1	5	28	5	10	17	21	86
N2	5	28	5	11	17	21	87
N3	5	28	5	11	18	22	89
N4	5	26	5	10. 5	17	20. 5	85

6.2.3 小结

芒果浸膏微胶囊在水中的释放速度受温度影响较大，温度越高，微胶囊释放速度越快，而微胶囊在空气中的释放速度受环境温度影响不大；芒果浸膏微胶囊的粒径主要分布在541.8~1069.0μm；电子扫描显微镜可以观察到芒果浸膏微胶囊表面呈多孔状；芒果浸膏微胶囊的容重为0.327g/cm^3，休止角为15.8°，表明芒果浸膏微胶囊的黏性小，流动性良好；芒果浸膏微胶囊的热裂解结果表明其主要有甲基环戊烯醇酮、棕榈酸甲酯、糠醛、邻甲基苯乙酮等致香物质；感官评吸表明，N3组芒果浸膏微胶囊评吸效果最好，主要功效是增加卷烟的香气质和香气量，使烟气细腻丰满，减小刺激性，改善余味。

7 烟草本香微胶囊的制备及应用研究

降焦减害是烟草行业发展的趋势和需求。《烟草行业中长期科技发展规划（2021—2035 年）》指出，未来要将“卷烟降焦减害迈上新台阶”。但是，低焦油卷烟的开发带来卷烟香味成分的缺失和不足，在一定程度上影响消费者的感官体验。设法在滤棒材料中对卷烟香味成分进行增补是解决该问题的关键。目前，有一些固体颗粒物复合滤棒的相关研究报道，例如将咖啡、可可香辛料、小米等香料制成固体颗粒物，添加于滤棒中增香。但这些颗粒物增香效果不明显，且不具有缓释效果。也有专利如 CN 108851209A、CN 202842325U 等将香料制成微胶囊后置于滤棒某一段中加香，得到的微胶囊滤棒虽然具有一定的缓释效果，但是香气与卷烟谐调不足、加香效果不明显、逐口抽吸释放不够稳定。烟草提取物香味成分丰富，香味与卷烟谐调，加香效果明显。因此，本研究根据以往微胶囊滤棒香气与卷烟谐调性不足、加香效果不够明显、逐口抽吸不稳定等问题，开发出一种缓释效果明显、加香效果显著、与卷烟谐调性好、抽吸释放均匀的烟草香固体缓释滤棒。

7.1 烟草提取物溶剂的选择

取烟叶 20.0g 切丝（等级为 C2F，产地为重庆巫溪，年份为 2010 年；等级为 YQ1，产地为云南曲靖，年份为 2014 年），加入 50%体积分数的乙醇 100.0g，回流提取 2 次，合并乙醇提取液浓缩至 40.0g，即得烟草乙醇提取物。

取烟叶 20.0g 切丝（等级为 C2F，产地为重庆巫溪，年份为 2010 年），加入石油醚 80.0g 提取 2 次，合并石油醚层，浓缩至 10.0g。加入 40.0g 无水乙醇，4℃冷藏过夜，抽滤，用无水乙醇补足至 40.0g，即得烟草石油醚提取物。

将 0.18g 壳聚糖超声溶解于 100mL 1%的冰乙酸溶液中，配制出 1.8mg/mL 的壳聚糖溶液。将 0.4g 烟草提取物与 0.4g 乳化剂司班 80 充分乳化后与壳聚糖溶液混合，用1.0mol/L的氢氧化钠溶液调节混合溶液的pH为7.0，在室温下进行磁力搅拌，随后缓慢滴加0.8mg/mL的磷酸三苯酯（TPP）溶液30mL，继续进行磁力搅拌，确保反应完全进行。将得到的溶液于-20℃冷冻12h，于冻干机干燥24h，即得到微胶囊。

将制备的烟草乙醇提取物和石油醚提取物分别进行微胶囊制备。结果表明，烟草石油醚提取物制备的微胶囊成球性较好，制得的固体缓释卷烟滤棒香味丰富，香气谐调性好，香气上扬，甜润感显著，刺激感明显降低，加香效果显著，逐口释放比较稳定。烟草乙醇提取物制备的微胶囊难以成球，感官评价效果一般。

取烟草石油醚提取物0.9mL，加入100μL（1.78mg/mL）丙酸苯乙酯作为内标。15.0mL烟草乙醇提取物溶液用10.0mL CH_2Cl_2 萃取2次，合并 CH_2Cl_2 层浓缩至0.9mL，加入100μL（1.78mg/mL）丙酸苯乙酯作为内标。分别进行GC-MS分析，结果如表7.1～表7-3所示。

结果表明，石油醚提取物油溶性成分含量较高，含有大量的西柏三烯-1，3-二醇、黄脂酸、卡巴拉丁烯等烟草本香萜烯类成分，能增加卷烟的烟香香韵。其亚麻酸、棕榈酸及硬脂酸等脂肪酸类成分，赋予卷烟圆润和甜香气息。此外，1，6-二甲基螺［4.5］十烷、2，6-二甲基十氢萘及9-(1-甲基乙烯基)-双环壬烷等烷烃类成分能提升卷烟的丰富性及醇和感。二氢猕猴桃内酯、3-羟基-β-大马酮、肉豆蔻酸等成分能增加卷烟的果香和花香香韵。烟草乙醇提取物得到的油脂成分含量偏低，香味成分极性较大。

表7.1　　巫溪烟叶石油醚提取物的香味成分GC-MS分析

序号	保留时间/min	香味成分	峰面积/%	浓度/(μg/mL)
1	18.49	1,1-二甲基丁基苯	0.37	4.67
2	19.75	2,6-二甲基萘烷	0.16	2.11
3	18.82	2,3-二甲基萘烷	0.17	2.17
4	19.21	2,6-二甲基萘烷	0.11	1.44
5	19.32	1,6-二甲基螺[4.5]十烷	0.09	1.13
6	19.48	2,3-二甲基萘烷	0.24	3.15
7	19.84	1,5-二甲基萘烷	0.13	1.68
8	20.31	1-叔丁基-3-甲基苯	0.10	1.30

续表

序号	保留时间/min	香味成分	峰面积/%	浓度/(μg/mL)
9	20.42	1-异丙基-3-异丙烯基苯	0.46	5.79
10	21.33	环己基苯	0.06	0.71
11	21.70	烟碱	24.82	315.80
12	23.58	烟碱噁嗪酮	0.24	3.41
13	24.44	二氢猕猴桃内酯	0.16	2.31
14	24.86	烟叶酮	0.29	4.25
15	25.21	3-羟基-β-大马酮	0.23	5.08
16	25.46	巨豆三烯酮	0.18	2.65
17	25.62	3,5,5-三甲基-4-(3-羟基-1-丁烯基)-2-环己烯酮	1.03	16.83
18	26.11	卡巴拉丁烯	0.53	8.61
19	26.37	3,5,5-三甲基-4-(3-羟基丁烯基)-2-环己烯酮	0.23	3.77
20	26.48	可替宁	0.21	2.93
21	26.72	肉豆蔻酸	0.10	1.71
22	28.07	香树烯	0.11	1.82
23	28.23	邻苯二甲酸二异辛酯	0.51	15.74
24	28.98	14-甲基-十五烷酸甲酯	0.47	9.87
25	29.50	棕榈酸	2.61	52.54
26	29.65	邻苯二甲酸甲酯	1.15	16.19
27	31.74	3-脱氧雌二醇	0.06	1.28
28	32.00	亚麻酸甲酯	0.80	18.36
29	32.36	十八烷酸甲酯	0.54	12.59
30	32.61	亚麻酸	1.72	37.79
31	32.90	硬脂酸	0.61	13.55
32	33.05	9-(1-甲基乙烯基)-双环壬烷	1.10	14.23
33	33.81	西柏三烯-1,3-二醇	5.64	128.40
34	34.52	黄脂酸	7.02	167.64
总计				881.49

表 7.2　　巫溪烟叶乙醇提取物的香味成分 GC-MS 分析

序号	保留时间/min	香味成分	浓度/(μg/mL)
1	6.59	1,1-二乙氧基乙烷	2.84
2	13.89	2,3-二氢-3,5 二羟基-6-甲基-4(H)-吡喃-4-酮	1.55
3	14.27	5,6-二氢-2H-吡喃-2-酮	1.64
4	15.29	5-羟甲基糠醛	0.86
5	15.58	苯乙酸	1.83
6	18.06	8-甲基-5-异丙基-6,8-壬二烯-2 酮	3.23
7	18.16	烟碱	63.95
8	19.40	对羟基苯乙醇	1.35
9	21.99	二氢猕猴桃内酯	2.57
10	22.68	烟叶酮	2.18
11	23.23	3-羟基-β-大马酮	5.07
12	23.60	烟叶酮	2.95
13	23.85	3,5,5-三甲基-4-(3-羟基-1-丁烯基)-2-环已烯酮	16.27
14	24.16	2,6-二氨基嘌呤	0.78
15	24.99	3,5,5-三甲基-4-(3-羟基丁基)-2-环已烯-1 酮	3.16
16	25.12	可替宁	1.72
17	26.54	7-羟基-2-烯醇基茚酮	6.59
18	27.33	日齐素	1.74
19	29.21	棕榈酸	17.72
20	29.67	东莨菪内酯	21.66
21	32.93	亚油酸	7.11
22	33.10	亚麻酸	36.64
23	36.42	西柏三烯-1,3-二醇	87.35
24	39.94	油酸酰胺	14.71
25	40.55	硬脂酰胺	9.81
总计			315.28

表 7.3　　曲靖烟叶乙醇提取物的香味成分 GC-MS 分析

序号	保留时间/min	香味成分	浓度/(μg/mL)
1	11.80	苯甲醇	0.47
2	11.91	二氢-3-羟基-4,4-二甲基-2(3H)呋喃酮	0.42
3	12.27	2-乙酰基吡咯	0.81
4	13.24	甲基麦芽酚	0.27
5	13.33	苯乙醇	0.50
6	13.90	2,3-二氢-3,5 二羟基-6-甲基-4(H)-吡喃-4-酮	1.23
7	13.94	苯甲酸	0.32
8	14.58	3,5 二羟基-2-甲基-4(H)-吡喃-4-酮	0.25
9	15.29	5-羟甲基糠醛	0.63
10	15.62	苯乙酸	1.62
11	18.06	8-甲基-5-异丙基-6,8-壬二烯-2 酮	1.67
12	18.17	烟碱	34.60
13	19.41	对羟基苯乙醇	0.59
14	21.99	二氢猕猴桃内酯	3.85
15	22.67	烟叶酮	2.06
16	23.22	3-羟基-β-大马酮	2.57
17	23.59	巨豆三烯酮	2.42
18	23.84	3,5,5-三甲基-4-(3-羟基-1-丁烯基)-2-环己烯酮	6.50
19	24.98	4-(3-羟基-1-丁烯亚基)-烟叶酮	3.42
20	25.11	可替宁	1.95
21	25.55	4-(3-羟基丙烯基)-2-甲氧基苯酚	1.46
22	26.46	3,5,5-三甲基-4-(3-羟基-1-丁基)-2-环己烯-1-酮	0.78
23	26.93	5-吲哚甲醛	0.47
24	27.32	日齐素	2.49
25	28.61	棕榈酸甲酯	2.47
26	29.21	棕榈酸	15.75
27	29.70	东莨菪内酯	38.19

续表

序号	保留时间/min	香味成分	浓度/(μg/mL)
28	32.07	亚油酸甲酯	2.11
29	32.20	亚麻酸甲酯	7.53
30	32.92	亚油酸	4.77
31	33.10	亚麻酸	20.91
32	33.62	1,5,9-三甲基-12-异丙基-4,8,13-环十四三烯-1,3-二醇	5.00
33	36.39	西柏三烯-1,3-二醇	18.87
总计			186.95

7.2 提取方式的优化

取烟叶 3 份切丝各 20.0g（等级为 C2F，产地为重庆巫溪，年份为 2010 年），分别加入 10.0g、80.0g 和 320.0g 的石油醚提取 2 次，合并石油醚层，浓缩至 10.0g。加入 40.0g 无水乙醇，4℃冷藏过夜，抽滤，即得烟草提取物。结果表明，0.5%质量分数的石油醚不能完全没过烟丝，提取效率较低；16%质量分数的石油醚溶剂过多，旋转蒸发时间较长，部分香味成分损失，成本也增加；4%质量分数的石油醚刚好没过烟丝，旋转蒸发时间较短，香味成分损失少，效率最高。

取烟叶 3 份切丝各 20.0g（等级为 C2F，产地为重庆巫溪，年份为 2010 年），分别加入 80.0g 的石油醚分别提取 1 次、2 次和 4 次，合并石油醚层，浓缩至 10.0g。加入 40.0g 无水乙醇，4℃冷藏过夜，抽滤，即得烟草提取物。结果表明，提取 1 次，石油醚溶剂少，旋转蒸发时间较短，但香味成分未充分提取出；提取 4 次，石油醚溶剂过多，旋转蒸发时间较长，部分香味成分损失，成本增加；提取 2 次，石油醚溶剂提取率增加，旋转蒸发时间合适，效率最高。

7.3 壳聚糖浓度优化

分别将 0.01，0.18，0.60g 壳聚糖超声溶解于 100mL1%的冰乙酸溶液中，配制出 0.1，1.8，6.0mg/mL 的壳聚糖溶液。将 0.4g 以优化条件制备的烟草提取物与0.4g乳化剂司班80充分乳化后与壳聚糖溶液混合，用1.0mol/L的氢氧化钠溶液调节混合溶液的pH为7.0，在室温下进行磁力搅拌，随后缓慢滴加0.8mg/mL的磷酸三苯酯（TPP）溶液30mL，继续进行磁力搅拌，确保反应完全进行。将得到的溶液于-20℃冷冻12h，于冻干机干燥24h，即得到微胶囊。

结果表明，0.1mg/mL的壳聚糖溶液制备的微胶囊壁材过薄，香味损失较多，香气丰富性不足；6.0mg/mL的壳聚糖溶液制备的微胶囊壁材过厚，包埋过多，香味释放不足，香气丰富性也不佳；1.8mg/mL的壳聚糖溶液制备的微胶囊壁材适中，香味释放良好，香气丰富性较好。

7.4 料液比优化

将0.18g壳聚糖超声溶解于100mL 1%的冰乙酸溶液中，配制出1.8mg/mL的壳聚糖溶液。分别将0.05，0.4，3.2g以优化条件制备的烟草提取物与0.4g乳化剂司班80充分乳化后与壳聚糖溶液混合，用1.0mol/L的氢氧化钠溶液调节混合溶液的pH为7.0，在室温下进行磁力搅拌，随后缓慢滴加0.8mg/mL的TPP溶液30mL，继续进行磁力搅拌，确保反应完全进行。将得到的溶液于-20℃冷冻12h，于冻干机干燥24h，即得到不同料液比的微胶囊。

结果表明，烟草提取物与乳化剂比例为1∶8，微胶囊成球性差，香气丰富性不足；烟草提取物与乳化剂比例为8∶1，微胶囊成球性也较差，且香料损失较多；烟草提取物与乳化剂比例为1∶1，微胶囊成球性良好，包埋效果也较好。

7.5 清香型烟草本香微胶囊的制备

取烟叶20.0g切丝（等级为XQ1，产地为四川凉山，年份为2016年），将烟丝加入100.0g石油醚溶液中提取，提取时间为1h，提取后过滤溶液，将烟丝再次加入新的石油醚溶液重复操作，共提取2次，最后合并石油醚层并浓缩至10.0g，加入40.0g无水乙醇，4℃冷藏过夜，抽滤，用无水乙醇补足至40.0g，即得到烟草石油醚提取物。将0.18g壳聚糖超声溶解于100mL 1%的冰乙酸溶液中，配制出1.8mg/mL的壳聚糖溶液。将0.4g烟草提取物与0.4g乳化剂司班80充分乳化后与壳聚糖溶液混合，用1.0mol/L的氢氧化钠溶液调节混合溶液的 pH 为 7.0，在室温下进行磁力搅拌，随后缓慢滴加 0.8mg/mL 的 TPP 溶液 30mL，继续进行磁力搅拌，确保反应完全进行。将得到的溶液于-20℃冷冻 12h，于冻干机干燥 24h，即得到清香型烟草本香微胶囊。

在滤棒成形机上，将微胶囊均匀添加在醋酸纤维丝束上，添加量为 $30mg/cm^3$，即得均匀分布的烟草香固体缓释卷烟滤棒如图 7.1 所示，由复合滤棒以及接装纸组成，接装纸包裹在复合滤棒外侧，复合滤棒包括空白丝束和缓释丝束，缓释丝束均匀分布在空白丝束内部。

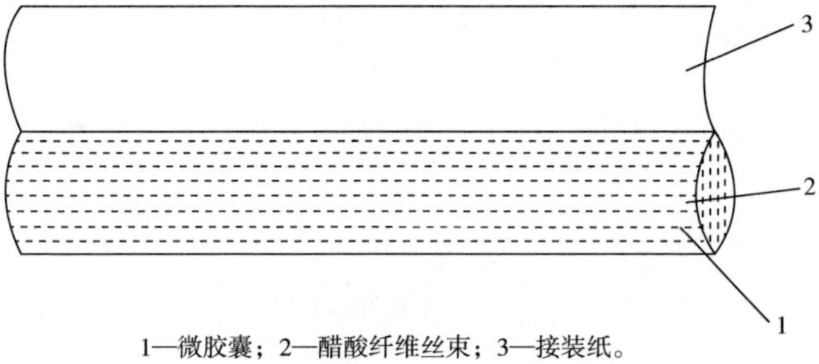

1—微胶囊；2—醋酸纤维丝束；3—接装纸。

图 7.1　均匀分布的烟草香固体缓释卷烟滤棒

然后进行感官评价，对比加香前后，加香后得到的清香型烟香固体缓释卷烟滤棒香味更加丰富，香气协调性好，有清甜香韵，回甜明显，刺激感显著降低，加香效果明显，逐口释放稳定。

烟草石油醚提取物的 GC-MS 香味成分分析结果见表 7.4，烟草石油醚提取物中含有大量的西柏三烯-1,3-二醇、1,5,9-三甲基-12-异丙基-4,8,13-环十四三烯-1,3-二醇、植醇乙酸酯、卡巴拉丁烯等烟草本香萜烯类成分，能增加卷烟的清香香韵。其亚油酸、亚麻酸、棕榈酸及硬脂酸等脂肪酸类成分，赋予卷烟圆润和甜香气息。此外，4,4-二甲基十一烷、2,6-二甲基十氢萘及正二十烷等烷烃类成分能提升卷烟的丰富性及醇和感，二氢猕猴桃内酯、3-羰基-紫罗兰醇、香紫苏醇环氧化合物等成分能增加卷烟的果香和花香香韵。

表 7.4　　烟草石油醚提取物的 GC-MS 香味成分分析

序号	保留时间/min	香味成分	浓度/(μg/mL)
1	18.2	4,4-二甲基十一烷	1.52
2	18.5	1,1-二甲基丁基苯	2.09

续表

序号	保留时间/min	香味成分	浓度/(μg/mL)
3	18.6	2,6-二甲基十氢萘	1.25
4	18.8	2,3-二甲基十氢萘	1.31
5	19.2	1,2-二甲基十氢萘	0.78
6	19.8	1,5-二甲基十氢萘	0.86
7	20.4	4-叔丁基苯乙烯	3.02
8	21.3	环己基苯	0.39
9	21.7	烟碱	309.09
10	23.6	尼可他因	0.43
11	24.4	二氢猕猴桃内酯	0.44
12	25.6	3-羰基-紫罗兰醇	1.59
13	26.5	可替宁	0.69
14	27.8	植醇乙酸酯	78.80
15	29.5	棕榈酸	13.14
16	31.1	正二十烷	1.63
17	32.5	亚油酸	13.94
18	32.6	亚麻酸	28.59
19	32.9	硬脂酸	6.56
20	33.6	香紫苏醇环氧化合物	2.59
21	33.8	1,5,9-三甲基-12-异丙基-4,8,13-环十四三烯-1,3-二醇	28.53
22	34.0	卡巴拉丁烯	7.73
23	34.5	西柏三烯-1,3-二醇	284.94
24	35.0	正二十三烷	10.66
25	36.3	4-叔丁基苯丙酮	7.88
26	36.6	4a-羟甲基十氢萘	32.26
总计			840.71

第三部分

香原料爆珠的制备及应用

8 爆珠的制备及表征

近年来，爆珠加香以其特有的优势在烟草行业内加速发展。与其他增香技术相比，爆珠卷烟可以实现在卷烟吸食过程中可控的香气释放，丰富卷烟吸食口味，实现吸食过程的增香，减少外界环境对吸味的影响和香精的损失。

在国内卷烟市场，各中烟工业企业陆续推出采用爆珠加香技术的卷烟产品。这些产品中采用爆珠加香的目的主要是赋予卷烟特征香气或改善卷烟舒适性，如贵州中烟的“国酒香爆珠”“陈皮爆珠”，云南、上海、广西等企业的可视化爆珠、薄荷爆珠、香槟酒爆珠等产品，不同香型爆珠卷烟的不断涌现为品牌发展提供新增长点。

8.1 白酒香爆珠的制备及应用

8.1.1 香原料设计及配方

白酒是我国的传统酒之一，拥有悠久的历史，与白兰地、威士忌、朗姆酒、伏特加和金酒构成了世界六大蒸馏酒。我国的白酒是以粮谷为主要原料，经蒸煮、糖化、发酵、蒸馏而制成的饮料酒。白酒的主要成分乙醇和水占98%~99%，另外的1%~2%为微量成分主要包含了酸类、酯类、醇类、醛类、酚类及其他芳香族化合物，种类繁多，成分也较为复杂。

酒香爆珠在卷烟中应用较多，也得到了大量消费者的认可。“国酒香”爆珠是国内工业企业中影响较广的爆珠产品，此外还有“五粮浓香”爆珠、“汾酒”爆珠等都很受欢迎。

(1) 爆珠配方　由于烟用爆珠的壁材均为亲水性材料，在配制爆珠香精的过程中不能使用较大量的乙醇、丙二醇和水等成分，因此在白酒香爆珠(图 8.1) 的设计中，原料组成以白酒中的微量成分为主。

酯类：白酒的香味物质中酯类成分的种类最多，也是形成酒香的主要物质。由于白酒中的主要成分是乙醇，因此酒中的酯类主要以乙酯类物质为主。

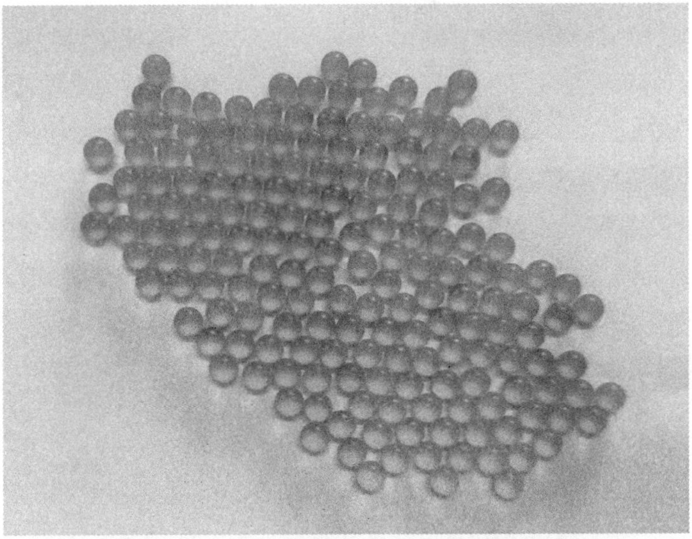

图 8.1 白酒香爆珠

最终确定白酒香爆珠配方中的酯类物质主要有乙酸乙酯、丙酸乙酯、丁酸乙酯、乳酸乙酯、2-甲基丁酸乙酯、己酸乙酯、2-甲基丁酸异戊酯、庚酸乙酯、辛酸乙酯等。其中，乙酸乙酯、己酸乙酯、乳酸乙酯是白酒中含量较多的三种酯类，三者在爆珠配方中的含量较高。

酸类：酸类物质在白酒中有调味的作用，应用于卷烟爆珠时对烟气状态和感官舒适性也有一定的调节功能。配方中选用的酸类物质有乙酸、己酸、辛酸、癸酸、乳酸等。

醇类：白酒中的醇类物质除了乙醇外，还有丙醇、异丙醇、正丁醇、异丁醇、异戊醇、己醇等多种物质。白酒香爆珠配方中选用了异丙醇、异戊醇、苯乙醇等。

其他类：为了使白酒香爆珠与烟草香气更加谐调，爆珠配方中添加了少量的2,3,5,6-四甲基吡嗪等烘烤香物质。

（2）爆珠香精芯液的配制　由于烟用爆珠的壁材均为亲水性材料，所以在配制芯液的过程中有必要选择非水溶性的溶剂。常用的芯液溶剂是大豆油、玉米油、橄榄油以及中链甘油三酯（MCT）等。辛癸酸甘油酯（ODO）这种饱和的中链甘油三酯没有异味，对香精的容纳度高并且不易变质，是爆珠香精选用最多的溶剂。香精溶剂的比重同样会对爆珠的品质产生影响，溶剂比重过轻或过重都会造成爆珠壁厚不均的问题。爆珠香精溶剂的密度一般要求在0.88~0.98g/mL。最后，配制的香精芯液必须是均一的澄清液体。如图8.2所示，爆珠芯液分层、浑浊、沉淀均会对爆珠口味的同一性造成不良影响。

1—澄清；2—分层；3—浑浊；4—沉淀。

图8.2 爆珠芯液状态

在实际工作中，为了便于开展调配芯液的工作，可以使用一些简单的实验判别芯液是否适用于制备爆珠。具体方法如下：①配制好的芯液静置24h，观察所配制的芯液是否有分层、浑浊、沉淀的不稳定现象，出现此类现象均需要更改配方重新调配。②取一烧杯纯水，使用吸管吸取芯液，将吸管伸入烧杯底部快速挤出，观察芯液在水中是否出现了沉淀、浑浊、分离的现象，出现此类现象均需要更改配方重新调配。③待挤出后的芯液在烧杯中停止运动后，观察芯液是否完全上浮，若不能完全上浮，也需要重新调配芯液。

（3）爆珠壁材的选择　水溶性且食用安全的凝胶均可以用来制备烟用爆珠，烟用爆珠的壁材并不是一成不变的，需要根据香精的理化指标进行调配。

在应用过程中一般会出现以下几类问题：①芯液密度偏高，当芯液的密度超过0.98g/mL的时候，可认为芯液密度偏高，依据壁材配方选择提升高黏度、高冻力组分的用量。②芯液密度偏低，当芯液密度低于0.9g/mL的时候，可以认为芯液密度偏低，依据壁材配方选择提升高黏度、高冻力组分的用量。③芯液挥发性偏高，将100g香精放于12cm的表面皿中，在80℃烘箱中烘烤3min，如果失重量大于3g，可认为芯液挥发性较高，依据壁材配方选择低黏度、高冻力组分的用量。

为了便于壁材配方的调整与维护，需要了解原料中单料的成膜性质、溶胶性质。在固含量相同的热水溶胶状态下，单体壁材成分的性质直接影响了最终壁材的质量。在设计配方的过程中，不但要考虑用量还需要考虑到原料的稳定性。由于明胶是使用动物皮革、骨头作为原料，原料的品质受到产地、动物品种、腐败程度、加工工艺等综合因素的影响。因此明胶在批次稳定性上存在隐患。所以，在配方设计中应该优先考虑质量稳定的原料。另外，部分地区不能使用明胶作为原料。在了解了单体原料的性质后，就可以根据芯液的理化性质设计壁材配方。常用爆珠壁材原料的性质见表 8.1。

表 8.1　　常用爆珠壁材原料的性质

原料名称	溶胶状态 10%固含量			温度/℃	风干 24h 后成膜状态
	黏度	冻力	品质波动		
皮明胶	高	适中	大	70	强度高、脆性、薄膜
骨明胶	低	高	大	70	强度高、脆性、薄膜
鱼皮胶	高	高	大	70	强度高、脆性、薄膜
琼脂	低	适中	小	70	强度适中、脆性、薄膜
玉米淀粉	适中	低	小	70	无成膜性粉浆状态分散
马铃薯淀粉	适中	低	小	70	无成膜性粉浆状态分散
变性淀粉	适中	适中	小	70	强度低、脆性、薄膜
糊精	低	低	小	70	强度低、脆性、晶体
黄原胶	极高	低	小	70	强度高、脆性、薄膜
槐豆胶	极高	低	小	70	强度高、脆性、薄膜
果胶	高	低	小	70	强度高、脆性、薄膜
结冷胶	高	高	小	70	强度适中、脆性、薄膜
卡拉胶	高	高	小	70	强度适中、脆性、薄膜
普鲁兰多糖	低	低	小	70	强度适中、韧性、薄膜
甘油	低	无	小	70	液体、无成膜性、可作增塑用途
丙二醇	低	无	小	70	液体、无成膜性、可作增塑用途

上述大部分原料制备的爆珠外壳都是刚性的，但是烟用爆珠必须具备良好的韧性，才能保证在生产滤棒和卷烟时不容易破碎，稳定性好。爆珠的韧性是由囊壳中的胶体强度、成膜性、增塑效果综合决定的。

在应用过程中，调整增塑剂用量是改变爆珠弹性最直接的方式。水溶、不易挥发、高沸点、食用安全的液体或半固体都可以用来做为囊壳的增塑剂。通常使用的有甘油、丙二醇。用量通常是固含量的10%~50%。增塑剂的使用方法：①在溶胶过程中加入，水溶性的增塑剂可以直接添加在热的水溶胶中，待溶胶水分挥发，增塑剂就在囊壳中均匀地保留了下来，起到软化囊壳的目的。②在爆珠风干过程中喷施，在实际的爆珠制备过程中，可能由于原料批次间的不稳定，造成爆珠脆性提升，在这种情况下可以通过在爆珠表面喷施增塑剂水溶液的方式进一步软化爆珠。

8.1.2 白酒香爆珠的制备工艺

目前，烟用爆珠的壁材主要为亲水性材料，水溶性且食用安全的凝胶均可以用来制备烟用爆珠。为了避免香精芯液对壁材产生不良影响，在配制香精芯液的过程中需要选择非水溶性的溶剂，植物油、中链油脂均有成功应用的实例。

爆珠的滴制技术大体可分为三类：脉冲法、液中点滴法和乳化法。其中，脉冲法和液中点滴法属于一步滴制法，乳化法属于两步滴制法。不同的滴制技术对香精、壁材的选择都有相应的要求。

（1）脉冲法制备技术　脉冲法是目前爆珠制备领域中使用最多、产量最大的制备技术。其原理是利用脉冲泵在冷却油中形成垂直于重力的横向脉冲，切断下滴过程中的壁材和芯液。由于壁材和芯液分别通过同心圆分流管的外管和内管滴下，最终间断的壁材和芯液在冷却油中可以依靠表面张力的作用凝结成内包芯液的爆珠，其方法示意见图8.3，工艺流程见图8.4。

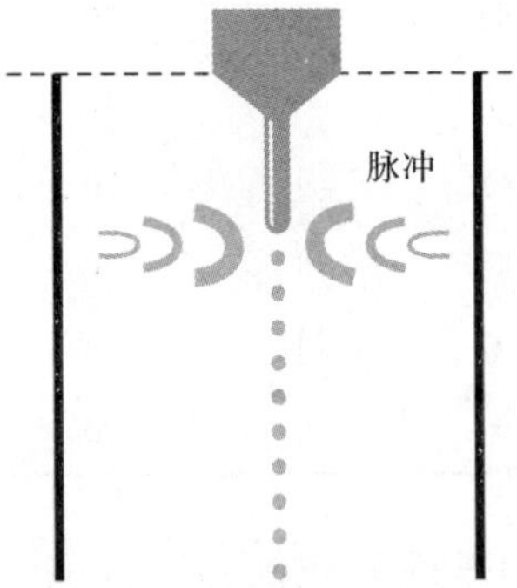

图8.3　脉冲法示意图

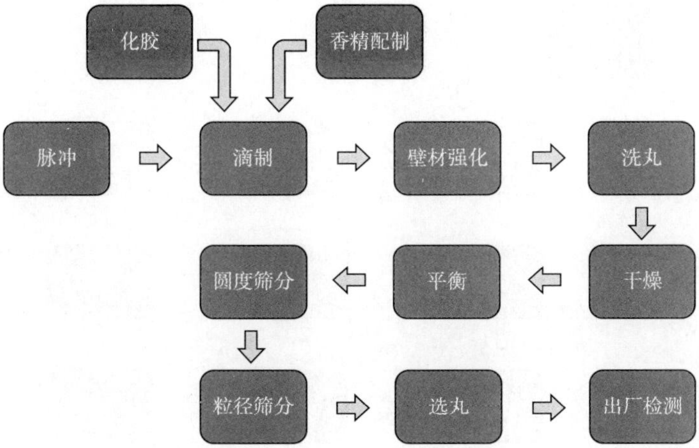

图 8.4 脉冲法工艺流程图

脉冲法的优点：脉冲频率高，单滴头的产能相对较高。脉冲法制备的爆珠外壁厚度均匀，破裂强度适中，爆珠外形圆整。

脉冲法的缺点：对香精的比重、黏度、极性等指标要求较高，因此香精的适用性较低。

（2）液中点滴法制备技术　液中点滴法与脉冲法同属于一步滴制法，壁材和芯液同样是通过同心圆分流管的外管和内管滴下。与脉冲法不同的是，液中点滴法的原理是利用冷却油在分流管中的降流作用，形成可控的漩涡。旋转的液流将下滴过程中的壁材和芯液切断。最终在冷却油中依靠表面张力的作用凝结成内包芯液的爆珠，其方法示意见图 8.5，工艺流程见图 8.6。

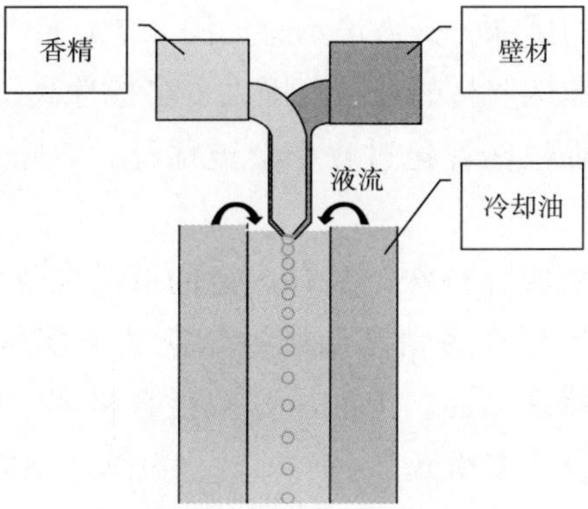

图 8.5 液中点滴法示意图

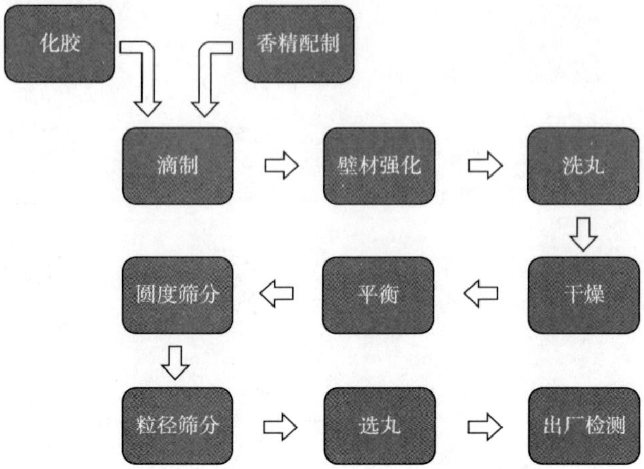

图 8.6　液中点滴法工艺流程图

液中点滴法的优点：香精的适用性高，对香精黏度、密度、极性等指标的要求相对较低。

液中点滴法的缺点：流线切割相对脉冲来说，效率较低，因此单滴头的产能相对较低。

(3) 乳化法制备技术　乳化法属于两步滴制法，其壁材成形原理是界面聚合反应，生产步骤如下：将香精、增稠剂、钙盐、去离子水、表面活性剂通过乳化机或高效混合的方式制备成稳定的预聚体乳液，将乳液利用恒流泵等设备滴至海藻酸钠的溶液中，乳液中的钙离子与海藻酸钠快速发生交联反应形成海藻酸钙壳膜，从而制备得到湿润的爆珠。

交联完成的湿润爆珠，在强对流的条件下风干，乳液和壳膜中的水分被脱去，形成包裹芯材的爆珠，其方法示意见图 8.7，工艺流程见图 8.8。

乳化法的优点：爆珠壁材的选料范围大，可控性高。

乳化法的缺点：香精在乳化过程中会被稀释、口味有可能发生改变、制备产能较低。

由于酒类爆珠香精成分特殊，含有大量的低碳酯类物质，经过多次改进参数，白酒香和果酒香爆珠香精利用脉冲切割法未能得到合格的爆珠产品。利用乳化法虽得到了爆珠产品，但在爆珠粒径合格率、圆度等方面数据不理想。实验中爆珠粒径合格率均低于 90%，且多数爆珠略椭圆，少量椭圆。

液中点滴法（图 8.9）在整个成丸的过程中没有施加外力，完全依靠胶液、香精、冷却油的表面张力成丸，爆珠外壳无切口无渗漏风险，对香精

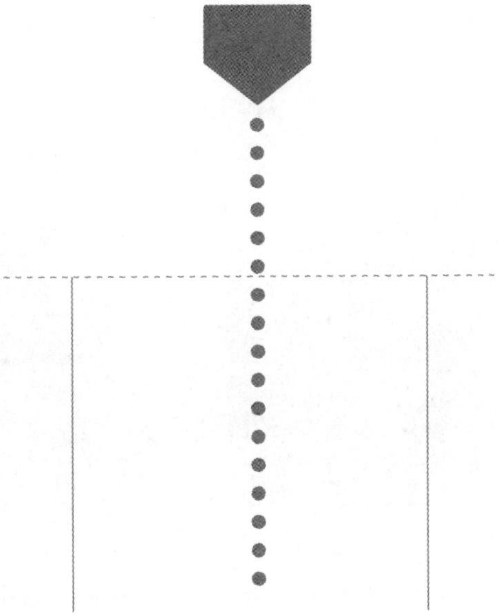

图 8.7 乳化法示意图

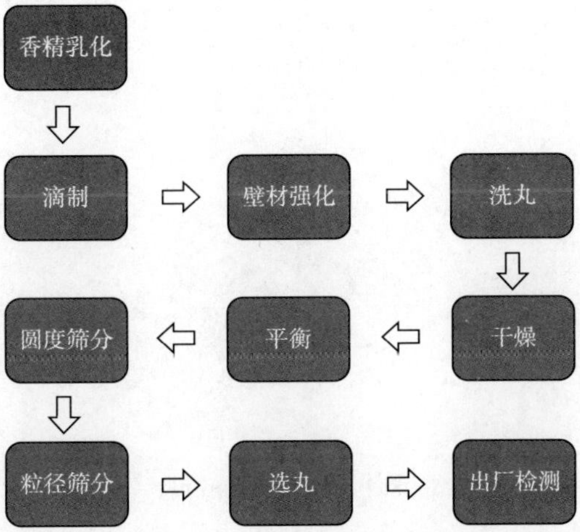

图 8.8 乳化法工艺流程图

的要求相对较低。经过多次工艺优化，并针对性地对白酒香精、果酒香精开发了专属的胶皮配方，爆珠外观有着明显的改善，圆度（图 8-10）大幅提高（≤0.10mm），拖尾情况明显改善，外观缺陷≤0.04%（万分之四），得到了合格的爆珠产品。由于专属工艺、胶皮配方的应用，加工得率取得了明显的进步，产出率（香精消耗质量：成品爆珠质量）能够稳定在 1.1 左右。

爆珠干燥设备如图 8.11 所示。

图 8.9　液中点滴法爆珠滴制

图 8.10　爆珠圆度筛选设备

图 8.11　爆珠干燥设备

8.1.3　白酒香爆珠的检查与检验

（1）爆珠制备过程控制要点　烟用爆珠的制备工艺类型多样，无论是哪一个制备方法均需要严格地控制环境条件及产品规格。为了保证生产良好的烟用爆珠，常规的制备工艺包含以下控制环节。

①根据爆珠规格（表 8.2）安装好相应尺寸的滴头；设置冷却循环温度 10~20℃；胶液温度 60~80℃；空调制冷模式 20~25℃；除湿机相对湿度 35%~50%。

②依据规格要求调整装量及胶皮质量。

表 8.2 **爆珠制备规格参考数据**

成品爆珠粒径/mm	调节皮重/mg	调节装量/mg
3.5~3.8	5.2~7.2	21~22
3.4~3.7	4.2~7.0	20~21
3.3~3.5	4.0~6.4	19~20

胶皮、装量测定：取 n 粒湿润的爆珠。用吸油纸小心地擦去表面油渍。放于天平（精密度0.001g）上读数，在记录本上记录爆珠总重。将测定总重后的爆珠取出，盖上吸油纸，用手指轻轻压破，重复2次。将压破后的胶皮放于天平（精密度0.001g）上再次称量读数，在记录本上记录爆珠皮重。最后计算出单粒爆珠平均皮重及装量。当爆珠的皮重和装量都符合设计要求时，即可开始爆珠漏液、偏心检查。

爆珠漏液、偏心检查：取至少50粒爆珠。放在平底烧杯中，取少量冷却油浸没爆珠。举起烧杯迎光进行观察。爆珠中的液滴会造成爆珠漏液，要求爆珠胶皮中不能含有小液滴。

如图8.12所示，所观察的爆珠壁最厚的部分 A，最薄的部分 B，通常 $A>2B$ 的时候认定爆珠偏心，反之则为合格。

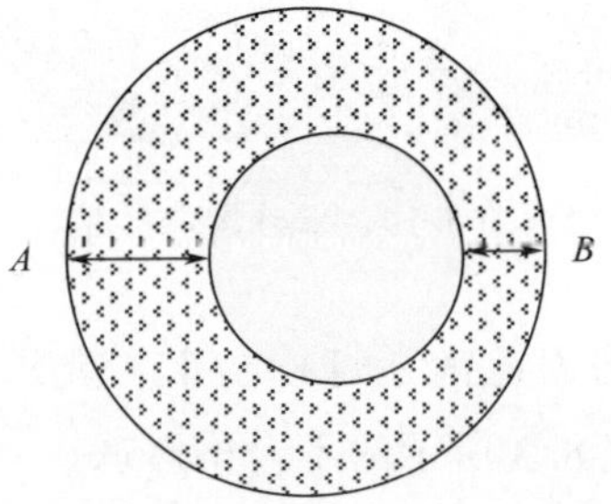

图8.12　爆珠偏心辨别示意图

所观察的爆珠胶皮中含有小液滴时，即认为爆珠漏液，反之则为合格，见图8.13。

在制备过程中，需要随时关注冷却油液面是否有残留的气泡，一经发现需要及时清理干净，防止气泡积累。同时，香精中的气泡也需要及时排出；当滴头有气泡流过时需要及时划去胶柱中的气泡。

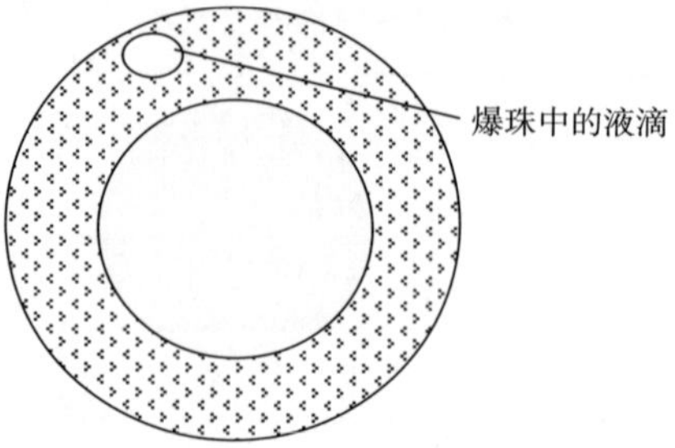

图 8.13　爆珠壁中的液滴示意图

在滴丸的过程中要按规定时间做好“三检”：“一检”检查香精是否充足；“二检”检查胶液是否充足，加胶时一定要缓慢，在加胶的同时需要用筛网进行过滤，加胶完成后需要重新进行胶皮、装量、偏心、漏液的检查和调试，调整到设计值范围内后，才可收集成品湿爆珠；“三检”在线定时检查爆珠的皮重、装量、偏心、漏液。

（2）爆珠的检查与检验　在烟用爆珠的生产过程中，不可避免地会混杂有少量的次品爆珠，因此需要对爆珠（图 8.14）进行细致的检查与检验。

图 8.14　部分爆珠样品

外观检查：将爆珠均匀地铺在灯检台上，要求只铺一层，爆珠无重叠。在灯检时，需要挑除如表 8.3 所示的不合格爆珠。

表 8.3　　外观不合格爆珠类型

外观类型	外形描述	实质
气泡丸	爆珠中心有一个可活动的气泡的爆珠	爆珠破损造成漏液
异形丸	鸡蛋形、米粒形、火山岩形、方形、水滴形爆珠，凡圆度差、表面有突起的爆珠均定义为异形丸	在定形干燥过程中被挤压或表面黏附杂质

续表

外观类型	外形描述	实质
鱼眼丸	爆珠有一个小拖尾，并且这个拖尾中含杂了一滴芯液或一个气泡，形成一个不可自由移动的气泡	被脉冲或液流切碎的小爆珠黏附在爆珠尾端
连体丸	特指 2 个或 2 个以上爆珠粘连的情况	在干燥或制备过程中，两粒以上的爆珠粘结
拖尾丸	爆珠呈蝌蚪状，具有一个长度不一的拖尾	部分胶体黏度过大造成爆珠拖尾

破裂强度检测：爆珠的破裂强度直接决定了其是否适用于滤棒、卷烟的工业化生产。一般使用质构仪对爆珠破裂压力值进行检测：随机抽取 n 粒爆珠，用质构仪逐一测定爆珠的破裂压力值，合格的压力值界限一般为：设计值±6N。超出此范围的爆珠即为不合格品。一般烟用爆珠的压力值合格率要在 90%以上。

直径检测：一般使用的爆珠直径检测方法为游标卡尺测量。爆珠直径指的是单粒爆珠的最大直径。因此在使用游标卡尺测量爆珠直径时，需要测量爆珠的长轴距离。另外，爆珠并非是一个纯刚性的几何体。因此测量的手法需要轻巧，防止挤压爆珠，造成人为的测量误差。

爆珠直径检测方法为：随机抽取 n 粒爆珠，用游标卡尺逐一测定。合格的直径界限一般为设计值±0. 15mm，超出此范围的爆珠即为不合格品。一般烟用爆珠的直径合格率要在 90%以上。

爆珠含量检测：随机抽取 100 粒爆珠，用精度为万分之一的天平进行称量，读出 100 粒的爆珠质量 M （kg），见表 8. 4，爆珠含量计算如下：

$$爆珠含量 = (1000g/M) \times 100$$

重复测量 3 次取平均值即可。

表 8. 4　　部分爆珠直径与含量参考对照表

直径/mm	含量/(粒/kg)
2. 5~2. 9	75000~88000
3. 3~3. 6	40000~48000
4. 2~4. 5	20000~27000

8.1.4 白酒香爆珠的感官评价

爆珠香精调配过程中，需要多次的调整才能够达到预期效果。如果每一次调整都要制备爆珠后再评价，显然不符合实际工作的需要。所以，需要建立一个模拟的爆珠卷烟感官评价方法。

在实际工作中经常使用如下方法进行爆珠卷烟感官评价。

（1）准备镊子、微量注射器、尺子等器材。

（2）用镊子拔出一支标样卷烟的滤嘴，用尺子测量其长度，确定滤嘴长度。

（3）根据确定的滤棒长度及爆珠放置位置的设计要求，确定进样器的注射深度。

（4）用水、乙醇或爆珠溶剂等润洗微量注射器数次，用爆珠香精润洗微量注射器。根据爆珠设计要求，吸取一定量的爆珠香精，针头上沾染的香精用滤纸等吸干。

（5）取出一支标样卷烟，从卷烟滤嘴中心处扎入微量注射器，扎入的深度可用刻度尺控制。

（6）缓慢推注射器，将筒体内的香精注入卷烟。

配方烟丝平衡 48h，平衡环境为：温度保持在 22℃±2℃、相对湿度保持在 60%。分别按照每支烟总质重 0.80g±0.01g 的标准卷制样品。加入普通嘴棒和带有爆珠的嘴棒，制成空白卷烟和实验卷烟。由 10 名评委组成评吸小组，按照评吸表进行评吸打分，采用中式卷烟风格特征感官评价方法对爆珠卷烟的特征香韵和加香作用进行评价（表 8.5）。

表 8.5　　中式卷烟风格特征感官评价表

样品名称							
香气风格	指标	嗅香（0~3 分）	评吸（0~10 分）	嗅香（0~3 分）	评吸（0~10 分）	嗅香（0~3 分）	评吸（0~10 分）
	烤烟烟香						
	晒烟烟香						
	清香						
	果香						
	辛香						
	木香						

续表

样品名称							
	指标	嗅香（0~3 分）	评吸（0~10 分）	嗅香（0~3 分）	评吸（0~10 分）	嗅香（0~3 分）	评吸（0~10 分）
香气风格	清甜						
	焦甜						
	醇甜						
	蜜甜						
	青滋香						
	花香						
	药草香						
	豆香						
	可可香						
	奶香						
	膏香						
	烘焙香						
指标（评吸）		0~5 分		0~5 分		0~5 分	
口味风格	甜味						
	苦味						
指标（评吸）		0~10 分		0~10 分		0~10 分	
综合特征	口腔回甜						
	口腔干净						
	鼻腔柔绵						
	喉部顺畅						
	丰富性						
	杂气						
	烟气浓度						
	劲头						

利用中式卷烟风格特征评价方法，对白酒香爆珠香精进行了香韵嗅香评价，结果如图 8.15 所示，该款爆珠酒香特征明显，并具有突出的甜香和果香，与烟草香韵较为谐调，并可增加卷烟的甜感。

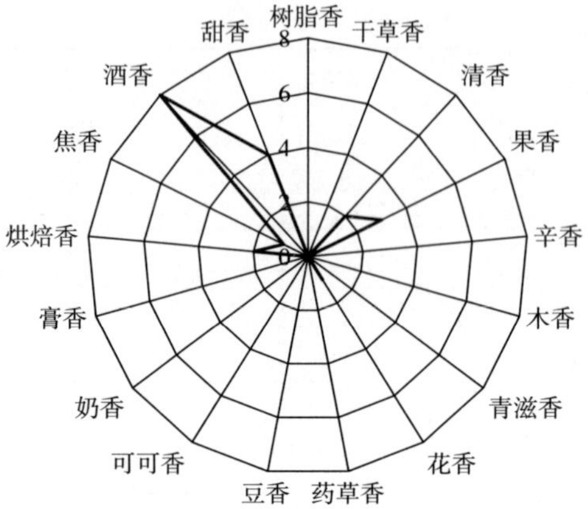

图 8.15　白酒香爆珠评价结果

8.1.5　白酒香爆珠的分析检测

（1）GC-MS 检测　爆珠中香气成分分析可以用气相色谱-质谱联用（GC-MS）直接进样分析，也可以用固相微萃取-气相色谱-质谱联用（HS-SPME-GC-MS）进行分析。前者所需样品量较少，但因为进样时会用到溶剂进行稀释，通常会设置一定的溶剂延迟，有可能得不到一些小分子的香气成分信息。溶剂出峰时间晚于溶剂延迟时间的，溶剂峰也可能会掩盖掉部分香气成分峰。后者主要对爆珠中的挥发性和半挥发性成分进行分析，因此可能无法得到爆珠中挥发性较弱的成分信息。

仪器：气相色谱-质谱联用仪（美国 Agilent 公司 7890A/5975C）；SPME 手柄、SPME 萃取纤维头（美国 Supelco 公司）；带橡胶垫螺纹顶空进样玻璃瓶（美国 CNW 公司）；CP2245 电子天平（感量 0.0001g，德国 Sartorius 公司）。

前处理方法：取 5 颗爆珠样品，置于 10mL 离心管中，加入 10mL 二氯甲烷。用玻璃棒将爆珠压破后，将离心管置于涡旋仪中振荡 5min，取 1mL 上清液，经 0.45μm 有机相超滤膜过滤，进行 GC-MS 分析。

色谱柱：DB-5MS（60m×0.25mm×0.25μm）；

载气：He；

柱流量：1mL/min；

进样量：1μL；

进样口温度：280℃；

升温程序：从 50℃（0min）以 5℃/min 升至 300℃后运行 40min（300℃）；

分流比：10∶1；

传输线温度：250℃；

电离方式：EI；

离子源温度：280℃；

四极杆温度：150℃；

电子能量：70eV；

扫描模式：全扫描；

溶剂延迟：7min。

采用气相色谱-质谱联用（GC-MS）直接进样法对设计开发的白酒香爆珠进行了分析，发现一些小分子物质，如异丙醇、乙酸、乙酸乙酯、异丁醇、丙酸乙酯、异戊醇等，因为溶剂延迟的原因没有检测到。因此又用固相微萃取-气相色谱-质谱联用（HS-SPME-GC-MS）法对其进行了分析。

气相色谱-质谱联用（GC-MS）直接进样结果如图 8.16 所示。

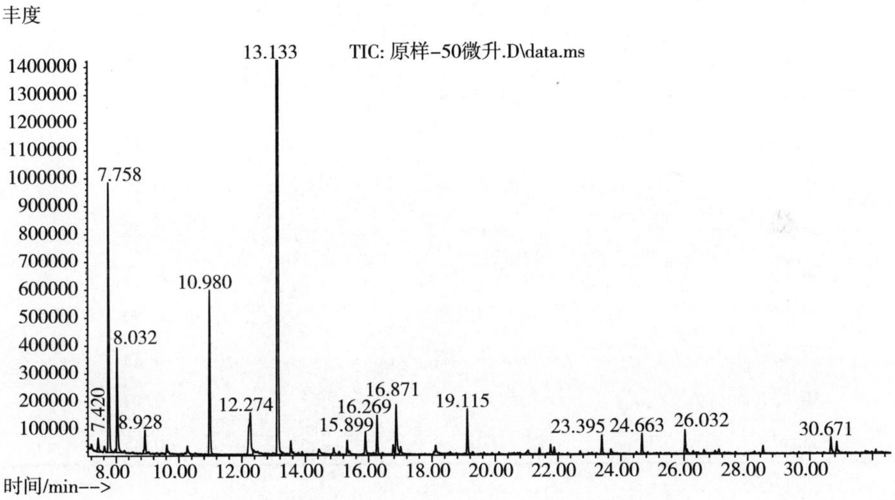

图 8.16　白酒香爆珠直接进样总离子流色谱图

白酒香爆珠以酯类物质为主，相对含量最高的为己酸乙酯，达到了 60.64%，样品中含有的酸类物质主要为己酸、少量的辛酸和癸酸，杂环类香味物质为 2-乙酰基吡啶和四甲基吡嗪，见表 8.6。

表 8.6　　白酒香爆珠直接进样法分析结果

保留时间/min	匹配项名称	相对含量/%
7.758	丁酸乙酯	10.5
8.032	乳酸乙酯	4.27
8.928	2-甲基丁酸乙酯	1.05
9.621	乙酸异戊酯	0.38
10.266	戊酸乙酯	0.38
10.98	四氯乙烷	6.52
12.274	己酸	3.53
13.133	己酸乙酯	60.64
13.541	乙酸己酯	0.50
14.433	2-乙酰基吡啶	0.32
15.319	乳酸异戊酯	0.55
15.899	四甲基吡嗪	1.14
16.269	2-甲基丁酸异戊酯	1.41
16.871	苯乙醇	2.40
18.111	辛酸	0.38
18.573	未知成分	0.09
19.115	辛酸乙酯	1.69
21.763	己酸戊酯	0.35
23.395	辛酸异丁酯	0.77
23.685	癸酸	0.28
24.663	癸酸乙酯	0.78
26.032	辛酸异戊酯	0.90
28.491	癸酸异丁酯	0.33
30.854	癸酸异戊酯	0.49
38.173	十六酸乙酯	0.35

（2）固相微萃取-气相色谱-质谱联用（HS-SPME-GC-MS）检测　检测方法及结果如下。

前处理方法：取足够量的爆珠样品，置于离心管中，用玻璃棒将爆珠压破后，取香精样品 1g，置于顶空瓶中，加盖密封。在室温下，用将纤维头预先老化的 SPME 针头插入顶空瓶中，推出纤维头，顶空吸附 1h 后，拉回纤维头，取出 SPME 针头，立即插入到 GC-MS 的进样口解吸附。SPME 萃取纤维头活化条件：270℃，30min。

GC-MS 分析条件如下。

色谱柱：DB-5MS（60m×0.25mm×0.25μm）；

载气：He；

恒流模式：1.0mL/min；

升温程序：50℃保持 0min，以 3℃/min 的速度升至 300℃，保持 0min；

进样方式：不分流进样；

进样口温度：280℃；

解吸附时间：5min；

传输线温度：280℃；

电离方式：EI；

电离能量：70eV；

离子源温度 230℃；

四极杆温度：150℃；

扫描质量范围：33~500u；

溶剂延迟：0min。

固相微萃取-气相色谱-质谱联用分析结果：固相微萃取法溶剂延迟为 0min，故相较于直接进样法分析出的易挥发物质稍多，包括乙醇、异丙醇、乙酸、乙酸乙酯、异丁醇、丙酸乙酯、异戊醇等，见图 8.17 和表 8.7。

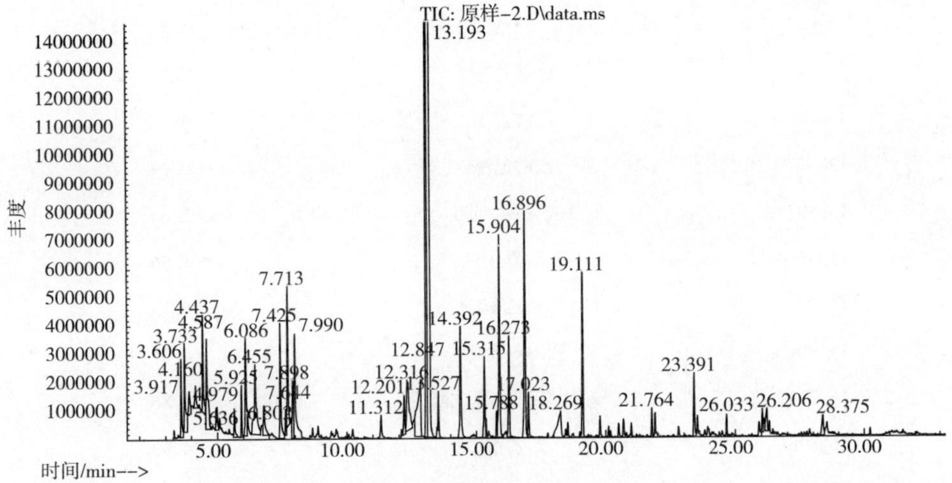

图 8.17　白酒香爆珠固相微萃取总离子流色谱图

表 8.7　　白酒香爆珠固相微萃法检测结果

保留时间/min	匹配项名称	相对含量/%
3.606	乙醇	1.29
3.733	异丙醇	1.87
4.16	乙酸	0.51
4.437	乙酸乙酯	1.51
4.587	异丁醇	2.24
5.636	丙酸乙酯	0.53
5.925	未知成分	0.67
6.086	异戊醇	2.20
7.425	丁酸乙酯	2.10
7.99	乳酸乙酯	3.04
8.67	异戊酸乙酯	0.14
8.878	2-甲基丁酸乙酯	0.24
9.397	乙酸异戊酯	0.15
10.076	丁酸乙酯	0.11
10.228	戊酸乙酯	0.18
10.666	未知成分	0.10
12.201	乳酸异丁酯	0.83
12.316	苯甲醛	2.53
12.847	己酸	3.48
13.077	己酸乙酯	14.31
13.193	己酸乙酯	39.12
13.527	乙酸己酯	0.94
14.392	2-乙酰基吡啶	2.64
15.315	乳酸异戊酯	1.56
15.477	苯乙酮	0.13
15.904	四甲基吡嗪	4.21
16.273	2-甲基丁酸异戊酯	1.86
16.896	苯乙醇	4.93
17.761	己酸异丁酯	0.07

续表

保留时间/min	匹配项名称	相对含量/%
18.269	苯甲酸	1.84
18.465	间苯二甲醛	0.17
18.546	丁二酸二乙酯	0.23
19.111	辛酸乙酯	2.76
20.115	辛酸异丙酯	0.16
20.68	间苯二甲醛	0.33
20.98	乙酸苯乙酯	0.27
21.764	己酸戊酯	0.44
24.66	癸酸乙酯	0.31

（3）爆珠中糖类的检测　检测方法及结果如下。

仪器：UltiMate3000 型液相色谱仪（美国 Thermo Fisher Scientific 公司）；2000ES 型 ELSD 检测器（美国 Alltech 公司）；Prevail Carbohydrate ES 色谱柱（5μm×250mm×4.6mm）（美国 Grace 公司）；CP2245 电子天平（感量 0.0001g，德国 Sartorius 公司）。

试剂：果糖（≥99%）；葡萄糖（≥99.5%）；蔗糖（≥99.5%）；一水合麦芽糖（≥99%）；麦芽三糖（≥99%）；肌糖（≥99%）；阿拉伯糖（≥99%）；山梨糖（≥99%）；（美国 Sigma-Aldrich 公司）；去离子水（屈臣氏）。

样品前处理方法：取足够量的爆珠样品，置于离心管中，用玻璃棒将爆珠压破后，取 10g 香精样品于分液漏斗中，加入 3g 蒸馏水萃取，取下层清液，定容至 10mL。取 1mL 溶液经 0.22μm 滤膜过滤作为进样溶液，进行甜味成分的 HPLC-ELSD 定量分析。

HPLC-ELSD 条件如下。

色谱柱：Prevail Carbohydrate ES 色谱柱（5μm×250mm×4.6mm）；

流动相：乙腈和水；

梯度洗脱：80%乙腈+20%水（0min），80%乙腈+20%水（20min），75%乙腈+25%水（24min），55%乙腈+45%水（26min），55%乙腈+45%水（33min），80%乙腈+20%水（37min），80%乙腈+20%水（40min）；

流速：0.8mL/min；

柱温：30℃；

进样量：10μL；

漂移管温度：80℃；

氮气流量 2. 2L/min。

标准储备液：分别准确称取 30mg 阿拉伯糖、100mg 果糖、50mg 山梨糖醇、200mg 葡萄糖、80mg 蔗糖、60mg 的麦芽糖、30mg 的麦芽三糖、肌糖 50mg（精确至 0. 1mg）于 10mL 容量瓶中，加入 4~6mL 的去离子水超声溶解并定容至刻度，混匀得到混合标准储备液（8 种糖类工作液色谱图见图 8. 18）。

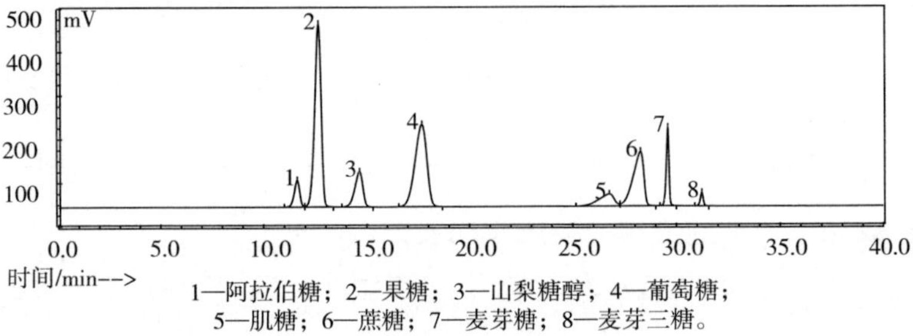

图 8. 18　8 种糖类工作溶液色谱图

标准工作溶液：准确移取 25，50，100，250，500，750，1000μL 的标准储备液于 10mL 容量瓶中，用去离子水定容至刻度，混匀得到七种浓度的工作标准溶液（其工作曲线及线性系数见表 8. 8）。

表 8. 8　　8 种糖类的标准曲线、线性范围、相关系数

目标物	工作曲线*	线性范围/(μg/mL)	R^2
阿拉伯糖	$y=2.0644x+2.9671$	7. 6~303. 0	0. 9999
果糖	$y=1.9357x+2.7509$	25. 0~1001. 0	0. 9992
山梨糖醇	$y=2.0077x+2.7699$	12. 4~494. 0	0. 9998
葡萄糖	$y=1.9345x+2.0771$	50. 8~2031. 0	0. 9999
肌糖	$y=1.8749x+2.5379$	12. 4~495. 0	0. 9997
蔗糖	$y=1.8383x+2.5766$	20. 8~832. 0	0. 9997
麦芽糖	$y=1.698x+2.4359$	13. 2~526. 5	0. 9994
麦芽三糖	$y=1.6708x+2.1405$	7. 2~287. 0	0. 9993

注：* 以峰面积的自然对数（x）对工作溶液浓度的自然对数（y）进行线性回归分析得到工作曲线。

爆珠中糖类的分析结果：白酒香爆珠主要由合成香料调配而成，因此未检测出糖类物质。

(4) 爆珠中酸类的检测　检测方法及结果如下。

仪器：ICS-5000 离子色谱仪（配备 EGC-KOH 淋洗液发生器，CD50A 电导检测器，ASRS300 4mm 阴离子自再生膜抑制器）、IonPac AG11-HC 阴离子保护柱（50mm）、Ionpac AS11-HC 阴离子交换色谱柱（4mm×250mm）（美国 Thermo Fisher Scientific 公司）。

试剂、材料：苹果酸（98%，Fluka 公司）；富马酸（99%）、乳酸（AR）（Acros 公司）；乙酸（99%，Alfa Aesar 公司）；柠檬酸（99.5%，北京百灵威科技有限公司）；氯化钠（99%，Sigma-Aldrich 公司）；硫酸钠（99.5%，天津市风船化学试剂科技有限公司）；硝酸钾（99%，北京百灵威科技有限公司）；磷酸三钠（98%，天津市风船化学试剂科技有限公司）去离子水（屈臣氏）；超滤膜（0.22μm，天津津腾公司）。

样品前处理方法：取足够量的爆珠样品，置于离心管中，用玻璃棒将爆珠压破后，取 10g 香精样品于分液漏斗中，加入 3g 蒸馏水萃取，取下层清液，定容至 10mL。取 1mL 溶液经 0.22μm 滤膜过滤作为进样溶液，进行有机酸的离子色谱定量分析，每个样品平行测定 2 次，并计算相对偏差。

离子色谱条件如下。

色谱柱：IonPac AS11-HC 阴离子交换色谱柱（4mm×250mm）；

保护柱：IonPac AG11-HC 阴离子保护柱（50mm）；

柱温：30℃；

电导检测器温度：35℃；

进样量：25μL；

淋洗液：KOH 梯度淋洗（洗脱梯度见表 8.9）；

流动相：蒸馏水；

流速：1.0mL/min；

抑制器电流：124mA。

表 8.9　离子色谱梯度洗脱程序

时间/min	KOH 浓度/（mol/L）
0	0.8
17	0.8
25	20
33	12
40	60
50	60
55	0.8
70	0.8

标准储备液：称取 56.7mg 乳酸、57.4mg 乙酸钠、148.7mg 氯化钠、15mg 亚硝酸钠、155.7mgDL-苹果酸二钠水合物、48.5mg 无水硫酸钠、12.8mg 富马酸、52.1mg 无水磷酸三钠、232.3mg 柠檬酸钠标样于 100mL 容量瓶中用超纯水定容。各标品称重需要转换为离子含量，于 4℃ 冰箱保存。用时根据需要将标准储备液稀释成系列混合标准溶液（9 种酸根离子工作溶液色谱图见图 8.19）。

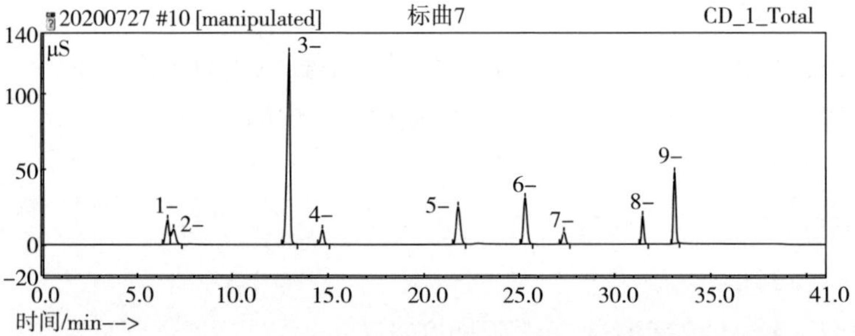

1—乳酸根离子；2—乙酸根离子；3—氯离子；4—亚硝酸根离子；5—苹果酸根离子；6—硫酸根离子；7—富马酸根离子；8—磷酸根离子；9—柠檬酸根离子。

图 8.19　9 种酸根离子工作溶液色谱图

标准工作溶液：准确移取 10，25，50，100，200，500，1000μL 的标准储备液于 10mL 容量瓶中，用超纯水溶解并定容至刻度，混匀得到七种浓度的工作标准溶液（其工作曲线及线性系数见表 8.10）。

表 8.10　　8 种酸成分的标准曲线、线性范围、相关系数

目标物	工作曲线*	线性范围/(μg/mL)	R^2
乳酸根	$y=0.0598x+0.0774$	0.567~56.7	0.9977
乙酸根	$y=0.0636x+0.1313$	0.42~42.01	0.9901
氯离子	$y=0.2694x+0.0381$	0.902~90.26	0.9999
亚硝酸根	$y=0.182x-0.0025$	0.1~10	0.9999
苹果酸根	$y=0.0532x+0.1756$	1.153~115.3	0.9962
硫酸根	$y=0.2008x-0.0431$	0.327~32.7	0.9999
富马酸根	$y=0.1227x+0.0029$	0.128~12.8	0.9997
磷酸根	$y=0.085x-0.0339$	0.301~30.1	0.9997
柠檬酸根	$y=0.051x+0.1277$	1.509~150.9	0.9988

注：*以峰面积的自然对数（x）对工作溶液浓度的自然对数（y）进行线性回归分析得到工作曲线。

爆珠中酸类的分析结果：白酒香爆珠酸类物质检测出了乳酸和乙酸，这也与配方一致（表 8.11）。

表 8.11　　白酒香爆珠酸类分析结果

酸根种类	乳酸根	乙酸根	氯离子	亚硝酸根	苹果酸根	硫酸根	富马酸根	磷酸根	柠檬酸根
含量/(mg/g)	0.246	0.245	—	—	—	—	—	—	—

8.2　果酒香爆珠的制备及应用

8.2.1　香原料设计及配方

果酒中含有较多的糖类成分，而爆珠香精以挥发性香气成分为主，同时，由于爆珠的溶剂为辛癸酸甘油酯，对糖类溶解性较差，因此，果酒爆珠香精中的甜香香韵主要以酯类、大马酮来体现。果香、酒香香韵以葡萄香韵的邻氨基苯甲酸甲酯以及一系列脂肪酸酯类物质体现，为了增强香精的持久性和酒香香韵，加入了较大比例的康酿克油，同时添加了少量的花香香基来增加冰酒香精的丰富性。

结合嗅香评价结果，确定了各种香韵的原料主要成分：邻氨基苯甲酸甲

酯（葡萄香韵）、异丁酸乙酯（果香）、己酸乙酯（酒香）、乙酸香茅酯（果香）、康酿克油（酒香）、乙基麦芽酚（烘焙）、花香香基（芳樟醇等）。

8.2.2 果酒香爆珠的制备工艺

爆珠的滴制技术大体可分为三类：脉冲法、液中点滴法和乳化法。其中，脉冲法和液中点滴法属于一步滴制法，乳化法属于两步滴制法。不同的滴制技术对香精的要求、壁材的选择都有相应的要求。三类爆珠滴制技术对比见表 8.12。

表 8.12 爆珠滴制技术对比

滴制原理	质量	单滴头产量	其他
脉冲法	稳定、优良	最高	香精适配性低 香精保真度高
液中点滴法	稳定、优良	中等	香精适配性好 香料保真度高
乳化法	稳定、优良	最低	香精适配性好 乳化后芯液口味变化

果酒香爆珠的制备工艺同白酒香爆珠。

8.2.3 果酒香爆珠的检查与检验

将爆珠均匀地铺在灯检台上，要求只铺一层，爆珠无重叠。在灯检时（图 8.20），挑除不合格爆珠，并进行破裂强度、直径和含量检测，检测方法与白酒香爆珠相同。

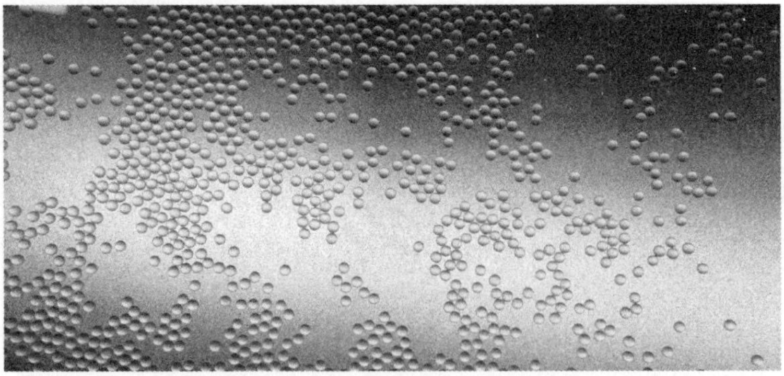

图 8.20 果酒香爆珠成品灯检图

8.2.4 果酒香爆珠的感官评价

果酒香爆珠卷烟感官评价方法与白酒香爆珠相同。

利用中式卷烟风格特征评价方法，对其香韵进行了嗅香评价，并选取了最具代表性的一种产品作为目标进行爆珠香精的设计工作。该产品的香韵评价结果如图 8.21 所示。

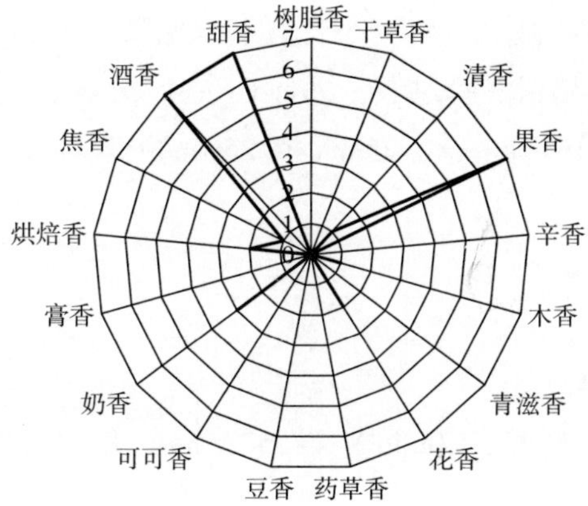

图 8.21 果酒产品香韵评价结果

由评价结果可以看出，果酒香爆珠（图 8.22）以果香、酒香和甜香香韵为主，其中果香主要为葡萄香韵，兼具奶香、花香和烘焙香等。

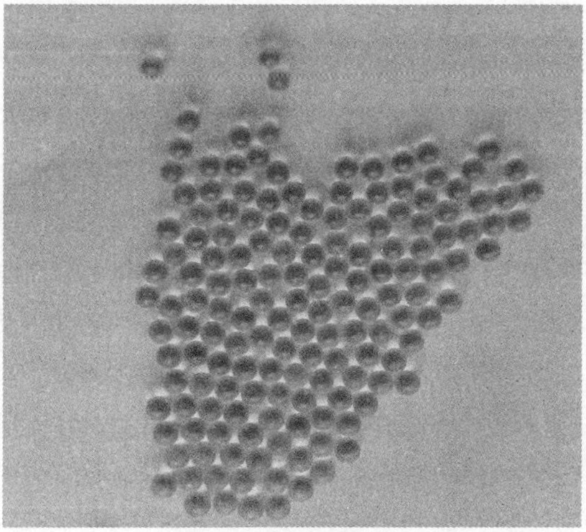

图 8.22 果酒香爆珠

8.2.5 果酒香爆珠的分析检测

（1）GC-MS 检测　仪器：气相色谱-质谱联用仪（美国 Agilent 公司 7890A/5975C）；SPME 手柄、SPME 萃取纤维头（美国 Supelco 公司）；带橡胶垫螺纹顶空进样玻璃瓶（美国 CNW 公司）；CP2245 电子天平（感量 0.0001g，德国 Sartorius 公司）。

前处理方法：取 5 颗爆珠样品，置于 10mL 离心管中，加入 10mL 二氯甲烷。用玻璃棒将爆珠压破后，将离心管置于涡旋仪中振荡 5min，取 1mL 上清液，经 0.45μm 有机相超滤膜过滤，进行 GC-MS 分析。

色谱柱：DB-5MS（60m×0.25mm×0.25μm）；

载气：He；

柱流量：1mL/min；

进样量：1μL；

进样口温度：280℃；

升温程序：从 50℃（0min）以 5℃/min 升至 300℃ 后运行 40min（300℃）；

分流比：10∶1；

传输线温度：250℃；

电离方式：EI；

离子源温度：280℃；

四极杆温度：150℃；

电子能量：70eV；

扫描模式：全扫描；

溶剂延迟：7min。

采用气相色谱-质谱联用（GC-MS）直接进样法对设计开发的果酒香爆珠进行了香气成分分析，结果见图 8.23 和表 8.13。果酒香爆珠中葡萄香韵的邻氨基苯甲酸甲酯相对含量较高，其次是庚酸乙酯和癸酸乙酯，这两种成分在康酿克油中含量较高，己酸乙酯是具有明显酒香的香味物质。

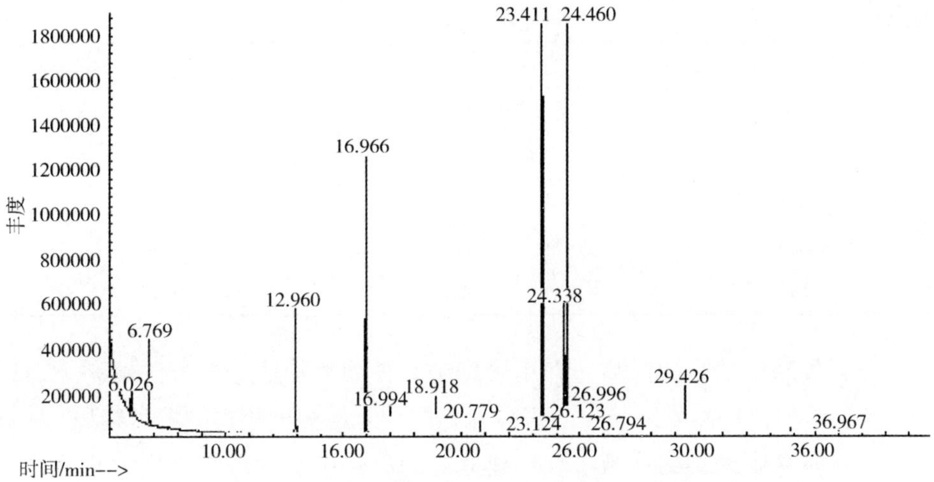

图 8.23 果酒香爆珠直接进样总离子流图

表 8.13 果酒香爆珠成分分析结果

保留时间/min	匹配项名称	相对含量/%
6.026	乙偶姻	1.73
6.769	异丁酸乙酯	3.82
12.95	己酸乙酯	6.41
15.955	庚酸乙酯	14.23
16.144	芳樟醇	0.13
16.994	乙酰丙酸	1.97
18.062	薄荷酮	0.37
18.918	辛酸乙酯	2.14
19.149	乙基麦芽酚	0.85
20.778	辛酸	0.84
21.858	苯乙酸	0.15
23.251	乙酸香茅酯	0.39
23.411	邻氨基苯甲酸甲酯	30.32
24.338	大马酮	6.84
24.45	癸酸乙酯	23.26
24.892	香兰素	0.32
25.123	α-大马酮	0.92

续表

保留时间/min	匹配项名称	相对含量/%
25. 996	癸酸	1. 67
26. 398	乙酸橙花酯	0. 29
26. 581	丙位癸内酯	0. 12
29. 426	十二酸乙酯	2. 78
33. 895	十四酸乙酯	0. 44

（2）爆珠中糖类的检测　利用爆珠中 8 种糖类物质分析方法对果酒香爆珠进行了检测，检测方法与白酒香爆珠相同，未检测出相关的糖类物质。

（3）爆珠中酸类的检测　利用建立好的爆珠中 9 种酸类物质分析方法对果酒香爆珠进行检测，检测方法与白酒香爆珠相同，未检测出相关的酸类物质。

9 爆珠的添加方式和分析检测

9.1 爆珠的添加方式研究

9.1.1 爆珠滤棒设计参数对卷烟物理指标的影响

滤棒参数变化会对卷烟感官质量和烟气成分造成显著影响，而目前对爆珠滤棒的相关研究较少，爆珠直径和爆珠位置对卷烟质量影响尚未明确。本章通过设计爆珠直径和爆珠位置，分别对常规卷烟和细支卷烟进行卷烟试验，系统研究了爆珠直径和爆珠位置对卷烟总通风率、滤嘴通风率和烟支吸阻的影响规律，旨在为爆珠卷烟的设计优化提供参考。

（1）爆珠直径对爆珠卷烟物理指标的影响　卷烟总通风率随爆珠直径的变化趋势如图 9.1 所示，常规卷烟总通风率随着爆珠直径增加呈现增长趋势，而细支卷烟总通风率随爆珠直径增加呈现减小趋势。根据图 9.2，可发现两种规格卷烟样品的滤嘴通风率随爆珠直径变化趋势与总通风率变化趋势一致。这是由于嵌入滤棒丝束中的爆珠本身起到了阻挡气流的效果，而爆珠直径越大则气流阻挡效果越明显，导致卷烟纵向气流减少，滤嘴通风率和卷烟总通风率增加。对于细支卷烟而言，原因可能是爆珠直径增加对滤嘴打孔进气量的阻碍效果超过对卷烟纵向气流阻碍作用，从而导致随着爆珠直径增加，烟支总通风率和滤嘴通风率呈降低趋势。在爆珠被捏破后，滤嘴内形成一个短路通道，纵向气流增大，卷烟总通风率降低，且爆珠直径越大造成滤棒中的空腔越大从而使得卷烟总通风率降低，因此常规卷烟和细支卷烟总通风和滤嘴通风率均随着爆珠直径增大而整体减少。

此外，随着爆珠直径增加，常规卷烟和细支卷烟开吸阻整体呈增大趋势（图 9.3），与上述结论相符。而爆珠破碎后对气流阻挡效果减弱，烟支开吸阻整体减小，随着爆珠直径增加，爆珠内香料用量增加，香料同样对气流起到一定的阻挡作用，相比捏破前，阻挡作用减弱，因此随爆珠直径增加，卷烟开吸阻略有增加。

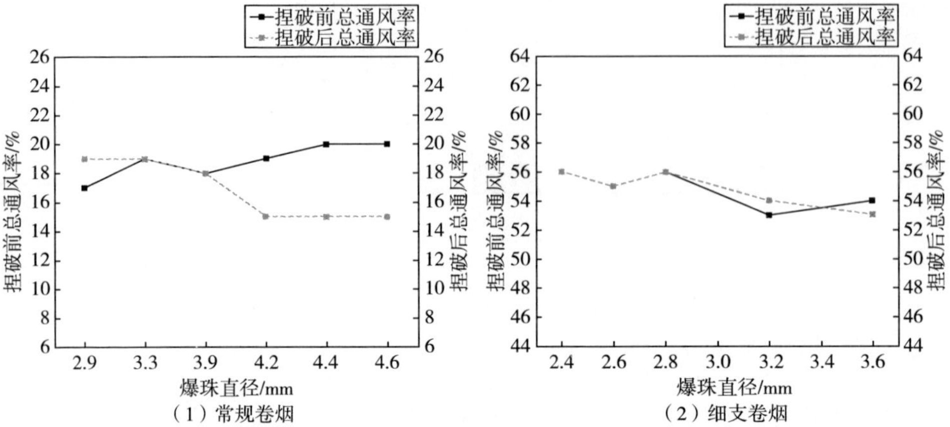

图 9.1　爆珠直径对常规卷烟和细支卷烟总通风率的影响

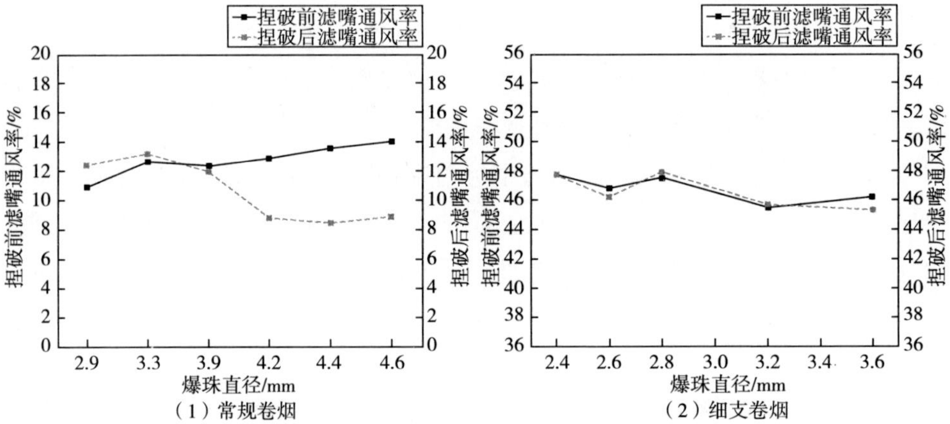

图 9.2　爆珠直径对常规卷烟和细支卷烟滤嘴通风率的影响

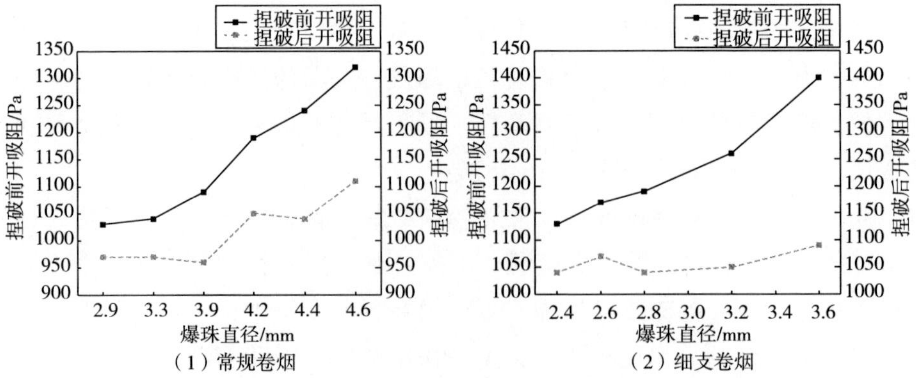

图 9.3　爆珠直径对常规卷烟和细支卷烟开吸阻的影响

（2）爆珠位置对爆珠卷烟物理指标的影响　卷烟总通风率随爆珠位置的变化趋势如图 9.4 所示，可知对于常规卷烟而言，随着爆珠离唇端距离变大，烟支总通风率整体呈降低趋势；对于细支卷烟，在爆珠距唇端 15mm 时，烟支总通风率最低，此后随爆珠离唇端距离增加略有提升。

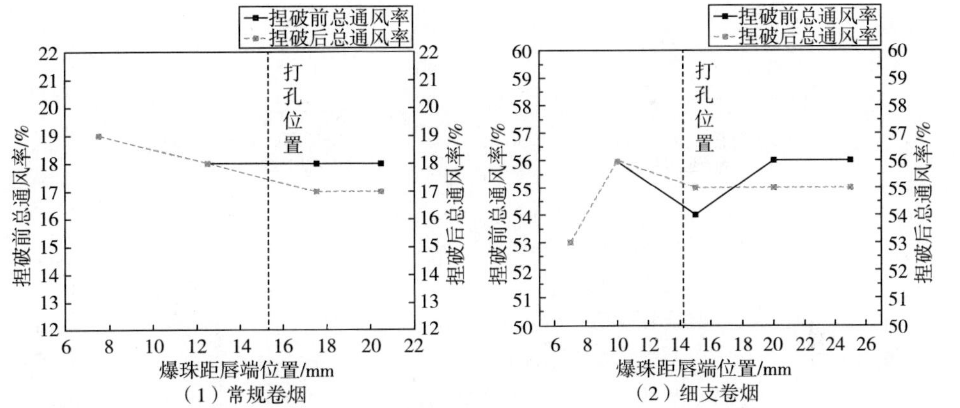

图 9.4　爆珠位置对常规卷烟和细支卷烟总通风率的影响

卷烟滤嘴通风率随爆珠距唇端距离的变化趋势见图 9.5。由图可见，对于常规和细支卷烟，随着爆珠位置和打孔位置越接近，卷烟滤嘴通风率越小，这是由于随着爆珠位置与打孔位置更接近时，爆珠对滤嘴进气的阻碍效果越明显，导致滤嘴通风率减小。爆珠的破碎对两种圆周规格卷烟的影响基本一致：爆珠更接近烟丝段时，爆珠破碎后滤嘴通风率相较爆珠完整时更小；在爆珠接近唇端时，爆珠破碎后滤嘴通风率相较爆珠完整时更大。分析原因为爆珠位于打孔带上侧时，对纵向和横向气流影响更大，而爆珠位于打孔带下侧时，不参与气流路径，对气流影响较小。

图 9.6 给出了不同爆珠位置下烟支的开吸阻变化趋势。可以看出，随着爆珠距唇端距离增加，两种烟支开吸阻均呈小幅波动，无明显变化趋势，原因为烟支中滤嘴开吸阻占比较小，爆珠对整个烟支开吸阻的影响有限，但在同一位置参数下，烟支开吸阻会在爆珠捏破后显著降低。

由以上可以得出：①常规与细支卷烟的吸阻随爆珠直径的增大均呈上升趋势，而爆珠位置的变化不会对卷烟开吸阻造成显著影响。②常规卷烟总通风率随着爆珠直径增加呈现增长趋势，而细支卷烟总通风率随爆珠直径增加呈现减小趋势，两种规格卷烟样品的滤嘴通风率随爆珠直径变化趋势与总通

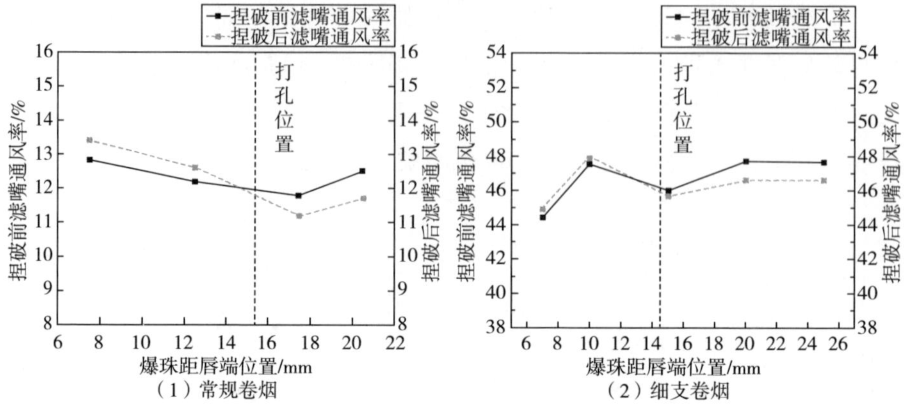

图 9.5　爆珠位置对常规卷烟和细支卷烟滤嘴通风率的影响

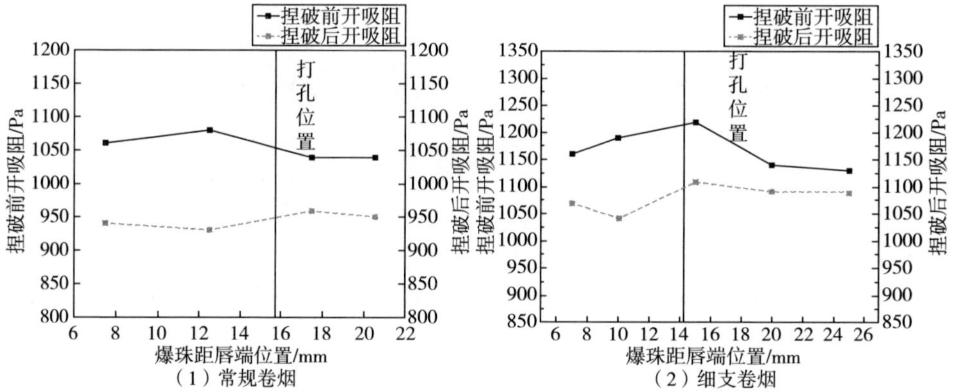

图 9.6　爆珠位置对常规卷烟和细支卷烟开吸阻的影响

风率变化趋势一致，随着爆珠直径增加，常规卷烟和细支卷烟开吸阻整体呈增大趋势。③对于常规卷烟，随着爆珠离唇端距离变大，烟支总通风率整体呈降低趋势；细支卷烟在爆珠距唇端 15mm 时，烟支总通风率最低，此后随爆珠离唇端距离增加略有提升；随着爆珠位置和打孔位置越接近，两种规格烟支的滤嘴通风率越小；随着爆珠距唇端距离增加，烟支开吸阻均呈小幅波动，无明显变化趋势，但在同一位置参数下，烟支开吸阻会在爆珠捏破后显著降低。

9.1.2　爆珠滤棒设计参数对卷烟主流烟气温度分布的影响

有研究表明，在卷烟燃吸过程中，燃烧锥温度高达 600～900℃，导致主流烟气温度升高。在抽吸结束前 2～3 口，滤嘴端的烟气温度最高可达 70～

80℃。过高的烟气温度不仅会影响感官质量和消费者的体验，也会影响滤嘴对烟气的截留效果。因此，本节使用自主研发的温度测定仪测定了含不同大小、不同位置爆珠卷烟的主流烟气温度，对爆珠卷烟滤嘴中不同位置烟气温度进行了统计学分析，初步探讨了爆珠大小、位置对烟气温度的影响规律，旨在为爆珠卷烟的优化设计提供参考。

（1）卷烟主流烟气在常规滤嘴和爆珠滤嘴中三个探针处的温度对比。

常规卷烟与爆珠卷烟（以实际应用中常见的 B 号卷烟样品为例）在 1#、2#、3#探针处温度如图 9.7 所示，温度-时间曲线图在前几口无明显变化，爆珠卷烟从第三口开始有温度变化，常规卷烟从第五口开始，才有明显的温度变化，这与陈秋平等报道基本一致。对比二者的温度数据，可见无论爆珠捏破与否、探针位置是否对应，从第一口到最后一口，常规卷烟的温度均明显低于爆珠卷烟，仅在 3#探针处，最后一口的温度峰值接近或略高于爆珠卷烟温度峰值。这可能是由于爆珠在滤嘴中的引入，改变了滤嘴结构，增加了烟支吸阻，增加了烟气在滤嘴中的滞留时间，因此温度普遍较高。在最后一口，由于烟丝段的降温作用基本可以忽略，所以在 3#探针处常规烟和爆珠烟的温度不明显。

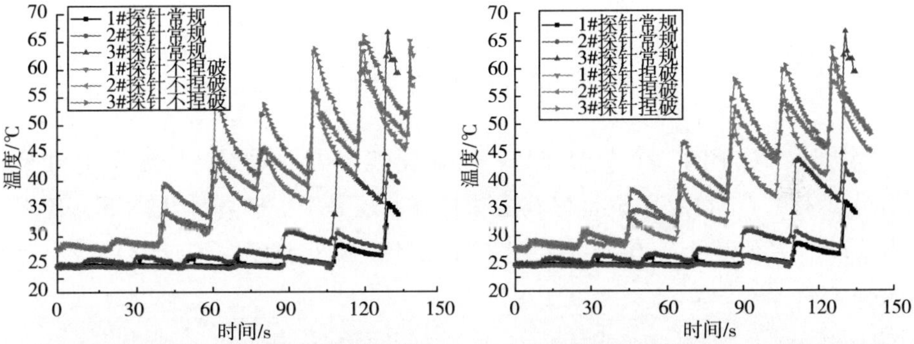

（1）常规烟和爆珠不捏破状态在各探针处温度　（2）常规烟和爆珠捏破状态在各探针处温度

图 9.7　常规卷烟和爆珠卷烟不同探针及爆珠状态温度对比

（2）卷烟主流烟气在爆珠滤嘴中三个探针处的温度分布。

以 B 号卷烟样品为例，分别收集了爆珠不捏破、捏破状态下三个探针处的检测数据，作图 9.8。由图可见，捏破和不捏破爆珠两种状态下，对于同一支卷烟，温度-时间曲线的变化趋势基本相同，抽吸程序中，从 45s 附近开始，各探针所测温度显著快速上升达到峰值，抽吸完成、烟支静燃过程中，温度缓慢降低，下一个抽吸程序开始后，温度又迅速上升，温度-时间曲线上波峰-波谷交替出现；不捏破爆珠状态下，3#探针最高峰值温度为66℃，捏破爆珠状态下，3#探针最高峰值温度为63.6℃。在对应的数据采集点上，3#探针>2#探针、1#探针温度，但2#探针、1#探针温度没有明显规律。

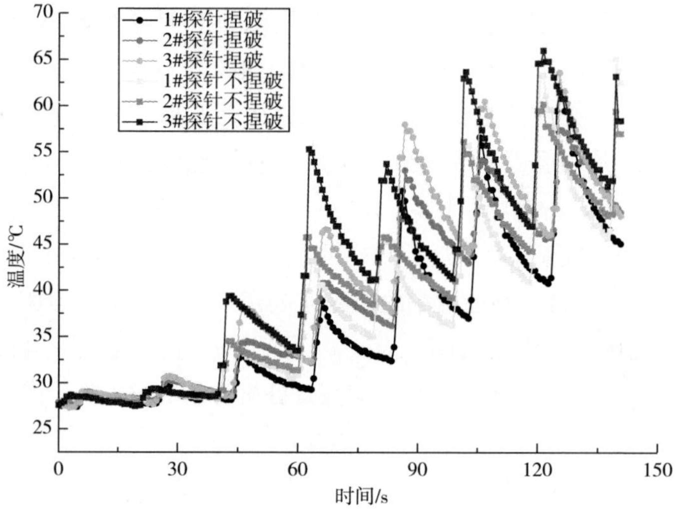

图 9.8　B 号卷烟不同探针及爆珠状态温度

经统计，对于同一个卷烟样品，爆珠捏破与否不同探针处温度配对 T 检验结果见表 9.1，可见无论是捏破爆珠状态，还是不捏破爆珠状态下，各配对样本检验的 *P* 值均小于 0.01，说明不同探针位置处温度在统计学意义上存在显著性差异。

表 9.1　　配对 T 检验结果

配对	项目	成对差分					*t*	自由度	*P*（双侧）
		均值	标准差	均值的标准误差	差分的 95% 置信区间				
					下限	上限			
对 1	2 探针捏破-1 探针捏破	2.49057	2.37617	0.16320	2.16886	2.81227	15.261	211	<0.01

续表

配对	项目	成对差分					t	自由度	P（双侧）
		均值	标准差	均值的标准误差	差分的 95% 置信区间				
					下限	上限			
对 2	3 探针捏破-1 探针捏破	4. 12170	3. 42551	0. 23527	3. 65793	4. 58547	17. 519	211	<0. 01
对 3	2 探针不捏破-1 探针不捏破	1. 17972	1. 89264	0. 12999	0. 92348	1. 43596	9. 076	211	<0. 01
对 4	3 探针不捏破-1 探针不捏破	4. 32830	3. 52231	0. 24191	3. 85143	4. 80518	17. 892	211	<0. 01

（3）爆珠大小对滤嘴烟气温度分布的影响。

为对比不同爆珠大小对卷烟主流烟气在滤棒中温度的影响，在捏破爆珠和不捏破爆珠情况下，分别采集了 A、B、C 卷烟样品（爆珠直径分别为 2.9，3.6，4.6mm，为便于叙述和理解，下文中分别称小、中、大爆珠卷烟）在各探针处的温度，作温度-时间曲线图如图 9.9 所示，各样品在各探针处温度规律见表 9.2。

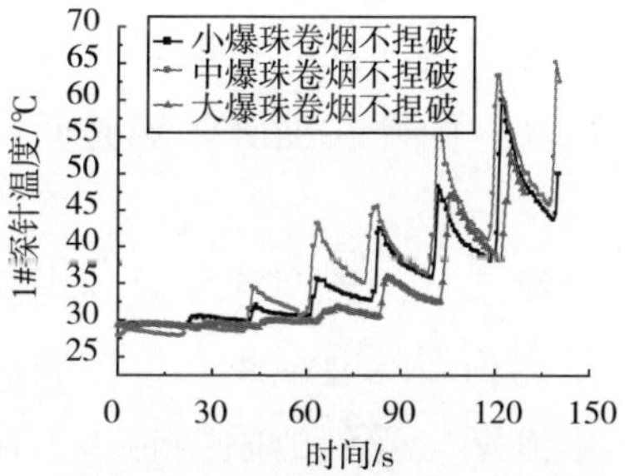

（1）1#探针处不同大小爆珠不捏破温度

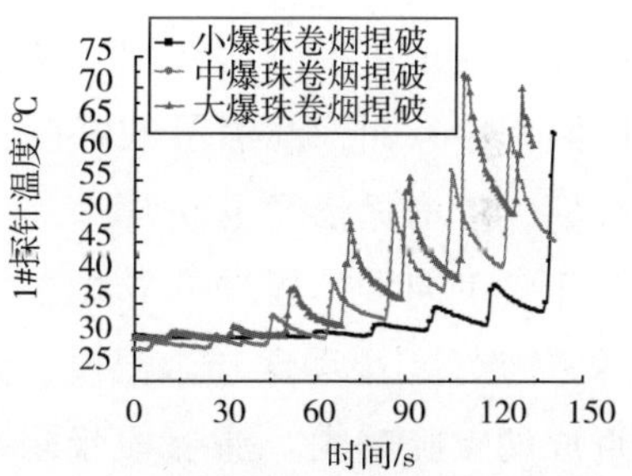

（2）1#探针处不同大小爆珠捏破温度

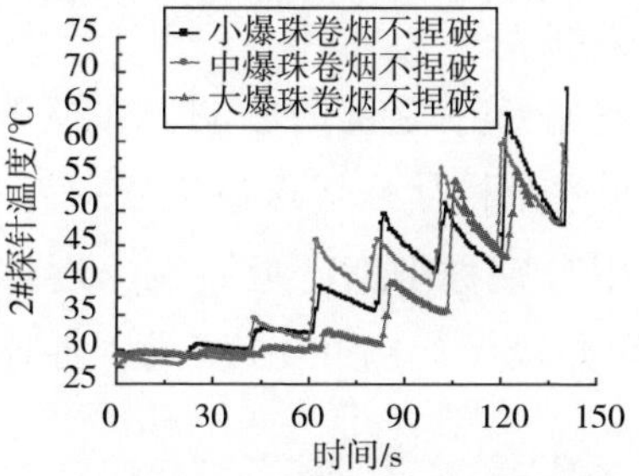

（3）2#探针处不同大小爆珠不捏破温度

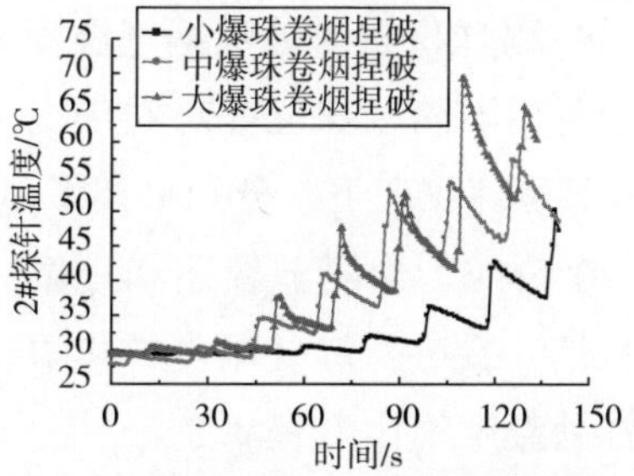

（4）2#探针处不同大小爆珠捏破温度

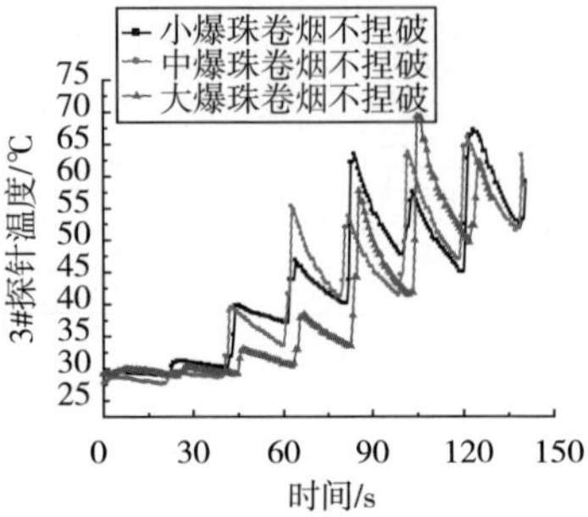

（5）3#探针处不同大小爆珠不捏破温度

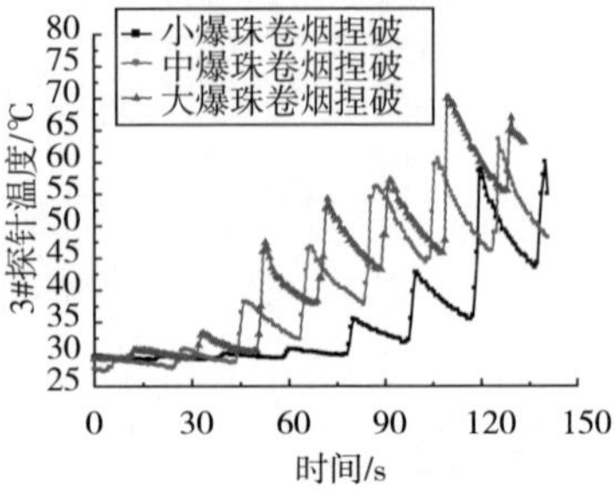

（6）3#探针处不同大小爆珠捏破温度

图 9.9　爆珠大小对温度的影响（续）

表 9.2　　不同大小爆珠卷烟在各探针处温度规律

	不捏破爆珠	捏破爆珠
1#探针	中爆珠>小爆珠>大爆珠卷烟温度	大爆珠>中爆珠>小爆珠卷烟温度
2#探针	三种样品对应点温度没有特定规律	大爆珠>中爆珠>小爆珠卷烟温度
3#探针	三种样品对应点温度没有特定规律	大爆珠>中爆珠>小爆珠卷烟温度

由此可见，温度变化幅度随着卷烟燃吸逐渐增大。这是因为在抽吸的前几口，主流烟气的温度主要在烟丝段降低，随着抽吸口数增加，用于降温的烟丝段逐渐变短，主流烟气到达滤嘴段探针处温度比前几口明显升高，烟丝段的降温作用减弱，滤嘴段的降温作用更显现。因此在抽吸的短时间内温度出现峰值，且增加幅度也变大。

对于含不同大小爆珠的卷烟，捏破爆珠状态下，各探针处温度规律均是大爆珠>中爆珠>小爆珠卷烟温度，这主要是因为爆珠直径越大，捏破后在滤嘴中形成的空腔越大，滤嘴段吸阻降低，主流烟气受到的阻挡越小，在滤嘴中沿轴向和径向的扩散速度变快，烟气受降温更少，因此烟气温度更高。

（4）爆珠位置对滤嘴烟气温度分布的影响。

为对比不同爆珠位置对卷烟主流烟气在滤棒中温度的影响，在捏破爆珠和不捏破爆珠状态下，分别采集了 B、D、E 卷烟样品（爆珠位置分别为 12.5，7.5，20.5mm，为便于叙述和理解，下文中分别称中间、近唇端、近烟丝端爆珠卷烟）在各探针处温度，作温度-时间曲线图如图 9.10 所示，各样品在各探针处温度规律见表 9.3。

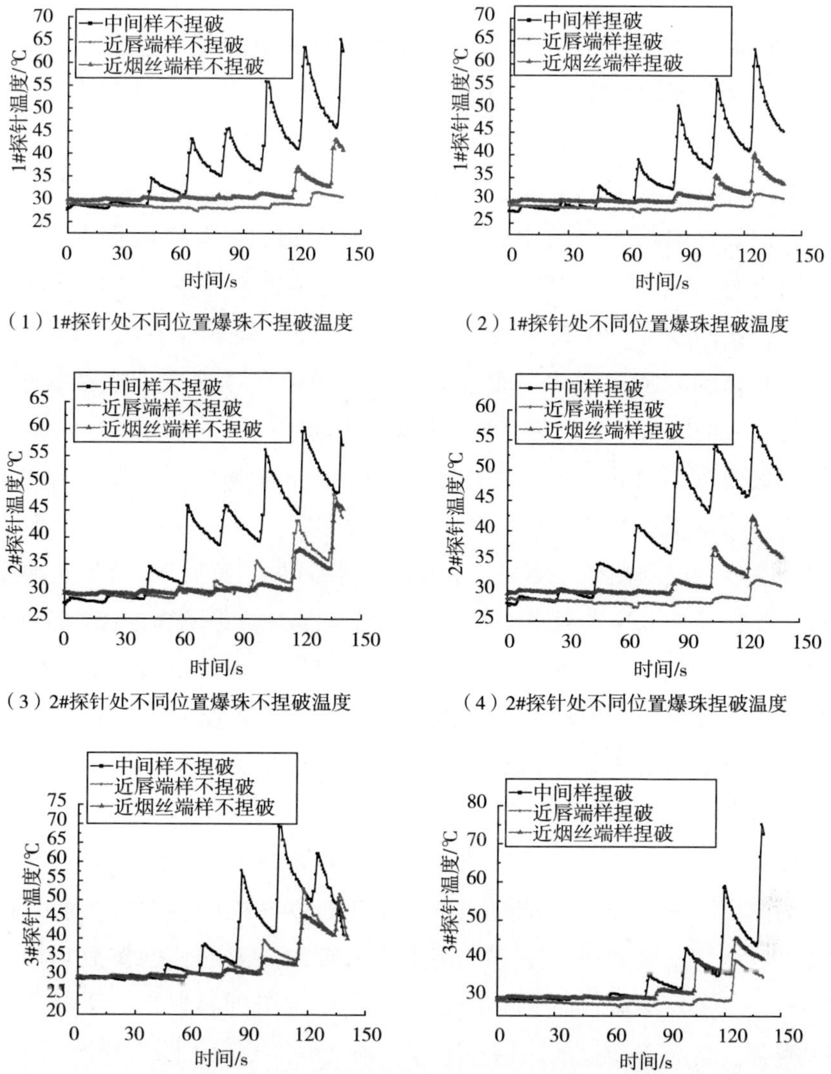

（1）1#探针处不同位置爆珠不捏破温度

（2）1#探针处不同位置爆珠捏破温度

（3）2#探针处不同位置爆珠不捏破温度

（4）2#探针处不同位置爆珠捏破温度

（5）3#探针处不同位置爆珠不捏破温度

（6）3#探针处不同位置爆珠捏破温度

图 9.10　爆珠位置对温度的影响

表 9.3　　不同位置爆珠卷烟在各探针处温度规律

	不捏破爆珠	捏破爆珠
1#探针	中间>近烟丝端>近唇端爆珠卷烟温度	中间>近烟丝端>近唇端爆珠卷烟温度
2#探针	中间>近唇端>近烟丝端爆珠卷烟温度	中间>近烟丝端>近唇端爆珠卷烟温度
3#探针	中间>近唇端>近烟丝端爆珠卷烟温度	中间>近烟丝端>近唇端爆珠卷烟温度

由图可知，温度变化幅度随着卷烟燃吸过程逐渐增大。其中，近唇端、近烟丝端爆珠卷烟在前几口温度变化不大，只有在最后两口才出现明显变化。这是在前几口抽吸过程中，主流烟气主要通过在烟丝段冷凝降温，主流烟气到达滤嘴段处时温度相对较低。无论是捏破爆珠，还是不捏破爆珠状态，近唇端和近烟丝端爆珠卷烟与中间位置爆珠卷烟相比，对应数据点温度更低，可能是因为卷烟接装纸采用打孔通风，而打孔位置紧邻中间位置爆珠。在前期研究中，我们发现，在其他条件不变的情况下，爆珠位置越接近接装纸打孔位置，卷烟的滤嘴通风率越低。因此，中间位置爆珠卷烟在抽吸过程中，从打孔处进入的空气少，对烟气的温度降低作用小。

不捏破爆珠状态下，在1#探针处，近烟丝端>近唇端爆珠卷烟温度，这主要是因为爆珠位置相对接装纸打孔更靠近唇端时烟支吸阻更大，主流烟气流速更慢，在烟丝段降温效果更好；在2#、3#探针处，近唇端>近烟丝端爆珠卷烟温度，且在最后几口差异更明显，这可能是因为随着燃烧锥逐渐靠近滤嘴，烟丝段对主流烟气的冷凝作用降低，对于近烟丝端爆珠卷烟，主流烟气刚进入滤嘴时受爆珠阻挡，流速减缓，在2#、3#探针处停留时间更长，测出温度更高，而近唇端爆珠卷烟主流烟气刚进入滤嘴时未受爆珠阻挡，在2#、3#探针处停留时间短，测出温度更低。

捏破爆珠状态下，在各探针处，大小相同爆珠位于近烟丝端的温度大于近唇端的温度，分析原因可能是当爆珠位于近烟丝端时，捏破之后，在近烟丝位置形成烟气空腔通道，更利于刚进入滤嘴的高温烟气的扩散和传输，烟气流速较快，受丝束降温的影响小，而当爆珠位于近唇端时，刚进入滤嘴的烟气因受到正常分布丝束的过滤和阻隔，烟气温度受丝束降温的影响大。

由以上可以得出常规爆珠卷烟有如下特点：

①爆珠卷烟主流烟气温度在前几口无明显变化，在后几口呈现出明显的波峰-波谷起伏出现的规律。

②滤嘴段三个不同位置的探针温度存在极显著差异。除最后一口外，无论爆珠捏破与否，在对应探针处，爆珠卷烟的温度均高于常规卷烟。

③爆珠的大小和位置对主流烟气温度的影响显著。爆珠不捏破，爆珠的大小、位置与温度没有统一规律；爆珠捏破后，爆珠越小，爆珠位置越近唇端，对应温度越低。

9.1.3 爆珠滤棒设计参数对卷烟主流烟气指标及过滤效率的影响

近年来，国内烟草行业主要在爆珠滤棒的生产设备、检测装置、爆珠内含物成分分析以及爆珠对烟气有害成分的影响方面取得了系列研究进展。但关于爆珠规格以及爆珠在滤棒中的位置对卷烟主流烟气及滤嘴过滤效率的影响仍少见报道。本节设计了 6 种爆珠直径、4 种爆珠位置的滤棒样品以制作爆珠卷烟样品，结合打孔位置，分别考察了不同爆珠参数对常规捏破烟和细支捏破烟主流烟气成分释放量和滤嘴过滤效率的影响，以期为爆珠卷烟产品的开发提供参考。

（1）滤棒设计参数对常规捏破烟主流烟气指标及过滤效率的影响。

①爆珠直径对常规捏破烟主流烟气指标及过滤效率的影响。

分别检测不同爆珠直径卷烟样品在爆珠捏破前后的主流烟气释放量及滤嘴中的烟碱截留量，计算滤嘴对烟碱的过滤效率，结果见表 9.4。不同爆珠直径及爆珠是否捏破对主流烟气及烟碱过滤效率的影响如图 9.11 所示。可以看出，随着爆珠直径的增大，卷烟主流烟气释放量焦油和烟碱逐渐减小，CO 的释放量没有明显规律，滤嘴对烟碱的截留量和过滤效率呈现逐渐增大的趋势。原因为爆珠不同于滤嘴丝束纤维，不具有通透性，烟气流经爆珠表面受到的阻力增加，不仅降低了流速且改变了流通路径，导致滤嘴对烟气的直接拦截、惯性碰撞、扩散沉积等过滤作用增强。当爆珠直径增大，烟气流经爆珠表面受到的阻力随之增加，滤嘴对烟气的过滤作用也随之增强，过滤了更多的烟气中的粒相物质和气相物质，即滤嘴对烟碱的截留量和过滤效率逐渐增大，从而降低了烟气成分中焦油和烟碱的释放量。

表 9.4　不同爆珠直径卷烟主流烟气成分及过滤效率检测数据

样品	爆珠是否捏破	实测焦油量/(mg/支)	烟碱量/(mg/支)	CO 量/(mg/支)	滤嘴烟碱量/(mg/支)	烟碱过滤效率/%
1#	否	11.23	0.92	12.20	0.43	31.85
	是	11.35	0.93	12.48	0.40	30.19
2#	否	11.05	0.91	12.33	0.45	33.09
	是	11.56	0.93	11.97	0.42	31.23
3#	否	10.84	0.90	11.90	0.45	33.33
	是	11.61	0.94	12.30	0.42	31.00

续表

样品	爆珠是否捏破	实测焦油量/(mg/支)	烟碱量/(mg/支)	CO 量/(mg/支)	滤嘴烟碱量/(mg/支)	烟碱过滤效率/%
4#	否	10.82	0.90	12.15	0.48	34.78
	是	12.38	0.95	13.07	0.43	31.16
5#	否	10.81	0.90	13.12	0.49	35.25
	是	12.61	0.98	13.91	0.44	30.99
6#	否	10.47	0.89	12.76	0.52	36.88
	是	12.37	0.94	12.73	0.42	30.88

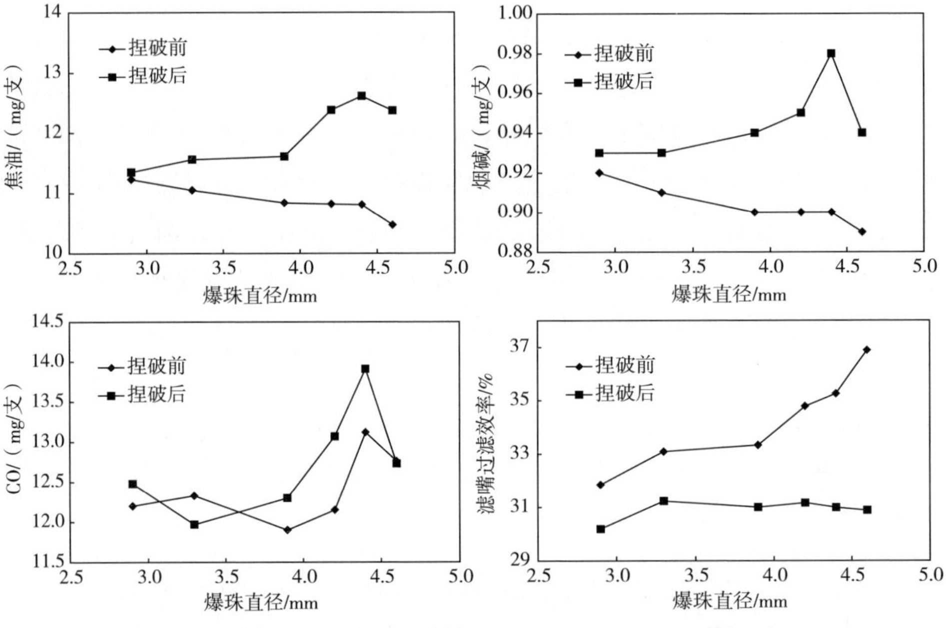

图 9.11　不同爆珠直径卷烟主流烟气成分及过滤效率

爆珠捏破后，卷烟主流烟气焦油和烟碱的释放量增大，滤嘴对烟碱的截留量和过滤效率降低，表明捏破爆珠后滤嘴对烟气的过滤能力明显减弱。爆珠捏破之后，烟气受到的阻力显著减小，滤嘴通透性明显增加，使烟气流速加快且路径变宽，进而导致滤嘴对烟气的直接拦截、惯性碰撞、扩散沉积等过滤作用减弱。

且爆珠捏破后，随着爆珠直径增大，卷烟主流烟气焦油和烟碱的释放量以及滤嘴对烟碱的截留量均逐渐增大，在爆珠直径 4.4mm 处出现拐点；而滤嘴对烟碱的过滤效率差异不明显。

在实际产品研发中，爆珠直径可以作为一项因素纳入卷烟的设计。同时，还应考虑爆珠成形稳定性、滤棒指标要求、经济性等因素，确定适宜的爆珠直径。直径过小，爆珠难以成形，且内容物含量过少，不能达到增香和丰富口感层次的目的；直径过大，爆珠不易添加到滤棒中，且在滤棒和卷烟储存过程中，爆珠易破碎，导致内容物流出污染烟支。

②爆珠位置对常规卷烟主流烟气指标及过滤效率的影响。

研究表明，通风稀释作为降焦最有效的方法之一，其降焦原理是将空气引入主流烟气，使烟气中所有成分的相对量降低，同时还可降低经燃烧锥进入烟支中的气流速度，从而提高滤嘴的过滤效率。固定打孔位置（15.5mm），分别检测不同爆珠位置卷烟样品在爆珠捏破前后的主流烟气释放量及滤嘴中的烟碱截留量，计算滤嘴对烟碱的过滤效率，结果见表 9.5。并以爆珠距唇端位置对主流烟气及烟碱过滤效率的影响作图，如图 9.12 所示。

表 9.5　不同爆珠位置卷烟主流烟气成分及过滤效率检测数据

样品	爆珠是否捏破	实测焦油量/（mg/支）	烟碱量/（mg/支）	CO 量/（mg/支）	滤嘴烟碱量/（mg/支）	烟碱过滤效率/%
7#	否	10.94	0.88	13.20	0.43	32.82
	是	11.85	0.90	12.14	0.43	32.33
8#	否	11.02	0.90	13.22	0.46	33.82
	是	11.91	0.91	12.28	0.40	30.53
9#	否	11.03	0.93	13.44	0.45	32.61
	是	12.19	0.96	12.22	0.38	28.36
10#	否	10.99	0.93	12.56	0.48	34.04
	是	11.87	0.95	12.83	0.46	32.62

随着爆珠位置由近唇端向远唇端（样品 7#~10#）变化，卷烟主流烟气焦油和烟碱的释放量略有增加。而当爆珠位置在近烟丝端距打孔位置 2mm 时（样品 9#），由于卷烟总通风率和滤嘴通风率最小，通风稀释作用减弱，卷烟主流烟气焦油和烟碱的释放量最高，滤嘴对烟碱的过滤效率最低。

爆珠捏破后，卷烟主流烟气焦油和烟碱的释放量增大，滤嘴对烟碱的截留量和过滤效率降低，表明捏破爆珠后滤嘴对烟气的过滤能力明显减弱。且爆珠捏破后，随着爆珠位置由近唇端向远唇端（样品 7#~10#）变化，卷烟主流烟气焦油和烟碱的释放量逐渐增大，滤嘴对烟碱的截留量和过滤效率逐渐减小，并在样品 9#处出现拐点。

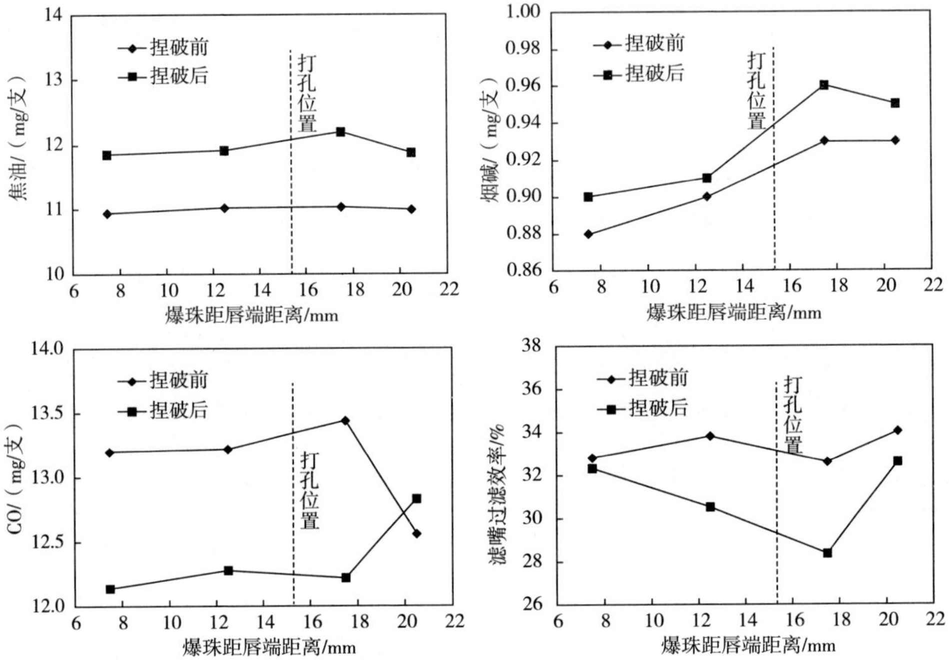

图 9.12　不同爆珠位置卷烟主流烟气成分及过滤效率检测数据

（2）滤棒设计参数对细支卷烟主流烟气指标及过滤效率的影响。

①爆珠位置对细支卷烟主流烟气指标及过滤效率的影响。

固定打孔位置（距唇端 14.5mm），分别检测不同爆珠位置卷烟样品在爆珠捏破前后的主流烟气释放量及滤嘴中的烟碱截留量，计算滤嘴对烟碱的过滤效率，结果见表 9.6。并以爆珠对距唇端位置对主流烟气及烟碱过滤效率的影响作图，见图 9.13。分析可知，随爆珠距唇端距离增加，细支卷烟的焦油和烟碱释放量无显著变化；当爆珠接近打孔位置时，CO 释放量达到最大值，滤嘴对烟碱的过滤效率最低。捏破爆珠后，焦油的释放量增加，烟碱释放量降低，且滤嘴对烟碱的过滤效率降低。

表 9.6　　不同爆珠位置细支卷烟主流烟气成分及过滤效率检测数据

样品	爆珠是否捏破	实测焦油量/（mg/支）	烟碱量/（mg/支）	CO 量/（mg/支）	滤嘴烟碱量/（mg/支）	烟碱过滤效率/%
1#	否	7.05	0.70	4.83	0.13	15.66
	是	7.35	0.64	4.79	0.11	14.67
2#	否	6.84	0.69	4.62	0.13	15.85
	是	7.17	0.62	4.75	0.11	15.07
3#	否	6.97	0.70	4.95	0.12	14.63
	是	7.29	0.63	4.69	0.10	13.70
4#	否	6.76	0.68	4.76	0.14	17.07
	是	7.12	0.63	4.61	0.12	16.00
5#	否	6.93	0.69	4.77	0.13	15.85
	是	7.39	0.64	4.81	0.11	14.67

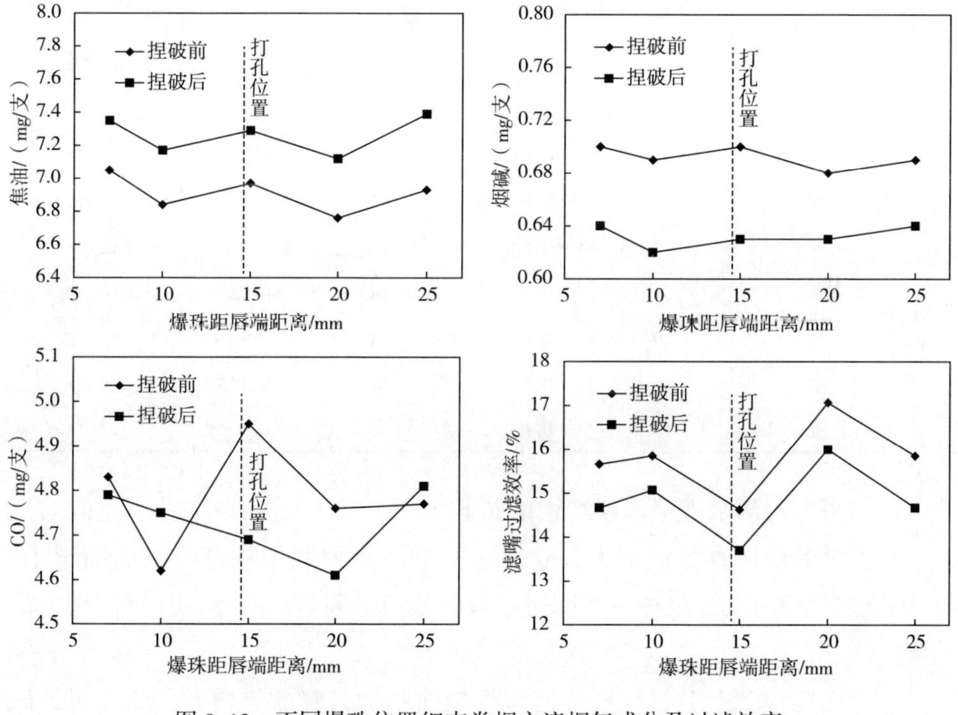

图 9.13　不同爆珠位置细支卷烟主流烟气成分及过滤效率

②爆珠直径对细支卷烟主流烟气指标及过滤效率的影响。

分别检测不同爆珠直径细支卷烟样品在爆珠捏破前后的主流烟气释放量及滤嘴中的烟碱截留量，计算滤嘴对烟碱的过滤效率，结果见表 9.7。不同爆珠直径及爆珠是否捏破对主流烟气及烟碱过滤效率的影响如图 9.14 所示。可以看出，随着爆珠直径的增大，细支卷烟主流烟气中焦油和烟碱的释放量无显著变化，CO 的释放量没有明显规律，滤嘴对烟碱的过滤效率呈现逐渐降低的趋势。而爆珠捏破后，卷烟主流烟气焦油释放量增大，烟碱释放量及滤嘴过滤效率降低。原因为细支卷烟烟气流速较快，且滤嘴通风率较大，根据前述研究结论，当爆珠直径增大时，细支卷烟滤嘴通风率减少，对烟气的稀释作用减弱，过滤效率降低。

表 9.7　不同爆珠直径细支卷烟主流烟气成分及过滤效率检测数据

样品	爆珠是否捏破	实测焦油量/(mg/支)	烟碱量/(mg/支)	CO 量/(mg/支)	滤嘴烟碱量/(mg/支)	烟碱过滤效率/%
6#	否	6.88	0.70	4.83	0.14	16.67
	是	7.17	0.64	4.70	0.12	15.79
7#	否	6.96	0.70	4.86	0.14	16.67
	是	7.31	0.65	4.87	0.12	15.58
2#	否	6.84	0.69	4.62	0.13	15.85
	是	7.17	0.62	4.75	0.11	15.07
8#	否	6.84	0.70	4.84	0.12	14.63
	是	7.20	0.68	4.64	0.11	13.92
9#	否	6.86	0.71	4.85	0.12	14.46
	是	7.10	0.68	4.56	0.10	12.82

综上可以得出常规爆珠卷烟结论如下。

一，随着爆珠直径的增大，卷烟主流烟气焦油和烟碱释放量逐渐减小，CO 的释放量没有明显规律，滤嘴对烟碱的截留量和过滤效率呈现逐渐增大的趋势。

二，爆珠捏破会引起卷烟主流烟气焦油和烟碱释放量增大，滤嘴对烟碱的截留量和过滤效率降低；爆珠捏破后，随着爆珠直径增大，卷烟主流烟气焦油和烟碱释放量以及滤嘴对烟碱的截留量均逐渐增大，在爆珠最大直径

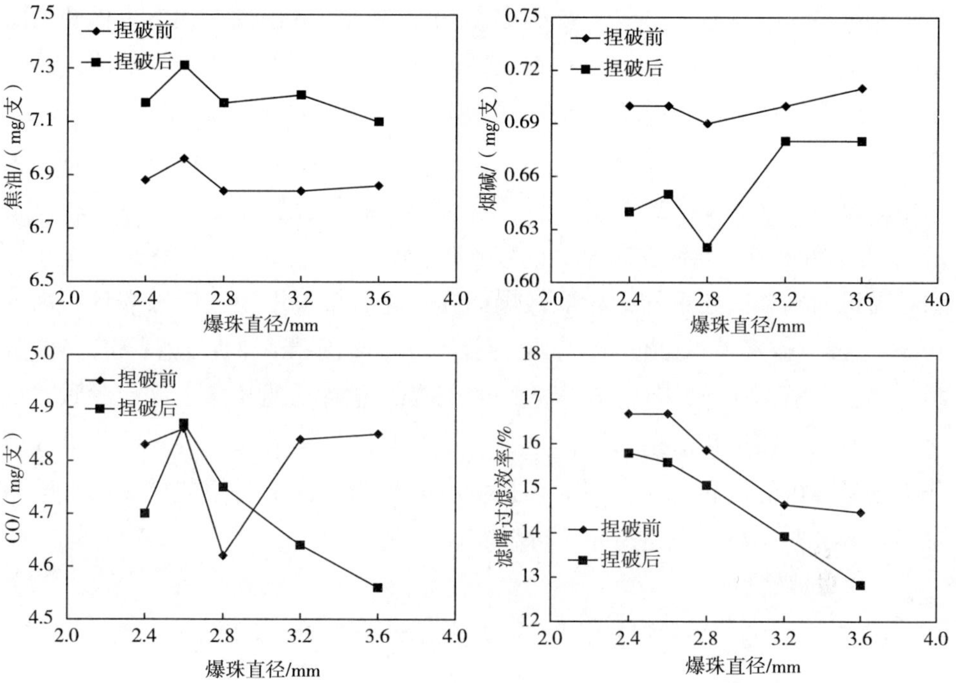

图 9.14 不同爆珠直径细支卷烟主流烟气成分及过滤效率

4.4mm 处出现拐点；而滤嘴对烟碱的过滤效率差异不明显。

三，不论爆珠捏破与否，当爆珠位置在近烟丝端距打孔位置 2mm 时，卷烟主流烟气焦油和烟碱的释放量最高，滤嘴对烟碱的过滤效率最低。

细支爆珠卷烟结论如下。

一，随爆珠距唇端距离增加，细支烟的焦油和烟碱释放量无显著变化；当爆珠接近打孔位置时，CO 释放量达到最大值，滤嘴对烟碱的过滤效率最低；捏破爆珠后，焦油的释放量增加，烟碱释放量降低，且滤嘴对烟碱的过滤效率降低。

二，随着爆珠直径的增大，细支卷烟主流烟气中焦油和烟碱的释放量无显著变化，CO 的释放量没有明显规律，滤嘴对烟碱的过滤效率呈现逐渐降低的趋势；而爆珠破碎后，卷烟主流烟气焦油释放量增大，烟碱释放量及滤嘴过滤效率降低。

9.1.4 爆珠滤棒设计参数对关键致香成分迁移行为的影响

根据前述研究可知，爆珠滤棒设计参数变化，会影响卷烟物理指标（包括总通风率、滤嘴通风率和烟支开吸阻等)、主流烟气温度、化学指标和过滤效率，继而会影响爆珠中关键致香成分的迁移行为。因此，本节设计并制备了不同爆珠大小、不同爆珠放置位置的常规及细支卷烟样品，采用乙醇浸提，GC-MS 分析的方法对关键致香成分的转移情况进行了分析，旨在为爆珠滤棒的精准设计、开发提供技术支撑。

(1) 爆珠中关键致香成分分析与筛选。

随机抽取 2 支卷烟样品，取其爆珠置于具塞锥形瓶中，压破爆珠，加入 10mL 乙醇，振荡萃取 30min，萃取液过 0.22μm 滤膜，然后进行 GC-MS 分析。在全扫描模式下，各色谱峰经 NIST 标准质谱库进行检索，确定各致香成分，同时采用归一化法进行半定量分析。选取对卷烟香味有贡献的关键成分作为定量分析的检测目标；随后根据定性分析结果，配制相应梯度的标准溶液，在 SIM 扫描模式下进行定量分析。

GC-MS 条件如下。

色谱柱：HP-5MS 弹性石英毛细管柱（60m×0.25mm×0.25μm）；

进样量：1.0μL；

进样口温度：250℃；

升温程序：初始温度 50℃，保持 2min，然后 4℃/min 升至 250℃ 保持 120min；

载气：He（99.999%）；

载气控制模式：恒流模式；

分流比：10∶1；

流速：1.0mL/min；

传输线温度：280℃；

离子源温度：230℃；

四极杆温度：150℃；

电离方式：EI；

电子能量：70eV；

扫描方式：SIM；

扫描范围：35～550u；

溶剂延迟：4min。

对卷烟样品中的橙色爆珠按照以上方法进行成分剖析，过滤掉非香味成分（如溶剂）以及质量分数极低的香味成分，选取质量分数在10%以上且对卷烟香味有贡献的关键致香成分，结果见表9.8。由表可知，橙色爆珠中主要成分为柠檬烯和薄荷醇。

表9.8　　橙色爆珠关键致香成分筛选结果

保留时间/min	名称	峰面积	质量分数/%
10.374	柠檬烯/Limonene	423675792	81.36
14.814	薄荷醇/Menthol	11241353	15.08

（2）爆珠直径对关键致香成分的迁移及滤嘴截留的影响。

根据爆珠关键致香成分筛选结果，以及对不同直径爆珠中关键致香成分进行定量测定，同时测定爆珠关键致香成分向主流烟气粒相物的迁移率和滤嘴的截留率，结果如图9.15所示。由图可知，随着爆珠直径的增大，柠檬烯、薄荷醇向主流烟气粒相物的迁移率均呈增加趋势；而滤嘴截留的柠檬烯、薄荷醇均呈逐渐下降趋势。这可能是因为，随着爆珠直径的增大，捏破爆珠后，滤嘴中产生的空隙也随之增大，进而造成滤片截留的致香成分呈增加趋势而滤嘴截留的致香成分呈降低趋势。此外，爆珠中柠檬烯向主流烟气粒相物的转移率和在滤嘴中的截留率之和低于薄荷醇向主流烟气粒相物的转移率和在滤嘴中的截留率之和，这可能是因为柠檬烯的沸点（176℃）低于薄荷醇（216.4℃），爆珠卷烟样品在抽吸过程中，更易于发生侧流逸散和主流逸散。

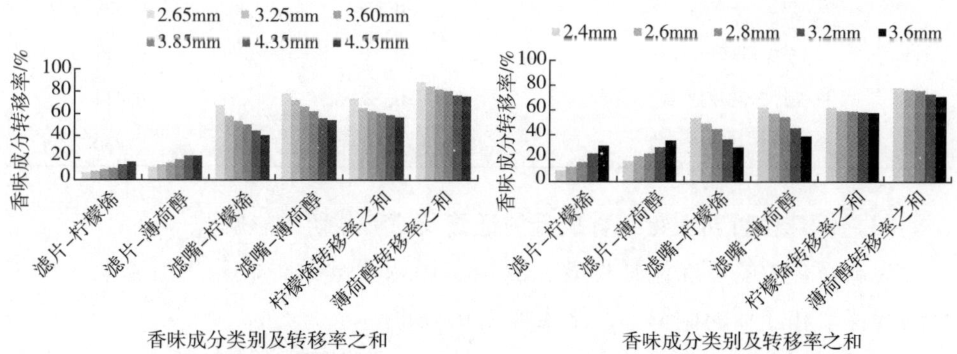

（1）常规卷烟　　（2）细支卷烟

图9.15　爆珠直径对关键致香成分转移行为影响

常规卷烟和细支卷烟中爆珠关键致香成分转移情况对比见表9.9（以共有

的 3.60mm 直径爆珠卷烟样品为例）。可以看出，细支卷烟主流烟气中柠檬烯、薄荷醇向主流烟气粒相物的迁移率均高于常规卷烟；而滤嘴截留的柠檬烯、薄荷醇均低于常规卷烟。这可能是由于细支卷烟横截面小，抽吸时气流速度较快，烟气在滤嘴中驻留时间较短，使得滤嘴对烟气的截留效率较常规卷烟低，而滤片截留的粒相物较常规卷烟高。

表 9.9　　常规烟和细支烟中爆珠关键致香转移情况对比

烟支规格	滤片-柠檬烯/%	滤片-薄荷醇/%	滤嘴-柠檬烯/%	滤嘴-薄荷醇/%	柠檬烯转移率之和/%	薄荷醇转移率之和/%
常规卷烟	9.43	15.79	53.33	67.11	62.77	82.89
细支卷烟	29.04	32.64	27.40	36.78	56.44	69.41

爆珠直径与关键致香成分转移行为的相关性分析如表 9.10 所示，爆珠直径与关键致香成分向主流烟气粒相物的迁移率呈正相关，与滤嘴截留率呈负相关，但均未达到显著性水平，与柠檬烯、薄荷醇迁移率之和没有明显的相关性。

表 9.10　　爆珠直径与关键致香成分转移行为的相关性分析结果

指标	相关系数（r）	P
滤片-柠檬烯	0.307	0.358
滤片-薄荷醇	0.318	0.341
滤嘴-柠檬烯	−0.326	0.328
滤嘴-薄荷醇	−0.219	0.517
柠檬烯迁移率之和	−0.280	0.414
薄荷醇迁移率之和	−0.109	0.750

（3）爆珠位置对关键致香成分的迁移及滤嘴截留的影响。

为选择合适的爆珠添加位置，测定了爆珠关键致香成分向主流烟气粒相物的迁移率和滤嘴的截留率，结果如图 9.16 所示。

由图 9.16 可知，随着距唇端距离的增大，柠檬烯、薄荷醇向主流烟气粒相物的迁移率均呈降低趋势，滤嘴对两种香味成分的截留率呈增加趋势，这可能是因为距唇端距离越远，致香成分在滤嘴中驻留的时间越长，惯性碰撞和拦截过滤均提高，使得滤嘴截留的多而向粒相物中迁移的少。致香成分向

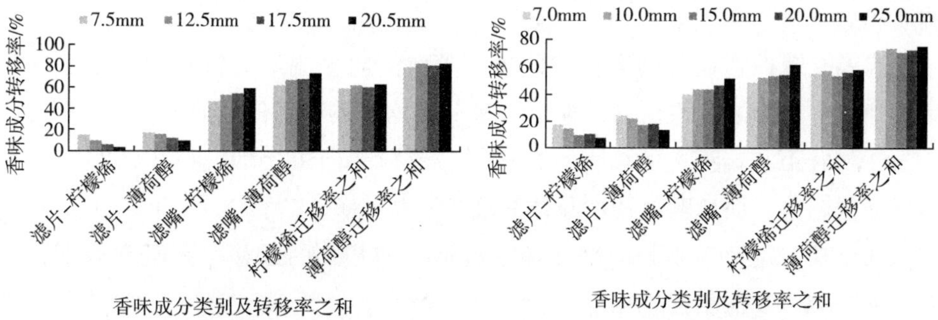

（1）常规卷烟　　（2）细支卷烟

图 9.16　爆珠放置位置对关键致香成分转移行为的影响

主流烟气粒相物的迁移率与滤嘴截留率之和呈现先快速上升再趋于平缓再继续上升的趋势。这可能是因为爆珠位置在打孔位置之后，且距离打孔位置越近越易于发生侧流逸散。此外，就关键致香成分在滤嘴中的截留率而言，细支卷烟的截留率明显低于常规卷烟，这可能是因为相对于常规烟，细支烟普遍采用的是高单旦（单丝线密度）、低总旦（丝束线密度）的丝束，且细支烟横截面小，抽吸时气流速度较快，烟气在滤嘴中驻留时间较短，使得滤嘴对主流烟气的过滤效率较低。

爆珠位置与关键致香成分转移行为的相关性分析如表 9.11 所示，爆珠位置与关键致香成分向主流烟气粒相物的迁移率呈显著负相关，与滤嘴截留率呈正相关，但未达到显著性水平；与柠檬烯、薄荷醇迁移率之和没有明显相关性。

表 9.11　爆珠位置与关键致香成分转移行为的相关性分析结果

指标	相关系数（r）	P
滤片-柠檬烯	−0.839	0.005
滤片-薄荷醇	−0.686	0.041
滤嘴-柠檬烯	0.636	0.066
滤嘴-薄荷醇	0.435	0.242
柠檬烯迁移率之和	0.190	0.624
薄荷醇迁移率之和	0.083	0.833

由以上可以得出，爆珠滤棒设计参数对爆珠关键致香成分迁移行为的影

响规律如下。

①随着爆珠直径的增大，柠檬烯、薄荷醇向主流烟气粒相物的迁移率均呈增加趋势，而滤嘴截留的柠檬烯、薄荷醇均呈逐渐降低趋势。

②随着距唇端距离的增大，柠檬烯、薄荷醇向主流烟气粒相物的迁移率均呈降低趋势，而滤嘴截留率总体呈增加趋势。

③爆珠关键致香成分向细支烟主流烟气粒相物的迁移率高于常规烟，而在滤嘴中截留率低于常规烟。

④相关性分析表明，爆珠直径与关键致香成分向主流烟气粒相物的迁移率呈正相关，而与滤嘴截留率呈负相关；爆珠位置与关键致香成分向主流烟气粒相物的迁移率呈显著负相关，而与滤嘴截留率呈正相关，但未达到显著性水平。

9.1.5 爆珠滤棒设计参数对卷烟感官质量的影响

根据前述研究可知，爆珠滤棒设计参数变化，会影响卷烟物理指标（包括总通风率、滤嘴通风率和烟支开吸阻等）、主流烟气温度、化学指标和过滤效率以及爆珠中关键致香成分的迁移行为，这些理化指标的变化会影响卷烟感官质量。因此，本节考察卷烟感官品质随滤棒设计参数的变化，旨在为爆珠滤棒的精准设计、产品研发提供支撑。

（1）爆珠直径对卷烟感官质量的影响。

如图 9.17 所示，对于常规爆珠卷烟，随着爆珠直径的增大，卷烟在香气、烟气浓度和轻松感方面都有所下降，在细腻程度上变化不大；爆珠捏破后，香气、浓度、轻松感呈下降趋势，细腻程度呈小幅上升趋势。

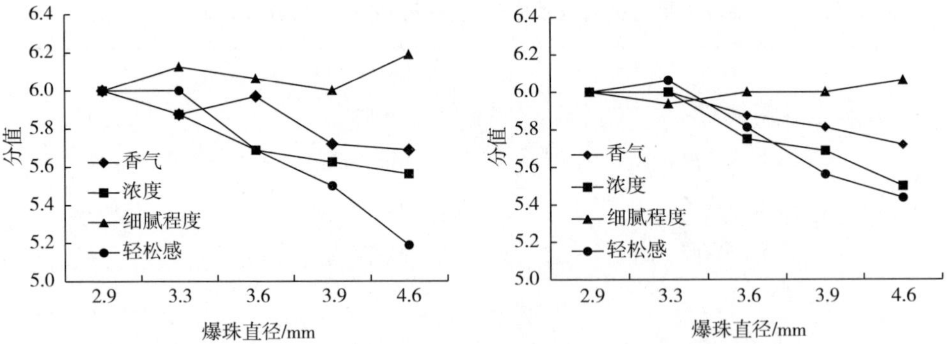

（1）捏破前　　（2）捏破后

图 9.17 爆珠直径变化对常规卷烟感官质量的影响

对于细支卷烟，如图 9. 18 所示，随着爆珠直径增大，烟支在香气、烟气浓度和轻松感方面都有所下降，细腻程度先缓慢上升后降低；捏破爆珠后，烟支在香气、浓度、轻松感方面整体上呈下降趋势，当爆珠直径大于 2. 6mm 时下降趋势较明显，在细腻程度方面变化不大，整体上呈上升趋势。

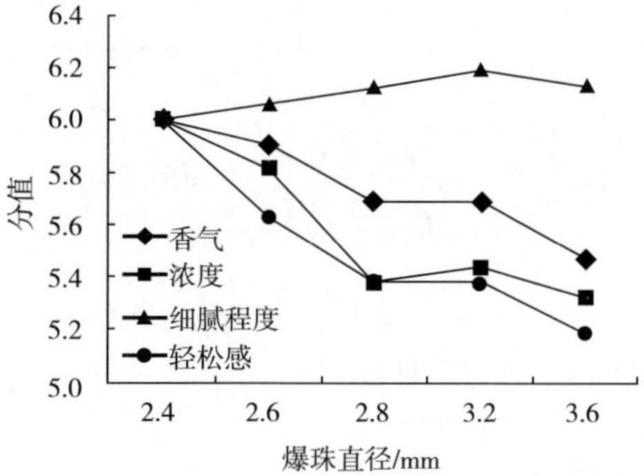

（1）捏破前

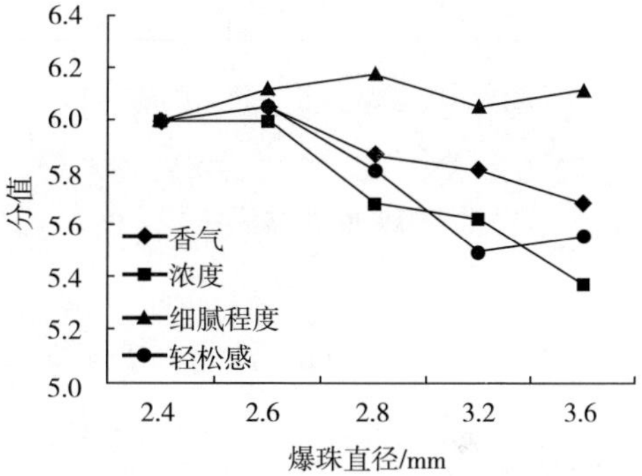

（2）捏破后

图 9. 18　爆珠直径变化对细支卷烟感官质量的影响

（2）爆珠位置对卷烟感官质量的影响。

如图 9. 19 所示，对于常规爆珠卷烟，随着爆珠距离唇端的位置增大，卷烟在香气、烟气浓度和轻松感方面都有所下降，在细腻程度方面变化不大；捏破爆珠后，香气、浓度、轻松感整体上减弱，烟气细腻程度略微上升。其中，香气、浓度、轻松感减弱是由于爆珠捏破后，爆珠香料经过滤棒到达口腔的距离增大，得到了更好的过滤所致。

对于细支卷烟，如图 9. 20 所示，随着爆珠距离唇端的距离增大，卷烟在香气、烟气浓度和轻松感方面呈下降趋势，细腻程度整体上呈现先上升后下降趋势；捏破爆珠后，卷烟在细腻程度方面几乎无变化，在香气、烟气浓度、轻松感方面整体仍呈下降趋势，当距离唇端距离大于 15mm 时，下降趋势较显著。

综上可知，爆珠滤棒设计参数对卷烟感官质量的影响有以下特点。

①对于常规卷烟，随爆珠直径增大、爆珠距离唇端的位置增大，卷烟在香气、烟气浓度和轻松感方面都有所下降，在细腻程度方面变化不大。

②对于细支卷烟，爆珠直径增加、爆珠距离唇端的位置增大，可使烟支在香气、烟气浓度和轻松感方面下降，但细腻程度呈先上升后降低趋势。

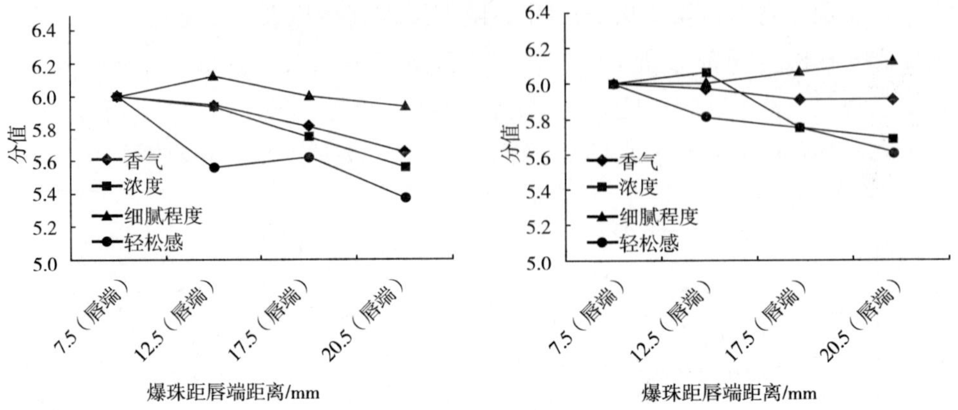

（1）捏破前　　（2）捏破后

图 9. 19　爆珠位置变化对常规卷烟感官质量的影响

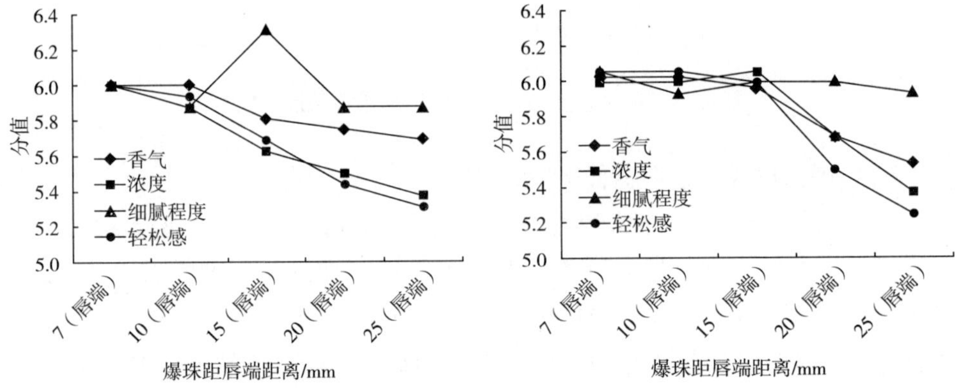

（1）捏破前　　（2）捏破后

图 9. 20　爆珠位置变化对细支卷烟感官质量的影响

③爆珠捏破后，随爆珠直径增大、爆珠距唇端距离增加，两种规格烟支的感官得分整体呈下降趋势。

9. 1. 6　爆珠滤棒配套材料的设计开发

根据前述可知，目前爆珠卷烟存在捏破后料液渗漏等质量风险。针对该问题，本节设计开发了配套防渗接装纸；同时，基于产品创新的需求，本节围绕爆珠进行了产品创新设计，设计并制备了透明爆珠滤棒，并进行了卷烟样品制备和评价。

（1）防渗接装纸的设计与评价。

在爆珠捏破后，其内容液体物质会向包裹卷烟过滤嘴接装纸渗漏，造成接装纸被染色、与接装纸接触的手指或嘴唇被液体物质附着，更有甚者，液体物质渗透到卷烟纸形成可见斑点，使卷烟燃烧性恶化，而液体物质参与燃烧更会影响到烟支吸味，并产生成分不明的有害物质。针对爆珠捏破后容易渗透进而影响抽吸体验的问题，项目组与相关企业进行联合技术攻关，以设计“防渗涂层”为切入点开展防渗接装纸设计。

经过文献调研，发现丙烯酸酯类高分子具有成膜性好、网络结构较为疏松的特点，通过在聚丙烯酸酯高分子侧链引入全氟烷基制得的全氟烷基丙烯酸酯共聚物，具有优异的防水、防油和防污功能，并且可使涂布后的纸张保持原有的色泽、手感和透气性，因此，项目组将全氟烷基丙烯酸酯共聚物涂布于接装纸原纸表面，制备具有良好防渗效果的接装纸，见图 9. 21。

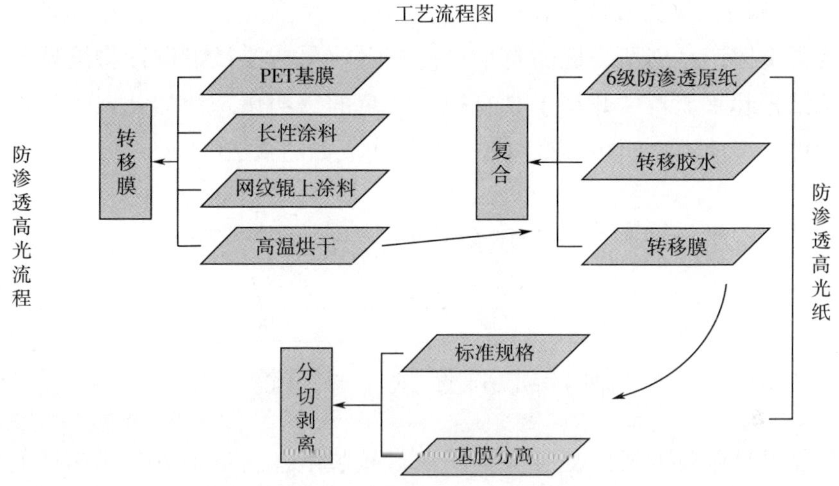

图 9. 21　防渗接装纸制备工艺流程

参照 GB/T 22805. 2—2008《纸和纸板　耐脂度的测定　第 2 部分：表面排斥法》对所制备的防渗接装纸进行了防渗性能评价。该法原理是将蓖麻油与两种溶剂按比例混合，对不同比例的溶液进行由低到高的编号，形成一组测试溶液，不同编号测试溶液具有不同的渗透性能；将测试溶液滴在试样表面，在试样表面未产生暗色斑点的测试溶液的最大编号即为试样的耐脂值。如图 9. 22 所示，利用耐脂值为 6 的测试溶液对不同接装纸原纸进行测试，与普通原纸相比，防渗接装纸原纸表面无明显渗渍，表明所设计的防渗接装纸具有较好的防渗功能。经过在产品中进行试验评价，证实防渗接装纸可以有效避免爆珠渗液、污渍等问题，并对黄金叶（大 M）产品进行了防渗接装纸置换，解决了市场反馈的渗液渗油等影响抽吸体验的质量问题。

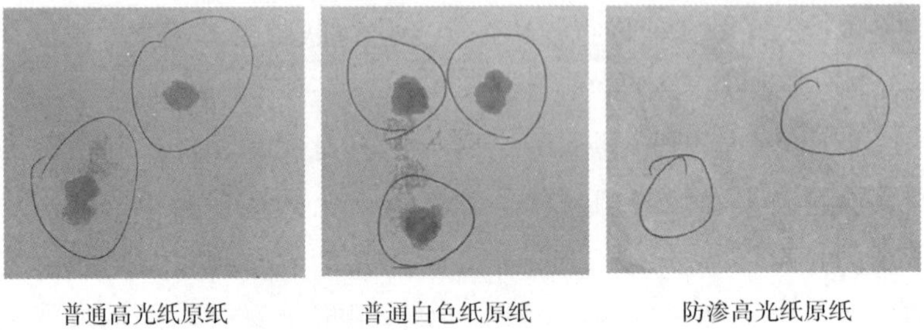

图 9.22　不同接装纸原纸的耐脂值测试图（耐脂值 6）

（2）透明滤棒的设计与评价。

为了支撑产品创新，提高卷烟产品视觉效果，项目组设计将爆珠与透明成形纸结合起来，自主开发了具有视觉特色的透明爆珠滤棒，该透明滤棒由普通丝束、爆珠和透明成形纸组成，具体构成如图 9.23 所示。

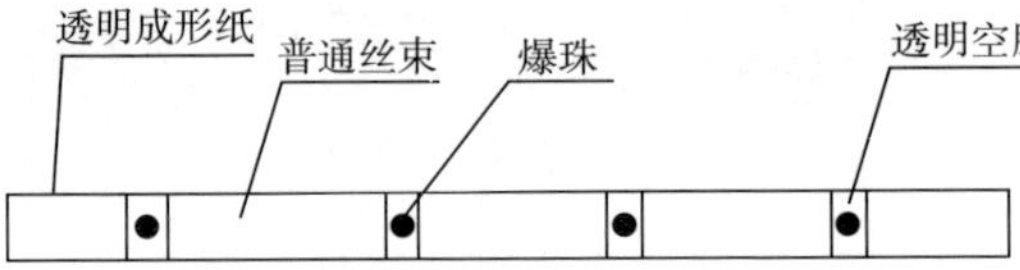

图 9.23　透明爆珠滤棒设计示意图

根据设计制备的透明滤棒，搭配窗口接装纸，制备了可视化爆珠卷烟样品，如图 9.24 所示。

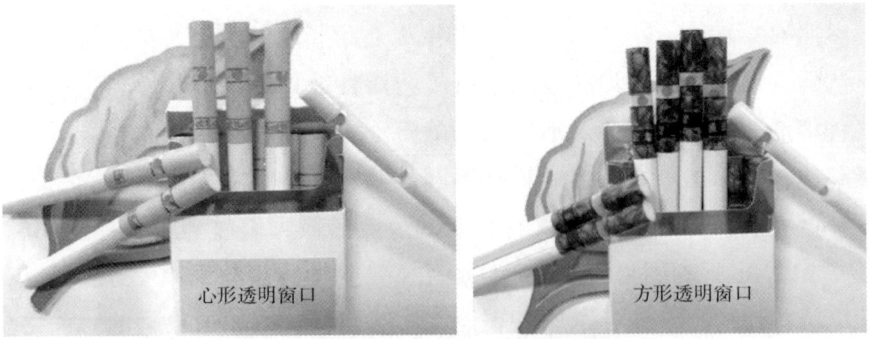

图 9.24　透明爆珠滤棒及卷烟实物图

对制备的透明滤棒卷烟样品进行主要理化指标检测，如表 9.12 所示。由于透明成形纸没有透气度，样品无滤嘴通风，故烟支开吸阻稍大于普通卷烟烟支，焦油、烟碱、CO 等烟气指标略高于普通滤棒卷烟。

表 9.12　　透明滤棒卷烟烟支的主要物理化学指标

编号	类别	滤嘴通风率/%	烟支开吸阻/Pa	燃吸口数平均值/口	烟气总粒相物平均值/mg	水分/mg	烟气烟碱量/mg	焦油量/mg	CO 平均值/mg
1	心形透明形窗口	6.77	1141	5.88	12.85	1.29	0.85	10.71	11.64
2	方形透明形窗口	0.34	1187	5.99	14.23	1.69	0.91	11.63	12.84

综上可以得出：

①针对爆珠卷烟存在的爆珠溶液渗漏、污渍等质量问题，项目组与相关企业联合设计了以全氟烷基丙烯酸酯共聚物为防渗涂层的防渗接装纸，并应用于黄金叶（大 M）卷烟产品中，有效解决了爆珠渗液的问题。

②立足于产品的创新设计，项目组设计开发了透明爆珠滤棒，具有新颖的视觉外观，结合窗口接装纸，制备了可视化爆珠卷烟，为黄金叶（大 M）产品创新提供了技术储备。

9.2　爆珠的分析检测方法及其香味成分在卷烟中的转移率

9.2.1　GC-MS 法测定卷烟爆珠中挥发性香味成分含量

卷烟爆珠是将包裹有香精香料的爆珠植入滤棒中，捏碎爆珠后，胶囊内的液体可以使卷烟在吸食过程中增加香气，从而使消费者获得更为舒适、新鲜的体验。爆珠有利于保持原来易挥发香味物质的原始香气特征，同时还可避免不同组分香料的相互影响。目前，烟草企业对爆珠的生产研究较为重视，相继推出了各自的爆珠品牌卷烟，但其质量和安全性也受到社会的关注。刘秀明等采用高效液相色谱-二极管阵列检测器（HPLC-PDA）的方法快速测定卷烟爆珠壁材中 8 种水溶性着色剂；朱凤鹏等报道了爆珠破碎对主流烟气有害成分释放量和滤嘴截留的影响；张洪非等介绍了一种以乙酸苯乙酯为内标物，采用顶空-气相色谱质谱联用分析检测爆珠中挥发性成分含量的测定方法；朱瑞芝等以顶空法为前处理手段，采用 GC-MS/MS 法分析了爆珠关键成分在卷烟中的转移行为。本文以卷烟爆珠为研究对象，采用离心法实现胶囊材料和胶囊内液体的分离，考察不同前处理方法及条件对爆珠中挥发性香味成分的影响，建立了一种卷烟爆珠中主要挥发性香味成分的气相色谱质谱检测方法，该方法的建立可为卷烟爆珠中挥发性香味成分的检测提供参考。

（1）试验方案。

①含内标萃取溶液的配制。

称取 0.05g 乙酸苯酚酯于 25mL 容量瓶中，用乙醇定容至刻度，得到浓度为 2.0mg/mL 内标储备溶液；准确移取 1mL 内标储备溶液于 250mL 容量瓶中，用乙醇定容至刻度，摇匀，得到内标浓度为 8μg/mL 的萃取溶液。

②标准工作溶液的配制。

各称取 0.05g 丁酸乙酯、乙酸异戊酯、柠檬烯、芳樟醇、L-薄荷酮、薄荷醇、乙酸芳樟酯、辛酸乙酯、癸酸乙酯于 50mL 容量瓶中，用含有内标的萃取溶液定容至刻度，得到混合标准储备液；移取 300μL 混合标准储备液至 10mL 容量瓶中，用含有内标的萃取溶液定容至刻度，得到混合标准工作母液，然后经过稀释得到丁酸乙酯、乙酸异戊酯、柠檬烯、芳樟醇、L-薄荷酮、薄荷醇、乙酸芳樟酯、辛酸乙酯、癸酸乙酯浓度分别为 30，15，6，3，1.5，0.3μg/mL 的标准工作溶液。(9 个样品的浓度都是 30，15，6，3，1.5，0.3μg/mL。)

③样品的前处理。

随机抽取成品卷烟和散装爆珠各 20 颗，准确称量其质量（精确至 0.1mg），置于中间有孔隙隔板的离心管隔板上，机械破碎后，5000r/min 离心 5min，用镊子取出爆珠壁材。准确称量 20 粒爆珠壁材的质量（精确至 0.1mg），计算出每粒爆珠中内含物质的质量。准确称取 0.1g（精确至 0.1mg）内含物质于 50mL 三角瓶中，加入 6mL 含有内标的萃取液，萃取后过 0.45μm 有机滤膜，待进样。

④色谱质谱条件。

色谱条件如下。

色谱柱：HP-5MS（60m×0.25mm×0.25μm）；

升温程序为：初温为 50℃，保持 2min，以 4℃/min 的速度升温至 280℃，保持 20min；

载气：He，流速：1.0mL/min；

进样口温度：280℃；

进样量：1μL；

分流比为 5∶1。

质谱条件如下。

电子轰击离子源：EI；

电子电流：70eV；

离子源温度：230℃；

四极杆温度：150℃；

传输线温度：280℃。

选择离子扫描，化合物的选择扫描离子及保留时间如表 9.13 所示。

表 9.13 化合物的选择扫描离子及保留时间

保留时间/min	化合物	定量离子（m/z）	定性离子（m/z）
9.09	丁酸乙酯	71	88
11.45	乙酸异戊酯	70	87
17.16	柠檬烯	68	93
18.52	乙酸苯酚酯	94	136
19.76	芳樟醇	71	93
21.96	L-薄荷酮	112	139
22.61	薄荷醇	71	81
23.28	乙酸芳樟酯	93	121
25.56	辛酸乙酯	88	127
30.17	癸酸乙酯	88	101

⑤挥发性香味成分含量计算。

以丁酸乙酯、乙酸异戊酯、柠檬烯、芳樟醇、L-薄荷酮、薄荷醇、乙酸芳樟酯、辛酸乙酯、癸酸乙酯的质量浓度（0.3~30.0μg/mL）为横坐标，GC-MS 分析的挥发性香味成分的峰面积与内标峰面积的比值为纵坐标绘制标准曲线，将样品峰面积与内标峰面积的比值代入标准曲线计算出各香味成分的含量。

（2）香味成分分析前处理条件优化。

①萃取溶剂的选择。

准确称取 0.1g（精确至 0.1mg）内含物质于 50mL 三角瓶中，加入 10mL 含有内标的萃取液，机械振荡 30min，考察 3 种极性溶剂（二氯甲烷、乙醇、正己烷）对挥发性香味成分检测结果的影响，结果如表 9.14 所示。由表可知，当选用乙醇作为萃取剂时，萃取出来的香味成分含量和香味物质的种类数量均较多，因此宜选用乙醇作为萃取剂。

表 9.14　　溶剂对挥发性香味成分测定的影响

化合物	不同萃取溶剂下香味成分含量/(μg/g)		
	二氯甲烷	乙醇	正己烷
丁酸乙酯	100.02	130.96	107.48
乙酸异戊酯	159.23	177.53	140.31
柠檬烯	123.56	172.97	110.55
芳樟醇	68.91	83.69	67.69
L-薄荷酮	77.52	119.09	77.12
薄荷醇	1887.72	2049.46	1829.8
辛酸乙酯	—	620.8	—
乙酸芳樟酯	92.33	110.82	86.32
癸酸乙酯	—	241.32	—
总量	2509.29	3706.64	2419.27

注：“—”为未检出。

②萃取方式的选择。

准确称取 0.1g（精确至 0.1mg）内含物质于 50mL 三角瓶中，加入 10mL 含有内标的乙醇溶液，萃取 30min，考察 3 种萃取方式（涡旋振荡、机械振荡、超声）对挥发性香味成分检测结果的影响，如表 9.15 所示，选用机械振荡萃取，萃取出来的香味成分含量较多，因此宜选用机械振荡萃取的方式。

表 9.15　　萃取方式对挥发性香味成分测定的影响

化合物	不同萃取方式下香味成分含量/(μg/g)		
	涡旋振荡	机械振荡	超声
丁酸乙酯	109.98	131.22	117.93
乙酸异戊酯	166.80	178.32	158.59
柠檬烯	144.67	175.61	125.24
芳樟醇	81.88	80.65	87.76
L-薄荷酮	103.84	122.11	103.62

续表

化合物	不同萃取方式下香味成分含量/(μg/g)		
	涡旋振荡	机械振荡	超声
薄荷醇	2007.72	2065.06	1929.8
辛酸乙酯	520.80	623.50	523.50
乙酸芳樟酯	186.43	113.12	165.5
癸酸乙酯	222.32	243.42	233.18
总量	3544.44	3733.01	3445.12

③萃取时间的选择。

准确称取 0.1g（精确至 0.1mg）内含物质于 50mL 三角瓶中，加入 10mL 含有内标的乙醇溶液，选用机械振荡萃取的方式，考察机械振荡时间（10，20，30，40，50min）对挥发性香味成分检测结果的影响，如表 9.16 所示，随着振荡时间的延长，挥发性香味成分含量呈现出先增加后降低的趋势，当萃取时间为 40min 时，萃取出香味成分的含量最高，因此宜采用振荡时间 40min。

表 9.16　萃取时间对挥发性香味成分测定的影响

化合物	不同萃取时间下香味成分含量/(μg/g)				
	10min	20min	30min	40min	50min
丁酸乙酯	116.01	120.98	135.76	185.28	166.25
乙酸异戊酯	195.15	160.94	175.47	182.65	164.96
柠檬烯	154.39	163.44	175.6	180.23	194.45
芳樟醇	51.76	61.8	80.87	92.05	89.07
L-薄荷酮	97.07	102.01	122.37	162.03	160.6
薄荷醇	1872.09	1973.88	2065.96	1993.52	1998.12
辛酸乙酯	465.61	566.89	620.02	693.09	610.58
乙酸芳樟酯	100.03	111.17	113.76	136.13	121.97
癸酸乙酯	201.11	237.98	243.05	372.39	311.97
总量	3253.22	3499.09	3732.86	3997.37	3817.97

④萃取液体积的选择。

准确称取 0.1g（精确至 0.1mg）内含物质于 50mL 三角瓶中，加入含有内标的乙醇溶液，选用机械振荡萃取的方式，振荡 40min，考察萃取液体积（4，6，8，10，12mL）对挥发性香味成分检测结果的影响，如表 9.17 所示。由表可知，随着萃取液用量的递增，挥发性香味物质的总含量呈现先增加后稳定的趋势，当萃取液用量为 6mL 时，萃取出挥发性化合物含量较高，此后总含量逐渐趋于稳定，此时料液比为 1（g）：60（mL），因此，萃取液用量最佳为 6mL。

表 9.17　萃取液体积对挥发性香味成分测定的影响

化合物	不同萃取液体积下香味成分含量/(μg/g)				
	4mL	6mL	8mL	10mL	12mL
丁酸乙酯	204.36	213.75	211.04	206.07	209.65
乙酸异戊酯	187.8	208.69	197.24	204.72	199.72
柠檬烯	184.92	210.28	208.11	203.38	212.58
芳樟醇	96.92	107.85	102.15	105.26	109.34
L-薄荷酮	157.05	182.12	195.24	192.18	190.29
薄荷醇	1980.71	2075.44	2102.07	2095.34	2067.57
辛酸乙酯	700.03	725.64	710.43	711.21	729.61
乙酸芳樟酯	130.93	168.94	167.26	172.08	167.24
癸酸乙酯	387.33	420.2	417.63	421.16	423.19
总量	4030.05	4312.91	4311.17	4311.4	4309.19

⑤标准曲线及方法学研究。

将配制好的标准工作溶液进样分析，对各目标化合物采用内标标准曲线法建立回归曲线，线性方程相关系数均大于 0.999，标准工作溶液总离子流色谱图如图 9.25 所示。采用标样加入法测定方法的回收率，重复测定 5 次，计算其精密度，结果表明，各目标化合物的回收率为 96.29%～118.58%，相对标准偏差（RSD）为 1.72%～2.96%。取最低浓度标准工作溶液，重复进样 10 次，计算其标准偏差，3 倍标准偏差为检出限，10 倍标准偏差为定量限。结果表明，各化合物检出限为 0.035～0.044μg/mL，定量限为 0.118～0.146μg/mL，具体结果如表 9.18 所示。

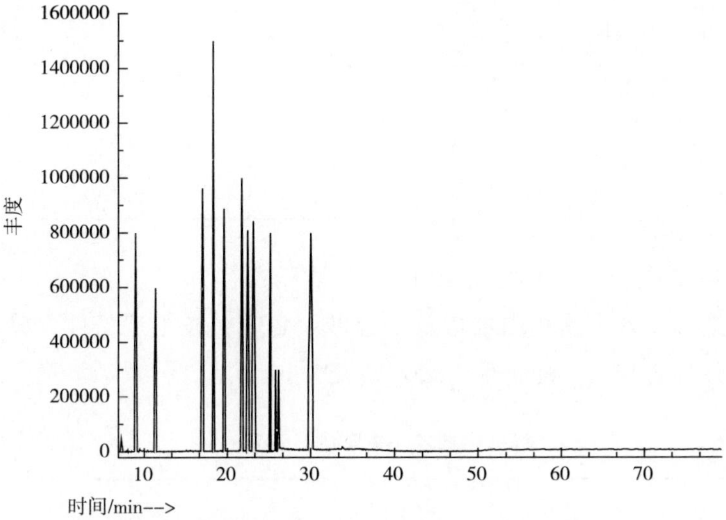

图 9.25 各香味成分的标准工作溶液总离子流色谱图

表 9.18 各香味成分的回归方程、相关系数、回收率、相对标准偏差、检出限及定量限

化合物	回归方程	相关系数	回收率/%
丁酸乙酯	$y=1.5064x+0.1051$	0.9998	105.05
乙酸异戊酯	$y=1.3234x+0.2461$	0.9995	110.82
柠檬烯	$y=1.2782x+0.0466$	0.9998	100.6
芳樟醇	$y=1.0985x+0.0269$	0.9996	102.76
L-薄荷酮	$y=1.2095x+0.1486$	0.9996	113.28
薄荷醇	$y=1.0925x+0.2348$	0.9994	118.58
乙酸芳樟酯	$y=1.101x+0.1284$	0.9998	96.29
辛酸乙酯	$y=1.3174x+0.1857$	0.9994	109.32
癸酸乙酯	$y=1.2318x+0.1839$	0.9994	97.77
化合物	RSD/%	检出限/(μg/mL)	定量限/(μg/mL)
丁酸乙酯	2.96	0.040	0.134
乙酸异戊酯	2.52	0.039	0.131
柠檬烯	1.94	0.038	0.126
芳樟醇	2.25	0.035	0.118
L-薄荷酮	1.78	0.038	0.127
薄荷醇	1.74	0.041	0.138

续表

化合物	RSD/%	检出限/(μg/mL)	定量限/(μg/mL)
乙酸芳樟酯	2.68	0.044	0.146
辛酸乙酯	1.81	0.043	0.145
癸酸乙酯	1.72	0.042	0.139

(3) 香味成分向主流烟气粒相物的转移情况。

随机选择2种成品爆珠卷烟及2种散装爆珠，按上述条件，分别测定其爆珠内挥发性香味成分的含量，结果如表9.19所示。

表9.19　样品中挥发性香味成分测定结果

化合物	样品1		样品2	
	总含量/(μg/g)	每粒含量/μg	总含量/(μg/g)	每粒含量/μg
丁酸乙酯	569.23	113.85	196.32	39.26
乙酸异戊酯	256.39	51.28	—	—
柠檬烯	—	—	653.27	130.65
芳樟醇	301.53	60.31	—	—
L-薄荷酮	351.2	70.24	211.85	42.37
薄荷醇	596.82	119.36	1069.31	213.86
辛酸乙酯	—	—	—	—
乙酸芳樟酯	256.37	51.27	—	—
癸酸乙酯	387.33	77.47	420.20	84.04
总量	2718.87	543.78	2550.95	510.18

化合物	样品3		样品4	
	总含量/(μg/g)	每粒含量/μg	总含量/(μg/g)	每粒含量/μg
丁酸乙酯	213.75	42.75	—	—
乙酸异戊酯	208.69	41.74	352.68	70.54
柠檬烯	210.28	42.06	—	—
芳樟醇	107.85	21.57	—	—
L-薄荷酮	182.12	36.42	378.91	75.78
薄荷醇	2075.44	415.09	1028.52	205.7
辛酸乙酯	725.64	145.13	289.34	57.87

续表

化合物	样品 3		样品 4	
	总含量/(μg/g)	每粒含量/μg	总含量/(μg/g)	每粒含量/μg
乙酸芳樟酯	168.94	33.79	—	—
癸酸乙酯	420.20	84.04	370.39	74.08
总量	4312.91	862.59	2419.84	483.97

注："—"为未检出。

本节以卷烟爆珠为研究对象，考察不同前处理方法及萃取条件对爆珠中挥发性香味成分的影响。试验表明，选择乙醇作为萃取剂，采用机械振荡的方式，振荡时间为40min，料液比为1（m）：60（V）时测定出的挥发性香味成分较好。该方法前处理快速简便、回收率较高、精密度较好、灵敏度较高，可满足快速准确分析的要求，为卷烟爆珠中挥发性香味成分的测定提供参考。

9.2.2 爆珠香味成分剖析及其在卷烟中转移率

为丰富烟香，提高卷烟吸食品质，烟草行业提出滤棒加香卷烟新思路，卷烟滤棒加香可以赋予传统滤棒独特的香味特征，给予消费者新奇的吸食感受。中国烟草市场滤棒加香卷烟主要有爆珠滤棒、香线滤棒、复合滤棒、甜味接装纸等，其中以爆珠滤棒卷烟种类最为丰富。

爆珠滤棒主要利用惰性多聚天然高分子或合成高分子材料，将香精香料包裹在一个密闭胶囊中，形成一种具有半透膜的密封胶囊，再将胶囊植入滤嘴来达到加香目的。通过爆珠加香，可以减弱卷烟刺激性，改善和丰富卷烟香气，显著提升卷烟香气丰富性、感官质量及抽吸趣味性。

近几年，国内爆珠卷烟发展迅速，且类型多样，但对其香味成分的分析及香味成分在卷烟中转移行为研究相对较少，不利于爆珠卷烟开发和应用。因此，本试验以国内外 4 种畅销爆珠滤棒卷烟为研究对象，通过 GC-MS 对爆珠卷烟挥发性、半挥发性香味成分进行分析，并研究香味成分向卷烟中转移行为，明确其香味成分在主流烟气粒相物中的转移规律，为爆珠加香在卷烟中应用提供指导及监督，为丰富烟香提供技术支持。

（1）试验方法。

①萃取溶液的配制。

准确称取 0.025g 乙酸苯乙酯于 250mL 容量瓶中，用无水乙醇定容至刻度，得到溶液浓度为0.1000mg/mL的萃取液。

②样品前处理。

爆珠香味成分分析前处理：将爆珠从滤棒中剥出，称取0.1g爆珠样品，放入50mL具塞锥形瓶中，压破爆珠，加入5mL萃取溶液，超声萃取20min，静置，过0.45μm有机膜，待进样。

香味成分向主流烟气总粒相物转移率分析前处理：将样品置于温度22℃±2℃和相对湿度60%±2%条件下平衡48h，以剑桥滤片同样环境条件平衡12h。以未捏破爆珠的爆珠卷烟作为空白对照，按GB/T 19609—2004规定方法抽吸卷烟，用φ92mm剑桥滤片捕集20支卷烟主流烟气总粒相物。抽吸完毕后，将剑桥滤片置于同时蒸馏萃取装置一端1000mL圆底烧瓶中，依次加入300mL蒸馏水和30g氯化钠，用电热套加热；装置的另一端连接浓缩瓶，加入60mL二氯甲烷，60℃加热，反应时间2h，结束后，加入1mL乙酸苯乙酯内标溶液，将其浓缩至1.0mL，过0.45μm有机膜，待上样。

依据下式计算出爆珠中各香味成分在主流烟气总粒相物中的转移率。

$$Y_1 = (m_1 - m_0) / m \times 100\%$$

式中 Y_1——主流烟气总粒相物转移率，%；

m_1——每支爆珠滤棒卷烟抽吸主流烟气中各香味组分质量，mg；

m_0——每支空白卷烟抽吸主流烟气中各香味组分质量，mg；

m——每支爆珠各香味成分质量，mg。

③GC-MS分析条件。

色谱条件：色谱柱HP-5MS（60m×0.25mm×0.25μm）；

载气：氦气；

流量：1.0mL/min；

进样口温度：280℃；

进样量：1μL；

分流比：5∶1；

升温程序：初温50℃，保持2min，以4℃/min速度升温至280℃，保持20min。

质谱条件：电子轰击离子源（EI）；

电子电流：70eV；

离子源温度：230℃；

四极杆温度：150℃；

传输线温度：280℃；

质量扫描的范围：30~550u。

（2）爆珠香味成分分析前处理条件优化。

①萃取溶剂的选择。

试样：将4种爆珠卷烟（河南中烟工业有限责任公司）分别标号为样品A（冰橙口味）、样品B（薄荷口味）、样品C（山药口味）、样品D（薄荷+青柠口味）。

试剂：无水乙醇、正己烷（色谱级，天津市富宇精细化工有限公司）；二氯甲烷（色谱级，天津迪马科技有限公司）；乙酸苯乙酯（标准品，≥98%，北京百灵威试剂有限公司）。

仪器：SB-3200DT超声波清洗机（宁波新芝生物科技股份有限公司）；7890B /5977A气相色谱-质谱联用仪（美国安捷伦科技有限公司）；EL204电子天平（感量0.0001g，梅特勒-托利多仪器有限公司）；RM200转盘式吸烟机（德国博格瓦尔特有限公司）。

以样品C为研究对象，称取0.1g爆珠样品，分别加入10mL无水乙醇、二氯甲烷、正己烷萃取液，振荡20min，考察不同萃取溶剂对爆珠内各类成分总量检测结果的影响，结果如图9.26所示。

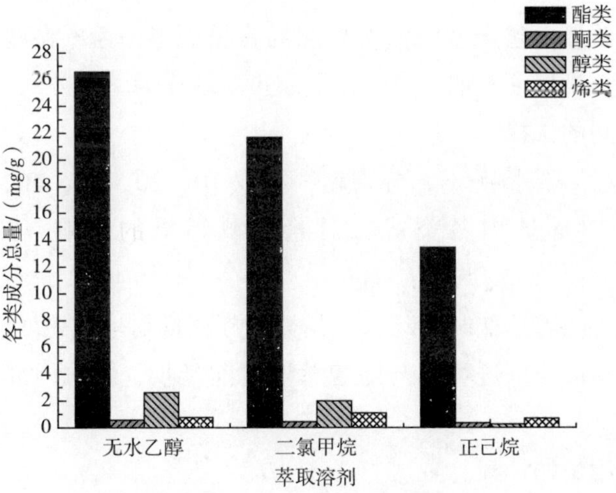

图9.26 萃取溶剂对爆珠内各类成分总量检测结果的影响

结果表明，无水乙醇为萃取剂时，所检测到的酯类、酮类和醇类成分总量明显高于其他溶剂，因此，选择无水乙醇作为萃取溶剂。

②萃取方式的选择。

称取 0.1g 爆珠样品，加入 10mL 无水乙醇，分别超声、振荡和涡旋萃取 20min，考察不同萃取方式对爆珠内各类成分总量检测结果的影响，结果如图 9.27 所示。

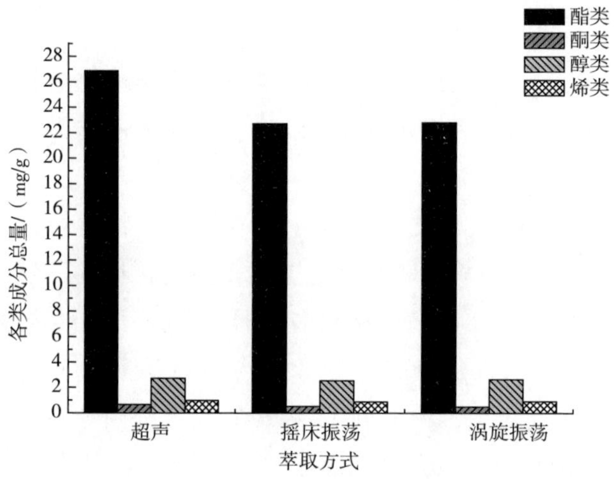

图 9.27　萃取方式对爆珠内各类成分总量检测结果的影响

各类成分总量以超声萃取法所检测的含量最多，摇床振荡和涡旋振荡含量接近，因此，为保证萃取完全，选取超声萃取作为萃取方式。

③萃取时间的选择。

在其他条件一致情况下，分别超声萃取 10，20，30，40，50min，考察不同萃取时间对爆珠内各类成分总量检测结果的影响，结果如图 9.28 所示。

结果表明，随着萃取时间延长，各类成分总量均呈现先增大再减小趋势，萃取效果 20min 最佳，这可能与随着萃取时间延长，爆珠内部分挥发性成分挥发损失有关。

④萃取剂用量的选择。

在其他条件一致情况下，分别加入 3，5，7，9，11mL 萃取剂，考察不同萃取剂用量对爆珠内各类成分总量检测结果的影响。结果如图 9.29 所示，随

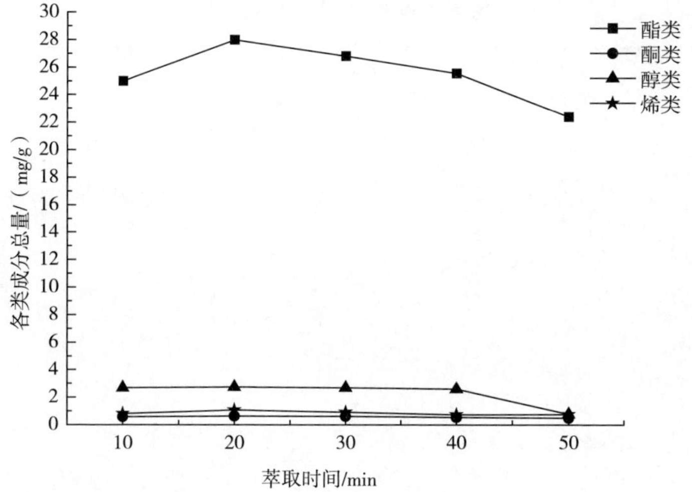

图 9.28 萃取时间对爆珠内各类成分总量检测结果的影响

着萃取剂用量增加，各类成分总量均呈现先增加后减少趋势，5mL 萃取剂所测得含量最多。因此，萃取剂用量选择 5mL。

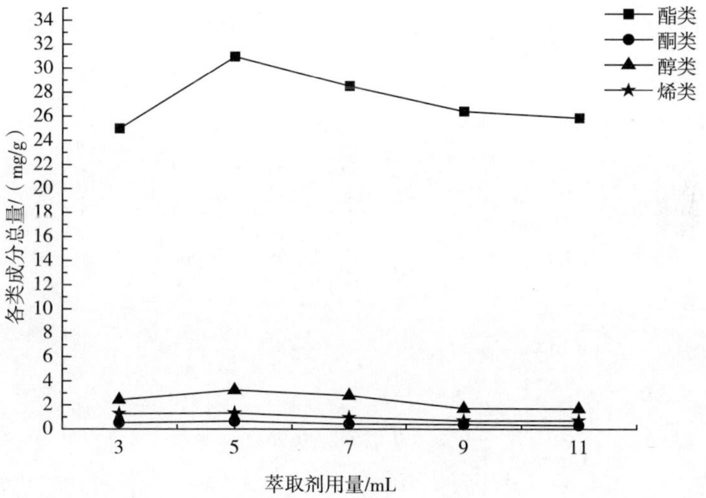

图 9.29 萃取剂用量对爆珠内各类成分总量检测结果的影响

（3）爆珠香味成分向主流烟气粒相物的转移情况。

按照前述方法对爆珠中各香味成分进行分析，并测定其香味成分向主流烟气转移率，检测结果如表 9.20 所示。

表 9.20　　爆珠香味成分向主流烟气转移率

成分	样品 A		样品 B		样品 C		样品 D	
	每支爆珠含量/mg	转移率/%	每支爆珠含量/mg	转移率/%	每支爆珠含量/mg	转移率/%	每支爆珠含量/mg	转移率/%
酯								
丁酸丁酯	—	—	—	—	0.032	1.21	—	—
庚酸乙酯	—	—	—	—	0.023	3.55	—	—
异戊酸异戊酯	—	—	—	—	0.030	2.84	—	—
乙酸苄酯	—	—	—	—	0.021	7.04	—	—
(Z)-丁酸-3-己烯酯	—	—	—	—	0.049	2.58	—	—
丁酸己酯	—	—	—	—	0.061	1.75	—	—
己酸戊酯	—	—	—	—	0.024	3.75	—	—
乙酸薄荷	0.279	3.94	0.100	7.53	0.150	3.17	0.255	1.17
酯								
γ-壬内酯	—	—	—	—	—	—	0.098	7.95
丙位癸内酯	—	—	—	—	—	—	0.010	10.36
癸酸乙酯	—	—	—	—	0.018	11.74	—	—
二氢猕猴桃内酯	—	9.86	—	—	0.006	9.16	—	—
苯甲酸苄酯	—	—	—	—	0.017	2.74	—	—
酮								
L-薄荷酮	0.093	0.61	1.170	0.05	0.007	2.72	1.184	0.29
胡薄荷酮	—	—	0.015	1.32	—	—	—	—
香芹酮	0.017	4.17	—	—	—	—	—	2.75
醇								
桉叶油醇	—	—	0.085	0.96	—	—	0.300	1.46
异蒲勒醇	—	—	0.019	13.32	—	—	0.028	—
芳樟醇	0.053	11.01	—	—	—	—	0.186	1.72
松油醇	—	—	—	—	—	—	0.012	14.18
香茅醇	—	1.55	—	—	—	—	0.051	4.51
萜品醇	0.033	7.48	—	—	—	—	—	—
薄荷醇	1.549	4.91	6.859	9.06	0.065	15.25	7.766	7.28

续表

成分	样品 A		样品 B		样品 C		样品 D	
	每支爆珠含量/mg	转移率/%	每支爆珠含量/mg	转移率/%	每支爆珠含量/mg	转移率/%	每支爆珠含量/mg	转移率/%
橙花叔醇	—	—	—	—	—	—	0.014	3.00
烯								
α-蒎烯	0.068	0.22	0.013	—	—	—	0.073	0.21
桧烯	0.029	2.33	0.005	—	—	—	—	—
β-蒎烯	0.027	1.97	0.017	—	—	—	0.071	0.11
月桂烯	0.143	1.10	—	—	—	—	0.035	0.65
3-蒈烯	0.010	3.48	—	—	—	—	0.002	—
柠檬烯	5.689	1.18	0.037	0.98	0.018	5.63	0.276	0.37
萜品烯	0.277	1.41	0.002	—	—	—	0.411	1.40
萜品油烯	0.023	3.50	0.001	—	—	—	0.003	—
1-石竹烯	0.010	6.78	0.044	1.88	0.004	—	0.102	1.32
巴伦西亚橘烯	0.012	1.52	—	—	—	—	—	—

注："—" 表示未检出。

样品 A 中的香味物质主要为烯类成分，其中柠檬烯含量为每支 5.689mg，转移率 1.18%，柠檬烯是柑橘类水果精油主要成分，具有令人愉快柠檬样香气，加入卷烟中可以改善香气丰富性、提高香气质感；样品 A 中香味成分烟气转移率在 0.22%～11.01%，以芳樟醇转移率最高，可达 11.01%，芳樟醇具有铃兰香气，添加到卷烟中能起到增加香气、柔和吸味及掩盖杂气等作用。

样品 B 中薄荷醇的含量较高，为每支 6.859mg，转移率 9.06%，薄荷醇具有薄荷样气味，有清鲜、甜、凉的口味，添加到卷烟中可以减轻刺激性、掩盖杂气；样品 B 各类成分烟气转移率 0.05%～13.32%，异蒲勒醇的转移率最高，异蒲勒醇具有清新愉快的清凉香气，广泛用于调配薄荷香型、覆盆子香型、药草香型等香精。

样品 C 中香味成分主要是酯类成分，其中乙酸薄荷酯含量为每支 0.150mg，乙酸薄荷酯具有薄荷和玫瑰似的清凉气味，气味比薄荷脑柔和，癸酸乙酯含量为每支 0.018mg，转移率 11.74%，有葡萄酒香气。样品 C 各类成分烟气转移率在 1.21%~15.25%。

样品 D 中醇类和烯类成分的种类和含量居多，其中薄荷醇的含量为每支 7.766mg，转移率 7.28%，萜品烯含量为每支 0.411mg，萜品烯具有柑橘和柠檬香气，加入卷烟中可增加烟香、明显改善烟气质量；样品 D 各类成分烟气转移率在 0.21%~14.18%，松油醇的转移率最高，松油醇具有松针香气，加入卷烟中可以增加烟气的木香与青香。

乙酸薄荷酯、薄荷酮、薄荷醇为 4 种样品共有成分，在烟气中的转移率均为：薄荷醇>乙酸薄荷酯>薄荷酮。

（4）结论。

以国内外 4 种具有代表性的爆珠滤棒卷烟为研究对象，采用溶剂萃取的前处理方法，建立 GC-MS 测定爆珠中香味成分的分析检测方法。测定其香味成分向主流烟气总粒相物中转移率。结果表明，样品 A 中香味成分的烟气转移率在 0.22%~11.01%，主要成分为烯类化合物，其中柠檬烯是柑橘类水果精油的关键香味成分，具有令人愉快的柠檬样香气，加入卷烟中可以改善香气丰富性、提高香气质感；样品 B 中香味成分的烟气转移率在 0.05%~13.32%，其中薄荷醇含量较高，可达每支 6.859mg，转移率 9.06%，具有薄荷样气味，有清鲜、甜、凉的口味，添加到卷烟中可以减轻刺激性、掩盖杂气；样品 C 中香味成分烟气转移率在 1.21%~15.25%，主要香味成分为酯类化合物，其中乙酸薄荷酯含量为每支 0.150mg，具有薄荷和玫瑰似的清凉气味，气味比薄荷脑柔和；样品 D 中香味成分转移率在 0.21%~14.18%，以醇类和烯类化合物为主，其中松油醇转移率最高，具有松针香气，加入卷烟中可以增加烟气的木香与青香。乙酸薄荷酯、薄荷酮、薄荷醇为 4 种卷烟样品共有成分，其在烟气中转移率均为：薄荷醇>乙酸薄荷酯>薄荷酮。

参考文献

[1] 包秀萍，王松峰，何雪峰，等．薄荷油微胶囊的制备及其在卷烟中的应用［J］．河南农业科学，2013，2（3）：146-149.

[2] 曹国凭，赵萍，李文等．膜法水处理技术研究进展与发展趋势［J］．水利科技与经济，2006，12（8）：539-543.

[3] 曹晓玉，杨佳玫，杨虹琦，等．烟草萜烯类化合物种类及其分析方法研究进展［J］．作物研究，2013，03：296-301.

[4] 查正根，肖厚荣，金闻博．微胶囊技术在卷烟中的应用［J］．烟草科技，1996（5）：27-28.

[5] 陈虹，陈蔚青，梅建凤．生物转化合成天然香料香精［J］．食品工业科技，2011，32（01）：317-320.

[6] 陈麟凤．膜分离技术概述［J］．能源与环境，2011，（2）：90-92.

[7] 段宾宾，刘鹏飞，王文基，等．不同提取方法对怀菊花挥发油成分的影响及挥发油在卷烟加香中的应用［J］．烟草科技，2011，05：48-52.

[8] 谷月．发酵法制备口用型烟草制品烟丝及其品质变化研究［D］．广州：华南理工大学，2016.

[9] 郭兴凤．蛋白质水解度的测定［J］．中国油脂，2000，（6）：176-177.

[10] 胡军，宗永立，车燕丽，张晓兵，卢斌斌．压力对胡卢巴籽超临界萃取的影响［J］．烟草科技，2004，（10）：21-23+30.

[11] 黄雪琳，刘淑君，平庆杰，等．香精香料安全性研究进展［J］．粮油食品科技，2013，21（3）：90-94.

[12] 黄致善，王慧辰．萜类香料化学［M］．北京：中国轻工业出版社，1999：316-317.

[13] 雷小佳．现代膜分离技术的研究进展［J］．广州化工，2012，40（8）：51-52.

[14] 李环，陆佳平，王登进．DNS 法测定山楂片中还原糖含量的研究［J］．食品业科技，2013，（18）：75-77.

[15] 刘蓓．微生物发酵降解造纸法烟草薄片有害前体物的研究［D］．广州：华南理工大学，2013.

[16] 刘立全，王月霞，绍国泉．薄荷卷烟生产技术进展［J］．烟草科技，1993（5）：5-9.

[17] 刘谋盛，王平艳，刘唯娟，等．微胶囊技术在卷烟工业中的应用［J］．昆明理工大学学报，2004，29（2）：118-120.

[18] 刘伟．不同产地菊花挥发油的 GC-MS 分析［J］．河南中医药学刊．1995，10（5）：12-13.

[19] 刘玉平，孙宝国．我国食用香料香精的基本状况与发展趋势［J］．食品科学，2004，25（10）：373-375.
[20] 毛多斌，马宇平，梅业安．卷烟配方和香精香料［M］．北京：化学工业出版社，2001.
[21] 钱敏，白卫东，蔡培钿，等．咸味香精的研究进展［J］．中国调味品 2009，34（6）：107-111.
[22] 史宏志，刘国顺．烟草香味学［M］．北京：中国农业出版社，1998.
[23] 宋鹏，陈五岭．烟草发酵中施加微生物及制剂研究进展［J］．安徽农业科学，2008，(02)：588-589+600.
[24] 孙福强，崔英德，刘永等．膜分离技术及其应用研究进展［J］．化工科技，2002，10(4)：58-63.
[25] 王德群，梁益敏，刘守金，等．中国药用菊花的品种演变［J］．中国中药杂志，1999，24（10）：584-587.
[26] 王宏，申晓辉，郭瑛．中国北方鸢尾属植物叶片解剖结构特征及分类学价值研究［J］．植物研究，2008，28（1）：30-37.
[27] 王娟，柯炜昌，张华，等．膜技术在烟用地黄香料加工中的应用研究［J］．香料香精化妆品，2012（1）：25-29.
[28] 王檑，蒙义舒．膜分离技术的应用现状及研究进展［J］．现代矿业，2016，（11）：239-240.
[29] 王璐，许时婴．香精香料微胶囊化［J］．食品与发酵工业，1999，25（3）：52-58.
[30] 王珊，王娜，王萍，等．葫芦巴浸膏挥发性成分分析［J］．香料香精化妆品，2016，(5)：10-12.
[31] 夏平宇．烟用香精香料前体的合成与应用［D］．长沙：湖南师范大学，2003.
[32] 谢剑平．烟草香原料［M］．北京：科学出版社，2009.
[33] 谢丽萍．利用烟草下脚料发酵制取乙醇［D］．上海：东华大学，2010.
[34] 徐金巧，陈勇，谈满良，等．基于内源性致香物质和化学计量学的烟草感官评价研究［J］．分析测试学报，2017，36，(6)：762-767.
[35] 许春平，王充，赵珊珊，等．紫外辐照对配方叶丝内在品质的影响［J］．浙江农业科学，2017，(1)：120-125.
[36] 许春平，赵珊珊，杨志强，等．经紫外辐照与臭氧处理后烟叶香味成分和常规化学成分的分析研究［J］．农产品加工，2016，(15)：40-44.
[37] 闫克玉．烟草化学［M］．郑州：郑州大学出版社，2002.
[38] 于功明，刘克胜，秦大伟，等．酶法辅助提取对迷迭香精油出油率的影响［J］．山东轻工业学院学报（自然科学版），2012，04：58-60.
[39] 占小林，何力，周会舜，等．黑老虎烟叶浸膏生物酶法制备工艺及品质评价［J］．科技资讯，2014，(6)：87-88.

[40] 张殿义．国内外香料香精工业概况与市场分析［J］. 日用化学品科学，2004，27（10）：1–5.

[41] 张峻松，贾春晓，毛多斌，张文叶．金合欢基丙酮的合成与表征［J］. 化学世界，2004，（02）：86–88.

[42] 张明玉，刘玉青．膜分离技术及其在食品工业中的应用［J］. 现代食品，2018，（02）：136–138.

[43] 张悠金，金闻博．烟用香料香精［M］. 合肥：中国科学技术大学出版社，1996.

[44] 赵铭钦，齐伟城，邱立友，张伟群，岳雪梅，汪耀富．烟草发酵增质剂对烤烟发酵质量的影响［J］. 河南农业科学，1998，（12）：7–9.

[45] 赵铭钦．卷烟调香学［M］. 北京：化学工业出版社，2008.

[46] Amol J, Thote P, Ram B, et al. Nanomedicine: Nanotechnology, Biology and Medicine, 2005, 1 (1): 85–90.

[47] Billerbeck, V. – G. Huiles essentielles et bactéries résistantes aux antibiotiques [J]. Phytothérapie. 2007, 5: 249–253.

[48] Mayaud, L., Carricajo, A., Zhiri, A., et al. Comparison of bacteriostatic and bactericidal activity of 13 essential oils against strains with varying sensitivity to antibiotics [J]. Lett. Appl. Microbiol. 2008, 47: 167–173.

[49] S. Ramakrishnan, M. Ferrando, L. Aceña–Muñoz, et al. Fish Oil Microcapsules from O/W Emulsions Produced by Premix Membrane Emulsification [J]. Food Bioprocess Technol, 2013, 6: 3088–3101.

[50] Warnke, P. H., Becker, S. T., Podschun, R., et al. The battle against multi–resistant-strains: renaissance of antimicrobial essential oils as a promising force to fight hospital–acquired infections [J]. J. Cranio – Maxillo – fac. Surg. Off. Publ. Eur. Assoc. Cranio – Maxillo – fac. Surg. 2009, 37: 392–397.